应用逻辑与逻辑应用研究前沿译丛

杜国平 主编

集合论及其哲学
——批判性导论
Set Theory and Its Philosphy:
A Critical Introduction

〔英〕迈克尔·波特 (Michael Potter) 著

杜晓柳 译 马亮 校

科学出版社

北京

图字: 01-2017-7075 号

内 容 简 介

本书分为四个部分: 第一部分介绍了基本概念和 ZU 的公理; 第二部分讨论了如何由此引出自然数、实数、线等概念; 第三部分的主题是基数和序数; 第四部分主要讨论了选择公理和连续统假设。本书不仅由浅入深地呈现了集合论领域的技术手段和证明结论, 还论述了这些工作背后的哲学动机, 可以让读者了解那些貌似繁杂冗长的技术细节背后的哲学思考。

本书适合哲学和逻辑学相关专业的研究生阅读, 也可供对集合论、数学哲学感兴趣的读者参阅。

图书在版编目 (CIP) 数据

集合论及其哲学: 批判性导论/(英)迈克尔·波特(Michael Potter)著; 杜晓柳译. —北京: 科学出版社, 2023.11

(应用逻辑与逻辑应用研究前沿译丛 / 杜国平主编)

书名原文: Set Theory and Its Philosophy: A Critical Introduction

ISBN 978-7-03-077042-4

I. ①集… Ⅱ. ①迈… ②杜… Ⅲ. ①集论–研究 Ⅳ. ①O144

中国国家版本馆 CIP 数据核字 (2023) 第 220537 号

责任编辑: 郭勇斌 邓新平 / 责任校对: 宁辉彩
责任印制: 吴兆东 / 封面设计: 黄华斌

科 学 出 版 社 出版
北京东黄城根北街 16 号
邮政编码: 100717
http://www.sciencep.com
北京厚诚则铭印刷科技有限公司印刷
科学出版社发行 各地新华书店经销
*
2023 年 11 月第 一 版 开本: 720 × 1000 1/16
2024 年 11 月第二次印刷 印张: 21
字数: 380 000
定价: 189.00 元
(如有印装质量问题, 我社负责调换)

丛 书 序

就可靠性而言，人类知识可以分为不同的层级，其中处于最基础层面的知识，是在各种可能情况下都真的知识，即必然为真的知识，或者说是不可能为假的知识；其次是在理论上可能为假，但是在观察到的各种情况下都为真的知识；再次是在理论上可能为假，但是在观察到的大部分情况下都为真（只是偶尔会遇到反例）的知识；最后是在理论上可能为假，但是在某种情况下为真的知识。按照这一层级，逻辑是处于最基础层面的知识，其次是数学知识、各种科学知识、日常经验，最后是各种历史知识及单个事实。当然，其中还包括一类知识，就是可能为真，但是在观察到的情况下未曾为假（可以解释为真）的知识，这类知识根据其理论建构的完善性，可以分属前述不同的层级，哲学、宗教等知识就属于这一类知识。逻辑作为人类知识体系中最为基础的知识，其重要性是不言自明的。人类的文明进步依赖于知识的不断创新和积累，而逻辑无疑是其中最为基础的部分。

逻辑学研究主要包括理论研究和应用研究。从理论上讲，逻辑主要包括纯逻辑和应用逻辑。纯逻辑研究只涉及形式的、抽象的推理结构；应用逻辑研究还涉及实质内容的、某一特殊领域的推理结构。从 20 世纪中叶开始，应用逻辑获得了快速的发展，特别是受计算机、互联网及人工智能发展的影响，今天，应用逻辑研究的创新性成果不断涌现。同时，逻辑的应用研究也发展迅猛，如在人工智能常识推理、自然语言理解等方面，逻辑正发挥着非常关键的基础作用。一方面，应用逻辑为各种逻辑应用提供理论源泉；另一方面，逻辑应用也不断提出新问题，促进应用逻辑研究的理论创新。

为了及时反映应用逻辑和逻辑应用的最新成果，一批逻辑学专业的教授、博士不谋而合地聚集到一起，决定将国际上最前沿的相关成果翻译为中文，组织了"应用逻辑与逻辑应用研究前沿译丛"，共同促进中国应用逻辑和逻辑应用的学术研究和学科发展。

该译丛也是国家社科基金重大招标项目"应用逻辑和逻辑应用研究"的阶段

性成果。当然,由于翻译水平有限,书中难免有疏漏之处,恳请读者批评指正!联系邮箱:yyljandljyy@163.com。

"应用逻辑与逻辑应用研究前沿译丛"编委会

2020 年 3 月

序

本书是面向以下两类人写作的：一类是具有哲学见识且对数学哲学抱有浓厚兴趣的数学家；另一类是对数学感兴趣的哲学家。对此我或许首先应该向我的出版商致敬，它并没有因为本书所面向的这两大读者群体人数之少而感到不安。弗雷格（Frege, 1893—1903: xii）曾经预计在他的《算术基本规律》（*Grundgesetze*）一书中，他将被迫：

> 放弃那些一看到"概念""关系""判断"这样的逻辑表述就想着"形而上学啊，看不懂"的数学家读者，以及那些一看到公式就喊"数学啊，看不懂"的哲学家读者。

而且正如他观察到的那样，"这两类人为数众多"。

直到今天，情况依旧如此。任何一本试图在数学和哲学之间架起桥梁的书都有可能被学科间的鸿沟所吞噬。且无可避免的是，无论本领域的作者们在撰写得清晰易懂这一点上付出了多大的努力，阅读这些材料都要求读者具备一定的预备知识，有些是数学方面的，有些是哲学方面的。对于任何怀疑这一点的人，我都要提醒他们注意下面这两个事实：有太多的哲学文献在基础的技术问题上犯过错误[①]；同时也有许多数学家，特别是在他们的晚年，会出版些满是胡言乱语或是空洞无物的哲学小册子。

故而不论是数学家还是哲学家，都必须承认他们已有的学术储备可能不足以帮助他们解决研究数学哲学时所面临的挑战。因此，在本书中我将试着同时满足这两个读者群体的不同需求。然而，写作本书最大的动力还是来源于我想要探求集合论的技术结论和其哲学反思之间的相互作用，而且我也相信通过论述这一相互作用，可以让本书的两大读者群体都得到更多的收获。

在这一方面，本书不同于其前作《集合导论》（*Set: An Introduction*, 1990），前作更多地服务于数学家而不是哲学家。本书和它之间当然有很多相似之处，尤其是在那些技术性非常强的章节中。但是即使是在这些章节里，这两本书之间也具有本质上的不同。一份概述对于那些已经具有这些技术储备的读者们来说可能会很有用。

[①] 我知道这一点是因为我自己就曾犯过一次。

而从形式上来说，本书中最具意义的变化是我放弃了在前作中做的一个假定，即在聚（collection）的论域中，存在一个子论域，该子论域中包含了所有的集合，且它本身可以被包含在其他聚中（当然，包含了它的聚不会是一个集合）。我当初出于两个原因引入这条假定：一是为了方便嵌入范畴论（category theory），二是为了避开一些不重要却烦琐的工作，比如在标准集合论中，如果我们试图不用元语言来说明由全体序数构成的类是良序的（well-ordered），将会非常困难。但是现在，我觉得这两个原因都不足以弥补由假定一个子论域存在而带来的复杂性：范畴学者从来不会因为我纳入了范畴论而感谢我，而且我现在认为如果他们想要这样一个子论域，他们可以自己去假定它；此外，原先试图避开的那些烦琐工作在后面都是迟早要面对的，所以我们没有必要将这些工作推迟。

认为集合仅仅构成了一个子论域的这种形式论式看法 [这种看法有时被称为格罗滕迪克（Grothendieck）主义] 从来不曾成为过主流（这也许是因为范畴论还不够流行）。所以从这一方面来看，本书还是较为传统的。但是我仍然坚持两个较为古怪的观点：允许个体存在；以及没有将置换公理纳入到本书的默认理论当中。

我这样做的原因会在本书的正文中加以详细阐述，这里只做简短说明。在我看来，第一个怪癖——允许个体存在——具有某种哲学上的必要性：由于这一坚持会令工作变得极为复杂，所以我只好建议那些对这种坚持不屑一顾的数学家们将它看成是我个人的喜好。而第二个怪癖——没有纳入置换公理——其实是我最初写作《集合导论》的主要动机。在学生时代，我始终抱有一种谬见，认为大量数学内容的形式化工作中都需要用到置换，而当我发现这种观点是错误的之后，我就迫切想要告知世人（而不仅仅是已经知道这件事的集合论学者）这一点。在过去的十余年中，我在这件事上的热情几乎不曾衰退过。在新作中，我还试图说明的一个观点是，集合论是对数学抽象程度的一种度量（无疑不是唯一一种度量），而且集合论的提出还是数学实践中一件至少值得我们注意的大事，许多集合论教科书中都隐去了这一点，即在我们可以巧妙地运用编码方法将其降低到自然数层次之前，绝大多数的数学内容在层级结构中都安然处于远在自然数层次之上数十层的位置。

我和通常观点之间的这些差异，使得我对集合论层级（hierarchy）范围的理解也有所不同。最后，还有一个不影响概念理解的差异之处，就是我在使用公理时首要关注层次（level）的概念，而对集合（set，作为层次的一个子聚）属性的推导则居于一个次要的地位，这一差异只会对公理化造成影响。这种公理化工作的先驱者是斯科特（Scott, 1974），但是我在前作中采用了约翰·德里克（John Derrick）的成果来大大简化了他的系统，而且这次借助新书出版的机会我还会再做进一步的简化。

挑选集合论教材的大学教师们可能会对我说的这些话感到紧张。不过，据说没有哪个企业的高管会因为下令采购 IBM 的电脑而被解雇，尽管这些电脑不是最好的选择；通过合理的推断，我猜没有哪个大学教师会因为教授 **ZF** 系统而被解雇。所以在这里值得强调的是，**ZU** 作为贯穿本书的默认系统，可以很容易地借助 **ZF** 得到解释说明：本书中出现的定理，都是 **ZF** 中的定理。因此本书和奎因（Quine）的《数理逻辑》（*Mathematical Logic*）不同：你在本书中找不到将自身作为元素的集合。

本书的练习部分和前作相比并没有太大改动。我建议即使是不打算通读本书的学生们，也至少将这些练习浏览一遍，这样可以有助于理解本书正文中的内容。

最后，我还要感谢菲利普·马圭尔（Philip Meguire）和皮埃尔·马泰（Pierre Matet）来信指出了我前作中的一些缺点；还要感谢剑桥研讨会的各位成员审阅了本书各章的草案，并指出了其中论述不充分的地方；特别是蒂莫西·斯迈利（Timothy Smiley）、埃里克·詹姆斯（Eric James）、彼得·克拉克（Peter Clark）和理查德·扎克（Richard Zach）四位，他们都花费了远超我期待的精力阅读了本书，并给我提出了精准且审慎的意见。

迈克尔·波特

目　　录

第二部分 数 字

第三部分　基数与序数

第四部分　更 多 公 理

第一部分
集　合

如书名所示，本书主要讨论的内容是集合（set）。我们这里所用的"集合"这一术语，指的是某种聚集（aggregate）。当然，"聚集"本身也远远称不上是一项清晰明确的概念。到底哪些聚集才能被称为集合，是一项非常难以回答的技术性问题，而本书很大一部分内容就是在试图回答这一问题。在正文开始之前，有必要说明一下人们研究这些问题的动机。

首先，无可争议的是集合论语言可以作为一种无歧义的交流工具来使用。这里我们主要是指在数学领域中的交流，但是这并不意味着集合论语言只能在数学内部发挥其所长——它所能应对的领域远不止如此——但是在日常语言交流中，我们似乎确实不需要一套像集合论那么严密且复杂的理论作为基础来支撑我们的对话。同时，在数学交流中，集合论也**仅仅**是被当作一种语言来使用，而在本书中，我们更关心的是对集合论的实质运用。从这个角度来说，集合论大致有以下三种不同的用处。

集合论的第一个作用是为我们理解无限提供了一条途径。这将引导我们在本书的第三部分中发展出两种不同的无限数理论：基数（cardinal number）和序数（ordinal number）。在很大程度上这些理论的创立都要归功于格奥尔格·康托尔（Georg Cantor），他在 19 世纪最后的 25 年中完成了这项工作。如今，这些理论得到了普遍认可：虽然在某种程度上，对于无穷集合是否存在，可能仍有争论，但是也几乎没有人会再尝试从纯逻辑的角度来论证无穷集合的存在会导致矛盾。过去形势可并非如此，如今这种局面的形成是因为当前学界已经普遍接受了康托尔的理论，而他的理论则表明了过去人们认为因假定无穷集合存在而会产生的那些矛盾性结论，其实是由缺乏足够清晰的必要定义所造成的。

由此，康托尔的工作使得人们对于无穷大这一概念的态度发生了根本性转变，其意义之重大，可以和同一时代微积分的革命性发展相提并论。进入 20 世纪后，这两大成果被整合在一起，使得关于无穷小的悖论（如芝诺的飞矢不动）和无穷大的悖论（如无穷集和它真子集之间可构成一一对应关系）不再被看成是严肃的哲学问题，而仅仅是一些数学史上的趣谈。

集合论的第二个作用是为整个数学学科提供一个基础。本书几乎从头到尾都在谈论这一点，特别是在第二部分中。如今，任何一本关于集合论的教科书中都充斥着类似的观点，其中一本还直截了当地说："集合论是数学的基础"（Kunen, 1980: xi）。此外，在许多主流的数学教科书中也能看到类似的观点。这种看法是如此流行以至于我可以假定任何一位正在阅读本书的读者都曾经或多或少了解过它。然而，停下来仔细一想就会发现这一点是多么地令人惊讶。只从直觉上来说，我们几乎不会想到数字可以表示成集合——而且还是仅由空集组成的集合——然而在整个 20 世纪，许多数学家却对这一点深信不疑。

然而，进一步探究就会发现，数学家们在这一点上的理论基石其实并不牢靠。所以我们不应该不假思索地就接受数学家们对集合论的这种还原主义者（reductionist）论调。在这一点上，有一些值得注意的研究工作，如麦克莱恩（Mac Lane, 1986）和梅伯里（Mayberry, 1994）。虽有如此种种问题，但是在本书中我们仍需接纳这种视集合论为数学之基础的观点：不仅是因为这种观点曾在理论的发展阶段有过巨大的影响力，而且因为本书的目的之一就是要尝试去评估集合论在扮演数学基础这一角色上到底能走多远。

集合论的第三个作用与第二个作用密切相关但是又有所不同（Carnap, 1931），即为数学的各个子领域提供共通的推理模式。其中最有名的例子是选择公理。我们将在本书的第四部分学到这条集合论原理（principle）。

集合论的这一作用在历史上也同样非常重要：在整个 20 世纪上半叶，选择公理都是数学家们互相之间争论不休的焦点之一。不过同样需要强调的是，集合论是否真的具有这样的作用，这点至少是值得怀疑的：选择公理是否真的能被视作是集合论的原理，目前尚无定论。而集合论的其他原理在数学中也面临着类似的困境。

集合论的这三项作用——驾驭无限的一种手段，数学大厦的支撑者及其推理模式的源头——在数学史上都非常重要，而且塑造了学科的前进方向。本书的绝大部分内容都将说明集合论的这三项作用是如何通过技术手段加以巩固的，以及这些技术手段背后的哲学意义。

不过在本书的第一部分中，我们将把目标限定在一个似乎较为简单的目标上，即在后面诸部分的讨论框架范围之内构建一个基本的集合理论。此类理论诞生至今已有一个世纪之久——其发端可以追溯至策梅洛（Zermelo, 1908b）——然而直到今天，人们依旧没有对这些理论应采用的形式达成共识。有许多理论试图将集合概念的迭代进行形式化，本书就将采用这一思路。但是，想要厘清迭代概念绝非易事，所以这一部分的内容远没有表面看上去的那么轻松。

第 1 章 逻　辑

本书主要阐述一套有关于集合的数学理论（或者说多少算是某种理论），核心是一系列对**定理**（theorem）的**证明**（proof）。我们将把其中某些定理划分成**引理**（lemma）、**命题**（proposition）和**推论**（corollary）。根据历史习惯，引理是指其本身没太大意义，只是在证明定理的过程中得到的阶段性结论；命题是指本身还没有重要到可以被称为定理的结论；推论是指通过定理很容易就能得到的结论。这些概念的区分都是非正式的，其作用仅仅是向读者表明该结论的相对重要程度。

阐述的一大要义在于对我们在阐述时所要用到的各个词汇和符号做严格的**定义**（definition）。这种定义的要求之一就是被定义项应该是可以被机械化消除的，即当被定义项在证明中的每一处出现都被替换成定义内容之后，整个证明的正确性应当保持不变。但是这样的定义是有其尽头的：在我们阐述的最开始，必定有一些词汇或符号是没有办法根据其他术语定义得出的，我们只能直接使用它们。将这些词汇或符号称为**初始概念**（primitive）。和定义一样，证明也必须有起点。如果我们想避免无穷倒退，就必须在定理的证明中设置一些未加以证明但是可以直接使用的命题。这样的命题被称为**公理**（axiom）。

1.1　公理化方法

我们刚刚所说的这种阐述数学理论的方式，其源头至少可以上溯至欧几里得（Euclid），他在公元前 300 年左右以这种公理化的形式撰写了一部关于几何学和算术学的经典之作。（如今，我们很难确定在欧几里得之前这种方法到底有多流行，因为欧几里得的著作是如此成功以至于几乎彻底取代了其前人的工作，使得在此之前的这类著作很少能够流传到今天以供我们研究。）

如今，在数学界中公理化方法不算常见，而且在某些方面它的效用被夸大了，使得像拉卡托斯（Lakatos, 1976）这样的数学经验主义者轻易便可利用这一点对之加以攻击。但是无论如何，数学家们至少仍把公理化方法看成是一种惯例方法。那么，我们到底应该怎样看待公理化方法呢？

根据对这一问题的回答，可以划分出两大阵营，在数学界中有时将他们分别称为实在论者（realist）和形式论者（formalist）。这两种命名并不理想，因为哲学界在数学哲学中也用同样的名称来指称两个更为细分的阵营，不过在这里我将遵循数学界的习惯。

实在论者对于公理化方法的核心态度是，"未定义"并不代表"无意义"，我们可以在制定公理之前就给出理论中初始概念的意义：它们可能是些在日常语言中已经被充分理解的词汇；就算不是，我们也可以通过一种被弗雷格称为阐释（elucidation）的方式来说明其意义——即借非正式的解释说明来给出概念的意义。但是弗雷格同样也认为这种阐释是可有可无的，它仅仅：

> 旨在帮助研究者们相互进行交流。我们可以把它归为一种预备知识。在任何一个科学体系内部都没有属于阐释的位置，没有任何结论是基于阐释得到的。独立进行研究的学者则完全不需要它。（Frege, 1906: 302）

如果理论中的初始概念是像"点"或者"线"这样的词，那么我们就可以通过阐释的方式来给出初始概念的意义，再通过设定理论中的公理，便能得出该理论系统内的真理。因此，实在论根植于这样一种观点，即数学家们用的这些词在公理系统之外自有其意义。这也是该观点被称为实在论的原因。如果公理做出了存在性承诺（通常情况下它们也确实会做出存在性承诺），那么在将这些公理视为真的同时，我们也就承诺了必要对象的存在。

不过，上文中所说的这种实在论还是一个很宽泛的概念，因为其中并没有涉及关于对象本质的讨论。所以还可以再细分出两种不同的实在论：一方面，柏拉图主义者（platonist）认为对象独立于人和人的活动而存在，故（因为它们肯定是非实体的）对象在某种意义上是抽象的（abstract）；另一方面，建构主义者（constructivist）认为只有能够被我们头脑所建构的（constructed）对象才具有存在性，因此它们在某种意义上可以看成是思想的（mental）。我在这里加上了"某种意义上"一词，其用途和日常交流使用"某种意义上"一词时一样，只不过是出于谨慎。说一个数字存在是由于我对该数字的建构，正如我的书柜存在是因为我打造了它：建构主义在数学哲学中的独特之处就在于其认为数字是由我们对它的建构而形成的（故构想过程不同，产生的产物也就不同）。先前我曾提到过，哲学界对"实在论"这个词的用法和数学界有所不同，其不同之处就在于对建构主义的看法不同，因为建构主义在哲学界通常不被认为是一种实在论：这里把建构主义划归到实在论名下，是因为它认为一个数学定理的成立依赖于该定理是否反映了关于对象的真理，而并不依赖用以表示该定理的那一串符号。

但是在 19 世纪还产生了另一类看待公理的方式，我们将持有这类观点的人称为**形式论者**（formalist）。他们的共同点在于拒斥上文中提到的那些实在论观点，即拒斥公理可以被简单地当成是"描述外部对象的真命题"。形式论诞生的部分原因来自于数学家们对不同的几何学公理系统——欧氏几何、双曲几何、射影几何、球面几何的研究。在这些系统中都出现了"点"和"线"这样的概念，但是它们对这些词的解释却互相冲突。所以这些解释不可能都是正确的，至少不可能都是无条件正确的。因此，有一种观点认为公理应该被看成是假设，我们通过这些假定的公理来论证系统结构的性质。在这一点上，公理理论的拥护者和实在论者同样关注真，但是他们的真理论断是条件句式的：对于任意结构，如果它满足了公理，那么它同样满足了定理。这种观点曾经被冠以不同的名称——蕴涵主义（implicationism）、演绎主义（deductivism）、假设主义（if-thenism）、反结构主义（eliminative structuralism）。在本书中，我们将采用蕴涵主义这个称谓。对于公理在常见的理论——如群、环、场、拓扑空间、微分流形等理论——也就是现代数学的主流领域中所扮演的角色，蕴涵主义的解释似乎显然是正确的。但是将其运用到古典理论——自然数、实数及复数、欧氏几何也就是那些 19 世纪以前数学所主要关心的问题时，蕴涵主义就不那么令人满意了。因为将所有的定理都看成是条件式语句，使得我们避开了所讨论的问题中涉及结构的存在性，故在说明理论的适用范围时我们还要完成额外的工作：例如，任何将算术理论中的公理解释为真的论域都是无穷论域，但我们在直接经验接触到的有穷论域里，也会自信地直接使用算术理论的定理，而没有像蕴涵主义要求的那样先把这个有穷论域嵌入到无穷论域中。由此可见，蕴涵主义似乎顶多只能部分地解释古典理论。

　　无论如何，在 20 世纪 20 年代，公理化方法在数学界中相当流行，且当时的人们普遍对其持蕴涵主义观点，因此在那时刚刚诞生不久的集合论亦不免深受其影响。例如，冯•诺伊曼（von Neumann, 1925）和策梅洛（Zermelo, 1930）就从元理论角度出发，讨论了那些满足他们所构想的集合论公理的结构将具有哪些性质。对集合论来说，蕴涵主义的一大优势就是它不像实在论那样需要说明公理是真的，它最多只要求（而且多数时候连这也不需要）人们对公理的逻辑后承感兴趣便够了。即使是在我们的公理系统不一致这样最糟糕的情况下*，蕴涵主义也只会产生无意义的后承，这意味着我们做了无用功，但是并不会造成技术性错误。

　　但是用这样的方式来讨论集合论有其显见的缺点。有一种观点将结构看成是某种集合。因此，当我们在讨论满足了集合论公理的结构的性质时，似乎已经预设了集合的概念。该质疑有时被称为庞加莱预设（Poincaré's petitio），因为它最早是庞加莱（Poincaré, 1906）提出反对在辩护算术公理时使用数学归纳法。

---

　　* "不一致的" 指矛盾的，"一致的" 指无矛盾的。——译者

字面意义上的庞加莱预设可以通过严格区分元语言（metalanguage）和对象语言（object language）来规避。如果我们在研究集合时预设了集合概念（或者在研究归纳法的时候用到了归纳法），通过将前一个词归入对象语言层面，而后一个词归入元语言层面的方法就可以避开循环论证。在通常情况下，这样做足以消除庞加莱预设，但是在一个声称自己是一切理论基石的理论中，情况则变得比较棘手。如果我们把数学嵌入进集合论，并且对此秉持蕴涵主义的态度，那么数学——任何一类数学——都只是在讨论某类结构上的条件性真理。同时，我们对集合论结构的元语言研究无疑也是一类数学。于是，我们不得不承认我们的结论同样也是有条件的。这样一来，将不存在无条件的数学真理，而所有依赖于"无条件地存在着数学对象"这一前提的数学手段也将不得不被放弃。

可见，绝对的蕴涵主义——即认为数学没有任何研究主体（subject），它仅仅由公理经过逻辑推导得出的结论组成——是一种非常极端的观点：有许多数学家自称是蕴涵主义的信徒，但他们也很少有人会矢志不渝地坚持蕴涵主义的那些推论。比如，一个彻底的蕴涵主义者将没有办法无条件地断言，不存在对某个确定命题的证明，因为这类断言是针对所有证明做出的概括，故它必定是依赖于证明论（proof theory）公理的条件式推论。反过来，说一个命题是可证明的也仅仅只是说根据证明论，该命题是可证明的：如果我们想据此推出确实有一个针对该命题的证明，我们还需要进一步推理。

蕴涵主义者们对此有一种回应，他们注意到只有在把集合论当作是数学基石的情况下才会产生这类困境。只要不把集合论看成是数学的基础，就可以避开这一困境。受此鼓舞，最近有一些数学家认为某些其他理论——如拓扑论或范畴论——可能比集合论更适合充当数学基础。

也许事实确实如此，但是这样做不过是把问题转移到了其他理论中去，实质上并没有解决问题本身。那些选择了其他基础理论的人们不得不在他们的新理论中面对同样的困境（Shapiro, 1991）。也许正是出于这个原因，一些数学家如May-berry（1994）试图认定数学并没有一个基础理论。但是如果不想像这样无限期地拒绝回答问题，我们还需要做更进一步的讨论。

对于这些问题，还有另外一种更流行于数学界而非哲学界的解决方案，即采用一种认为公理理论的初始概念在理论外部没有任何意义的观点——这是一种更为严格的形式论。这种论调最直接的版本就是纯形式论（pure formalism），它断言数学不过是一场符号之间的游戏。弗雷格对这种观点的驳斥（Frege, 1893—1903）已被大多数哲学家奉为圭臬。事实上，这一驳斥是如此有力以至于我们甚至以为没有哪个数学家还会继续坚持纯形式论。然而事实上，无疑仍有一些数学家自称是纯形式论者，而更多的人则表达了与之类似的观点。

公设主义（postulationism）是一种相对不那么极端的观点——我在其他地方（Potter, 2000）曾称其为公理形式主义（axiomatic formalism）。公设主义并不将一个公理理论中的语句看成符号游戏中毫无意义的东西，而是认为初始概念根据它在公理中所起的作用派生出其自身的意义，这是一种对初始概念的非严格定义，与之形成对比的是对非初始概念的严格定义。"理论中的对象实际上是由公理系统定义的，系统还以某种方式产生了使命题为真的材料（material）。"（Cartan, 1943：9）公设主义不像纯形式论那么漏洞百出，但是如果要采纳这种观点，我们还应该设定一些标准来判定一个公理系统到底有没有对该系统中的项（term）赋予意义。所有认同这一观点的学者们都认为不一致的系统无法做到这一点，而许多希尔伯特（Hilbert）的追随者还更进一步认为只要系统是一致的，那么该系统便已赋予其自身中所含有的项以意义，但是很少有人为这一观点提供可靠的证明，所以它的有效性值得怀疑。此外，当面对不完全的公理系统时，公设主义者们将遇到截然相反的问题：比如，如果算术语言的意义是借由某些形式理论 T 给出的，那么公设主义如何说明 T 中的哥德尔语句在该语言中为真呢？*

但是公设主义，或者说它的某些变体非常流行，至少在如果采用蕴涵主义将永远存在限定条件而不得不放弃蕴涵主义的那部分数学界中非常流行。相比于蕴涵主义，公设主义最大的优势在于如果我们能够假设具有必要属性的对象存在，那么由这些对象推导出来的任何东西都将是无条件的。也许正是这一点让某些学者（Balaguer, 1998; Field, 1998）把公设主义看成一种实在论——巴拉格尔（Balaguer）称其为**强柏拉图主义**（full-blooded platonism），菲尔德（Field）称其为**充分柏拉图主义**（plenitudinous platonism）——不过这种划分在我看来是错误的。诚然，菲尔德后来准备承认公设主义在某种意义上"站在柏拉图主义的反面"（Field, 1998：291），但是巴拉格尔仍坚持认为它是一种实在论而不是形式论，因为它：

> 并没有说"存在性和真都不过是一致性"。相反，它认为所有逻辑上可能存在的数学对象都是确实存在的，据此可以得出结论，所有一致的数学理论都描述了某些由确实存在着的数学对象构成的聚。（Balaguer, 1998：191）

但是，为了使这种强柏拉图主义令人信服，巴拉格尔不得不承认只有在他所

---

* 对哥德尔语句的定义通常为，如果语句 G 的内容为 "G 在 T 中是不可证的"，那么称 G 是 T 中的哥德尔语句。即哥德尔语句为真，当且仅当该语句是不可证的。——译者

谓的"弱形而上学"，即一种令我们能够"拥有对数学对象的信念，或者令我们能够对这些对象展开遐想"（Balaguer，1998: 49）的层面上，数学理论才具有研究主体。也正是这一点使我将公设主义划入了形式论的阵营：在这类划分中，我认为一种观点要想被归入实在论内，它必须认为语句的真，在形而上学层面上受语句主体的约束，而且这种约束要比巴拉格尔标准中的约束更本质得多。当我们对一个论域所包含的对象性质及其之间关系有了了解之后，才能建立起对该论域的实在论式概念。因此，我们必须要有"将整个逻辑空间设想成是一个挤满了对象的论域"的概念之后，才能把这种认为仅依靠一致性就可以得出存在性的观点看成是实在论的。但是在我看来，显而易见的是我们根本没有这种概念。

1.2 逻辑学背景

不管用上一节中提到的哪一种观点来看待公理化方法，我们都必须使用逻辑的推理手段来推演出公理后承。将这种演算称为"一阶"的，用以表示演算时涉及的量化语句中的变元都是**对象**（object）。通常，数学文献中出现的变元都是某类数学对象，为了提高可读性，数学家们会使用特定的字母来表示特定种类的对象：比如，m、n 和 k 表示自然数，z、w 表示复数，a、b 表示基数，G、H 表示群，等等。而在本书的前两章中，我们想让一阶变元可以不受限制地用来表示任意对象，为此我们用小写字母 x、y、z、t 和它们的各种变体如 x'、x''、x_1、x_2 等表示一阶变元。

与一阶谓词演算不同，二阶谓词演算还允许将对象的**属性**（property）作为量化变元。本书直到下一章结束前，都将遵照传统，用大写字母 X、Y、Z 等表示二阶变元。

在讨论某些公式的共同特征或是用统一的缩写来指称具有特定模式的一类公式时，我们发现采用大写的希腊字母如 Φ、Ψ 等来指称任意公式将便于我们的讨论；如果公式 Φ 的值取决于变元 $x_1, \cdots, x_n$，我们可以把该公式记为 $\Phi(x_1, \cdots, x_n)$ 来突出这一点。这些希腊字母被看作用于描述形式语言的规范性语言（元语言）的一部分，而不是形式语言的一部分。

在这里，有一处可能会引起混淆的地方需要读者特别注意。布拉德曼是那个时代最伟大的击球手；这句话中的"布拉德曼"是个由四个字组成的名称。通过谨慎使用引号，我们可以避免将名称和名称所指称的那个对象（或将公式和指称该公式的记号）弄混。读者们在前文中应该已经观察到了还有另外一种用以区分实质使用和提及的方法，那就是运用常识判断。在本书中所有不会引起混淆的地方，我们都会默认读者可以做到自行判断。

在本书中，我们采用带有等号的一阶谓词演算。集合论的教材往往会为这种演算设定出一套完全形式化的构造和推理规则。但是本书不会采取那种方法：从一开始我们就用自然语言来表达逻辑学概念，比如，否定（"并非"），析取（"或"），合取（"而且"），以及用符号 "⇒" 表示蕴涵，"⇔" 表示等值，符号 "∀" 和 "∃" 分别表示全称量词和存在量词。我们用 "=" 表示相等，而在后面的章节中，还会引入更多的二元关系符号：如果 R 是一个二元关系符，那么我们用 $x\,R\,y$ 来表示在 x 和 y 之间存在 R 关系，而用 $x\,\not\!R\,y$ 表示 x 和 y 之间没有 R 关系。

本书省略了形式规则是出于以下几点原因：这些内容在任何一本逻辑学基础教材中都可以被找到，并且它们本身不是本书想要探讨的内容；此外在这里我只是把它们当作一组正确的推理规则，而不是一种无须其他逻辑手段即可进行推理的形式理论，所以过于详细的描述会令读者对它们产生误会。

最后一点尤其需要强调。我在前文中已经提到了在数学界中广泛流行形式论思潮，而逻辑学界同样不能免于此。当你将推理规则形式化的时候，应当谨记它们形式化后仍然是推理规则——根据有意义的前提得出有意义的结论的规则。

但是对一阶逻辑进行形式化依然具有重要意义。这也是不同层次逻辑之间的一大对比，因为二阶逻辑的推理规则无法彻底地形式化，只有它的构造规则可以完全形式化：这是哥德尔第一不完全性定理的一个推论，即对任意一个形式规则系统都能找出一个二阶论断，我们可以认为该论断是有效的，但是没有办法根据系统内的规则证明这一点。

不过请注意，虽然有理由认为我们确实需要一套可以被形式化的逻辑（稍后我们将解释这一点），但是这理由还不足以让我们只采用一阶逻辑，因为还有些其他的大型系统同样满足这一点。林德斯特伦（Lindström, 1969）给出了一个优雅的定理，该定理表明如果想要让我们的逻辑满足勒文海姆-斯科伦性（Löwenheim-Skolem property），即任意具有模型的语句集合都有可数模型，那么我们就必须局限在一阶逻辑内。不过，正如撒普（Tharp, 1975）所言，很难理解为什么需要这样的条件。撒普试图从逻辑的量词条件中推出这一点，但是其工作并不能让人满意（至少不能令我满意）。

1.3　模　　式

为了遵循当前数学界的主流观点，我们在描述理论时会避免使用二阶变元，但是这样做同样也会严重削弱我们理论的表达能力。在欧几里得式的古典观念里，一个系统中的公理在数量上必须是有限的，不然我们怎么能把这个系统记下来并去讨论它呢？但是——我们这里只举一个例子——在模型论中一个显而易见的事实就是如果只有有限多条公理，那么其模型就不可能是无穷集合。所以如果我们想对一阶语言中的无穷这一概念进行公理化，那么我们就必须要有无穷多条公理。

但是，我们要怎么做才能列出一个无穷长的公理列表呢？乍看上去，这个念头似乎已经犯了庞加莱预设的错误，因为我们在试图描述无穷的时候已经预设了无穷的概念。但是和 1.1 节中所说一样，通过仔细区分对象语言和元语言可以解决这个问题。我们不能在对象语言中列出一个无穷长的列表，并且其中每一行都是用对象语言构成的语句；但是我们可以在元语言中通过对其句法形式的有限描述来讨论该列表中的任意成员。这被称为**公理模式**（axiom scheme），通常采用下面的形式。

如果 Φ 是理论中的一个公式，那么

$$\cdots\Phi\cdots$$

就是一条公理。（这里的 "$\cdots\Phi\cdots$" 是指这样一些表达式：如果该表达式中 Φ 的每一处出现都被替换成另一个公式，所得到的仍然是对象语言中的一个语句。）

在一个系统中存在用这种方式来表达的公理模式并不会影响该系统的形式化特征：和二阶理论不同，在采用了公理模式的一阶理论中，定理仍是递归可数的，因为检视任意给定的有限符号串是否满足公理模式显然是个机械可判定的问题。[1]

然而，保留这一特性是有代价的。任何一个稍微学过模型论的人都能举出一连串的例子——勒文海姆-斯科伦定理，算术的非标准模型的存在——这些都证明了一阶理论存在无法回避的缺点。克赖泽尔（Kreisel, 1967a:145）曾称——虽然没什么依据——当逻辑学家在 20 世纪 10~20 年代发现这一缺陷时，它非常 "令人吃惊"。但是实际上人们不应该对这一点感到那么吃惊，因为在本书后面的章节中我们就要证明如果存在无穷多个对象，那么（至少在用通常的观点看待二阶量词时）这些对象可能具有不可数多个属性。另外，一个一阶公理模式最多只能有可数多个代入实例（在假定理论语言是可数的情况下）。因此，完全可以预见一阶理论所能断定的要远远少于二阶理论能断定的。

① 虽然公理模式是一种可以在不破坏系统形式化特征的情况下生成无穷公理集的方式，但是它并不是唯一的方式：一个具有非递归有限模型集的理论不能通过公理模式来进行公理化，尽管它是可以被公理化的（Craig and Vaught, 1958）。但是，沃特（Vaught, 1967）的一项研究表明，在集合论的形式化问题中，我们不会碰到这种情况。

纯形式的问题就讨论这么多。在形式论者眼中,这些大概就是全部问题了。但是对于实在论者而言还有另一个问题,我们人类作为有限的存在,如何能对符合公理模式的无穷多个实例的真做出承诺。一种在柏拉图主义者中相当流行的观念认为,我们实际上没有对公理模式做出承诺,而仅仅只是对下面这个二阶公理做出承诺:

$$(\forall X) \cdots X \cdots$$

而如果我们陈述的是远弱于此的一阶公理模式,唯一的原因就在于它是一阶语言中最近似于上述二阶公理的表述。

但是请注意,即使放弃了原先的一阶表述转而采用了二阶公理,这也并不代表我们就可以据此证明出一大串在一阶推理中无法证明的定理:为了能够使用二阶公理,我们还需要一个**理解模式**(comprehension scheme),使得对任意一阶公式 Φ,其中包含的自由变元为 $x_1, \cdots, x_n$,那么:

$$(\exists X)(\forall x_1, \cdots, x_n)(X(x_1, \cdots, x_n) \Leftrightarrow \Phi)$$

和公理模式不一样,理解模式被包含在逻辑背景中(在逻辑背景中,模式的规则是常例而不是特例),而且因为它的逻辑特性,使得模式是无条件的,故其适用于任意语言和任意公式 Φ。如果我们扩充了语言,也不需要做额外的工作来把扩充语言后,在理解模式下可能替换了原有 Φ 的那些新公式纳入进来,尽管在一阶理论内,我们对模式的承诺里并不包含相应的假定。鉴于此,我们其实是变相的二阶推理者。我们真正相信的是二阶公理,而对一阶模式的承诺只不过因为它是在特定一阶语言中最接近二阶公理的表述而已。

重要的是要认识到,这种观点绝不仅仅是由模式施加给我们的。比如,如果一只狗 Φ 了一个人,那么不言而喻的是,有一个人被一只狗 Φ 了;但是很难看出这一模式是根据哪一条二阶公理得出的——如果没有意识到二阶公理所起的作用的话。

算术理论中的情况很好地说明了这一点。这里,二阶理论支持者们将数学原理归纳为单独一条公理:

$$(\forall X)((X(0)而且(\forall x)(Xx \Rightarrow X(sx)) \Rightarrow (\forall x)Xx)^*$$

一阶推理则只能对用一阶算术语言中的公式代入 Φ 后得到的所有实例做出承诺:

$$(\Phi(0)而且(\forall x)(\Phi(x) \Rightarrow \Phi(sx)) \Rightarrow (\forall x)\Phi(x)$$

---

* 原文如此,应为 $(\forall X)((X(0)$ 而且 $(\forall x)(Xx \Rightarrow X(sx))) \Rightarrow (\forall x)Xx)$。——译者

人们很难注意到的是，所有这些实例中的信念都建立在对二阶公理的信念基础上。例如,艾萨克森（Isaacson, 1987）就认为存在一种稳定的算术真（arithmetical truth）概念，且其仅基于一阶公理，而所有那些不能在此基础上得以证明的,但是却已被我们所熟知的算术真理都需要借助某种更高阶的形式才能表达其自身。如果他是对的，那么就打开了一扇新的大门，使得我们有可能合理地接受所有用算术语言表述的一阶公理、但是又认为更高阶的表述是有问题的，并因此而拒斥某些二阶公理的实例。

1.4　逻辑的选择

我们刚刚所讨论的一阶和二阶逻辑之间的这些区别,最早是由皮尔斯（Peirce）指出的，而弗雷格无疑也深知这种区别，但是他们两人都不认为这种区别非常重要：诚如冯·海耶诺尔特（von Heijenoort, 1977：185）所言，"当弗雷格从一阶逻辑转向更高阶逻辑时，几乎没有涟漪泛起"。希尔伯特和阿克曼（Ackermann）则更重视这种区别（Hilbert and Ackermann，1928），他们把一阶逻辑和高阶逻辑放在不同的章节中分别进行阐述，但是不管从哪个角度来看，一阶逻辑都更受他们重视，这是因为在 20 世纪 30 年代，一阶逻辑已经被彻底地形式化，而二阶逻辑还没有做到这一点。其结果就是到了 20 世纪 60 年代，以一阶的形式采用公理模式去陈述数学理论已然成为一种惯例。自那以后，就很少有数学家再对二阶逻辑感兴趣了（不过最近至少在逻辑学界，人们似乎又对它重燃热情）。

所以一定有一个强有力的原因去驱使数学家们采用一阶形式。这一原因是什么？我们此前已经注意到了无法提出可信的限定条件以把推理限制在一阶逻辑内，但是如果把问题简化为在一阶逻辑和二阶逻辑两者中进行二选一，那么问题就变得简单些了，因为我们只要找出一个限定条件，使得其中一个满足该限定条件而另一个不满足即可。令人惊讶的是，即使是这样简化过的问题也很难说明为什么数学家选择了一阶逻辑而不是二阶逻辑，而且就连教材也很少对此说明原因。

在哲学界中，奎因（Quine）对二阶逻辑的质疑很有影响力（至少在美国如此）：他认为用二阶变元来替换谓词的做法是紊乱的，量化变元就应该像在一阶逻辑中一样，是用以替换名称的；而且他还质疑是否有一个独立存在的（关于属性、性质等）论域让我们能够讨论这些概念。如今看来，奎因的质疑不算十分恰当——对此可以参考（Boolos, 1975）——而且无论如何，奎因的这些观点在数学界中都影响甚微。

在这方面更具有影响力的是布尔巴基 *（Bourbaki, 1954）学派，它采用的是一阶逻辑。和奎因相反，布尔巴基学派的文章在数学界中广为流传：例如，伯克霍夫（Birkhoff, 1975）曾回忆说，这些文章以其 "层次有序和清晰易懂的文笔吸引了美国整整一代的研究生"。但是，单单用 "布尔巴基学派采用了一阶形式" 还不足以完全解释这件事：布尔巴基逻辑系统中许多其他的特征（比如，它采用了希尔伯特的 ε-算子，而且它也没有设定基础公理）后来都消失了。真正影响了数学界的应该是引导布尔巴基学派最终在它的系统中采用了一阶形式这一做法背后的数学哲学思想。这种哲学思想的核心本质上是一种形式论。在一段非正式的文本中，该学派表示：

> 　　每个人在论证时都有可能犯错，比如，错误地采用直觉或是在论证中不正确地使用了类比。而在实际情形中，很少有数学家会采用如今已经很成熟的彻底形式化方法来表明一套理论或一个证明是完全正确的，或者说是 "严格的" …… 一般来说，他的经验和数学天赋会令他倾向于认为将这些内容翻译成形式语言，不过是一种对自我耐心的训练（还是非常乏味的那种）。但是当充分思考之后仍一再对文本的正确性产生怀疑时，他们最终会考虑将其准确无误地翻译为形式化语言的可能性：要么是因为用同一个词表达了不同的意思，要么是由于无意识地使用了明确准许的论证模型而违反了句法规则。除了后一种错误之外，在消除其他错误的过程中，整个文本内容会越来越接近于形式化，直到数学家们满意为止，此时再继续进行形式化就是多余的了。换句话说，一个数学文本的正确性，多少可以通过其与形式语言规则之间的比较来看出。（Bourbaki, 1954：导言）

可以确定的是，这种 "形式主义是判定严谨性的最佳标准" 的观点影响了大部分数学家。

> 　　我认为解决（一部分数学）问题的一条很显然的途径就是根据已有的概念，在某种一阶理论内（可能是直觉主义理论，可能是非经典理论，也有可能是范畴论，但在今天的主流数学界中通常使用某部分集合论，至少在最后分析的时候如此）通过证明和定义来精炼澄清那些可疑的概念或推理。（Drake, 1989：11）

---

　* 布尔巴基是一个虚构人物，实际上是一群数学家的笔名。——译者

这种观点的吸引力在于，从原则上讲，它将证明的正确性问题化简为一个纯机械的检验。因此，采用一套纯形式化理论的后果之一就是将数学关进了一个完全没有哲学纠纷的笼子里。在数学文献中反复观察到的一个现象就是数学家们在工作日时是柏拉图主义者，而到了周末就变成了形式论者：如果一个数学问题能被表述成某个具体语句是否为一个特定形式系统内的定理，那么该问题就是应该被解决的问题，故数学家们可以继续展开工作解决这个问题，而将该问题的意义留给哲学家们去思考。

> 本质上，我们相信数学的真实性，但是当哲学家们用他们的悖论来攻击我们的时候，我们立刻就转变成形式论者并说"数学不过是一堆无意义符号的组合体"。……当争论尘埃落定之后，我们仍将按照老样子继续平静地展开我们的数学工作，并且每一位数学家都感觉在他的工作中存在着某些真实的东西。（Dieudonné, 1970：145）

但这种观点使得形式论在我们工作基础上所起的作用显得疑问重重。哥德尔不完全性定理表明了形式论无法包含所有被我们认为是正确的推理；即使我们将自身限制在某个固定一阶形式理论内，哥德尔完全性定理也表明只有形式可证明的结论与公理得出的结论在外延上是相等的（Kreisel, 1980：161-162）。

形式规则在实际推理中所起的作用是不太明确的，实际上就连提出了上述观点的布尔巴基学派的作者们同样也尴尬地意识到了这一点：他们的会议备忘录中提到谢瓦尔利（Chevalley）——参与编写教材的作者之一，"被委托在导论中尽可能真诚地掩盖这一点"（Corry, 1996：319-320）。而在正文（Bourbaki, 1954）开头，他们为符号串制定了一大堆明确的句法规则，但是在陈述完这些规则之后，他们紧接着又回到了非形式推理之中。所以"在正文中，证明的根据依赖于逻辑推理中**不言自明**的概念"（Kreisel, 1967b：210），而不是依赖于形式化句法规范定义出来的明确概念。在他们写作的年代，这是一种必须手段：他们意识到即使是很简单的数学论证，如果要按照他们所规定的那种形式规则来进行论证，也要花费冗长到无法实现的工夫。他们还严重低估了一点：他们声称在他们的形式系统中，代表基数 1 的字符串完整长度将达到"数万"（Bourbaki, 1956：55），而实际上这个数字是 10^{12}（Mathias, 2002）。直到最近才有可能使用计算机来检验人类的数学论证中有没有违反形式规则；而这也只是一个正在研究中的项目，即使它成功了，我们也依旧不清楚为什么一个证明能否被形式化，可以被看成检验该证明是否正确的**标准**。

1.5　限定摹状词

如果 $\Phi(x)$ 是一个公式，那么将 $(\forall y)(\Phi(y) \Leftrightarrow x = y)$ 简写为 $\Phi!(x)$。公式 $(\exists x)\Phi!(x)$ 则写作 $(\exists!x)\Phi(x)$，读作 "存在唯一一个 x 使得 $\Phi(x)$"。但是严格地说，对 $\Phi!(x)$ 的这种定义并不令人满意。例如，令 $\Phi(x)$ 是公式 "$x = y$"，那么我们会发现 $\Phi!(x)$ 成了 $(\forall y)(y = y \Leftrightarrow x = y)$ 的缩写，而该公式为真当且仅当 x 是论域中唯一存在的对象，而我们实际想表达的意思是 "x 是唯一等于 y 的对象"，其为真当且仅当 $x = y$。这一错误产生的原因在于变元 y 已经出现在了公式 $\Phi(x)$ 中，并因此成为约束变元。这种变元之间的冲突是量词逻辑一个令人恼火的特征，而我们从现在开始将略过这一点。我们假定，每当选用一个变元时，它都不会和任何已被选用的变元产生冲突：这一假设永远是可行的，因为任何给定公式中已出现的变元数量是有穷的，而我们能够创造的变元数量是无穷的。（我们可以无穷次地为 x 加上撇得到 x'、x'' 等）。

如果 $\Phi(x)$ 是一个公式，我们将使用表达式 $\imath!x\Phi(x)$，读作 "x 使得 $\Phi(x)$"，用以表示如果存在使得 Φ 成立的对象，那么该对象是唯一的；而当不存在这样的对象时，该表达式不指称任何对象。这种形式的表达式被称为**限定摹状词**（definite description）。更一般地，这种用来指称对象的表达式我们称之为**项**（term）。如果 $\Phi(x, x_1, \cdots, x_n)$ 是一个依赖于变元 $x, x_1, \cdots, x_n$ 的公式，那么 $\imath!x\Phi(x, x_1, \cdots, x_n)$ 就是一个依赖于变元 $x, x_1, \cdots, x_n$ 的项。**专名**（proper name）同样是一种项，但是它不依赖于任何变元。我们使用小写的希腊字母如 σ、τ 等来表示任意的项；如果项 σ 依赖于变元 $x_1, \cdots, x_n$，那么我们可以将其记为 $\sigma(x_1, \cdots, x_n)$ 来突显这一点。这些小写希腊字母，就像我们此前用来代表公式的大写希腊字母一样，属于元语言而非对象语言：在一个具体语句中，这些字母被填充在那些特定项所在的地方。

如果一个项 "σ" 确实指称了某些东西，那么我们就说 σ **存在**。语言中的一项惯例就是专名总是指称了某些东西。但是对限定摹状词来说，情况则并非如此：比如，$\imath!\ x(x \neq x)$。通常来说，$\imath!x\Phi(x)$ 存在当且仅当 $(\exists!x)\Phi(x)$ 成立。我们规定，如果 σ 和 τ 是项，那么等式 $\sigma = \tau$ 将被理解为 "如果 σ 和 τ 两者中有一个存在，那么这两者都存在且两者相等"。

由于从形式上看，这些定义都只是一些缩写，所以它们是否正确可以简单地归结为在每一个出现了这些缩写的公式中，我们能否机械且无歧义地将这些缩写消除；从这个意义上来说本书中定义的正确性永远（我希望）是显而易见的。（它们在心理上的影响当然是另外一回事）。

只有公式和项才能在定义中采用缩写。如果是项，那么除了形式上的正确性（即可以无歧义地消除）之外，我们还要考虑它所指的对象是否存在。使用不指向任何对象的项本身并没有错误，但是它可能会引发错误，因为缩写前后的逻辑规则并不一样。（例如，如果 σ 不存在，那么由 $\Phi(\sigma)$ 得出 $(\exists x)\Phi(x)$ 就是错误的。）所以，有时在引入一个新符号用以表示一个项的缩写时，会伴有此项所指对象确实存在的说明；如果没有这样的说明，可能是因为在当前状况下这类说明是完全多余的。

注释

本书的逻辑宗旨是对特定公理理论做非形式的阐述。为了理解这样的阐述,读者并不需要具备元逻辑的知识，仅仅具有布尔巴基学派那句著名的"一定的抽象思维能力"就足够了。然而，我在围绕这一宗旨进行评论以期充实阐述的时候，多少会夹杂一些哲学思考，其中偶尔会含有一些元逻辑的内容。毫无疑问本书的大多数读者已经熟知了这些内容，至于剩下的那部分读者，可以在霍奇斯（Hodges, 1983）的概述中了解到足够多的信息:特别要注意那些限定性结论，如勒文海姆-斯科伦定理以及一阶理论中的非标准模型。

我已告诫读者不要把可形式化当成是一种评判数学推理是正确的标准。尽管如此，构成本书宗旨的理论是可以形式化为一套一阶理论的，因为这样才能确保上段提到的那部分元逻辑内容是可适用的。因此在整个讨论过程中隐含着元语言和对象语言之间的区别，以及对应的使用和提及之间的区别。虽然我已表示为了文本的可读性，我会尽可能地忽略它们，但是读者仍然需要注意到这些区别：奎因（Quine, 1940, §§4–6）对此做出过一些精彩的论述。

戈德法布（Goldfarb, 1979）阐明了一阶逻辑逐渐占据主导地位的景况，但是并没有真正解释这一景况是如何形成的。穆尔（Moore, 1980）提供了更多的细节。但是，在这一方面仍然存在很多疑问没有被解开。

第 2 章　聚

2.1　聚　与　融

在语言中充斥着聚集体概念：图书馆是由书籍组成的，大学是由学者组成的。依据具体语境，有数个词常被用来描述由许多事物组合在一起构成单个事物的形式：我的图书馆是由涉及**各种**不同主题书籍构成的**聚**（collection）；其中包括一个胡塞尔论文组成的**集合**（set），它属于——哎呀，属于我从来没有抽出时间来阅读的**类别**（class）；我的图书馆的**外延**（extension）并不是我所拥有的全部书籍，因为我在家里还放了很多书，而我最近惊讶地发现它们的**总计**（sum）重量已经超过了一吨。

以上事实说明在这一类别下有好几个不同的概念，而我们需要其中一些词——集合、类、外延、聚——来严格地表达这些概念。同时，我们保留"聚集体"（aggregate）一词作为所有这些概念的总括性术语。

但是**何为聚集体**？换而言之，我们希望本书中构建起来的理论所能探讨的究竟是哪些东西？首先，我们可以至少在日常语言中说，这个词是指由某些实体通过某种方式组成或生成的单个实体。但是这种说法将两种完全不同的聚集方式——我们这里分别称之为属于关系的**聚**（collection）和包含关系的**融**（fusion）——混为一谈。这两种方式都将对象聚集在一起，但是由包含关系所得的结果不会大于其各部分之和，而属于关系则不然。令问题更加复杂化的是，这使得某些哲学家，特别是那些唯名论*（nominalism）的同情者们更倾向于融：他们认为，融只不过是以单数的形式提及我们通常会以复数形式提及的对象们罢了。

> 可以确定的是，如果我们采用分体论**（mereology），那么我们就已承诺了各式各样的分体论式融的存在性。但是，比方说如果我们先承诺了猫们（cats）的存在，那么进一步对猫-融的承诺并不意味着

---

* 唯名论是个复杂的派别。其成员的共同主张之一是共相并非独立存在，而寓于可感事物之中，即认为各种"概念"只是一个主观的名称，并非客观实在。——译者

** 该理论主张物体即为其部件。一旦物体失去或新增某部件，该物体就不再是原来的物体，而是一个新的物体。——译者

我们承诺了更多的东西。如果除去了它所包含的猫们，那么猫-融就什么都不是。它就是它们。它们就是它。不管是把它们放在一起还是将其分开来一只只单独看待，在现实中猫们都以着同样的方式存在。一次性承诺所有猫的存在，或是一只只分别承诺下去，这两种承诺方式实质上并无区别。假设你根据自己看待事物的方式列出一份罗列了现实世界中所有事物的清单，那么你列举了猫们再列上猫-融就是重复列举。更一般地来说，如果你已经承诺了某些事物，那么当你再承诺包含了它们的融存在的时候，你并没有做出更多的承诺。根据已有的承诺，新承诺是多余的。（Lewis, 1991: 81-82）

相比之下，聚则不仅仅是将几个对象简单地合并到一起：聚不等同于它的组成部分之和，而是在其之上更进一步作为一个实体而存在。有各种各样的比喻用来解释这一点——聚是装着其成员的麻袋，一个套住它们的套索，又或者是其成员的编码——但是没有哪种比喻能令人满意①。因此我们需要注意到，就算聚是一种实体，它也是一种从形而上学的角度来看大有问题的实体，值得我们谨慎对待。

当我们考察"属于"概念时，聚和融之间的区别就变得更明显了。属于是聚概念的基础，但不是融概念的基础。对于包含了一套扑克牌的融来说，它是由这些扑克牌组成的，但是不能说只有这些扑克牌属于该融，因为同样可以说该融由四种花色组成。聚具有固定数目的成员，而一个融则可以按照多种方式进行划分（尽管这些划分方式可能并非同样有趣）。

当我们考虑不足道的（trivial）单个对象的情况时，比如说我的宠物金鱼泡泡，聚和融之间的区别是最明显的。像只含有泡泡这一个成员的聚通常被称为**单元集**（singleton），写作 {泡泡}。这个聚和泡泡本身并不是同一个对象，因为这个聚含有一个成员（泡泡），而泡泡本身则是一条金鱼，它并不含有任何成员。相比之下仅包含泡泡的融仍然只是泡泡本身，在此基础上并没有增减任何东西。

当我们想要在虚无中创造出对象时，情况又会如何呢？一个没有成员的聚仍然是一个聚，正如一个空的容器仍然是一个容器。但是一个没有组成部分的融是不可能存在的：如果我们试图在没有对象可供包含的情况下产生融，那么产生的并非一个不足道的对象，而是根本没有对象产生。

直到 19 世纪末，聚和融，以及相应的属于关系和包含关系之间的区别才得以明确。教科书中有时会把这一功劳归于佩亚诺（Peano），他为这两个概念设计了不同的表示方法（Peano, 1889）。但是将功劳**全部**归于佩亚诺有些言过其实：如今

---

① 参见刘易斯（Lewis, 1991）对于试图在这种隐喻中塑造出完美的形而上学意义之困难的精彩论述。

我们只能找到一两页内容，其中他声称如果 k 被 s 包含，那么 k 则同样是 s 的一个元素，以防 k 恰有单个成员，而这恰恰是他本来竭力避免要犯的错误。他确实引入了一个记号用以表示集合 b 和单元集 $\{b\}$（他用 ιb 来表示）之间的区别，但是其动机有些古怪："让我们把符号 = 分解成两个部分，**是**和**等于**；**是**已经由符号 $\in$ 来表示，现在让我们用 ι（$\iota\sigma\sigma\varsigma$ 中的第一个字母）来表示**等于**；由此，$a = b$ 可以替换写作 $a \in \iota b$。"（Peano，1980：192）显然，佩亚诺的动机近乎全然出自符号学层面。至少对那时的他而言，语言中的类（class），只不过是语言——而且也几乎没有证据表明他把类看成是独立的实体。

实际上，似乎弗雷格才是第一个清楚地阐述了融的性质的人。融，据他所言，"由对象组成，它是它们的聚集体，是统一的单元；因此如果这些对象消失了，那么这个聚集体必定也就随之消失。如果我们烧掉了一个树林里所有的树，我们也就烧掉了这个树林。因此，是不可能有空融的"（Frege, 1895: 436-437, 有修改）。弗雷格当时是在回顾，但是他的评论（Schröder, 1890-5）在当时具有相当大的影响力：它在逻辑学界中催生了一股延续至 20 世纪 20 年代的风潮。当戴德金（Dedekind）在《数是什么？数应当是什么？》（*Was sind und was sollen die Zahlen*）一书中避开空集，并用相同的符号提及属于和包含（Dedekind, 1888）——这是接纳分体论的两个明显标志——时，他想到的显然是融，而不是聚。直到很久以后，他才起草了一份校订稿，其中采用了聚理论的概念（Sinaceur, 1973）。

考虑早期人们对融的青睐，数学界后来竟如此彻底并迅速地转向了聚，就很令人吃惊了。毫无疑问，策梅洛（Zermelo, 1908b）用聚而非融作为他公理化的对象对这一转变具有重要影响。此外，数学界迫切希望能够区分诸如一套扑克牌中的扑克和这套牌的花色这种分体论中无法做出的区分：因此，相比于融，数学家更倾向于讨论聚。但是这还不足以解释所有：就好像之前我们讨论的一阶逻辑和二阶逻辑一样，聚和融之间还有很多东西值得讨论。

2.2 属于关系

不同于融，一个聚可以借由其所含的成员得以确定。本书在形式上将把这种属于关系看成初始概念。用另一种方式来说，就是聚理论的语言中含有一个非逻辑的初始二元关系符号 "$\in$"。公式 "$x \in y$" 读作 "x 属于 y"。

当然，我们必须记住，聚理论本身是没什么作用的：它被设计出来只是为了方便我们谈论**其他**东西。这里我们不做任何其他预设。我们假设从一个相关的理论 T 开始。将 T 论域中的对象称为**个体**（individual）。有些书的作者会把它们叫作"原子",更多的人为了纪念德国学者在这一领域的突出贡献而称其为 "Urelemente"（字面意思是 "初始元素"）。在我们正式讨论聚之前，我们必须确保对个体的论断不会被错误地运用到聚上。（比如，如果 T 是牛顿力学的一种形式理论，那么我们不会希望未经讨论就声称聚和聚内的成员遵循同样的物理法则。）为了限制个体，我们在这里引入一个谓词 $U(x)$，用以表示 x 是一个个体，并且据此重新定义 T 中所有公理。也就是说，我们把 T 中公理的每一处全称量词 "$(\forall x)\cdots$" 替换为 "$(\forall x)\,(U(x) \Rightarrow \cdots)$"，而所有的存在量词 "$(\exists x)\cdots$" 替换为 "$(\exists x)(U(x)$ 而且 $\cdots)$"；并且对于 T 语言中的每一个常元 a，我们都增加一条新公理 $U(a)$。

通过这种方式将 T 和个体联系起来之后，现在我们可以说明什么是由满足属性 Φ 的对象所构成的**聚**。

定义　如果 $\Phi(x)$ 是一个公式，那么项 $\iota! y$(并非 $U(y)$ 而且 $(\forall x)(x \in y \Leftrightarrow \Phi(x)))$ 缩写成 $\{x\colon \Phi(x)\}$，并且读作 "由所有使得 $\Phi(x)$ 成立的 x，所构成的聚"。

也就是说：如果 $\{x\colon \Phi(x)\}$ 存在，那么它就是唯一一个并且是只由满足了 Φ 的那些对象所构成的非个体性存在。我们还将采用该记法的各种变体，以适用于不同情景：比如，我们经常会把 $\{x\colon x \in a$ 而且 $\Phi(x)\}$ 写成 $\{x \in a\colon \Phi(x)\}$，把 $\{x\colon x = y\}$ 写成 $\{y\}$，把 $\{x\colon x = y$ 或 $x = z\}$ 写成 $\{y, z\}$，等等；我们还会把 $\{y\colon (\exists x)(y = \sigma(x)$ 而且 $\Phi(x))\}$ 写成 $\{\sigma(x)\colon \Phi(x)\}$。满足 Φ 的对象被称为是 $\{x\colon \Phi(x)\}$ 的**元素**（element）或**成员**（member）；它们可能，但并不一定是个体。另外，由定义可知聚 $\{x\colon \Phi(x)\}$ 一定不是个体。

引理（2.2.1）　如果 $\Phi(x)$ 是一个公式且存在 $a = \{x\colon \Phi(x)\}$，那么 $(\forall x)(x \in a \Leftrightarrow \Phi(x))$。

证明：由定义直接可得。　　　　　　　　　　　　　　　　　　　　□

我认为把这一条称为 "引理模式" 更加合适，因为它并不能形式化为一条单独的一阶命题，它实际上描述的是一类而非一条命题。但是本书并没有那么死板，接下来我们仍将这些模式称为引理（或是命题、推论、定理，视具体情况而定）。

引理（2.2.2）　如果 $\Phi(x)$ 和 $\Psi(x)$ 是公式，那么

$$(\forall x)(\Phi(x) \Leftrightarrow \Psi(x)) \Rightarrow \{x\colon \Phi(x)\} = \{x\colon \Psi(x)\}$$

证明：如果 $(\forall x)(\Phi(x) \Leftrightarrow \Psi(x))$，那么 $(\forall x)(x \in y \Leftrightarrow \Phi(x)) \Leftrightarrow (\forall x)(x \in y \Leftrightarrow \Psi(x))$，因此 $\{x\colon \Phi(x)\} = \{x\colon \Psi(x)\}$。　　　　　□

注意，这个引理依赖于我们在 1.5 节中做出的约定：由逻辑相等的公式派生出来的聚，**如果它们存在**，那么它们也是相等的。

2.3　罗素悖论

对于某个属性，如果存在一个聚，其成员都恰为具有该属性的对象，那么我们就称该属性为**可聚的**（collectivizing）。而我们所关心的一大问题就是哪些属性是可聚的：并非所有的属性都是可聚的，因为只要我们假设所有属性都是可聚的，那么将立刻导致矛盾。

罗素悖论（绝对版本，absolute version）**（2.3.1）**　　不存在 $\{x\colon x \notin x\}$ 。

证明：假设存在 $a = \{x\colon x \notin x\}$。那么根据引理 2.2.1，得 $(\forall x)(x \in a \Leftrightarrow x \notin x)$，代入 a 得 $a \in a \Leftrightarrow a \notin a$，矛盾。　　　　　　　　　　□

对于该结论需要注意的第一件事是，我们是在还没有规定**任何**公理的情况下就证明了该结论。之所以这么做是为了强调罗素悖论不是哪一种聚理论所特有的挑战或质疑，事实上它是**所有**此类理论都必须要考虑的重点。同样值得注意的是我们在罗素悖论的证明中所用到的逻辑是多么基础。当然，这并不是说所有的逻辑系统中都可以推导出这一悖论。通过写下完整的证明过程，我们可以很简单地为逻辑施加限制，使之无法导出该悖论。确实有一些学者推荐了这种颇具勇气的做法，但这是一种**极端**绝望的策略，因为施加的限制（如否定蕴涵的传递性）可能会极大地削弱逻辑的功能。

"不能属于自身"并非第一个被发现的不可聚属性：康托尔在 1897 年告诉希尔伯特："由所有无限数组成的集合 …… 不能看成是一个明确的、定义良好的集合。"但是它不如在弗雷格《算术的基本规律》第二卷中首先发表的罗素悖论那样牵扯人心：希尔伯特在他对数学问题的演说中提到："它表明所有的基数系统，甚至所有的康托尔无限数系统，都无法建立一致的公理系统。"（Hilbert, 1900）而关于罗素悖论，尤为令人注目的是它本质上比其他悖论都更接近纯逻辑：对于任意二元关系 R，

$$\text{并非}(\exists y)(\forall x)(xRy \Leftrightarrow \text{并非 } xRx)$$

都是一条一阶逻辑真理。相反，其他集合论悖论都多少涉及基数或序数[①]。奇怪的是希尔伯特（在一封给弗雷格的信中）称这些悖论"更具有说服力"：其原因尚不清楚。

2.4　这是悖论吗

悖论是与期望相反的事实（来源于希腊语的 "$\pi\alpha\rho\alpha$"+"$\delta o\xi\alpha$"，"出乎意料"）。罗素的结论是否是一个悖论取决于人们对聚概念的理解。当弗雷格被告知他的形

---

① 等定义了基数和序数的概念之后，我们会在后面的章节中了解到这些悖论的细节。

式系统中有一个公理会导致矛盾时，这对他来说确实是一个意外，但是他当时所采用的实际上并非聚概念，而是一个与逻辑联系更为密切的概念，这里我们称之为**类**。所以尽管弗雷格的理解确实存在严重缺陷（我们将在附录 B 中进一步讨论该缺陷），但是我们没有理由据此认为聚概念中也存在这样的缺陷。

确实，如今在许多书中都可以找到聚的概念，而且在这些书中，似乎罗素提出的根本就不是一个悖论，而是我们早就应当预料到的东西一样。然而这种过分乐观的看法值得我们怀疑，因为即使现在大家都同意存在一个合适的聚概念，我们也没有对这个概念究竟是什么达成一致。

不管怎么说，在哥德尔（Gödel，1944）之前的出版物中很难见到这种"只要我们按照正确的方式进行思考，那么悖论就会被消去"的观点。直到很久之后这种观点才变得普遍起来。1940 年，奎因认为悖论"暗藏在我们常识的并且不具有批判性的推理方式之中"（Quine，1940：166），直到 1951 年他仍然断言"常识已经破产，因其卷入了矛盾。逻辑学家不得不放弃他们的传统，转而采取神创论"（Quine，1951：153）。至今仍有许多人同意他的观点（比如，Weir，1998a）。

集合论悖论对数学基础的所谓影响，同样值得我们审慎。这些悖论被发现之后的三十余年通常被称为数学基础的危机时期，但是很难说这个称呼名副其实。当然在**集合论**基础中确实发生了危机，但是仍有许多数学家并没有执着于寻找解悖方案，而是直接以非形式化的方式继续他们的工作：例如，豪斯多夫（Hausdorff，1914）的集合论教材中就几乎没有提及这些悖论。除非已经把集合论当成数学基础，否则没有理由把这看成数学基础的一次危机；不如说在找到足够令人满意的解悖方案之前，最自然的反应是将这些悖论看成对"数学基础是集合论"这种观点的驳斥。

不过，这些集合论悖论有时的确被理解为展现了一种更普遍的威胁，即我们"先天"（即先于理论的）的推理标准实际上是矛盾的。但是人们据此得出了不同的结论。倾向于逻辑的一方认为既然直觉（common sense）会把我们引入迷途，那么我们就不应该相信直觉，并转而依赖于形式系统；而其他人（比如，Priest，1995; Restall，1992）则认为我们应该试着（而且我们最终必定）接纳直觉会不可避免地导致矛盾——简而言之，就是要学会容忍矛盾。

最后一个话题相对于本书的主题来说有些离题，因为它不仅仅在讨论集合论悖论时出现:我们在对说谎者悖论或突击测验悖论(the paradox of the unexpected hanging)进行思考时，同样可以得出结论说直觉推理方式中隐含着矛盾。所以很难理解为什么集合论学者需要比其他从事理性论证的人更重视该问题。我个人深信直觉在演绎推理中起到了工具性作用，并且在后面的章节中我仍将使用它。

不管怎么说，集合论悖论仍是一大困扰：简单地说，我们不能默认属性是可聚的，就算那个属性确实是可聚的，我们目前也没有判定属性确实可聚的方法。如果想要解决这一点，显然就必须要精炼我们的聚概念，而本书的一大任务就是探究通过这条途径给出解悖方案的前景。

2.5　无限可扩展性

一个反复被提及（比如，Lear, 1977;Dummett, 1993）的思路是，解决悖论的核心在于将我们自己限制在直觉主义逻辑（intuitionistic logic）内，即不再将排中律看成一般性的规律。需要强调的是，这一想法不同于我们在前文中提到的那种通过削弱逻辑来让每一种属性仍是可聚的朴素想法。我们在 2.3 节中证明 "不属于自身" 这一属性不是可聚的时，并没有用到排中律，所以取消排中律后论证仍是有效的。因此直觉主义逻辑和经典逻辑一样，无法通过简单地否定悖论的证明来拒斥罗素悖论[①]。

因此，在聚推理中采用直觉主义逻辑只能部分地解决悖论。所以大多数这类直觉主义解悖思路都依赖于某种特定的聚概念是不足为奇的。这里我们暂时只考察杜梅特（Dummett）的思路，而他的思路从表面上来看并不依赖于任何特定概念。他认为在对他所谓的无限可扩展（indefinitely extensible）的概念进行推理时，直觉主义逻辑才是正确的逻辑。他借用悖论来说明聚概念就是无限可扩展的，而且据他所说这并不是唯一的无限可扩展概念。所以如果他的观点是正确的，那么将使得包括数学在内的多个论域投入到直觉主义的门下。

尽管无限可扩展性（indefinite extensibility）在数学和逻辑学中的确很常见，但杜梅特并没有声称无限可延伸性同样影响了更日常的论证。根据赫克（Heck, 1993：233）所说：

> 这是一个关于直觉主义的新论证，不同于杜梅特的意义理论。它是数学反实在论分支上的论证，是对特殊数学性质的思考，因此也就不具有意义理论的那种普适性倾向。

赫克这番话并不完全准确：杜梅特在 1991 年提出的这一观点在他的早年著作中同样可以找到（Dummett, 1973：529-530，568-569）。如何将数学中的直觉

---

① 这里需要说明一下，因为人们通常把罗素悖论看成一种两难境地：聚 a 要么属于自己，要么不属于自己，但是两种情况都会导致矛盾。如此说来，论证依赖于排中律；但是正如我们已经看到的那样，这并非推出罗素悖论的唯一方法。

主义观点与赫克所提到的普适性考量相联系起来才是杜梅特在 20 世纪 90 年代提出的新内容。变化在于杜梅特不再设想会有一种根据对意义进行考量得出的普适性观点**能够**促使我们采用反实在论（anti-realism）立场——这将是放弃经典逻辑的绝佳原因。相反，他认为这些考量只不过是提供了一种模式，其中的实例都是对特定论域中反实在论观点的概要。如何充实这些概要，取决于相关具体论域的自身特征。所以，我们可以把杜梅特的"新"直觉主义论证看成一种在数学论域中充实这些概要的途径。

那么杜梅特的观点到底是什么呢？他的论证有一个中间步骤。首先，他分析认为一个概念不可聚，原因就在于该概念是**无限可扩展的**。接着他论证只有直觉主义逻辑才是涉及无限可扩展概念的量化推理时唯一正确的逻辑。让我们依次来考察杜梅特的这两个论证步骤。

对于第一个论证，即分析认为概念的不可聚性在于其具有无限可扩展性，最早其实是由罗素做出的，早在 1906 年中他就完成这一工作并称之**自生性**（self-reproductive）而非无限可扩展性（Russell, 1906b）。如果一个属性对"给定的任意一个由具有该属性的项组成的类，都能定义出一个新项且新项同样具有这一属性"（Russell, 1973a: 144），那么我们就称这一属性是自生的或无限可扩展的。更准确地说，对于一个属性 F，如果存在一种方法能够针对一些具有 F 属性的对象生成一个新对象且新对象同样具有 F 属性，那么我们就称该属性是无限可扩展的。

作为对已知诸悖论的分析，这是颇具说服力的。不仅仅是罗素悖论，后来发现的一些其他悖论，如布拉利–福尔蒂悖论（Burali-Forti paradox，参见 11.2 节），都可以不用做太多变形就能使之显露出杜梅特所说的无限可扩展性。然而尚不清楚为什么认为一个属性不可聚那么它就是无限可扩展的。我们也许会认为模糊性是某些聚——比如，所有秃子组成的聚，所有短词组组成的聚——不存在的原因。如果我们通过严格定义排除掉那些模糊的属性，那么根据剩下来的悖论，我们就能得到一个归纳性的结论，因为就我们目前的观察结果而言，所有不可聚属性的证明都借助于无限可扩展性；但是这并不具有很强的说服力，特别是由于一些悖论不是独立产生的，而是通过分析那些已知悖论的形式时才发现的。如果确实存在不能由无限可扩展性来分析的集合论悖论，那么该悖论应该是根据全新的思路来构造的，显然我们不可能事先知道这种情况发生的概率有多大。

注意，即使我们同意不可聚一定是由无限可扩展性导致的结果，从这一步再经过杜梅特的第二个论证得到他的结论——因为无限可扩展性，而在所有数学推理中拒斥经典逻辑——也需要依赖某种集合论还原主义观点。也许正因为此，杜梅特才试图直接论证（即不依赖任何还原论）无限可扩展性不仅仅是集合概念的一个特征，还是自然数和实数的一个特征。这些论证是有问题的，但是我们这里先不讨论它们。我们继续考察杜梅特的第二个论证，即直觉主义逻辑，而非经典逻辑才是当推理涉及无限可扩展概念时所应使用的逻辑。

毫不夸张地说，人们发现杜梅特在这一点上的论证非常晦涩。布洛斯（Boolos，1993）、克拉克（Clark，1993a，1998）、奥利弗（Oliver，1998）和赖特（Wright，1999）都试图想要理解他的这一观点。一度有种想法认为无限可扩展性也是一种模糊属性，这令评论家们大感困惑，因为很难相信集合论悖论涉及的那些对象集合是模糊的。

看来杜梅特未能清楚表明为什么无限可扩展性会势不可避地导向直觉主义，最有可能的原因是其观点本身就不成立。正因为直觉主义无法独立解决悖论，所以采用直觉主义的动机也就不能独立于解悖方案的其他部分便得以说明。如果想要更详细地阐述解悖方案中的策略和动机，我们需要先将目光放回到悖论本身上。

2.6 聚 的 定 义

我们已经定义了什么是 "……的聚"，但是还没有定义 "聚" 本身。一种朴素的想法就是若存在公式 $\Phi(x)$，那么 $\{x: \Phi(x)\}$ 中的那些对象构成的就是聚；但是因为我们在第 1 章中施加的形式限制，所以这种办法行不通（因为 "存在公式" 并非一阶的）。不过我们可以通过下列一阶定义得到我们想要的东西。

定义　称 b 是一个聚，如果 $b = \{x: x \in b\}$。

引理（2.6.1）　所有聚都不是个体。

证明：由定义直接可得。　　　　　　　　　　　　　　　　　　　　　　　□

所以不存在既是聚又是个体的东西。我们这里并不是说所有的东西要么是聚，要么不是聚。此外为了严谨起见，我们还可以补充一句，那就是个体不具有成员。

引理（2.6.2）　假设 $\Phi(x)$ 是一个公式。如果存在 $\{x: \Phi(x)\}$，那么它就是一个聚。

证明：如果 $b = \{x: \Phi(x)\}$ 存在，那么

$$(\forall x)(x \in b \Leftrightarrow \Phi(x))【引理 2.2.1】$$

使得 $\{x: x \in b\}$ 存在，而且

$$b = \{x: \Phi(x)\} = \{x: x \in b\}【引理 2.2.2】　　　　　　　□$$

在本章剩下的部分及第 3 章中，我们都用 a, b, c, a', b', c' 等来表示聚。

特别要说明的是量词 "$(\forall a)$" 和 "$(\exists a)$" 应该分别读作 "对任意的聚 a" 和 "存在一些聚 a"。我们继续使用 x, y, z 等来指代任意变元——不管是聚还是变元。

我们用 $(\forall x \in a)\,\Phi$ 来代替 $(\forall x)(x \in a \Rightarrow \Phi)$，并用 $(\exists x \in a)\,\Phi$ 代替 $(\exists x)(x \in a$ 而且 $\Phi)$。我们还用 $\Phi^{(a)}$ 表示分别用 "$(\forall x \in a)$" 和 "$(\exists x \in a)$" 对应替换掉公式中的量词 "$(\forall x)$" 和 "$(\exists x)$" 的每一处出现后得到的结果。

引理（2.6.3） 假设 $\Phi(x)$ 是一个公式，那么

$$(\exists a)(\forall x)(x \in a \Leftrightarrow \Phi(x)) \Leftrightarrow 存在 \{x : \Phi(x)\}$$

证明：假设 a 是令 $(\forall x)(x \in a \Leftrightarrow \Phi(x))$ 成立的聚，那么

$$a = \{x : x \in a\} = \{x : \Phi(x)\}【引理 2.2.2】$$

因此 $\{x : \Phi(x)\}$ 存在。反过来，如果存在 $a = \{x : \Phi(x)\}$，那么它就是一个聚【引理 2.6.2】，并且 $(\forall x)(x \in a \Leftrightarrow \Phi(x))$【引理 2.2.1】。 □

外延性原理（extensionality principle）**（2.6.4）** $(\forall x)(x \in a \Leftrightarrow x \in b) \Rightarrow a = b$。

证明：假设 a 和 b 都是聚，那么 $a = \{x : x \in a\}$ 而且 $b = \{x : x \in b\}$。假设 $(\forall x)(x \in a \Leftrightarrow x \in b)$，那么

$$\{x : x \in a\} = \{x : x \in b\}【引理 2.2.2】$$

因此 $a = b$。 □

也就是说，聚由其元素所决定。

外延性原理被策梅洛当成公理（Zermelo, 1908b）——他称之为确定性公理（Axiom der Bestimmtheit）——而且自那以来大多数情况下它都被当成公理来看待。我们这里之所以把它看成定理而非公理，是为了强调它的纯定义特性：聚就是由它的元素所决定的那类东西。

公式 $(\forall x)(x \in a \Rightarrow x \in b)$ 缩写成 $a \subseteq b$，并读作 "a 包含于 b" 或 "b 包含 a"，或 "a 是 b 的一个子聚（subcollection）"；公式 "$a \subseteq b$ 而且 $a \neq b$" 缩写成 $a \subset b$ 而且读作 "a 真包含于 b" 或 "a 是 b 的一个真子聚"。

我们称一个聚 a 是**空的**（empty），如果 $(\forall x)(x \notin a)$。

定义 $\varnothing = \{x : x \neq x\}$。

如果 $\varnothing$ 存在，那么它显然就是空的聚；但是因为我们到目前为止还没有设定任何公理，所以无法从形式上证明哪个聚是存在的，当然也就没有办法说存在一

个空的聚。我们现在所能证明的是如果存在这样一个空的聚，那么它就是唯一空的聚。假定 a 和 a' 都是空的，即 $(\forall x)(x \notin a)$ 而且 $(\forall x)(x \notin a')$，那么

$$(\forall x)(x \in a) \Leftrightarrow (\forall x)(x \in a')$$

根据外延性原理可得 $a = a'$。

定义 $a \backslash b = \{x: x \in a \text{ 而且 } x \notin b\}$（"$b$ 在 a 中的补"）。

定义 $\mathfrak{B}(a) = \{b: b \subseteq a\}$（"$a$ 的幂集"）。

定义 $\cap a = \{x: (\forall b \in a)(x \in b)\}$（"$a$ 的交"）。

定义 $\cup a = \{x: (\exists b \in a)(x \in b)\}$（"$a$ 的并"）。

最后两种记号在具体例子中常常会采用它们的变体记法：我们用 $a \cup b$ 代替 $\cup\{a, b\}$，$\cup_\Phi \sigma$ 代替 $\cup\{\sigma: \Phi\}$；交集也有相应的变体记法。这里举一些例子：$a \cup b = \{x: x \in a \text{ 或 } x \in b\}$，$\cup_{\in a} \tau(x) = \{y: (\exists x \in a)y = \tau(x)\}$。

称两个聚 a 和 b **不相交**（disjoint），如果它们没有共同的成员。称一个由聚组成的聚是**互不相交**的（pairwise disjoint），如果该聚中的任意两个聚都是互不相交的，也就是说没有哪个对象属于其中多个聚。

需要注意这些定义的一个特征：我们没有承诺引入的这些术语指代了任何存在。所以我们在使用它们的时候必须小心谨慎。比如，我们现在甚至不能证明两个聚 a 和 b 不相交当且仅当 $a \cap b = \varnothing$，因为如果 $a \cap b$ 和 $\varnothing$ 不存在，那么无论 a 和 b 是否相交，$a \cap b = \varnothing$ 都是不足道地为真。

注释

在过去一个世纪中，数学界几乎完全无视了融理论。哲学界和哲学逻辑学界对此则更感兴趣一些：莱斯涅夫斯基（Lesniewski）的工作（Fraenkel et al., 1958：200ff.）引导了列耶夫斯基（Lejewski, 1964）和亨利（Henry, 1991）等人的工作，以及形而上学唯名论者特别感兴趣的一种个体演算（Leonard and Goodman, 1940）。但是这些研究的目的不同。其中很少涉及将融理论充作数学基础的可行性研究。确实，聚理论的思考方式在多数数学家的脑海中是如此地根深蒂固以至于他们很容易就忘记将一条线看成点的总和而不是点的聚是多么自然。

一些解悖方案试图限制外延性原理以解决罗素悖论。我们之所以在这里不讨论这些方案是因为本书把外延性原理当作定义来使用：不管怎么说，一种否定了外延性原理的理论都不会是一种**聚**理论。这种观点得到了广泛认同：比如，仅仅是因为奎因怀疑是否真的**有什么东西**是分析性的，布洛斯（Boolos, 1971: 230）才没有说对集合概念而言，外延性原理就是分析性的。

另一类我们没有加以讨论的解悖方案是承认悖论语句为真。这类策略面临的困难在于我们前面提到的罗素悖论直接来源于下面这个语句：

$$并非(\exists y)(\forall x)(xRy \Leftrightarrow 并非\, xRx)$$

该语句在经典逻辑和直觉主义逻辑中都是真的。而任何保留悖论语句的解悖方案都必须要令上述语句逻辑上不为真。在这方面韦尔（Weir, 1998b, 1999）做出了勇敢的尝试。

不管怎么说，这方面一个值得尊敬的传统就是拒斥聚的层级概念，而只承认融的。比如，弗雷格最早区分这两个概念就是为了这一点。类似地，罗素也发现了空集和单元集是有问题的。最近，刘易斯（Lewis, 1991）详细研究了将聚概念分成两部分的想法：融的分体论概念和由单元集构成的聚理论运算。刘易斯称他只是指出了形而上学的问题，但并不试图去解决它，因为他无法设想出这样的聚理论运算应该是什么样的。我此前曾在（Potter, 1993）中质疑他是否错误地列出了问题，而且我仍然怀疑能否将聚之间的包含关系视作整体和部分之间的分体论式关系（Oliver, 1994）。

第 3 章 层 级

第 2 章提到有一些属性，比如"自己并不属于自身"，是不可聚的（即不能以此属性造出一个聚）。我认为这点并不奇怪，但是第 2 章并没有仔细讨论这件事。现在，由于我们的目标是挑选出一些能够证明某些属性是可聚的公理，因此需要更详细、深入地探讨这一问题。

3.1　两 种 策 略

在实在论者对聚概念和许多其他数学概念进行公理形式化的过程中，有两种不同的指导策略：我分别称它们为**逆向**（regressive）**策略**和**直观**（intuitive）**策略**。

逆向策略认为，集合理论的目标应该是为数学提供一个理论基础，并且还认为如果公理基础强到足以证明那些我们相信为真的东西，但是又不足以强到甚至能证明那些我们相信为假的东西，那么它就是成功的。"说实话这是一种务实的态度；它消除了最直接的问题（悖论），但是既没有评判也没有攻击那些潜在的问题"（Weyl, 1949：231）。

根据这一策略，公理化的目标最好是能尽可能多地保留康托尔最初对集合论的那些设想，同时去掉其中那些会导致悖论的部分。"在这一点上我们别无选择，只能朝相反方向前进，并根据过去的集合论，挑出组建数学学科基础所需的原理"（Zermelo, 1908b：261）。注意，只有在我们已经做出了某种实在论承诺之后，才能采用逆向策略，因为它要求我们评估公理的合理性时，必须要先考虑它是否具有我们已经相信为真的后承。公设主义者不能接受这种策略因为他们认为理论中的项都是根据公理获得其意义的；因此对于一种新理论，我们无法知晓它的后承是否为真，因为不可能事先就理解它们的意义，更不用说判断其是否为真了。

有关数学基础的文献中，在选择公理时多少都会用到逆向策略，但是我们在分辨这些实例时必须要格外小心，因为形式论在数学界是如此普遍，所以第一眼看上去是对公理采用逆向策略的例子往往实际上采用的是形式论。比如，当布尔巴基学派说不存在矛盾应该被看成"一个经验事实而不是形而上学原理"（Bourbaki, 1949a：3）时，就很难立刻看出这是一种逆向还是形式论观点。

虽然逆向策略和形式论有很大的不同，但是它们具有许多同样的缺点。比如，通过这两种方式来说明集合理论可靠时，似乎都完全依赖于 **ZF** 系统，迄今为止没有产生过矛盾。

> 自从我们相当明确地设立了（集合论）公理之后已经过去 40 年了，我们在数学领域最不同的分支中使用这些公理并且从来没有遇到过矛盾，而且完全有理由相信永远也不会产生矛盾。"（Bourbaki, 1954: 8）

当然，我们不能否认在过去一个世纪中没有发现矛盾，这的确使得人们对系统有了很强的信心。但心理因素不能拿来作为论据。原则上来说，系统的形式一致性可以通过在该系统内证明出矛盾来驳倒。但是数学家们在日常中只会用到集合理论允许使用的内容中的一小部分，而我们完全有理由猜测只有将理论推至极限时，才有可能推出矛盾。只有在数学家们日复一日地尝试推出矛盾而不可得之后，时间的流逝才能坚定我们对 **ZF** 系统的信心：不过据我所知，目前并不存在这种尝试。

对某些其他理论来说，情况可能有所不同，比如，奎因的 **NF**（1937）和 **ML**（1940）系统：对奎因系统的研究极为强调句法分析，这无疑在某种程度上会帮助人们发现系统中可能存在的句法悖论。尽管如此，这些系统是否一致仍然被许多数学家看成是一项开放性问题，而对 **ZF** 系统则没有类似的质疑①。

而逆向策略第二个问题，也是更严重的问题——它很难证明一个理论从认识论角度来看是基础性理论，因为该策略本身就建立在另一个可以判断语句相对于我们的公理理论是真还是假的理论上。如果我们对 2+2=4 的知识已经足以令我们事先知道它在某个理论中是否是一个定理，那么似乎就很难说该理论在我们对 2+2=4 的认知中发挥了什么重要作用。

既然逆向策略有如此种种困境，那么直观策略呢？直观策略要求我们澄清对相关概念的理解，以确定满足这些理解的（部分）公理。目标是对概念的澄清达到足够的清晰度，以使我们对这些公理的真抱有信心，从而对这些公理的相互一致性也抱有信心，尽管这些公理的相互一致性是由公理的真推导得出的。

如果直观策略成功了，那么与逆向策略相比，它能让我们对定理的真更具有信心。因此在这里我们尽可能地采取直观策略。所以我们的目标是为聚概念提供理据，使我们有理由直接相信将来设定的公理为真，而不用考察其后承。

---

① 人们可能会想，**ML** 系统最初提出来的时候是矛盾的（Rosser, 1942），经过修改之后才变成了目前的形式，很难说这是否是一种巧合。

3.2 建 构

聚理论在数学界中流行起来的第一类原因，在于如今被我们称为 "大小限制"（limitation of size）的概念上。我们将在 13.5 节中讨论这一问题。本节中我们要着眼于另一类原因，它基于这样的想法：在聚与聚之间存在一种基础性的预设（presupposition）关系，或者说优先（priority）关系，或者更通常地来说是**依赖**（dependence）关系。从这一构想中诞生了如今的**迭代**（iterative）概念。不同于大小限制概念，迭代概念在很久之后才出现。罗素在讨论可能的解悖方案时（Russell, 1906a）并没有直接谈及这个概念，他在 20 世纪 20 年代的著作里也只是略微提到了它。但是一些学者试图找出证据证明迭代概念在本领域的早期历史中就已存在了，以此来彰显本学科发展历程的必然性。比如，Wang（1974:187）声称该概念 "接近于康托尔最初的构想"，而且 Wang（1974：193）确定在策梅洛的文章（Zermelo, 1908b）里暗含了这一概念，虽然实际上那篇文章中完全没有提到它。迭代概念的影子确实可以在伯奈斯（Bernays, 1935:55）那里找到，他提到 "反复使用函数的类组合（quasi-combinatorial）概念并增加聚的方法"，不过 Wang（1974:187）说伯奈斯 "发展并强调了" 迭代概念就太过夸大了。现代学者多数把迭代概念归功于策梅洛（Zermelo, 1930），但是我对此持怀疑态度并将在 3.9 节中解释其原因。直到哥德尔（Gödel, 1947）才有了清晰描述迭代概念的正式文本（不过哥德尔曾在 20 世纪 30 年代的几次演讲中提到过这个概念）。即使在那时，这一概念也并不流行：比如，布尔巴基学派（Bourbaki, 1954）没有提及迭代概念，而且直到现在，布洛斯（Boolos, 1971: 218）仍能指出尽管逻辑学界熟知了这一概念，"集合论文献的作者们要么忽略了它，要么就把它扔到附录；至于哲学界，则似乎基本上没有意识到有这个概念"。

直到最近，才有了根据聚之间的依赖关系导出聚概念的设想。当我们考察该关系的性质时，必须仔细区分建构主义者和柏拉图主义者对它的不同解释。

在建构主义者看来，聚由构成该聚的对象决定。这使得我们至少有了一个大概的标准来判定一个聚是否存在：一个聚是可建构的，当且仅当依赖于它的对象是可用的。由此可以得出它们间的依赖关系必定是传递且反自返的：因为在建构任意对象时都不可以使用到该对象本身。此外，建构主义认为对聚的建构是在思考（thought）中进行的，所以我们可以认定依赖关系是良基的——也就是说，依赖关系不能是无穷无尽的。对这一点的争议大概和我们（作为有限的存在）理解某物究竟意味着什么有关。

如果说建构主义视角下的依赖关系应该具有哪些结构属性还算清楚的话，那么我们仍然不清楚的是该关系本身应该是什么。我们可以说决定了一个聚的那些对象就是在建构该聚时我们所需要的那些对象。但是这些对象究竟是哪些？

原则上来说，面对有穷聚时，我们建构该聚所需要的对象就是其成员。如果我们允许所谓的超级任务（supertask），即可以由一台逐渐加速，在有限时间间隔内执行无限次操作的设备（比如执行第一步花费 1s，第二步花费 0.5s，第三步花费 0.25s，以此类推。最终在 2s 内执行完整个步骤）完成的任务，那么在可数聚也是一样的。但是这一思路看起来不太可能推广到不可数聚（参见 11.1 节）。

我们需要一种有限的途径来理解无限聚，因为只有有限的事物才能被我们有限的大脑把握，这一途径就是聚内成员所具有的属性。此外，如果这一属性涉及其他对象，那么这些对象也可能依赖于能被以这一方式理解的聚。不过我们这里说的 "涉及" 是什么意思？一个很自然的回答就是公式 $\Phi(x)$ 量化范围内所涉及的所有对象。这也就暗示着聚之间的依赖关系建立在不同属性内涵之间的涉及关系的基础上。

但是这一概念存在严重缺陷，因为区分不同属性和区分不同聚是不一样的。总的来看，似乎任何大小的聚都可能被理解，不管它是有限聚还是无限聚。比如，如果 $a = \{x: \Phi(x)\}$ 存在，那么 $a = \{x: \Phi(x)$ 而且 $y = y\}$ 同样存在而不管 y 是什么，但是我们不能说 a 预设了 y。似乎只能说一个聚预设了那些在理解该聚的属性时所涉及的所有对象，但很难说明白这为什么是真的。没有明显理由认为不存在这样一个聚，使得我们需要一些非特定的、不是该聚成员的对象才能理解它：如果该聚存在，那么尽管我们知道该聚预设了什么——即并非其成员的某些对象——我们也没有办法以合乎理论句法的形式表达出这一依赖关系。

3.3　形而上的依赖关系

柏拉图主义者不需要考虑上述问题，因为在他们看来一个聚是否存在并不取决于我们能不能理解该聚：因此一个聚的预设并不是我们思考该聚时所要用到的对象，而是构成该聚所需要的对象，即该聚的成员。而这些成员也同样预设了它们自己的成员，以此类推。因此，我们后文中所使用的属于关系是由柏拉图主义的预设-依赖关系派生而来的。这一关系被认为是对存在的一种形而上约束：如果聚的存在与该约束冲突，那么就没有聚存在。

柏拉图主义者面临的困难是说明该关系到底是什么。在许多数学家的脑海中似乎都暗含着将柏拉图主义看成建构主义的一种**特殊形式**的想法：粗略地说，就是如果我们舍弃掉了建构主义对执行建构的主体的限制，那么得到的即为柏拉图主义。Wang（1974:81-90）已经构想了这一思路下的迭代概念。然而值得怀疑的是这一构想究竟有没有意义。建构主义中所谓的建构主体是一个有限的、对外界做出反应的、能够思考的存在。这一概念中的哪一部分应该被看成要被舍弃掉的"限制"？大概不是"对外界做出反应的"或"能够思考的"的部分。但是我们能够理解一个非时限性（non-temporal）的存在是如何思考的吗？有限的思考者又到底是什么意思？虽说本书的后半部分将主要聚焦于描绘数学家们处理无限的雄心，但是直到今天，要说作为有限存在的我们是如何理解无限的，仍然是一个哲学上的难题（或者说，我们实际上没有完全理解无限）。就算对无限集合的设想是没有问题的，也不能据此说"无限的思想者"这一概念就是没有问题的。问题的重点不在于这类会把数学家搞糊涂的模糊哲学议题，而在于想要实现我们当前的目标，诉求于存在"无限的思想者"是完全错误的方向。

既然如此，不如我们暂且先放弃将柏拉图主义看成一种特殊的建构主义，转而将依赖关系看成一种独立于我们（或上帝）对之思考的聚之间的关系。在这种视角下，该关系是怎样的呢？

"优先"从词源上讲就是涉及时间的词语，对聚及其成员间依赖关系的一种流行解释就是建立在时间上的："我的 1990 年"（my 1990）也许可以算是个典型例子。但这是误用了建构主义的概念：在柏拉图主义者看来，聚并非存在于时间尺度上，因此也就不可能受某种时间性的关系的影响。如果不想转回刚刚提到的那种将柏拉图主义看成一种特殊建构主义的观点，那么就要把这里的"时间"理解为一种"纯粹的隐喻"。当然，我们不能仅仅因为这个原因就将整个思路完全否定：因为隐喻在哲学研究和交流中都非常重要。不过就这一特定隐喻而言，我们很难看出它能帮到我们什么：说聚受制于一种类似时限性又并非时限性的结构并没有包含太多内容（Lear, 1977）。

我们可以尝试的另外一条途径是把依赖看成必然模态。或许，我们可以称一个对象依赖于另一个对象，假如后者不存在那么前者一定也不存在。这样依赖概念可以追溯至柏拉图，亚里士多德在《形而上学》中把这种观点归结为一个事物"在其本质和实质方面是优先的（prior），如果它能够不需要借助其他事物就存在，但其他事物的存在则必须要借助于它"（Aristole, 1971: 1019a1-4）。这也就是说，如果一个聚的成员不存在，那么该聚也就不存在。但是我们立刻又遇到了新的麻烦，那就是纯粹的聚——空聚以及仅由空聚组成的聚，柏拉图主义者大概坚信成员必然存在，所以不可能有这样的聚。或许我们可以设想把纯粹的聚单独拎出来作为某种特殊情况处理，用刚刚提到的方法处理其他聚，但是这样的分离设想也是行不通的，比如，显然如果我的宠物金鱼泡泡不存在，那么由我的宠物金鱼组成的单元集就是不存在的，而柏拉图主义者同样还会承认其逆命题：如果我的宠物金鱼组成的单元集不存在，那么泡泡是不存在的。所以在实际例子中，柏拉图主义没有办法用反事实推理去解释聚之间的依赖关系（Fine, 1995）。

因此我们别无选择，只能承认依赖是一种不同于时间，也不同于必然的模态，这一模态在聚的成员组成聚的方式中诞生。既然它们是不同的模态，那么我们就不能依靠对其他模态的理解来确定依赖的结构属性。当然，依赖关系从定义上来看是传递的，而且也很有可能是反自返的，但是我们可以假定它是**良基的**，即每一个依赖关系链都只延伸有限多次后终止吗？对依赖关系是否是良基的争论历时长久，因为事实上它是一种对实体的经典争论的变种：任何本体论预设的链都必须终止于某个不再需要预设其他东西的存在，而形而上学传统上把不需要为自身的存在而预设其他任何事物的存在称为"实体"（substance）。

在 20 世纪的哲学家中，实体概念最出名的支持者是维特根斯坦（Wittgenstein），他对于实体存在的论证建立在意义（sense）是确定的假设上。以他的论证为背景，设想"依赖关系是良基的"是合理的：他想要证明的实体世界实质上是一个**指代性**的世界，其通过指代与思想建立了关系。还有一种视角，我称之为**内柏拉图主义**（internal platonism），在这种视角下该设想也同样是合理的。

非严格的柏拉图主义者（uncritical platonist）无法论证内柏拉图主义者的这种观点：如果存在障碍使得我们无法根据个体、通过有限多步骤得到聚，也不能因此就说该聚不存在。内柏拉图主义者把数学看成我们试图指代世界的一部分，并认为这对数学的形式施加了限制。这些限制之一就是没有集合可以位于无限下降的 ∈-链的头部（head）。这并不是一项基于认识论立场的认知：之所以说没有集合可以位于无限下降的 ∈-链的头部，原因不在于我们不可能知道无限下降 ∈-链的头部集合，也不在于我们到底能够建构或者想象什么（哪怕在最理想化的意义上）。原因在于任何一种真正指称世界的概念方案中都不可能含有无限的意义倒退链，所以在这样的概念方案中，表示这种链的聚只能是无意义的。

3.4 层次及记录

根据聚的预设来对聚进行分类，将有助于我们进一步研究这些问题。找准了分类方法之后，我们就能区分出聚存在性问题下的两个不同方面的问题。

我们是这样分类的。初始层次（initial level）的成员是已经独立存在的对象，即个体，而在初始层次之上的每一个层次，都是只以在比本层次低的层次中出现的聚作为其预设的聚。所以总的来说，每一层次中的全体元素都恰为个体及所有更低层次的元素和子聚之和。由给定层次之下的所有层次构成的聚被称为一个 "记录"（history），而整个结构被称为**累积迭代层级**（cumulative iterative hierarchy，称为 "迭代" 因为过程是从个体开始，通过依次描述每一个层次得到的；而称为 "累积" 是因为任意层次包含的聚同样也被包含在该层次之上的所有层次中）。

但是请注意，上一段只是介绍性的描述，不管我们多么精准地描述这种层级结构（hierarchy），都不能构成它的**初始定义**（ab initio），因为我们没有对所谓的 "层次" 进行明确的定义。因此，我们自然应该把 "层次" 作为公理理论中的一个额外初始概念来看待，不过有一个巧妙的技巧 [归功于（Scott, 1974）] 使得我们可以根据属于关系定义出层次概念。这一技巧是首先定义我们刚刚提到的记录：事实证明我们可以不使用层次概念，就能定义出记录，再根据记录定义层次。

定义　$\mathrm{acc}(a) = \{x: x$ 是个体或 $(\exists b \in a)(x \in b$ 或 $x \subseteq b)\}$（"a 的累积"）。

也就是说，聚 a 的累积的成员包括所有个体以及 a 的所有成员的所有成员及子聚。（在使用此定义时需要我们仔细谨慎，因为与 2.6 节结尾时的情况类似，我们还没有证明 $\mathrm{acc}(a)$ 一定是存在的。）

定义　$\mathcal{V}$ 被称为一个记录，如果 $(\forall V \in \mathcal{V})(V = \mathrm{acc}(\mathcal{V} \cap V))$。

定义　称一个记录的累积为一个层次。特别地，如果 $\mathcal{V}$ 是一个记录，则称 $\mathrm{acc}(\mathcal{V})$ 为记录 $\mathcal{V}$ 的层次（如果 $\mathrm{acc}(\mathcal{V})$ 存在）。

如果 $\varnothing$ 存在，则它也是不足道的记录因为它并没有元素：而如果存在空聚的累积，则该累积就是所有个体组成的聚。

定义　如果一个聚是某些层次的子聚，则称该聚是有根的（grounded），或者称它为一个集合（set）。

命题（3.4.1）　如果 V 是记录 $\mathcal{V}$ 的层次，那么 $\mathcal{V}$ 的任意成员 V' 都属于 V 且是记录 $\mathcal{V} \cap V'$ 的层次。

证明：假设 V 是记录 $\mathcal{V}$ 的层次而且 $V' \in \mathcal{V}$。无疑 $V' \subseteq V' \in \mathcal{V}$ 而且 $V' \in \mathrm{acc}(\mathcal{V}) = V$。因为 $\mathcal{V}$ 是一个记录所以 $V' = \mathrm{acc}(\mathcal{V} \cap V')$。所以如果 $\mathcal{V} \cap V'$ 是一个记录，那么 V' 就是一个层次。而对于任意 $V'' \in \mathcal{V} \cap V'$，有 $V'' \subseteq \mathrm{acc}(\mathcal{V} \cap V') = V'$，得 $\mathcal{V} \cap V'' = (\mathcal{V} \cap V') \cap V''$，又因为 $\mathcal{V}$ 是一个记录，所以

$$\mathrm{acc}((\mathcal{V} \cap V') \cap V'') = \mathrm{acc}(\mathcal{V} \cap V'') = V''$$

故 $\mathcal{V} \cap V'$ 就是我们要求的记录。　　　　　　　　　　　　　　　　□

在本章剩下的部分及第 4 章中，我们都用 V, V', V_1 等来表示层次。量词 $(\forall V)$ 和 $(\exists V)$ 应当分别读作 "对任意层次 V" 和 "对于一些层次 V"。

3.5 分离公理模式

每个层次是其记录的累积，故除了个体之外，它还包含有所有更低层次的所有成员及子聚。可以认为这一结论可通过我们之前对聚之间的依赖关系的讨论所证实，因为整个层级中，每个层次上的聚都只依赖于更低的层次中出现过的聚。这一论述有时被称为**第一丰饶原理**[①]（first principle of plenitude）。

然而柏拉图主义者可能认为单看这一原则是有缺陷的：截至目前我们还没有说过有哪些子聚。至少根据一种柏拉图主义的变种理论，可以认为阻止我们这样做的原因仅仅是坚持用一阶语言来形式化一切。如果我们放弃这一坚持，就可以称 b **强累积**（strongly accumulate）了 a，如果：

(1) $(\forall x)(x \in b \Leftrightarrow x$ 是个体或 $(\exists c \in a)(x \in c$ 或 $x \subseteq c))$；而且

(2) $(\forall x)(\forall c \in a)(\{x \in c: Xx\} \in b)$。

我们可以在对"层次"的定义中用强累积去代替累积，然后下列二阶原理就很容易证明了：

分离原理[②]（separation principle）：$(\forall X)(\forall V)($存在 $\{x \in V: Xx\})$。

但是在一阶系统中，它没什么用。所以我们把二阶分离原理的所有实例作为公理引入，而这些实例在我们的一阶系统中是可以用公式形式表达的。

分离公理模式（axiom scheme of separation）　如果 $\Phi(x)$ 是一个公式，那么

$$(\forall V)(存在\{x \in V : \Phi(x)\})$$

也是一条公理。

顺便一提，在公理化过程中的某个阶段引入公理模式并非偶然：我们努力构建的目标理论无法用当前的一阶语言达成有限公理化，所以在系统中不可避免地要存在至少一个模式。而事实上分离模式是我们系统中**唯一**引入的模式，所以 1.3 节讨论的有关模式的内容主要就是针对它。

一阶分离和二阶分离之间的区别非常重要，因为一阶分离远不足以实现柏拉图主义意图实现的目标。这一点从元理论的角度来看非常清晰：在层次 V 是无穷多个的情况下，二阶的分离有不可数多个实例（参见定理 9.2.6），而由于集合论语言是可数的，所以一阶分离也就只有可数多个代入实例。所以一阶分离最多只能部分地替代二阶分离。

---

① 我们将在 4.1 节介绍第二丰饶原理，它解决了在整个层级中一共有多少个层次的问题。

② 每当我们写下一个公理是为了讨论该公理而不是想把它加入到本书的默认理论中时，我们就通过不加粗该公理的名字来体现这一点。

但是注意，这些都只适用于柏拉图主义者对依赖关系的理解。如果按照更严格的建构主义的理解，我们在建构过程中的每一步都只能建构那些可以根据已建构的聚来说明（specify）的聚。为了贴切这一思路下的一阶分离，就必须把我们公式中的量词限制在所讨论的层次 V 内。这样我们只能得到下面这个弱得多的分离原理。

谓词分离（predicative separation）：如果 $\Phi(x)$ 是一个公式，$x_1, \cdots, x_n$ 是该公式所依赖的除 x 以外的变元，那么

$$(\forall V)(\forall x_1, \cdots, x_n \in V)(存在\{x \in V : \Phi^{(V)}(x)\})$$

也是一条公理。

这种谓词分离形式将极大地限制我们理论的证明能力。

3.6 层 次 理 论

在 2.3 节中我们证明了绝对形式的罗素悖论：而该悖论表明我们不可能一致地假定所谓的**朴素概括原理**（naive comprehension principle），即所有属性都是可聚的。现在有了分离公理模式，我们就能论证这一点，并表明没有集合可以将它的所有子集都作为成员。

命题（3.6.1）   不存在这样的集合 b，使得 $(\forall a)(a \subseteq b \Rightarrow a \in b)$ 成立。

证明：假设存在这样的集合 b。因此存在层次 V 使得 $b \subseteq V$。令 $a = \{x \in b : x \notin x\}$。那么由分离公理模式得存在 $a = \{x \in V : x \in a$ 而且 $x \notin x\}$。如果 $a \in b$ 则 $a \in a \Leftrightarrow a \notin a$，矛盾。故 a 是 b 的子聚，但是并不是 b 的成员。   □

罗素悖论（相对版本，relative version）**（3.6.2）**   不存在所有集合的集合。

证明：任意集合的每一个子聚都是一个集合。因此如果存在所有集合的集合，那么该集合自身的子聚也就都是该集合的成员，而我们在命题 3.6.1 的证明中已经证明了这是不可能的。   □

罗素首先提出了这一悖论的相对版本，这是康托尔所证明的一个定理（定理 9.2.6）的直接推论。正是通过分析这一结论的证明，他最终在 1901 年提出了绝对版本（Schilpp, 1944：13）。策梅洛在 1900 年或 1901 年也独立发现了这一矛盾（Rang and Thomas, 1981）。

接下来我们试图证明定理 3.6.4，该定理断言（以集合论术语来说）属于关系在每一个记录中都是良基的。罗素悖论实际上给出了这一证明中的关键部分。为了便于证明，我们（临时）记 $a \prec b$ 表示 a 的所有子聚都属于 b。命题 3.6.1 据此可以表述成并不存在满足 $b \prec b$ 的集合 b。

引理（3.6.3） 如果 $\mathcal{V}$ 是一个记录，且 $V, V' \in \mathcal{V}$，那么 $V \in V' \Leftrightarrow V \prec V'$。

证明： 假设 $V, V' \in \mathcal{V}$。如果 $V \prec V'$，那么显然 $V \in V'$。反过来，如果 $V \in V'$，那么 $V \in \mathcal{V} \cup V'$。所以如果 $a \subseteq V$，那么 $a \in \mathrm{acc}(V \cap V') = V'$。得 $V \prec V'$。 □

定理（3.6.4） 如果 $\mathcal{V}$ 是一个记录，且 a 是 $\mathcal{V}$ 的一个非空子聚，那么存在一个 a 的成员与之不相交。

证明： 反过来，先假设 a 没有 $\in$-极小的成员。由分离公理模式可知存在 $b = \cap a$。假设 $V \in a$。由假设可知存在 $V' \in a$ 满足 $V' \in V$。因此由引理 3.6.3 可知 $V' \prec V$。因此 $b \subseteq V'$。所以 b 的所有子集都是 V' 的子集，因此也就属于 V。因为 V 是任给的，所以代入 b，得 b 的任意子集都属于 b，即 $b \prec b$。但是这与命题 3.6.1 矛盾。 □

定义 称一个聚 a 是传递的（transitive），如果 $(\forall b \in a)(\forall x \in b)(x \in a)$。

命题（3.6.5） 所有的层次都是传递的。

证明： 令 $\mathcal{V}$ 是 V 的记录，假设 $x \in b \in V$。如果

$$a = \{V' \in \mathcal{V} : b \subseteq V' \text{或者} b \in V'\}$$

那么由定义可知 a 是非空的，因此存在 $V' \in a$ 且 V' 与 a 不相交【定理 3.6.4】。所以要么 $b \subseteq V'$ 要么 $b \in V'$。但是如果 $b \in V'$，又由 b 不是个体，可知存在 $V'' \in \mathcal{V} \cap V'$ 使得 $b \in V''$ 或者 $b \subseteq V''$【命题 3.4.1】，因此 $V'' \in V' \cap a$，而已知 V' 与 a 不相交，矛盾。故 $b \subseteq V'$，因此 $x \in V' \in \mathcal{V}$，因此 $x \in V$。 □

命题（3.6.6） $a \in V \Rightarrow a \subseteq V$。

证明： 根据命题 3.6.5 直接可证。 □

命题（3.6.7） $a \subseteq b \in V \Rightarrow a \in V$。

证明： 假设 $a \subseteq b \in V$。和命题 3.6.5 的证明过程中一样，我们可以令 $V' \in \mathcal{V}$ 使得 $b \subseteq V'$。因此 $a \subseteq V'$，故 $a \in V$。 □

命题（3.6.8） $V = \mathrm{acc}\{V' : V' \in V\}$。

证明： 令 $\mathcal{V}$ 是 V 的记录，则

$x \in V \Leftrightarrow x \in \mathrm{acc}(\mathcal{V})$

$\Leftrightarrow x$是个体或者$(\exists V' \in \mathcal{V})(x \in V' \text{或者} x \subseteq V')$

$\Rightarrow x$是个体或者$(\exists V' \in V)(x \in V' \text{或者} x \subseteq V')$【命题 3.4.1】

$\Leftrightarrow x$是个体或者$(\exists V' \in V)(x \subseteq V')$【命题 3.6.6】

$$\Rightarrow x \in V 【命题 3.6.7】$$　　　　　□

如果 $V_1 \in V_2$，我们有时会称 V_1 **低于** V_2。借助这类术语，我们可以说一个层次是所有比它低的层次的累积。

诸层次的层级结构是累加式的：如果一个对象属于某一给定层次，则该对象同样属于该层次以上的所有层次。

引理（3.6.9）　　如果 V 是一个层次，那么 $\{V' : V' \in V\}$ 是层次 V 的记录。

证明：令 $\mathcal{V} = \{V' : V' \in V\}$，并假设 $V' \in \mathcal{V}$。那么 $V'' \in V' \Rightarrow V'' \in V$【命题 3.6.5】，因此 $\mathcal{V} \cap V' = \{V'' : V'' \in V'\}$。因为 V' 是一个层次，所以

$$V' = \mathrm{acc}\{V'' : V'' \in V'\} 【命题 3.6.8】$$

$$= \mathrm{acc}(\mathcal{V} \cap V')$$

这说明 $\mathcal{V}$ 是一个记录。而且，$\mathrm{acc}(\mathcal{V}) = V$【命题 3.6.8】，即 $\mathcal{V}$ 是 V 的记录。□

命题（3.6.10）　　如果 Φ 是一个公式，那么

$$(\exists V)\Phi(V) \Rightarrow (\exists V_0)(\Phi(V_0) 而且并非 (\exists V' \in V_0)\Phi(V'))$$

是一条定理。

证明：假设 $\Phi(V)$，并且令 $a = \{V' \in V : \Phi(V')\}$。如果 a 是空的，那么我们可以简单地令 $V_0 = V$。而如果它不是空的，那么注意 a 是记录 $\{V' : V' \in V\}$ 的子集【引理 3.6.9】，故存在 $V_0 \in a$ 使得 V_0 不相交于 a【定理 3.6.4】；因此 $\Phi(V_0)$，且

$$V' \in V_0 \Rightarrow V' \in V \Rightarrow 并非 \Phi(V')$$　　　　　□

命题（3.6.11）　　$V_1 \in V_2$ 或者 $V_1 = V_2$ 或者 $V_2 \in V_1$。

证明：运用反证法。我们假设能够找到层次 V_1 和 V_2，满足 $V_1 \notin V_2$，$V_1 \neq V_2$，$V_2 \notin V_1$：特别地，我们可以通过

$$(\forall V \in V_1)(\forall V')(V \in V' 或者 V = V' 或者 V' \in V) \tag{1}$$

来选中 V_1【命题 3.6.10】，而且在选中了 V_1 之后，我们还可以通过

$$(\forall V \in V_2)(V \in V_1 或者 V = V_1 或者 V_1 \in V) \tag{2}$$

来选中 V_2【命题 3.6.10】。接下来我们来证明在选中了这样的 V_1 和之后 V_2，我们有

$$(\forall V)(V \in V_1 \Leftrightarrow V \in V_2) \tag{3}$$

集合论及其哲学——批判性导论

首先假设 $V \in V_1$。由 $V_2 \notin V_1$ 可知 $V \neq V_2$。同理，$V_2 \notin V$，因为否则会得到 $V_2 \in V_1$【命题 3.6.5】，与假设矛盾。因为 $V \in V_1$，所以通过（1）可知 $V \in V_2$。另外，如果 $V \in V_2$，则与前述步骤同理可得 $V_1 \neq V$ 和 $V_1 \notin V$。所以通过（2）可知 $V \in V_1$。由此可证（3）。但是，继续可得

$$x \in V_1 \Leftrightarrow x\text{是个体或}(\exists V \in V_1)(x \subseteq V)\text{【命题 3.6.8】}$$

$$\Leftrightarrow x\text{是个体或}(\exists V \in V_2)(x \subseteq V)，\text{通过（3）}$$

$$\Leftrightarrow x \in V_2 \text{【命题 3.6.8】}$$

所以有 $V_1 = V_2$。 □

这两个命题为我们提供了一种有用的定义方法：如果 $(\exists V)\Phi(V)$，则恰好存在一个层次 V 使得 $\Phi(V)$ 成立，但是并非 $(\exists V' \in V)\Phi(V)$。我们称这个唯一的层次为使得 $\Phi(V)$ 成立的**最低的**层次 V。

命题（3.6.12） $V \notin V$。

证明： 如果存在一个层次 V 满足 $V \in V$，则存在一个使得 V 成立的最低的层次，而由最低层次的定义会立刻导致矛盾。 □

命题（3.6.13） 如果 $\mathcal{V}$ 是层次 V 的记录，那么 $\mathcal{V} = \{V' : V' \in V\}$。

证明： 假设 $\mathcal{V}$ 是层次 V 的记录。显然有 $V' \in \mathcal{V} \Rightarrow V' \in V$。现在假设 $V' \notin \mathcal{V}$。则对于任意 $V'' \in \mathcal{V}$，我们有 $V'' \neq V'$ 而且 $V' \notin V''$（因为如果 $V' \in V'' \in \mathcal{V}$，则 $V' \in \mathcal{V}$），所以 $V'' \in V'$【命题 3.6.11】。所以 $\mathcal{V} \subseteq \{V'' : V'' \in V'\}$，由此 $V = \mathrm{acc}(\mathcal{V}) \subseteq \{V'' : V'' \in V'\} = V'$ 且因此 $V' \notin V$（因为否则会得到 $V' \notin V'$）。 □

命题（3.6.14） $V \subseteq V' \Leftrightarrow (V \in V' \text{ 或者 } V = V')$。

证明： 如果 $V = V'$，那么显然 $V \subseteq V'$；如果 $V \in V'$，那同样有 $V \subseteq V'$【命题 3.6.6】。反过来，假设 $V \in V'$ 和 $V = V'$ 都不成立，那么 $V' \in V$【命题 3.6.11】且 $V' \notin V'$【命题 3.6.12】，所以 $V \not\subseteq V'$。 □

命题（3.6.15） $V \subseteq V'$ 或者 $V' \subseteq V$。

证明： 如果 $V \not\subseteq V'$，那么 $V \notin V'$ 而且 $V \neq V'$【命题 3.6.14】，由此 $V' \in V$【命题 3.6.11】，故 $V' \subseteq V$【命题 3.6.14】。 □

命题（3.6.16） $V \subset V' \Leftrightarrow V \in V'$。

证明： $V \subset V' \Leftrightarrow (V \subseteq V' \text{ 而且 } V \neq V') \Leftrightarrow V \in V'$【命题 3.6.12 与命题 3.6.14】。 □

练习：

证明下列两项断言是等价的：

· 42 ·

1. $(\forall x)(\exists V)(x \in V)$；
2. $(\forall a)(\exists V)(a \subseteq V)$ 而且 $(\forall V)(\exists V')(V \in V')$。

3.7　集　　合

根据我们之前的定义，"集合"用来指在迭代层级中某处出现的聚。这种定义的一大优点就是便于判断哪些公式定义了集合。一个集合所在的层次，是该层次之上的所有层次都把该集合作为其成员的层次。而一堆事物要想构成一个集合，除非存在一个层次包含了其中的每一个事物：如果不存在这样的层次，那么在整个层级中都无处安放这些事物构成的集合。上述思想可以通过下列理论加以精确表述。

命题（3.7.1）　如果 $\Phi(x)$ 是一个公式，那么 $\{x: \Phi(x)\}$ 是集合当且仅当存在层次 V，使得 $(\forall x)(\Phi(x) \Rightarrow x \in V)$。

证明：必要性。如果 $a = \{x: \Phi(x)\}$ 是集合，那么存在层次 V 使得 $a \subseteq V$，而且对任意 x，

$$\Phi(x) \Rightarrow x \in a \Rightarrow x \in V$$

充分性。如果存在层次 V，使得 $(\forall x)(\Phi(x) \Rightarrow x \in V)$，那么

$$\{x: \Phi(x)\} = \{x \in V: \Phi(x)\} \text{存在【分离公理模式】}$$

且其显然是一个集合。　　　　　　　　　　　　　　　　　　　　　　□

命题（3.7.2）　集合中的成员要么是个体，要么也是一个集合。

证明：根据【命题 3.6.8】易证。　　　　　　　　　　　　　　　　□

定义　如果 a 是一个集合，则称令 $a \subseteq V$ 成立的最低的层次 V 为 a 的出生（birthday），并记为 $V(a)$。

命题（3.7.3）　如果 a 是一个集合，则 $a \notin a$。

证明：如果 $a \in a$，那么 $a \in V(a)$（因为 $a \subseteq V(a)$）。因此 $(\exists V \in V(a))(a \subseteq V)$【命题 3.6.8】，与 $V(a)$ 的定义矛盾。　　　　　　　　　　□

命题（3.7.4）　如果 Φ 是一个公式而 a 是一个集合，那么 $\{x \in a: \Phi(x)\}$ 是一个集合。

证明：根据分离公理模式，显然存在 $\{x \in a: \Phi(x)\} = \{x \in V(a): \Phi(x)\}$，且因为其被包含在层次 $V(a)$ 中，所以它是集合。　　　　　　　　　　□

基础原理（foundation principle）（**3.7.5**）　如果 a 是一个非空集合，那么存在一个 a 的成员，该成员要么是个体，要么是一个集合 b，且 b 与 a 不相交。

证明： 假设非空集合 a 不存在个体成员。则 a 的成员都是集合【命题 3.7.2】，令 b 为属于 a 的集合中可能出生层次最低的集合：假设 $c \in b \cap a$，那么 $c \in V(b)$，又因为 c 是集合，故存在 $V' \in V(b)$ 使得 $c \subseteq V'$【命题 3.6.8】，即 $V(c)$ 比 $V(b)$ 低，与 $c \in a$ 矛盾；因此必定 $b \cap a = \varnothing$。　　　　　$\square$

命题（**3.7.6**）　如果 a 是由非空集合组成的集合，那么 $\cap a$ 也是一个集合。

证明： 假设 c 是一个属于 a 的集合，那么

$$a' = \{x \in c : (\forall b \in a)(x \in b)\}$$

也是一个集合【命题 3.7.4】。而由于 $c \in a$，得

$$x \in a' \Leftrightarrow (x \in c \text{而且}(\forall b \in a)(x \in b)) \Leftrightarrow (\forall b \in a)(x \in b)$$

所以 $a' = \{x : (\forall b \in a)(x \in b)\} = \cap a$。　　　　　$\square$

命题（**3.7.7**）　如果 a 和 b 都是集合，那么 $a \cap b$ 也是一个集合。

证明： $a \cap b = \{x \in a : x \in b\}$，所以也是一个集合【命题 3.7.4】。　$\square$

命题（**3.7.8**）　如果 a 和 b 都是集合，那么 $a \backslash b$ 也是一个集合。

证明： $a \backslash b = \{x \in a : x \notin b\}$，所以也是一个集合【命题 3.7.4】。　$\square$

命题（**3.7.9**）　如果 a 是集合，那么 $\cup a$ 也是一个集合。

证明： 如果 a 是一个集合，

$$x \in b \in a \Rightarrow x \in b \in V(a) \Rightarrow x \in V(a) \text{【命题 3.6.5】}$$

因此

$$\cup a = \{x \in V(a) : (\exists b \in a)(x \in b)\}$$

存在且是一个集合【分离公理模式】。　　　　　$\square$

命题（**3.7.10**）　如果 a 和 b 都是集合，那么 $a \cup b$ 也是一个集合。

证明： 要么 $V(a) \subseteq V(b)$，要么 $V(b) \subseteq V(a)$【命题 3.6.15】；假设是后一种情况成立。则 $a, b \in V(a)$，所以

$$(x \in a \text{或者} x \in b) \Rightarrow x \in V(a)$$

因此，

$$a \cup b = \{x \in V(a) : x \in a \text{或者} x \in b\}$$

存在【分离公理模式】，而且是一个集合。 □

命题（3.7.11） 如果 Φ 是一个公式，则

$$(\exists a)\Phi(a) \Rightarrow (\exists a)(\Phi(a)\text{而且并非}(\exists b \in a)\Phi(b))$$

证明： 根据使得 $(\exists a \in V)\Phi(a)$ 成立的最低的层次 V 易证。 □

定义 a 的传递闭包（transitive closure）记为

$$\text{tc}(a) = \{x : \text{对所有} b \supseteq a, \text{如果} b \text{是传递的，那么} x \in b\}$$

命题（3.7.12） 如果 a 是一个集合，那么 $\text{tc}(a)$ 也是集合。

证明： a 的出生 $V(a)$ 是一个包含了 a 的传递集合【命题 3.6.5】。所以根据分离，$\text{tc}(a)$ 是一个集合。 □

集合论研究者们经常把传递闭包当成一种研究属性是如何在层级结构中向上传递的工具。比如，称一个集合 a **遗传**（hereditarily）了属性 F，如果该集合及其传递闭包的所有成员都具有 F 属性。但是本书没有根据这些研究者们的视角来研究层级结构，因此在本书接下来的部分中，传递闭包几乎不起任何重要作用。

练习：

1.（1）证明 $a \subseteq b \Rightarrow V(a) \subseteq V(b)$。

（2）证明 $a \in b \Rightarrow V(a) \in V(b)$。

2. 证明并不存在集合 a 和 b，使得 $a \in b$ 且 $b \in a$。

3.8 纯 度

前文给出传递闭包的定义，主要是为了方便接下来定义纯集合的概念。

定义 称一个集合是**纯的**（pure），如果其传递闭包中不包含个体。

定义纯集合的另外一种途径是借助所谓**纯层次**（pure level）概念，而定义纯层次的过程与 3.4 节中定义层次的过程完全相同，只不过将累积变成了**纯累积**（pure accumulation），其定义如下：

$$\text{acc}^{\text{p}}(a) = \{c : (\exists b \in a)(c \in b \text{或者} c \subseteq b)\}$$

通过模仿 3.6 节中的证明，很容易就能看出由纯层次组成层级的方式与由层次组成层级的方式完全相同：只不过因为纯层次中没有个体，所以最初的纯层次是 $\varnothing$，纯层次 U 之上的纯层次是 $\mathfrak{B}(U)$，而一个纯层次是所有低于该层次的纯层次的并集。因此，一个集合是纯的，当且仅当它是某个纯层次的子集。

现在，让我们考虑下列候选公理。

纯度公理（axiom of purity）：所有集合都是纯的。

如果不存在个体，那么这条公理毫无疑问是真的。事实上，如果我们一开始就假定不存在个体，那么此前的表示方式都可以得到简化：我们将不需要引入表示个体的谓词 U(x)，因为在这样的理论中不存在个体，而且我们还可以删掉 2.2 节中关于聚不能是个体的定义约束，这样聚的定义就可以简化为

$$\{x : \Phi(x)\} = \imath! y(\forall x)(x \in y \Leftrightarrow \Phi(x))$$

此外，去掉个体还可以简化我们的层次理论。

几乎所有现代集合论著述中都假定了纯度公理，或者某种与其等值的内容。之所以这样做是因为人们很早就发现，在应用集合论充当数学基础的过程中根本没有必要假定存在有个体，而如果我们一开始就把个体排除在外，则可以大大简化我们的理论，摆脱掉一个初始概念，且利于整理后续的理论发展。如果集合论的唯一目标就是为数学家们提供一套基础性理论，那么他们似乎会不可避免地选择一条对他们来说最简便的途径。

要不是因为元理论研究中的一个意外发现，个体概念可能会更早地退出集合论。弗伦克尔（Fraenkel, 1922a）发现了一种方法来说明选择公理（the axiom of choice）相对于允许个体存在的理论，比如 **ZU** 理论，具有独立性。此方法后来经过改进（Lindenbaum and Mostowski, 1938），并被其他人（比如，Mendelson, 1956; Mostowski, 1945）用来证明其他各种集合论论断在允许个体存在的理论中的独立性。直到 1963 年，才由科恩（Cohen）发现了如何将这一方法转换到禁用个体概念的理论如 **Z** 理论上。因此，在这段时间里，集合论研究者（也就是那些最有可能写作集合论书籍的人）完全有理由认为，做出额外的努力来纳入个体概念是值得的。然而在 1963 年之后，个体概念对集合论研究者来说就没有用处了。更糟的是，如果允许个体存在，那么有一些集合论中的证明就不成立。所以不足为奇的是，在过去 40 年里个体概念几乎从人们的视野中消失了。

然而本书不遵从这种趋势。原因在于这样做会使得我们的理论偏离至少一个预期目标。很难看出到底是什么为数学对外部事物的适用性提供了辩护，而且很可能就算数学还原成集合论也仍然不能提供这样的辩护。但是，就算集合论不能作为数学的基础理论，由于它在无穷集合演算方面的作用，集合论也依然是有用的。而在这类演算涉及非数学事物——比如，椅子、电子、思想或者天使——时，为了确保演算可以进行，最自然的甚至是唯一的办法就是允许这些事物作为个体进入理论。

3.9 良 基 性

本书采用的层次层级方法直到 20 世纪 70 年代才为人所知。但人们在很早之前就开始研究有根聚了。米里曼诺夫（Mirimanoff, 1917）称它们为 "平凡"（ordinary）聚：这些聚在文献中也经常被称为是 "良基的"（well-founded），但是本书为另外一种和属于关系密切联系的属性，也就是命题 3.7.11 表达的那种属性保留这一称呼。

属于关系的良基性为有根聚提供了一种非常简单的结构，这使得它们最终必定会被挑出来特别研究一番。但是米里曼诺夫并没有更进一步提出**所有**的聚都是集合。也就是说，他没有提出将下面这个公理添加到集合理论中。

基础公理（axiom of foundation）：所有聚都是有根的。

对此，有一种采用类语言（language of classes）的非形式表述：令 M 是所有聚的类，V 是 M 中有根的那部分聚的类，即所有集合的类；基础公理就是在断言 $V = M$。然而鉴于我们目前还没有形式化定义这里的类概念，所以这一表述是非形式的①。将形式理论限定在有根聚范围内的设想，最早是由冯·诺伊曼（von Neumann, 1925）和策梅洛（Zermelo, 1930）提出的，他们也提供了旨在实现这一设想的公理组。但是他们都没有否定过非有根聚的存在。他们将理论限制在集合范围内，仅仅是因为他们想要讨论证明范畴结论（categoricity result）的可能性，而具有清晰结构的集合论域更容易得出这些结论。例如，策梅洛（Zermelo, 1930：31）就只是说这一公理 "迄今为止在所有的应用中都是被满足的，所以暂时没有必要在理论中限制它"。

但是即使基础公理可以更容易地证明范畴结论，它在聚理论**之外**仍然没有任何用武之地。我之前曾提到数学家在决定他们所采用的理论时，逆向策略发挥了重要作用。所以不足为奇的是他们没有表现出接纳基础公理的倾向。结果只有聚理论研究者把基础公理当作工具。因此在 1954 年，布尔巴基学派认为在他们那旨在充当数学基础而不是**元理论**研究基础的公理系统中没有必要引入基础公理。

该例子也表明了在为数学基础挑选公理的实践中，逆向策略产生了多么强力的影响。正是因为基础公理不会产生**数学**结论，所以数学家没兴趣纳入该公理：只有关心其元理论结论的学者才会对基础公理感兴趣。

直到哥德尔认为有根聚可以独立组成 "永远不会导致自相矛盾" 的层级（Gödel, 1947：519），而不是像米里曼诺夫那样仅仅把有根聚看成聚的一个

---

① 更多相关信息请参见附录 C。

子论域，情况才开始发生变化。自 20 世纪 60 年代以来，集合论研究者们常常热情地采纳 "所有聚都是有根的" 的假设，而且也流行认为**只有**相关的概念（coherent conception）才是迭代的。

但文献中很少有支持 "所有聚都是集合" 的论证。而多数试图进行这样论证的文献，都试图令读者们注意到很难**设想出**一个非有根的聚。对于任何怀疑这一点的读者，苏佩斯（Suppes, 1960：53）只是简单地让他们自己去构造这样的非有根聚。而梅伯里（Mayberry, 1977：32）则暗示 "所有 ⋯⋯ 试图理解何为非良基聚的人，最终 ⋯⋯ 可能都会明白为什么外延性（extensionality）会导致属于关系一定是良基的"。德雷克（Drake, 1974：13）直接说非有根聚是 "奇怪的"，而且 "很难给出它们的直观意义"。帕森斯（Parsons, 1983：296）则认为 "与其说非良基（聚）是严格**不存在**的，不如说是我们无法理解它何以竟可能存在"。

我不像帕森斯那样对迭代概念的非心理主义逻辑论证的可能性持悲观态度。我在 3.3 节中试图勾勒出一种 "层级结构是良基的" 的论证。当然，这一论证似乎需要一种我当时称之为内柏拉图主义的前提——聚是可被指称的，或者是可以被用于推理的——不管怎么说，这并不会把该论证降低到心理主义的程度。它还能让帕森斯准备接纳的 "有些人可能会设想出一种结构，非常像 '真实的' ∈-结构，并且它与基础公理相冲突，但我们对该结构作为集合结构的理解又与对旧结构的理解非常接近"（Parsons, 1983：296）观点变得不可能。

即使我前面提到的良基性论证是正确的，但不可否认的是该观点所依赖的预设也超出了单纯的实在论范围——我称之为 "内柏拉图主义"。所以不接纳基础公理可以让那些没有感受到内柏拉图主义吸引力的读者松一口气。不过这实际上不是什么大问题，因为本书接下来的部分都将只关注有根聚（即集合）。因此，那些认为存在非有根聚的读者在这里找不到可供他们合理讨论的内容：他们有权因此感到沮丧，我不否认这一点。

注释

罗素曾提出三种解悖形式（Russell, 1906a）：非类理论（the no-class theory）、限制规模（limitation of size）和迂回理论（the zigzag theory）。令人惊讶的是一个世纪之后所有得以详细讨论的理论都属于以上三者中某一者的继承者。罗素的非类理论后来变成了类型论（the theory of types），而哥德尔在 1933 年的一次演讲（Gödel, 1986-2003）中清楚地解释了迭代概念可以理解成类型论的累积，不过直到他在 1947 年指出之前，人们都很难意识到迭代是一个具有独立研究价值的概念，而不单单是使理论更容易被元数学研究所证明的辅助工具。对迭代概念价值的分析主要归功于帕森斯（Parsons, 1977）。Wang（1974）和布洛斯（Boolos,

1971, 1989）是现代哲学在这一问题上的研究核心。限制规模学说（我们将在 13.5 节中讨论）较少受到哲学上的关注，不过哈勒特（Hallett, 1984）对累积的细致分析值得参考。迂回理论——即认为一个属性的句法表达不至于太过复杂，则它就是可聚的——的主要继承者是奎因的 **NF** 和 **ML**。对这两个理论的研究一直是冷门：这方面可以参考福斯特（Forster, 1995）。而 **NF** 相对于 **ZF** 的一致性证明仍是遗留的难题。

奥采尔（Aczel, 1988）相当清晰地介绍了非良基集合论。里格尔（Rieger, 2000），以及巴威斯和埃切门迪（Barwise and Etchemendy, 1987）近期尝试讨论了其哲学意义。Wang（1963）则是谓词集合论的标准参考资料。我们在 3.6 节给出的层次理论要归功于斯科特（Scott, 1974），不过他当时用了多余的假设——累积公理（the axiom of accumulation）。我在前作中对该假设是冗余的证明，由约翰·德里克做出，他在利兹就这一问题已讲学多年。本书给出的版本略有不同，是采纳了德茨（Doets, 1999）的一个想法。

杜梅特（Dummett, 1993）广泛讨论了层级结构和排中律之间的关系。利尔（Lear, 1977）提出了一种新颖的观点，而这一观点又遭到了帕索（Paseau, 2003）的批评。

第 4 章 集 合 理 论

现在，对于集合我们已经了解很多了，但是还不能进行任何存在性证明。原因在于我们当前已挑选的公理如分离公理模式，都是全称型的，所以在没有层次可供代入的情况下，它们只是虚无得可被满足。现在我们要将理论从这虚无中拽出，这就要求对相关层次做出一些本体论承诺。

4.1 我们能走多远

这意味着我们需要确定层级结构中含有多少级层次。建构主义对此有一个回答：这些层次的存在要归因于我们在头脑中对它们的建构，所以只需要确认我们建构能力的极限，就可以得知有多少级层次。对 "建构主体" 这一概念的理解不同，可能会导致答案不同，但是至少可以清楚地看出建构主义者在这一点上的思路。

相比之下，对柏拉图主义者来说这个问题要麻烦得多。困难在于他们对依赖关系的理解是消极的。他们认为，虽然依赖关系从形而上学角度约束了聚的性质，但这一约束本身不能表示任何聚存在。

经常有观点认为，迭代概念本身就说明了层级结构中存在许多层次，但实际上只有持一种限定性柏拉图主义观点的人——或者说，不需要考虑时间和有限性限制的建构主义者——才有理由如此看待迭代。但也许正是出于这个原因，该种限定情况下的柏拉图主义成为了表述迭代概念时的一种普遍立场。比如，布洛斯（Boolos, 1971）似乎就以此观点作为其表述的基础。由于我已经在 3.2 节中贬斥过这种限定情况下的柏拉图主义，所以这里就不再重复讨论。现在的问题是有没有其他种类的柏拉图主义能够将集合理论从虚无中拽出。显然，我们需要一条本书目前尚未谈论的原理来解决这一问题。

这一原理被称为**第二丰饶原理**（second principle of plenitude）（Parsons, 1996），其大致意思是说，所有没有被已陈述的依赖关系的形而上学约束所消除的层次，都是存在的。

这当然很粗略，而且其内容并非毫无问题。只有当有理由相信我们已经陈述了所有的相关依赖关系的形而上学约束后，我们才有权采纳一项存在性原理去断言所有未被消除的层次都存在，但问题是我们怎么知道自己已经将这些约束陈述完整了呢？而且就算我们确定自己已经陈述完所有的约束，又有什么理由假定任何集合的存在也随之而来？这类说法显然与公设主义不谋而合，即一致性就意味着存在性。当然，公设主义通常来说不会声称**任何**公理系统中的一致性都意味着数学对象的存在，只有某些特殊情况下他们才会持有这种看法。因此，我们需要解释**聚**概念中的何物使得这样一条本体论丰饶原理对聚概念适用。既然一致性并不必然意味着存在，那么为什么这里的一致性就意味着存在呢？

回答这一问题的困难在于，目前我们还不知道如何清楚地给出丰饶原理的公式形式。最自然的表达方法是借助于模态：所有可能存在的聚都是存在的。但是就算这不是句无意义的废话，这里所用的模态也不是"数学对象必然存在"中的这类模态。这里的模态想必被我们在第 3 章中对聚所施加的形而上学限制所约束，但是，困难在于如何防止该模态带来太多的存在。为什么除了层级结构中的层次，就不存在其他层次了呢？回答一定是因为若还存在其他层次，那么就会违反形而上学约束，但是要想让这种回答令人信服，应当进一步讨论。

事实上，我们所讨论的这种粗略形式的丰饶原理，具有致命缺陷。我们不能简单地指定出所有逻辑上可能存在的集合，因为不管已经指定了多少集合，从逻辑上来说都可能有更多的集合。这就是为什么我们经常能看到其他用于表述可能性的术语——例如，概念上的（conceptual）、可能（perhaps）、形而上学的（metaphysical）——被用来表述丰饶原理。但是，借由"概念上的"加以表述的丰饶原理，即"所有概念上存在的聚，都是存在的"，会引入被柏拉图主义者认为是不适宜的建构主义考量；而由"形而上学的"加以表述的丰饶原理则有继续令理论坍塌入虚无的风险。

4.2 初 始 层 次

这部分内容已经涉入"深水区"，而且我们在后面的章节中还会讨论它，不过由于我们需要推进当前进度，所以必须要有能做出存在性断定的公理。在本节中，将仅以我们的层次理论所允许的最温和方式来完成这一目标，即断言存在至少一个层次（或者等价地说，存在至少一个集合）。

临时公理（temporary axiom）：存在至少一个层次。

之所以称为临时公理，是因为我们很快将添加另外一条公理（在 4.9 节），而那条公理蕴含了这条公理，所以在那之后我们就会取消掉这条多余的公理。由于层级被定义成记录的累积，所以临时公理就相当于是说至少有一个记录有累积。由于我们已经认为如果 ∅ 存在，则它是一个记录，所以这里的临时公理等于断言

聚 $\mathrm{acc}(\varnothing) = \{x : x \text{ 是个体}\}$ 存在。

定义 令 V_0 为最初的层次。

命题（4.2.1） $V_0 = \{x : x \text{ 是个体}\}$。

证明： 由命题 3.6.8 易证。 □

推论（4.2.2） 如果 $\varPhi$ 是任一公式，那么

$$\{x : x \text{ 是个体并且 } \varPhi(x)\}$$

是一个集合。

证明： 直接可证。 □

临时公理仅仅保证了由个体组成的集合，它不足以令我们证明由非个体组成的集合也存在。因此，仅由它以及分离模式组成的形式理论大致上可以较准确地表达出我们日常语言中使用的"集合"这一概念，因为在日常使用中通常不考虑迭代结构，如集合的集合这类概念。

根据第 3 章给出的分离公理模式，**任何**集合的存在都意味着 V_0 的存在，所以只要我们不想将集合理论削弱到不足道的地步，我们就无法否认 V_0 的存在。不过话说回来，即使我们不去假设由所有个体组成的集合的存在，也仍能发展出一个纯层次理论。我们仅借助分离公理模式，可以不借助由个体组成的集合的存在，就能假定集合层级的存在。这具有一定的意义，因为正如帕森斯（Parsons, 1977: 359）所言，由个体组成的集合的存在是否是一致的，在某种程度上取决于个体的性质。他举的是序数的例子。本书将在 11.2 节把序数作为一种特殊的集合引入进来，并展示布拉利-福尔蒂悖论，该悖论表明序数无法组成一个集合。当然，这一结论不会威胁到我们系统中临时公理的一致性，因为我们后面将要定义的所谓序数并非个体，所以它们当然不可能是 V_0 的潜在成员。不过帕森斯认为在集合理论之外组成一套独立的序数理论是有可能的。以这种方式设想的序数会被当成个体而不是集合。这时，我们自然会担心临时公理所坚称的"一个由所有个体组成的集合 V_0"是否真的存在。

这点很好理解。这里需要强调的是，在我们用来描述层级结构的语言中，对个体概念的设想应该要优先于对集合概念的设想。因此，如果我们把序数当成个体来表述，那么序数理论就应该要独立于集合理论。在这之后，就没有什么能阻止序数组成一个集合了。只有当我们在错误地添加将序数与集合联系起来的原理（比如，一条断言"我们可以让每一个序数在层级中都有一个对应的层次，以此来检索层级中的层次"的公理）之后，才会导致布拉利-福尔蒂悖论发生。

依赖理论学者（dependency theorist）通过声明所有个体都先于聚来表达这一观点。但是正如我们之前所说的，依赖关系这一概念本身实际上是纯约束性（restrictive）的，要是不添加其他的积极原理，它甚至不足以支撑临时公理表达的本体论承诺。

4.3 空 集

命题（4.3.1） $\varnothing$ 是一个集合。

证明： V_0 存在【临时公理】，所以集合 $a = \{x \in V_0 : x \neq x\}$ 存在【分离公理模式】，而

$$x \in a \Rightarrow x \neq x \Rightarrow 矛盾$$

即 a 是空的。 □

在拥有分离公理模式的情况下，空集的存在可以根据任意集合的存在得以保证。但是就像数字 0 一样，起初，空集的存在也不是完全没有争议的。不过如今已经很难搞清楚早期的争议究竟是针对空**集**还是空**融**，而本书先前已经指出，空融确实是不存在的，这一点毫无争议。关于这个问题，一个重要的早期资料源自戴德金（Dedekind, 1888）：他认为他所谓的空**系统**不过是为了方便而造出来的虚无之物，不过这倒不奇怪，因为我们有证据表明他的 "系统" 实际上就是我们今天所说的融。刘易斯（Lewis, 1991）总是倾向于融而不是聚，但他也对空集的存在提出了一项逆向辩护。

> 你最好以极大的信心去相信它的存在；然后你就可以用同等的信心去相信它的单元集的存在，…… 如此类推，直到你有足够的资源来搭建整个数学为止。（Lewis, 1991: 12）

当然，从这种逆向策略的角度来看，空集实际上并不一定是空的——正如刘易斯所说（Lewis, 1991: 13），"一个虚无的小斑点，真实（reality）自身结构中的一种黑洞 …… 一种带着虚无的特殊个体"。所以刘易斯只是做出了一项规定——由所有个体组成的融，如果它存在——被当成空集。当然，这样规定有一个小瑕疵，那就是如果根本不存在什么东西，那么也就不会有这类融了（因为不能从无中产生融），不过对这种困境，刘易斯也有辩解："也许我们可以减少数学内容。直到我们所需的最低保障为止。"

可见刘易斯的观点非常奇怪。而更令人困惑的是策梅洛（Zermelo, 1908b: 263），他显然讨论的是聚而不是融，同样也称空集是"不合适的"；而哥德尔（Gödel, 1944: 144）就算没有实质上赞同，至少也能容忍类似的想法。

可能有人会猜测，这类"空集是虚构的，或者是被随意建构的"观点不断出现，暗示了我们所使用的聚集体概念中，来自"融"概念直觉的持久影响；但这不过是个猜测，因为不管策梅洛还是哥德尔都没有在他们的文献中给出任何**论据**以说明为什么应该将空集仅仅看成虚构的概念。另外，除了源自戴德金的、为了便利性而认为"空集存在"的一系列论证之外，很难在文献中找到能令人相信空集确实存在的直接论据。不过请注意，即使对于那些赞同逆向策略的人来说，**便利性**（convenience）似乎也不足以构成说明空集存在的论证，因为很显然没有空集是可能的（虽然没有它会很不方便）。

根据本书采用的形式，没有哪个聚是个体，所以空集也不是个体。这是借助谓词 U(x) 来把个体当成初始概念才得以实现的。而没有采用这种做法的作者（比如，Fraenkel et al., 1958）就会留下一个尴尬的问题，即无法从形式上区分空集和个体，因为我们可以认为个体和 ∅ 都具有没有成员这一属性。对该形式问题，有两种可能的解决方法，但是都不足以令人完全满意。

第一种方法被奎因所采用，这种方法认为一个个体 x 并不像我们认为的那样没有成员，而是规定它自己是自身的成员，即 $x = \{x\}$。由此，个体就变成了聚，不过是非有根聚，这样根据聚是不是属于它自身，就可以区分集合和个体。弗雷格（Frege, 1893—1903）也提出过这一方法，不过出于不同的（但和奎因一样是出于技术上的）原因，弗雷格是借此来确定，识别集合和个体的命题之真值条件（truth-conditions of statement）。然而，这一方法具有明显的缺陷，即它只是出于实用主义的权宜之计：没有任何理由令我们相信个体真的属于它们自身，所以为什么要采纳一种假定这一情形为真的方法呢？

第二种方法是说空集也是一个个体，不过是一个随机挑选的个体来扮演该角色（Fraenkel et al., 1958: 24）。在数学基础中，这是非常常见的一种方法，并且我们将在后面讨论**随机选择**（arbitrary choice）的章节中会再次见到这一方法。当我们试图通过嵌入来将一套理论还原为另一套理论并发现有不止一种嵌入方法时，就会出现这种情况。在某些情况下，出于外界原因，我们会倾向于其中一种嵌入方式而不是另外一种；而在另一些情况中，比如，现在这种情况，各种嵌入方式的倾向完全一致，因此我们要么做出完全随机的选择，要么直接放弃这一还原。

4.4 缩 小 尺 度

我们现在介绍一种在集合 $\{x : \Phi(x)\}$ 不存在的情形下，有时很有用的技术手段。该设想源于斯科特（Scott, 1955）和塔斯基（Tarski, 1955），认为与其试图构造出由所有满足 $\Phi(x)$ 的 x 所组成的集合（而这根本是不可能的），我们还不如将目光限制在这样的 x 的最早可能出生上，即在整个层级中出现这些 x 的最低可能层次。这样，在任意情况下我们都定义了一个集合——而且这一集合保留了足够多的关于 Φ 的有用信息。

定义 假设 $\Phi(x)$ 是一个公式。如果 V 是满足 $(\exists x \in V)(\Phi(x))$ 的最低层次，那么我们令 $\langle x : \Phi(x) \rangle = \{x \in V : \Phi(x)\}$。如果不存在这样的层次，那么令 $\langle x : \Phi(x) \rangle = \varnothing$。

命题（4.4.1） 如果 Φ 是一个公式而 V 是一个层次，那么

$$(\exists y \in V)\Phi(y) \Leftrightarrow \varnothing \neq \langle x : \Phi(x) \rangle \subseteq V$$

证明：首先假设 $y \in V$ 且 $\Phi(y)$。那么在最早可能出生中存在元素 z 使得 $\Phi(z)$，即 $\langle x : \Phi(x) \rangle \neq \varnothing$。而且，如果 $z \in \langle x : \Phi(x) \rangle$，那么 z 要么是个体，此时一定有 $z \in V$；要么 z 是一个集合，此时 $z \subseteq V(z) \subseteq V(y) \in V$，同样有 $z \in V$；因此 $\langle x : \Phi(x) \rangle \subseteq V$。反过来的情况是易证的。   □

在 9.1 节定义基数概念时，我们将采用这一技术手段。

4.5 生 成 公 理

定义 对于层次 V，称使得 $V \in V'$ 成立的最低的层次 V' 为 V 的**上一级**层次。

命题（4.5.1） 如果层次 V' 高于层次 V，那么 x 属于 V' 当且仅当 x 要么是个体，要么是 V 的一个子聚。

证明：由于 $V'' \subseteq V \Rightarrow V'' \in V'$【命题 3.6.7】，且

$$V'' \in V' \Rightarrow V \notin V''$$

$$\Rightarrow V'' \in V \text{ 或者 } V'' = V \text{【命题 3.6.11】}$$

$$\Rightarrow V'' \subseteq V \text{【命题 3.6.14】}$$

因此,

$$V'' \in V' \Leftrightarrow V'' \subseteq V \tag{1}$$

所以,

$$x \in V' \Leftrightarrow x \text{ 是个体或者 } (\exists V'' \in V')(x \subseteq V'') \text{【命题 3.6.8】}$$

$$\Leftrightarrow x \text{ 是个体或者 } (\exists V'' \subseteq V)(x \subseteq V'') \text{【通过（1）】}$$

$$\Leftrightarrow x \text{ 是个体或者 } x \subseteq V \qquad \square$$

生成公理（axiom of creation）：对每一个层次 V，都存在一个层次 V' 使得 $V \in V'$ 成立。

简单来说：并不存在最高层次。这一条公理确保了每一个层次 V 都有一个相较于自身而言更高一级的层次：根据之前的命题，我们可知这一层次为 $V_0 \cup \mathfrak{B}(V)$。因此，可以立即保证存在 V_0，$V_0 \cup \mathfrak{B}(V_0)$，$V_0 \cup \mathfrak{B}(\mathfrak{B}(V_0))$ 等无穷多个层次。

引理（4.5.2）　如果 a 是一个集合，那么存在层次 V 使得 $a \in V$。

证明：如果 a 是一个集合，那么存在层次 V 使得 $a \subseteq V(a) \in V$【生成公理】，所以 $a \in V$【命题 3.6.8】。 $\qquad \square$

生成公理使得我们有了更多合规的手段来构造集合。

命题（4.5.3）　如果 a 是一个集合，那么 $\mathfrak{B}(a)$ 也是集合。

证明：如果 a 是一个集合，那么存在层次 V 使得 $a \in V$【引理 4.5.2】。由

$$(b \in V \text{ 而且 } b \subseteq a) \Leftrightarrow (b \subseteq a) \quad \text{【命题 3.6.6】}$$

于是存在 $\mathfrak{B}(a) = \{b \in V : b \subseteq a\}$，并且它是一个集合【分离公理模式】。 $\qquad \square$

命题（4.5.4）　如果 a 是一个集合，那么 $\{a\}$ 也是集合。

证明：存在层次 V 使得 $a \in V$【引理 4.5.2】。所以 $\{a\} = \{x \in V : x = a\}$，且 $\{a\}$ 存在【分离公理模式】。 $\qquad \square$

命题（4.5.5）　如果 x 和 y 是个体或集合，那么 $\{x, y\}$ 存在。

证明：如果 x 和 y 是个体，则根据推论 4.2.2，它们各自的单元集也是集合；而如果 x 和 y 是集合，那么根据命题 4.5.4，它们各自的单元集也是集合。不论是哪种情况，根据命题 3.7.10，$\{x\} \cup \{y\}$ 都是集合。 $\qquad \square$

上述结论显然为生成公理提供了基于逆向策略的支持性辩护：如果在数学工作中能够自由地使用诸如集合 a 的幂集 $\mathfrak{B}(a)$ 这类结构，无疑会让工作变得很方便。实际上，这同样也是关键所在：由于 V 的上一级层次是 $V_0 \cup \mathfrak{B}(V)$，因此生

成公理是否为真取决于每一个集合是否都有幂集。但是，有没有并非基于逆向策略的论证可以用于支持生成公理呢？

依赖理论学者们可能会基于丰饶原理提出这样的论证：如果 a 是一个集合，那么就**有可能**存在 a 的幂集，于是丰饶原理就会告诉我们确实**存在**这一幂集。此外还有一种至少存在于柏拉图主义者们中间的观点，认为这一结论实在是过于明显以至于根本不必争论。他们中思考过这个问题的人，都把幂集看成初始概念。但是，不管把幂集看成"初始概念"还是"定义出的概念"，实际上都没有解决该问题。

正如我们所见，建构主义者倾向于采用一种不同的层级结构，其中 V 的后一级层次并不是 $V_0 \cup \mathfrak{B}(V)$。如果我们采用了这种层级，那么生成公理是否为真，就不再和"每个集合是否都存在幂集"联系起来了：但我们不得不面对这样的可能性——对于每一个层次，都有后一个层次，但是这一过程甚至无法穷尽第一个层次的所有子集。卢辛（Lusin, 1927: 32-33）提出了类似的想法，他认为为了将一个无穷集合的所有子集包含在一个集合内，我们首先必须要有能够定义出这类集合的规则，而他认为这一点是不可能做到的。梅伯里（Mayberry, 2000）有一个与此有些不同、但同样反对无穷集合存在幂集的论证。

4.6 有 序 对

有序对 (x, y) 应该被看成单独的对象，该对象以某种方式对两个对象 x 和 y 进行编号。这就要求所谓的**有序对原理**（ordered pair principle），即

$$(x, y) = (z, t) \Rightarrow x = z \text{ 而且 } y = t$$

且任意的 x, y, z, t 都应当满足它。在集合理论中有好几种技术手段使得我们能够做到这一点。历史上最早的手段归功于维纳（Wiener, 1914），不过这里我们采用库拉托夫斯基（Kuratowski, 1921）提出的方法。

定义 $(x, y) = \{\{x\}, \{x, y\}\}$。（"$x$ 和 y 的**有序对**"）。

我们将用 (x, y, z) 表示 $((x, y), z)$，用 (x, y, z, t) 表示 $((x, y, z), t)$，等等。有序对显然是存在的，只要其中的项是集合或个体【命题 4.5.5】，不过在正式使用有序对概念之前，我们还需要证明它们满足上面的有序对原理。

引理（4.6.1） 如果 x, y, z 是集合或者个体，那么

$$\{x, y\} = \{x, z\} \Rightarrow y = z$$

证明： 假设 $\{x, y\} = \{x, z\}$。那么 $y \in \{x, y\} = \{x, z\}$，所以要么 $y = z$，这使得命题得证，要么 $y = x$；而如果 $y = x$，那么 $z \in \{x, z\} = \{x, y\} = \{y\}$，所以这种情况下同样可得 $y = z$。 □

命题（4.6.2） 如果 x, y, z 是集合或者个体，那么

$$(x, y) = (z, t) \Rightarrow x = z \text{ 而且 } y = t。$$

证明： 假设 $(x, y) = (z, t)$，即 $\{x\}, \{x, y\} = \{z\}, \{z, t\}$。所以要么 $\{x\} = \{z\}$，在这种情况下 $x = z$，要么 $\{x\} = \{z, t\}$，在这种情况下 $x = z = t$。而在这两种情况下都有 $\{x\} = \{z\}$，所以 $\{x, y\} = \{z, t\}$【引理 4.6.1】，所以 $y = t$【同样根据引理 4.6.1】。 □

如果我们的目的是尽量减少公理的数量，那么能够定义有序对带来的好处是明显的：怀特海和罗素最早并不知道有序对（Whitehead and Russell, 1910-13），所以他们只好发展出了两套互相平行但不同的理论，一套是聚理论，另一套是关系理论，而且他们的大多数公理都要在这两套理论中分别做重复说明。然而当罗素从维纳那里得知了定义有序对的可能性时，他并没有表达出"任何格外的赞同"（Wiener, 1953: 191），而且他在《数学原理》（*Principia Mathematica*）的第二版（Whitehead and Russell, 1927）引言中也完全没有费心去提到这一策略。

对有序对保持小心的一个原因在于，所有对有序对的项的明确定义，都多少会导致些意外的结论。它也是困扰着数学基础的一类问题的一个实例——即做得太多而导致的问题。在文献中有时会把这类问题称为贝纳塞拉夫问题（Benacerraf's problem），因为贝纳塞拉夫在《数字不可能是什么》（*What numbers could not be*, 1965）中提出了一个著名的实例，不过实际上它至少可以上溯到戴德金那里去。

当我们试图在理论中加入某个概念，并且此前我们已经独立于该理论设想过这一概念时，这类问题就会出现：因为我们必须在新理论内选择出某种方式来塑造这一概念，而这样做时，我们会使这一概念具有某些先前设想时并不具有的属性。

从形式上来说，解决这一困境的方法之一，就是通过被适当的公理所控制的新初始概念来明确引入这些有疑问的实体。在当前情况下，这意味着把"(x, y)"看成初始概念，而把有序对原理看成公理。如果我们采用这种做法，那么上面推导出命题 4.6.2 的过程仍然具有元数学上的意义，因为它表明虽然包含了有序对公理的理论要比不包含有序对公理的理论更谨慎，但是从形式上来说，有序对公理其实是不必要的。

然而这一解决方法有一个困难。这是因为我们希望构成有序对的对象可以是集合。如果我们认为有序对不是集合，而是具有独立概念的另一种实体，那么就

必须要重新定义"层次"来把有序对纳入到层级结构中来。一种方法是用扩展累积（extended accumulation）来代替累积：a 的**扩展累积**由 a 的累积，以及其项都属于 a 的累积的那些有序对组成。这种方法当然会让理论的形式变得稍稍复杂，但是采用这种方法几乎不需要改变本书的其他章节部分。

大多数数学家认为这一"过度定义"问题与他们所关心的问题无关：他们常习惯于在一套理论内建立模型来对另一套理论进行刻画，而忽视这种刻画所额外带来的无关属性。事实上这些属性的无关，无疑还帮助了他们——这一问题似乎不会得到解答，并且摆在奎因所谓"无关紧要"的诸多问题里。库拉托夫斯基的方法最终被证明相当受欢迎：在一系列后来的经典之作中，只有布尔巴基学派（Bourbaki，1954）算是一个没有采用这一方法的罕见例外，在他们的形式系统中将有序对看成额外的初始概念；但是即使是布尔巴基学派最终也还是屈服了，并且（在 *Théorie des ensembles* 的第四版）采纳了当时在数学界普遍流行的对有序对的定义。

如读者所见，我在本书中也遵循这一做法。所以我们必须放弃设想这里被称为"有序对"的聚，是真的有序对。原因是贝纳塞拉夫的观点——既然数字的数值属性不足以确定这些数字是哪个集合，那么这些数字就不是集合——在这种情况下也适用。如果真的存在恰当意义上的有序对——即只受有序对原理支配的实体——那么出于同样的原因，这些实体也不会是集合。所以集合理论不包含有序对理论，而只包含有它的一个简易替代品。不过我们所需要的全部内容也就这些：$\{\{x\}, \{x, y\}\}$ 是一个集合，它对两个对象 x 和 y 进行编码，而且也正是出于这个目的我们才使用它；只要我们不把它和**真正的**有序对（如果存在真正的有序对）弄混，那么就不会造成什么危害。换句话说，本书所使用的有序对，应仅被视为在集合理论中使用的一种技术工具，而不是我们对真正有序对的某种可能理解。

定义　如果 z 是一个有序对，令

$\mathrm{dom}(z) = \imath! x (\exists y)(z = (x, y))$（"$z$ 的第一个坐标"）；

$\mathrm{im}(z) = \imath! y (\exists x)(z = (x, y))$（"$z$ 的第二个坐标"）。

因此 $\mathrm{dom}(x, y) = x$，$\mathrm{im}(x, y) = y$。

4.7　关　　系

在正统观念中，关系之于二元谓词，正如集合之于一元谓词。

定义　一个集合被称为**关系**，如果该集合的每一个元素都是有序对。

如果 $\varPhi(x, y)$ 是公式，那么 $\{(x, y) : \varPhi(x, y)\}$ 就是一个关系——只要它是集合；这被称为由公式 $\varPhi(x, y)$ **定义出**的 x 和 y 之间的关系。反过来，任何关系 r

都是根据公式 $(x,y) \in r$ 定义出来的，习惯上记作 xry。集合 $\{(y,x) : xry\}$ 被称为 r 的逆（inverse）——有些学者称之为"逆换"（converse）——记作 r^{-1}。集合 $\mathrm{dom}[r] = \{\mathrm{dom}(z) : z \in r\}$ 和 $\mathrm{im}[r] = \{\mathrm{im}(z) : z \in r\}$ 分别被称为 r 的定义域（domain）和像（image）。如果 c 是一个集合，我们令

$$r[c] = \{y : (\exists x \in c)(xry)\}$$

称元素 y 为 r-极小的（r-minimal），如果并不存在 x 使得 xry 成立。如果 r 和 s 都是关系，那么我们用 $r \circ s$ 表示下述关系

$$\{(x,z) : (\exists y)(xsy \text{ 而且 } yrz)\}$$

在 $r \circ s$ 的定义中，r 和 s 的这种位置顺序不是预先设计的结果：而是由惯例记法所决定的，本书也将遵循把函数符号写在参数**左侧**的惯例（参见下文）。如果 $r \subseteq s$，我们就说 s 是 r 的**扩展**（extension），而 r 是 s 的**限制**（restriction）。

定义 $a \times b = \{z : \mathrm{dom}(z) \in a \text{ 而且 } \mathrm{im}(z) \in b\}$（"$a$ 和 b 的笛卡儿积"）。

因此，$a \times b$ 的成员都是有序对，其第一个坐标在 a 内而第二个坐标在 b 内。

命题（4.7.1） 如果 a 和 b 都是集合，那么 $a \times b$ 也是个集合。

证明：每一个第一个坐标在 a 内而第二个坐标在 b 内的有序对，都是 $\mathfrak{B}(\mathfrak{B}(a \cup b))$ 的成员。由此，结论易证【命题 3.7.10 及命题 4.5.3】。□

定义 一个关系，如果是 $a \times b$ 的子集合，那么就称该关系为 a 与 b 之间的关系。集合 a 到它自身的关系（即 $a \times a$ 的子集合）被称为 a 上的关系。

例如，公式 $x = y$ 在任意集合 a 上都定义出了一个关系，该关系通常被称为 a 的**对角线**（diagonal）。如果 c 是 a 的子集合，那么 r 的限制 $r \cap (c \times c)$ 就是 c 上的关系，记作 r_c。

在本节结束之前，我们还要提另一种偶尔有用的技术手段。这一手段取决于在任意两个确定的对象之间进行挑选。所以为了保证这一手段有效，我们需要确保进行挑选时所面对的那两个对象是不同的：在我们定义了自然数 0 和 1 之后（见 5.4 节），我们就可以把它们应用于这一目的，为此接下来将要陈述一个定义，和对对象进行挑选一样，该定义的作用是服务于技术手段，而其本身并没有太大意义。

定义 $a \uplus b = (a \times \{0\}) \cup (b \times \{1\})$（"不交并"）。

这一定义的目的在于给每一个 a 中的成员标记以 0，而每一个 b 中的成员都标记以 1，这样即使在它们共同组成并集之后，我们仍然能够将它们区分开。

练习：

1.（1）试说明 $\{x\} \times \{x\} = \{\{\{x\}\}\}$。

（2）假设 a 是一个集合。试说明 $a \times a = a \Leftrightarrow a = \varnothing$。【如果 a 是非空的，考虑可能最低出生的 a 的元素。】

（3）给出一组集合 a, b, c, d 的例子，其满足 $a \times b = c \times d$ 但是 $a \neq c$ 而且 $b \neq d$。

2. 假设 r, s, t 是关系。

（1）试说明 $(r \circ s) \circ t = r \circ (s \circ t)$。

（2）试说明 $(r \circ s)^{-1} = s^{-1} \circ r^{-1}$。

4.8　函　　数

一个从 a 到 b 的关系被称为**函数的**（functional），如果对于每一个 $x \in a$，都恰存在一个 $y \in b$ 使得 xfy。a 和 b 之间的函数关系通常被称为**从 a 到 b 的函数**。如果 $\tau(x)$ 是一个项，那么称集合 $\{(x, \tau(x)) : x \in a\}$（如果它存在的话）为**由项 $\tau(x)$ 定义**的函数；记为 $(\tau(x))_{x \in a}$ 或者 "$x \mapsto \tau(x)(x \in a)$"。或者，如果它的定义域根据上下文来看是清楚的，可以简单地记作 $(\tau(x))$ 或者 "$x \mapsto \tau(x)$"。①反过来，如果 f 是一个从 a 到 b 的函数，且它由项 $\iota!(xfy)$ 定义，那么就将其记作 $f(x)$ 并读作**自变量 x 在 f 上的值**。

我们有时会用另外一个术语**族**（family）来指称一个函数，该函数的定义域就是**索引集合**（indexing set），它的像就是族的**范围**（range）：如果范围内的所有成员都具有某些属性 F，我们就称这是 F 的**族**。当我们使用这个术语时，通常用 f_x 表示自变量 x 在 f 下的值。

一个经常出现并因此值得一提的函数是 id_a，它根据 $x \mapsto x(x \in a)$，即从一个集合 a 到它自身而得来：它有时被称为 a 的**恒等函数**（identity function），尽管事实上它和 a 上的对角线关系是一样的。

由所有从 a 到 b 的函数构成的集合记为 $^a b$。一般来说，如果 $(b_x)_{x \in a}$ 是一个集合族，我们可以把由所有从 a 到 $\bigcup_{x \in a} b_x$，且对所有 $x \in a$ 都满足 $f(x) \in b_x$ 的函数 f 构成的集合记为 $\prod_{x \in a} b_x$；所以 $^a b = \prod_{x \in a} b$。

多数学者用 $f(x)$ 而不是 $(x)f$ 或者 $x|f$ 来表示函数 f 在 x 的值，这不过是因为历史习惯遗存罢了，其中并不含有深意。戴德金在《数是什么？数应当是什

---

① 项 $(\tau(x))_{x \in a}$ 并不依赖于 x；在这个表达式中，字母 x 被用作一个虚拟变元，它可以被任意在表达式中尚未出现的其他变元所替换。

么?》的初稿中使用的符号是 $x|f$（Dugac, 1976, app. LVI），但是最后公开发行的版本中转而使用了 $f(x)$。

命题（4.8.1） 如果 $(f_i)_{i \in I}$ 是由满足对所有 $i, j \in I$，$f_i \cup f_j$ 都是函数的函数所组成的族，那么 $\bigcup_{i \in I} f_i$ 是函数。

证明：假设 $(x, y), (x, z) \in \bigcup_{i \in I} f_i$。所以存在 $i, j \in I$ 使得 $(x, y) \in f_i$ 而且 $(x, z) \in f_j$。所以 (x, y) 和 (x, z) 属于 $f_i \cup f_j$，由假设可知其为函数，因此 $y = z$。 □

如果 f 是从 a 到 b 的函数且 $c \subseteq a$，那么 f 的限制 $f \cap (c \times b)$ 是从 c 到 b 的函数，记作 $f|c$。如果 $f|c = g|c$，即如果对所有的 $x \in c$，都有 $f(x) = g(x)$，我们就说 f 和 g 在 c 上**相同**（agree）。

一个从 a 到 b 的函数 f 被称为是**单射**的*（one-to-one），如果对每一个 $y \in b$ 都至多有一个 $x \in a$ 使得 $y = f(x)$；称一个函数**满射**（onto）到 b，如果对每一个 $y \in b$ 都至少有一个 $x \in a$ 使得 $y = f(x)$。称 a 和 b **之间一一对应**（one-to-one correspondence between），如果存在一个单射函数从 a 满射到 b：这就是说每一个 $y \in b$ 都恰好存在一个 $x \in a$ 使得 $y = f(x)$，或者等价地说，它的逆关系 f^{-1} 是从 b 到 a 的函数。如果 a 和 b 之间一一对应，那么我们就说它们是**等势的**（equinumerous）。

练习：

1. 假设 f 是从 a 到 b 的单射函数，g 是从 b 到 c 的单射函数，试证明 $g \circ f$ 是从 a 到 c 的单射函数。

2. 假设 f 是从 a 满射到 b 的函数，g 是从 b 满射到 c 的函数，试证明 $g \circ f$ 是从 a 满射到 c 的函数。

3. 假设 f 是从 a 到 b 的函数，试证明 f^{-1} 是从 $\mathrm{im}[f]$ 满射到 a 的函数，当且仅当 f 是单射的函数。

4.9 无 穷 公 理

存在一个最低的层次，而且对于每一个层次来说都存在更高级的层次。因此，存在无穷多个层次，但是这并不意味着有哪个层次位居于无穷多个层次之上——换句话说，这并不意味着有哪个层次具有无穷的记录。于是，我们还需要另一条公理。

---

* 原文直译应为"一对一的"，但是为了在阅读上能更好地与下文中的"一一对应"区别开来，也因为该性质与数学上的单射相同，故将其翻译为"单射"。下文中的"满射"也是如此。——译者

定义 称一个层次是**极限层次**（limit level），如果该层次既不是初始层次，也不是任何其他层次的上一级层次。

命题（4.9.1） 如果层次 V 不是最低的层次，那么 V 是一个极限层次，当且仅当 $(\forall x \in V)(\exists V' \in V)(x \in V')$。

证明：必要性。假设 V 是极限层次且 $x \in V$。那么 x 要么是集合，要么是个体【命题 3.7.2】。如果 x 是个体，$x \in V_0 \in V$。另外，如果 x 不是个体，则 $x \subseteq V' \in V$【命题 3.6.8】，所以如果 V'' 是 V 上一级的层次，则有 $x \in V'' \in V$。

充分性。如果 V 不是极限层次，那么存在层次 V'，V 是 V' 的上一级，即 $V' \in V$ 且并不存在层次 V'' 使得 $V' \in V'' \in V$。 □

无穷公理（axiom of infinity）：至少存在一个极限层次。

为了说明为什么称之为无穷公理，我们需要引入戴德金对无穷的定义。

定义 一个集合是**无穷的**（infinite），如果它与其自身的某个真子聚等势。

定义 将最低的极限层次记为 V_ω。

命题（4.9.2） V_ω 的记录是无穷的。

证明：V_ω 的记录是由所有属于 V_ω 的层次所组成的集合。考虑将这些层次中的每个层次都映射到该层次的上一级层次的函数：这一函数是单射的，而初始层次 V_0 不在它的像内。因此 V_ω 的记录是无穷的。 □

无疑，我们对无穷聚的直觉要比对有穷聚的直觉模糊得多。确实，无穷聚的许多属性乍看之下都是自相矛盾的。在康托尔进行他的集合论研究时，自亚里士多德以来对无穷聚的厌恶之风已经司空见惯：比如，欧几里得就谨慎地避开了无穷聚。当然还是存在一些异见分子——如伽利略和博尔扎诺（Bolzano）——但总的来说，亚里士多德的观点已被广泛接受。

正是在那时，魏尔施特拉斯（Weierstrass，康托尔的老师）成功地从分析学中删去了无穷小——直到 20 世纪 50 年代才得以恢复——而康托尔本人通过他在基数和序数算术中的工作，驯服了有关实质无穷（actual infinite）的悖论。但是，他不得不忍受广泛的反对，并在他的出版作品中花费大量的篇幅捍卫自己的观点以对抗他所谓的对无穷的恐惧，"这都是些目光短浅的看法，而且会摧毁我们认识实质无穷的可能性"（Cantor, 1886：230）。

在康托尔认为（Cantor, 1886：225-226）反对实质无穷的那些人中，最具影响力的人可能是高斯，在一封经常被后世引用的高斯给舒马赫（Schumacher）的信中，他"反对把无穷数值（magnitudes）看成某种已完成的结果，这在数学中是绝不允许的"（Gauss, 1860-65：269）。但是就像大多数情况一样，这句话要联系上下文来看。在高斯回信所针对的那封信中，我们可以看到舒马赫试图通过巧妙（可惜却是错误）的手段来引入一种大型半圆结构来证明空间是欧氏的。舒马赫的论证确实说明了如果半圆保持固定而将三角形缩小，那么三角形的内角和将趋近于 180°。不过，高斯非常正确地反对舒马赫使用相反的步骤——即固定三角形且让半圆的半径趋于无穷大——来说明三角形内角和就是 180°。

但是，就算没有上述这句著名的引文，肯定也还是有许多人依旧会坚持反对实质无穷**集合**的概念。事实上，当时许多人都把集合论悖论误认为是**无穷**导致的悖论。在康托尔的工作发表了好些年头之后，庞加莱依旧坚持声称"并不存在实质的无穷；康托尔的拥趸忘记这点并陷入了矛盾"（Poincaré, 1906: 316）。不过在纯一致性方面，康托尔的观点最终得到了认可：如今几乎没有人会试图论证无穷聚的存在是**不一致**的：现代有穷论者更倾向于另一种较弱的论断，即没有理由假设无穷聚是存在的。

当然，这并不是说我们能够**证明**无穷公理的逻辑一致性。我们或许确实可以为其提供论证：但是那并不是一个**完整**的证明，而要依据某些建立在其他基础上面的无穷理论（如欧几里得几何）。即使这种论证是可能的，也很难再继续认为我们的理论仍能胜任学科基础这一角色：比如，在刚刚提到的这种情况下，我们的理论显然就不能再充当欧几里得几何学的基础了。更重要的是，就像有穷论者说的那样，没有理由认为一个集合仅仅因为是逻辑上可能的，就意味着它真的存在，而且事实上，就连其与假设之间的相关性都是值得怀疑的。

至少从表面句法上来看，现代数学工作中几乎处处都用到了无穷聚：不仅我们在第二部分将要论述的标准数学对象的集合论模型结构需要至少一个无穷集合来开头，而且就算不考虑这类模型结构，数学家们在对这些标准数学对象进行推理时，也经常习惯性地用到无穷集合。因此如果我们相信数学家们的工作是正确的，那么就有了一个逆向理由来认为无穷公理，即至少存在一个无穷集合，是真的。不过有两种不同的方式来做到这一点，这取决于我们认为无穷聚存在是因为存在无穷多的个体，还是因为层次间隔无限远。如果选择了前一种观点，那么我们的公理就会是下面这样。

无穷公理 1：V_0 是无穷的。

本书采用的是第二种观点。（在 4.10 节中，我们将以非形式的方式描绘层级结构，读者那时将会注意到第一种观点令层级结构无穷扩宽，而第二种观点令层级无穷升高。）

数学需要能用来构造相关对象的集合，而并不纠结于到底是哪个集合。所以逆向论证并不能直接告诉我们哪一种无穷公理更好。事实上对于我们后面的工作来说，这两种公理相差无几：出于数学目的，下面这一条公理就足够了，而且不管哪一种观点都会认为这条公理很合理。

无穷公理 2：存在一个无穷的集合。

有一条路径曾被人们尝试过，而这条路上最为人所知的努力是由戴德金做出的，但是罗素（Russell, 1930：357）和其他人也曾试过这条道路，那就是对无穷多个体的存在，给出直接（即非逆向的）论证。集合论研究者对这类论证不感兴趣，因为个体（根据定义）不是集合，所以对数学而言，这类论证的基础与它们（数学）无关。而哲学家们，因为专业原因而常像在暴风雨中搜寻任何可供停靠的港口一般，对这类论证的态度可能就不像数学家们那样不屑一顾。戴德金的论证如下：

> 我自己的思想领域，即所有能成为我思考对象的事物的总和 S，是无穷的。因为如果 s 是 S 的一个元素，那么将 "s 能够成为我思考的对象" 这一思考记为 s'，显然 s' 同样也是 S 的元素。如果我们把 s' 看作元素 s 关于 $\phi(s)$ 的像，那么 S 上的映射 ϕ，就表明了像 S' 是 S 的一部分；而且 S' 是 S 的真子聚，因为有一些 S 的元素（如我的自我意识）明显就不是 s' 式的思考，因此也就不包含在 S' 内。最后，如果 a, b 是 S 中不同的元素，那么它们的像 a', b' 显然也不会相同，因此映射 ϕ 是单射的。因此也就证明了 S 是无穷的。（Dedekind, 1888, no. 66）

当然，上述论述并没有表明经验世界必定是无穷的，而只是证明了思想领域一定是无穷的。如果认为数学的真建立在思想领域中——因此同样具有无穷这一特性，那可真是相当激进的看法，因为这一看法会把我们的数学哲学转为唯心主义，但目前也很难说这种看法就是荒谬的。

还要注意，戴德金的论证就算是合理的，它也只是表明了存在无穷多的对象，并没有说有无穷多个对象属于同一个集合。而我们此前陈述的公理可以证明这一点，比如，存在下面这列集合：

$$\varnothing, \{\varnothing\}, \{\{\varnothing\}\}, \cdots$$

因此，戴德金的证明只对那些谨守亚里士多德那有名的对潜在（potential）无穷和实质无穷之间区别的依赖理论学者来说是有用的，他们认为层次间的依赖关系表明个体数量仅构成潜在无穷，而非实质无穷，因此他们很难断言存在一个集合 V_ω 可以把个体全都包含进去。对这类人来说，戴德金的证明不是多余的，因为它证明了个体在数目上是实质无穷的，而非潜在无穷。因此也就给予了更有力的理由去相信存在一个包含了所有个体的集合。

无论如何，本书选择不去假设存在无穷多个个体。这样做的原因在于，这一假设会限制我们理论的适用性：如果假定存在无穷多个体，那么在被加入集合论的理论 T 只有有穷模型的情况下，得到的理论将是不一致的。这与我们（当然是合理的）的希望相冲突，即提供一个与任意理论 T 相联后，至少不会产生不一致的集合理论。

因此取而代之的是，我们将假设存在拥有无穷记录的层次 V_ω——换句话说，这个层次建立在无穷多个较低的层次之上。正如前文讨论的那样，建构主义者构建这条原理的途径相对清晰且完全取决于所谓“超级任务”的概念是否一致。另外，令人沮丧的是柏拉图主义者似乎没什么理由去相信这种形式的无穷公理。

4.10 结　　构

我们在 2.2 节中建立起来的框架由一个先验理论 T 组成，我们还加入谓词 $U(x)$ 表示“x 是个体”，然后把 T 中的公理作用于（relativizing）U。现在用 $\mathbf{Z}[T]$ 表示把生成公理、无穷公理及所有分离模式实例加入这一框架后得到的理论。（尽管在本书中并不重要，但是我们还是应该说明相应的二阶理论 $\mathbf{Z2}[T]$，它用二阶分离原理代替了分离模式。）另外，有两种特殊情况值得注意。如果我们从根本没有公理的理论 null 开始，即我们对个体不做任何预设，最后得到的理论 $\mathbf{Z}[\mathbf{null}]$ 通常被简记为 $\mathbf{ZU}$。如果我们从空理论，即模型为空的理论开始，那么我们得到的理论 $\mathbf{Z}[\mathbf{empty}]$ 通常被简记为 $\mathbf{Z}$。当这类空理论作用于 U 时，这就相当于断言不存在个体，所以通往 $\mathbf{Z}$ 理论的另一条途径是在 $\mathbf{ZU}$ 中添加 3.8 节提到的纯度公理。

不过，把理论中的对象看成个体，并非将理论嵌入集合论的唯一途径。

定义　称有序对 (A, r) 为一个**结构**（structure），如果 r 是 A 上的一个关系。

我们有时称 A 为结构的**载体集合**（carrier set），把 (A, r) 称为把关系 r **赋予**（endowing）给该载体集合后得到的结果。还有一项被广泛采纳的约定，那就是当上下文指称明确时，可以把 (A, r) 简记为 A，本书在后续章节中偶尔也会使用这一约定。

现在考虑一种形式语言，其唯一的非逻辑符号为二元关系符号 R。如果 (A, r) 是一个结构，那么就我们刚刚定义的意思来说，该语言中的任意语句都可以解释成关于 (A, r) 的一个集合论式论断：如果该语言是一阶的，则我们可以通过用

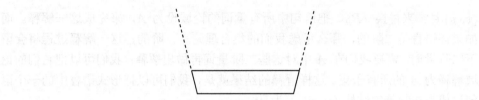

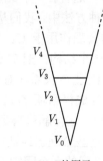

Z的图示

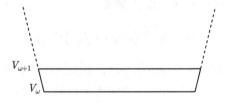

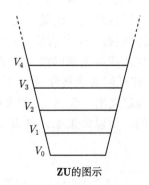

ZU的图示

$(x,y) \in r$ 来替换 xRy、把语句中所有量词的论域设为 A，来完成这一解释。而如果该语言是二阶的，那么考虑我们的集合理论是一阶的，这一解释过程将会留下二阶量词，需要我们在 A 中对这些二阶量词再做出解释：我们可以把它们的论域解释为 A 的所有子集。这样解释的结果就是，我们可以把形式语言中的一个语句说成是在某特定结构 (A,r) 上为真①。

如果 T 中所有的语句在 (A,r) 中都为真，那么我们就说 (A,r) 是 T 的一个**集合论模型**（set-theoretic model）。这种在一个结构中解释理论的方法是我们刚刚考察的方法的一般化推广。在这种方法中，我们从理论 T 开始，加入谓词 $U(x)$ 用以表示 "x 是个体" 并把 T 中的公理作用于 U。然后，我们可以把由所有个体组成的集合 V_0 作为论域来构造出一个结构；把 T 语言中的所有二元关系符号 R 解释成根据公式 xRy 定义而得的 V_0 上的关系（对于其他元的关系符号也做类似处理）；把所有一元函数符号 f 解释成根据项 $f(x)$ 定义而得的 V_0 上的函数（对于其他元的函数符号也做类似处理）。这样解释得到的结果就是 T 的集合论模型，因为 T 的所有公理作用于 U 后，这些公理已经被接纳为 **ZU**$[T]$ 的公理了。

定义 结构 (A,r) 和 (A',r') 之间的一个**同构**（isomorphism）是指集合 A 和 A' 之间的一个一一对应关系 f，且 f 满足

$$(\forall x,y \in A)(xry \Leftrightarrow f(x)r'f(y)) \tag{2}$$

两个结构被称为**等价的**（equivalent），如果这两个结构上为真的语句完全相同；而如果这两个结构上为真的一阶语句完全相同，则称它们是**初等等价的**（elementarily equivalent）。同构的结构显然是等价的，因而也是初等等价的。

如果试图将集合论模型的概念推广到 2.2 节的设想上，并将其视为模型论域由个体组成的特殊情况，那么很自然的问题就是在何种情形下这种推广才是**真的**（genuine）。也就是说，如果我们有一个具有集合论模型 (A,r) 的理论 T，那么在何种情况下存在一个由个体组成其论域的模型？不难看出这一问题的关键在于存在**多少**个体。如果论域 A 和任何其他集合 A'（不管是不是由个体组成的集合）等势，我们都可以利用（2）来**定义**出一个 A' 上的关系 r'，令 (A,r) 和 (A',r') 同构。由于同构的结构是等价的，所以如果 (A,r) 是 T 的一个模型，那么 (A',r') 也是 T 的模型②。

---

① 我们在这里处理的是仅具有单个二元关系符号的语言，但是也可以很容易地将其扩展到更复杂的语言上，此外本书偶尔还会在更普遍的意义上使用刚刚引入的词汇，比如，在 5.5 节中我们会称有序三元组 $(\omega, s, 0)$ 为一个 "结构"。

② 这一简单的观察结果是纽曼（Newman, 1928）反驳罗素（Russell, 1927）知觉因果论的核心。

从元理论角度来看，我们还可以从另外一个方向推进，给出一些集合论结构并自问是否存在一个理论，其集合论模型恰为这些结构。比如，考虑下面这些属性。

定义 A 上的关系 r 被称为：

在 A 上是自返的（reflexive），如果 $(\forall x \in A)(xrx)$；

在 A 上是禁自返的（irreflexive），如果 $(\forall x \in A)$（并非 xrx）；

在 A 上是传递的（transitive），如果 $(\forall x, y, z)((xry \text{ 而且 } yrz) \Rightarrow xrz)$；

在 A 上是对称的（symmetric），如果 $(\forall x, y)(xry \Rightarrow yrx)$；

在 A 上是反对称的（antisymmetric），如果 $(\forall x, y)((xry \text{ 而且 } yrx) \Rightarrow x = y)$。

其中的每一类结构显然都对应二元关系符号 "R" 语言中的一个一阶公理。比如，自返框架就是下面这个一阶公理的集合论模型：

$$(\forall x)xRx$$

但是并非所有我们感兴趣的结构都可以通过这种方式被一阶公理表述出来。模型论在讨论这类表述的可能性方面有相当丰富的成果。例如，逻辑学家就痴迷于**范畴的**（categorical）理论，即理论的任意两个集合论模型都互为同构，但是一阶逻辑紧致性定理*（compactness theorem）的一个简单推论是，没有哪个具有无穷集合论模型的一阶理论可以是范畴的。

注释

这里我们只是概述了集合、函数和关系的基本理论。许多其他教科书都对这些理论进行了更详细的描述；在这些教科书中，与本书思想十分相近的是图尔拉斯基（Tourlakis, 2003）。

生成公理的有效性问题，即是否每一个集合都有幂集，长期以来一直没有得到应有的重视。对此，在霍布森（Hobson, 1921）和卢辛（Lusin, 1927）的论述中可以找到一些怀疑性的想法。

对无穷地位的争论具有漫长而复杂的历史，而这一历史的最佳描绘来自于穆尔（Moore, 1990）。沃特豪斯（Waterhouse, 1979）则清楚地讲述了高斯和舒马赫在这一方面的交流。

---

* 紧致性定理大意为一个由一阶语句组成的集合是可满足（或者说是有模型）的，当且仅当该集合的任意有限子集都是可满足（有模型）的。——译者

第一部分总结

在本书的后续部分中我们将继续探讨其他集合论公理，但不会把它们纳为我们系统的一部分，我们的系统将是 **ZU**。这一点非常重要，值得特别强调。

在本书的后续部分中，我们将始终预设 ZU 中的公理。

这也就是说，**ZU**——这个以生成公理（4.5 节）、无穷公理（4.9 节）和所有可以用理论语言表述的分离实例（3.5 节）为公理的理论——将成为我们的**默认理论**（default theory）。因此，当我们说一个命题是定理时，我们实际上是在说这个命题相应的语句在 **ZU** 内可证。当然，这同样**是说**它在 **Z[T]**（T 是任意理论），以及 **Z** 中也是一条定理。

正如我刚刚所说，稍后我们将遇到其他集合论公理。在这里读者们需要注意：其他教科书中的默认理论通常要么是一个与 **ZF** 等价的集合理论，其通过在 **Z** 中添加更强的无穷公理来确保层级结构中存在更多的层次；要么是一个与 **ZFC** 等价的集合理论，其通过在 **ZF** 中添加选择公理来达成同样的效果。[①] 不过由于 **ZU** 中的任何定理在这些更强的理论中仍然是定理，所以本书中所说的内容在这些教科书中仍然保持有效。

我之前已经说过本书的默认理论在两点上要弱于其他教科书中的标准表述：本书的理论允许个体和非有根聚的存在。这两项中，后一项没有前一项那么重要。我之前已经讨论过，具有内柏拉图主义倾向的人很可能会同意所有聚都是有根的。认清这一点之后，本书接下来将遵循惯例，量词仅用于约束集合和个体。

因此，如果我所选择的理论为非有根聚保留了位置，那仅仅只是因为我想避免不必要的争论。但是在另一点上，确保个体在我的理论内的适用性则至关重要。例如，我们可以根据组合学中的拉姆齐定理（Ramsey's theorem in combinatorics）直接推断出，在一场 10 人聚会上一定有 4 个熟人或 3 个陌生人。但是如果我们的集合理论是纯的，那么我们就没有办法做出这一推断——至少不能直接做出这一推断：我们只能在 ∅ 和对 ∅ 迭代使用幂集操作得到的集合上应用这类定理；而在这种情况下，将数学应用于现实世界就显得有些天方夜谭了。

---

① 对这些理论的进一步解释请参见本书第四部分；对其他教科书中使用的不同的公理化 **ZF** 的方法的讨论请参见附录 A。

确实，如果出于某种原因我们选择了纯理论，那也不至于失去一切：可以通过添加适当的联结原理（bridging principle）来把我们理论中的纯集合关联到我们希望最终能够进行计算的现实事物上。但是很难看出如此迂回的手法有什么意义。

虽说本书理论的以上两点做法都不同于常规的集合理论，但是在另外两点上我们和大多数人的意见相同，即采用经典逻辑和非直谓定义*（impredicative definition）。长期以来，对这两点的否定都是建构主义者的标志，不过值得注意的是不论在技术上还是在哲学意义上，这两点都是互相独立的：像庞加莱这样的半直觉主义者在不质疑经典逻辑的前提下反对非直谓式集合，而还有一些人（比如，Lear，1977）则在集合论内争论直觉主义逻辑的地位，而对非直谓式集合没有异议。

同样值得一提的是如果我们只关注系统的证明能力，那么上述两点中，只有消除非直谓式集合意味着一个极大的限制。这是因为有一些方法 [如所谓的否定翻译（negative translation）] 可以把任何语句中的经典逻辑联结词直觉主义化，并保持其可证性（当然，我们可以从中推断出，如果直觉主义系统是一致的，那么经典逻辑系统也是一致的）。在算术情形下，根据哥德尔证明的结果（Gödel，1933），这类翻译尤其简单，因为原子语句（即数字方程）是直觉主义可判定的，所以可以保持不变。而在集合论情形下我们必须把 $x \in y$ 这样的原子公式翻译成它的双重否定式，而对外延性的处理也相当微妙。这在某种程度上降低了翻译的自然性，而且也没有算术情形下的翻译那么清晰，它还加剧了那些为了可表现性而拒斥排中律的争论（Potter，1998）。

但是无论是否自然，这类翻译带给我们的都是相对一致的结论。相比之下，非直谓性（impredicativity）对我们所研究的一阶系统的形式强度造成了巨大的影响，而且这与我们选用的底层逻辑是否是经典逻辑无关。对此有多种解释，其中之一是认为非直谓性允许在层级结构中的不同层次之间架设反馈环路（feedback loop），从而极大地丰富了结构。如果我们设想从头开始构建一个理论模型是何等的困难，那么这一点立刻就会显得很清楚了。我们可以用层次 V 中的一个集合来定义在更高层次中的一个集合，但接下来我们就不得不回到 V 中构造出更多强加给我们的集合，因为它们可以由形如 $\{x \in V : \varPhi\}$ 的项中量词的实例化得以定义。相比之下在谓词理论中没有这样的反馈环路，而我们在模型中的某个层次内纳入哪些集合只取决于该层次之下的层次。分离模式的非直谓式形式带给结构极为丰富的后果，这将是本书的一大主题。特别值得一提的是，本书第三部分开发的整个无穷基数理论完全依赖于这一点。

---

* 指被定义的对象被包括在借以定义它的对象之中的定义方法，如 "0，指所有自然数中最小的那个"。——译者

第二部分
数　字

在本书第一部分，我们发展了一套具有广泛应用前景的理论。它以所谓的**外延模式**（extensional mode）系统化我们的讨论——这也就是说我们的讨论只关心哪些对象具有属性，而不关心属性是如何呈现在我们面前的。外延模式的应用绝不仅限于数学领域——在几乎所有能想到的话题领域中，外延模式都是司空见惯的——但在数学中，它具有特殊的重要性。一旦数学家们证明了两个属性在外延上是等价的，他们就会倾向于忽视这两个属性间的不同并将它们看成同一个属性。因此，他们找出一种允许这类忽视存在的语言来用于讨论。集合论就是这样一种语言，使得人们可以系统化地运用在数学界中已被广泛采纳的讨论方式和推理模式。

但是我们所介绍的绝不仅仅只是一种语言：该理论内的公理承载的存在性承诺已足以使这些公理的真实性惹来某些争议。如果我的宠物金鱼泡泡存在，那么集合论就会断言，由泡泡组成的单元集也存在；很难说清楚对泡泡本身的信念，是否足以给出对该单元集的承诺。这类本体论争论使得集合论被企图应用于一项不同但更野心勃勃的计划上，该计划旨在不仅能够表达出如何对数学中常见的对象进行分组，而且甚至还能产出对象本身。

该计划涉及的大部分内容传统上都属于数学领域并常被称为"微积分"（calculus）或"分析学"（analysis）——粗略地说就是研究具有实变量（real variable）的实值函数（real-valued functions）及相应的复数情形。研究这类函数当然不是什么新想法——例如，人们公认阿基米德就使用过明显属于微积分的方法证明了多种图形的面积——不过该学科在现代的重要进展源自 17 世纪牛顿和莱布尼茨所做出的伟大发现。不过在那之后超过一百年的时间里，数学家们证明微积分的定理时都无可避免地会使用到图解（diagram）。如果真的无法消除掉证明过程中的这些图解，那么图解的使用将对数学知识的本质及其确定性造成影响，因为这意味着我们对微积分定理的知识与我们对图解的知识具有相同的本质，且前者并不比后者更为确定。

在这两个问题中——知识的本质及其确定性——前者属于哲学问题而后者属于实践问题。自然，数学家们更关心后者而非前者。伯克利（Berkeley）在《分析者》（*The Analyst*, 1734）中对早期微积分阐释者们所使用的论据模糊和缺乏严谨性发出了著名的嘲笑，但是他的批评对数学家们的实践影响甚微。最终使数学家们对此感到忧虑的原因是，有迹象表明使用图解有可能将他们导向谬误。引起这一忧虑的诸多例子非常著名。在这里我将介绍其中最为引人注目的案例，它是在我们探讨微积分中两个最重要的属性——连续性（continuity）和可微性（differentiability）之间的关系时产生的。实变函数 f 被认为是在参数 a 处**连续**（continuous），

如果 x 趋向于 a 时，$f(x)$ 也趋向于 $f(a)$；而它被认为是在 a 处**可微**（differentiable），如果当 x 趋向于 a 时，$f(x)-f(a)/x-a$ 也趋向于一个极限，该极限被称为 f 在 a 处的导数（derivative）并记为 $f'(a)$。所有可微函数都是连续的，但是很容易给出相反情况的驳证例子。例如，模函数（modulus function）$x \mapsto |x|$ 在 0 处就是连续却不可微的。

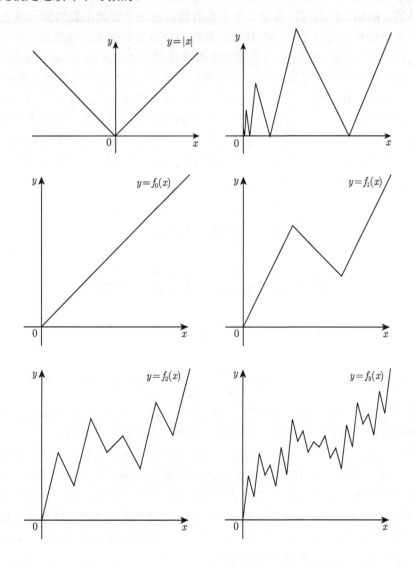

我们把连续函数上的不可微点的集合称为该函数的**例外集**（exceptional set），

那么我们自然会想知道在这个意义上哪种类型的集合可以是例外的。通过扩展模函数的例子，我们不难看出任意有穷实数集都可能是例外的。此外，通过构造一个表现阻尼振荡（damped oscillation）的函数，我们可以看出一些无穷集合，如 $\{1, 1/2, 1/4, \cdots\}$ 也可能是例外的。但是根据图解得来的直觉暗示了（至少在某种程度上对一些 19 世纪的分析学家产生了暗示）所有的例外集在某种意义上都是很小的。例如，我们可以设想一个小小的微粒在一个连续函数的图示线上移动，那么一个例外点就是这个微粒在移动时骤然改变其方向的点。这是动力学（kinematics）中的一种熟悉情况：这就是发生弹性碰撞（elastic collision）时会出现的现象。但是这个微粒可以每时每刻都在骤然改变方向吗？似乎这显然是不可能的。出于这一原因，或者是其他类似于此的原因，分析学家们列出了一些属性，并猜想所有的例外集都必须具有这些属性。这些猜想的共同结论之一是整条实数线不可能是一个例外集：换句话说，不可能存在一个处处连续且处处不可微的函数。

然而这样的函数是存在的。考虑如下定义在单位区间上的函数序列 (f_n)。首先令 $f_0(x) = x$。然后，当 f_n 已被定义时，令

$$f_{n+1}\left(\frac{k}{3^n}\right) = f_n\left(\frac{k}{3^n}\right)$$

$$f_{n+1}\left(\frac{k}{3^n} + \frac{1}{3^{n+1}}\right) = f_n\left(\frac{k}{3^n} + \frac{2}{3^{n+1}}\right)$$

$$f_{n+1}\left(\frac{k}{3^n} + \frac{2}{3^{n+1}}\right) = f_n\left(\frac{k}{3^n} + \frac{1}{3^{n+1}}\right)$$

然后令每个 f_{n+1} 在 3^{n+1} 个区间 $\left[\frac{k}{3^{n+1}}, \frac{k+1}{3^{n+1}}\right]$ $(0 \leqslant k < 3^{n+1})$ 上都是线性的，从而完成定义。可以证明，该函数序列收敛于一极限函数（limit function）f，f 在整个单位区间内都是连续的，但在其中任何一点都是不可微的。

博尔扎诺在 1840 年第一个发现了处处不可微的连续函数，但是他并没有将之公布于众，于是直到 1872 年魏尔施特拉斯发表了另一个此类例子时，该现象才影响了数学界。从多数数学家所采用的实用主义角度来看，这一令人惊讶的例子和其他类似例子体现了严谨的必要性。于是在 19 世纪下半叶催生了一股新的学术运动，其中最为显赫者正是魏尔施特拉斯，他在柏林大学授课的过程中逐渐发展出了一套严格处理数学分析的方法。

这类严格方法从证明中剔除了图解并代之以根据公理得来的符号推理。等到

这一运动结束的时候，我们仅需假设实数构成了所谓的完备序域①（complete ordered field），便可证明所有微积分学科内的结论。

因此微积分的系统化将认知的焦点从图解转移到了另外两个截然不同的问题上：在无图解证明中符号推理的地位；以及这类推理所假定的初始前提，即"实数构成完备序域"的地位。

前一个问题最早由弗雷格解决，他在《概念文字》（*Begriffsschrift*, 1879）中不仅提出了一套用以表示普适性（multiple generality）论证的符号记法，而且还为此类符号论证编纂了证明规则。然而弗雷格的工作成果被人们忽视了：后来佩亚诺发明了一套更易于排版的表示法，而其他人，如罗素和希尔伯特将普适性逻辑转变为用于表达数学推理的易用工具。事实上，一些人不仅将这种逻辑当成工具，还视为一项教条：他们认为一个论证能否在形式系统内被符号化表达，是这一论证是否正确的标准。后来哥德尔第一不完全性定理表明没有哪个形式系统能够表达出（codify）被我们视为正确的所有类型的论证，从而推翻了这一过于膨胀的教条。

值得进一步警告的是，就算某种类型的论证**可以**在当前已被我们接受的形式系统（如前所述，在目前的工作中，该系统指含有等词的经典一阶谓词演算）内表达，也不足以回答我们如何能知道这一论证是有效的这一认识论问题：它不过是把问题潜藏到了底层逻辑上。特别是，分析学中的证明，是借由被接受的形式系统的推理模式而进行的，这并不能说明康德（Kant）的观点——数学对直觉的永恒需求——就是错误的：只有在存在一条独立于直觉的路线来证明形式系统的正确性时，才有理由认为康德的观点是错误的。

然而，这个更深入的问题要过一段时间才会成为人们维护数学分析时所要面对的核心问题。基础数学家们更关心魏尔施特拉斯的工作引来的第二个问题，即要证明他的假设：全体实数组成了一个完备序域。

这一问题仍然与分析学真理的确定性和特征有关。与确定性相关是因为魏尔施特拉斯的公理化工作不只对一个实数概念有效。要想知道为什么，我们就必须多探讨一些他工作中的细节。微积分中采用的参数特征形式**乍看上去**涉及了一个实数的量**趋于**一极限的设想。魏尔施特拉斯则用量化变元（quantified variable）来表示参数取代这一设想。这里要注意的关键点是，此处的"变元"应按照它在逻辑中的使用意义来理解，而不需要将其设想成是实际变化着的。这通常被称为埃普西隆–德尔塔方法（epsilon-delta method），之所以这么称呼是因为传统上用埃

---

① 该措辞将在第 8 章给出定义。它的意思是，除了序关系和加法及乘法操作所满足的常见代数属性之外，实数还具有完备性（completeness）：即每一个非空有界实数集合都有一个最小上界。

普西隆和德尔塔这样的希腊字母表示变元。因此，魏尔施特拉斯把表达式

$$随着 x 趋向于 a，f(x) 趋向于 f(a)$$

看成

$$(\forall \varepsilon > 0)(\exists \delta > 0)(\forall x \in \mathbf{R})(|x - a| < \delta \Rightarrow |f(x) - f(a)| < \varepsilon)$$

因此，埃普西隆–德尔塔方法使得数学家们摆脱了将连续性定义为

$$当 x 无限接近于 a 时，f(x) 无限接近于 f(a)$$

这类对无穷小的讨论是伯克利在《分析者》中嘲笑的主要目标之一；但是不论数学家们多么努力地试图避开无穷小，人们还是要等到魏尔施特拉斯之后才能看出如何彻底消除它们。现在他们有了这种能力，于是做出了这种消除。在魏尔施特拉斯之后的 80 年里，人们普遍被灌输教育：讨论无穷小充其量是一种能够启发证明的不严谨方式，是倒退到古老又原始的时代，最糟的是它有引发严重逻辑错误的危险。

但是后来，在 20 世纪 60 年代，如今被称为**非标准分析**（non-standard analysis）的学科逐渐兴起，这主要是由亚伯拉罕·罗宾逊（Abraham Robinson）主导的。他提出了一个连续统（continuum）的概念——我们这里称之为**非标准**概念——根据这一概念，其中存在有无穷小量；而且这一概念与标准的魏尔施特拉斯式概念相一致。

非标准分析并未在实质上打破经典分析学的束缚，不过这似乎只是基于品位和实用性的观点，并不是绝对的。重要的是非标准分析的发展使人们对魏尔施特拉斯时代之前的历史看法发生了转变。其中最惹人注意的是柯西（Cauchy）在他的《分析学教程》（*Cours d'Analyse*, 1821）中给出的一个证明，即如果一组连续函数的序列逐点收敛于一极限函数 f，那么该极限函数也是连续的。当用埃普西隆–德尔塔方法表示这一证明过程时，柯西的证明过程暴露出了谬误，因为其中非法调换了两个量词的顺序。事实上，很容易举出反例来说明柯西的结论不可能是真的。为了修正它，我们需要更强的**一致收敛**（uniform convergence）概念来代替逐点收敛（pointwise convergence）概念。两个概念之间的差别仅仅在于它们的埃普西隆–德尔塔定义中量词的顺序；柯西对这一点缺乏关注一直是人们对他颇有微词的地方。

从对这一点的规范中诞生了标准的后魏尔施特拉斯式观点。不过这里还有一些疑点。我们很容易就可以构造出例子来表明柯西的结论是错误的。例如，当 n

趋向于无穷大时，

$$x^n \text{ 趋向于} \begin{cases} 0, & \text{如果 } 0 \leqslant x < 1 \\ 1, & \text{如果 } x = 1 \end{cases}$$

在 $x = 1$ 处，这组函数序列的极限函数显然是不连续的。很难相信像柯西这样有能力的数学家竟然会没有想到这个反例。

拉卡托斯（Lakatos, 1978）对此提出了一个可能的解释。他指出了一个惊人的事实，当函数定义在非标准连续统上时，柯西的结论是真的，拉卡托斯据此认为柯西并没有犯错，只是他所讨论的主题并不是魏尔施特拉斯式的。这说明分析学的情况与本书第一部分讨论的聚集体的情况有些相似。在研究这两者时，数学家们都是在处理两个不同（但是互相有关联）概念的混合性质。这里要指出的是在这两种情况下，公理化手段都扮演了相同的角色，即通过阐明概念具有的属性来阐明概念本身。

不过，就算充分阐明了连续统概念，也还是会留下一个尚未回答的问题。康德认为我们对分析性真理的知识从根本上来说都源自我们对经验的时空结构的认知。魏尔施特拉斯对分析学的公理化工作并没有撼动这一观点，除非它能够说明如何不依赖于这类时空结构而构造出满足公理的对象。自魏尔施特拉斯之后，基础数学的主要课题就是研究如何做到这一点。

完成这一目标的第一步，如今被称为算术化（arithmetization），包括在集合理论内构造出一个完备序域，并把自然数当作是已给定的。这一步由康托尔（Cantor, 1872）、戴德金（Dedekind, 1872）、海涅（Heine, 1872）、梅雷（Méray, 1872）及其他人采用多种互不相同的方法得以完成。

不过这些工作只是推迟了康德问题，而没有解决它。我们仍然需要为这些结构所预设的自然数知识提供依据。因此下一步，可以称之为算术的**集合论化**（set-theorization），就是在纯集合论中构造自然数。这一步同样可以通过多种不同的手段得以达成。戴德金首先在《数是什么？数应当是什么？》中提供了包含有完整细节的构造方案，而弗雷格在《算术的基础》（*Die Grundlagen der Arithmetik*, 1884）中提供了另一种可行方案的大纲。

不过，正如基础性问题经常出现的情况一样，这里解决问题的方向与思考问题如何解决的方向完全相反，而本书将遵循前一种方向。因此本书第二部分将以戴德金对自然数的构造开始，并以实数作为结尾。如果把这些工作与微积分中魏尔施特拉斯式内容关联起来，我们就可以把实分析（real analysis）嵌入到集合理论中去。我们将把对这一嵌入的意义的讨论留在最后。

第 5 章 算　术

我们必须要说明，**ZU** 的公理承诺了存在结构，其具有我们所熟悉的自然数、有理数及实数属性。在本章中，我们将从自然数开始这一工作。

5.1 闭　　包

我们面临的第一个问题是如何确定一个结构具有自然数的所有**代数**属性。我们将在第 6 章讨论它们的序属性（order property）。戴德金对这一问题的最初解决方案（Dedekind, 1888）后来几乎没有被人们改动过，所以我们会重点考察这一解决方案。该方案的核心在于戴德金所谓的"链"（Kette），不过如今我们通常称之为**闭包**（closure）。

定义　假设 r 是集合 A 上的关系。A 的子集 B 被称为是 r-**封闭的**（r-closed），如果 $r[B] \subseteq B$。举个例子，考虑一个由禁止异族通婚的宗教的所有信徒组成的集合：该集合相对于婚姻关系来说是封闭的，因为任何与该宗教信徒结婚的人同样也是该宗教的信徒。

现在考虑对于指定集合，如何找出该集合的最小闭包集合。如果我们的起始集合是未封闭的，那么可能无法通过简单地将该集合内成员的关系成员添加进来从而获得封闭集合，因为这些关系成员可能又关系到另外一些在集合外的成员。为了获得闭包，我们需要添加它们的所有关系成员，所有关系成员的关系成员，等等，如此**无限循环**下去。但是，这里的"等等"到底是什么意思？我们可能会把它含混地理解成"任意有限次数的迭代"，但是正如戴德金给克费施泰因（Keferstein）的一封信中所言，这将"产生最有害也最明显的恶性循环"（van Heijenoort, 1967：100-101），因为我们本计划用此概念来**定义**"有限"。对此，戴德金的解决办法是用另外一种完全不同的方式来说明一个集合的闭包到底是什么意思。比起由内向外，不停地添加成员来得到指定集合的闭包集合，我们不如反过来，取所有包含了起始集合的封闭集合的交。

定义　假设 r 是集合 A 上的关系。将 A 的 r-封闭子集中，所有那些包含了 B 的 r-封闭子集的交，记为 $\mathrm{Cl}_r(B)$ 并读作 B 的 r-**闭包**。

该定义之所以有效是因为任意 r-封闭集合的交集仍是 r-封闭的。所以所有包

含 B 的 r-封闭集合的交也是 r-封闭的，因此该交集一定是包含了 B 的最小 r-封闭集合，而这正是我们想要的。显然，B 是 r-封闭的当且仅当 $\mathrm{Cl}_r(B) = B$。这本身是个不足道的琐细结论，但它带来的后续却是我们完成工作的关键所在。

命题（5.1.1）　假设 r 是 A 上的关系，并且 $B \subseteq A$。

（1）$\mathrm{Cl}_r(B) = B \cup \mathrm{Cl}_r(r[B])$；

（2）$\mathrm{Cl}_r(r[B]) = r[\mathrm{Cl}_r(B)]$。

证明：首先证明（1）。显然 $B \subseteq \mathrm{Cl}_r(B)$。此外 $r[B] \subseteq \mathrm{Cl}_r(B)$，所以 $\mathrm{Cl}_r(r[B]) \subseteq \mathrm{Cl}_r(B)$。因此 $B \cup \mathrm{Cl}_r(r[B]) \subseteq \mathrm{Cl}_r(B)$。现在有 $r[\mathrm{Cl}_r(r[B])] \subseteq \mathrm{Cl}_r(r[B])$ 而且 $r[B] \subseteq \mathrm{Cl}_r(r[B])$，所以

$$r[B \cup \mathrm{Cl}_r(r[B])] = r[B] \cup r[\mathrm{Cl}_r(r[B])]$$

$$\subseteq \mathrm{Cl}_r(r[B])$$

$$\subseteq B \cup \mathrm{Cl}_r(r[B])$$

因此 $B \cup \mathrm{Cl}_r(r[B])$ 是 r-封闭的。而 $B \subseteq B \cup \mathrm{Cl}_r(r[B])$，所以 $\mathrm{Cl}_r(B) \subseteq B \cup \mathrm{Cl}_r(r[B])$。

接下来证明（2）。$\mathrm{Cl}_r(B)$ 是 r-封闭的，因此 $r[\mathrm{Cl}_r(B)]$ 也是 r-封闭的。而 $B \subseteq \mathrm{Cl}_r(B)$，所以 $r[B] \subseteq r[\mathrm{Cl}_r(B)]$，因此 $\mathrm{Cl}_r(r[B]) \subseteq r[\mathrm{Cl}_r(B)]$。现有 $r[B] \subseteq \mathrm{Cl}_r(r[B])$ 以及 $r[\mathrm{Cl}_r(r[B])] \subseteq \mathrm{Cl}_r(r[B])$，故

$$\text{根据（1）}, \ r[\mathrm{Cl}_r(B)] = r[B \cup \mathrm{Cl}_r(r[B])]$$

$$= r[B] \cup r[\mathrm{Cl}_r(r[B])]$$

$$\subseteq \mathrm{Cl}_r(r[B]) \qquad \qquad \Box$$

如果 $x \in A$，我们有时会把 $\mathrm{Cl}_r(\{x\})$ 简写成 $\mathrm{Cl}_r(x)$。

5.2　自然数的定义

有了戴德金的"链"理论之后，现在可以很容易地阐明我们发展自然数时，需要依赖的基本性质。戴德金的基本思路是构建一个将每个自然数对应到其后继（successor）的函数：该函数应具有的属性是，没有哪两个数具有相同的后继（即后继函数是单射的），零不是任何自然数的后继，而且相对于该后继函数，任意自然数都在零的闭包内。我们将把具有这些性质的结构称为"戴德金代数"（Dedekind algebra）以示纪念。

定义 一个**戴德金代数**是指这样一个结构 (A, f)，其中 f 是从 A 到 A 的单射函数，且存在 $a \in A \backslash f[A]$ 使得 $A = \mathrm{Cl}_f(a)$。

显然，如果 (A, f) 是一个戴德金代数，那么 A 就是无穷的。通过使用闭包手段，我们同样可以很容易地反过来说明，任一无穷集合中都包含有戴德金代数。

定理（5.2.1） 存在有一个（纯的）戴德金代数。

证明： 假设 B 是任意（纯的）无穷集合。（此类集合的存在性由无穷公理得以保证。）然后根据假设，可知存在一个从 B 到 B 的单射函数 g 且 g 不是满射函数。所以 B 中存在元素 a，a 不是 g 的像。如果我们令 $A = \mathrm{Cl}_g(a)$ 且 $f = g|A$，显然这样的 (A, f) 就是戴德金代数。 □

我们需要该定理来解释下面这个定义。

定义 我们从所有（纯的）戴德金代数中挑出其中（具有最低可能出生的）一个，并记其为 (ω, s)。ω 中的元素被称为自然数；函数 s 被称为 ω 上的**后继函数**（successor function）。

括号内的约定要求我们挑出的那个戴德金代数应该是纯的且具有最低可能出生，这一要求在数学上其实并没有特别重要的意义，不过这样约定至少可以把尤利乌斯·凯撒排除出自然数范围*，这是弗雷格（Frege, 1884）引起的一项有名争议。一个集合能否成为戴德金代数的载体集合，完全取决于该集合的势（cardinality），而拥有适宜大小的纯集合所在的最低层次就是第一个极限层次（first limit level）。因此，括号内的约定能够固定住自然数集合在层级结构中的层次。尽管如此，我还要强调这些约定还远远不能够确定出唯一的载体集合，更不用提确定唯一的后继函数了：这里做出这些约定完全是因为历史惯例。

数学家们通过选中一个选择之后，无视其他可能的选择来避免这种模糊性。一种在数学界流行的选择方案是取 ω 为 $\varnothing$ 在 $a \mapsto a \cup \{a\}$ 下的闭包。但是这种定义会让许多我们不想令之为真的东西成真：例如，$\varnothing \in 2$。这又是一个过度定义的问题，就像我们在 4.6 节中试图定义有序对时那样。当时我们采用的办法是给出一个精确定义，同时声明我们并不是在试图定义出人们事先认识的那个有序对概念。显然，我们在这里也可以如此处理：继续使用刚刚给出的标准定义，但是读者应了解到被定义的并不是**真正的**自然数（因为空集**显然**不是数字 2 的成员）。就纯粹的数学目标而言，这样做就已经足够了（可能这也是数学家们这样做的原因），但是对我们的目标而言，这样做几乎没有任何帮助。在有序对那里我们沿用了库拉托夫斯基的定义是因为本书目标并不在于提供关于有序对的真实可靠信

---

* 指凯撒难题（Caesar problem），由于弗雷格在他的形式语言中允许对象，而不仅仅是数作为函数的自变量，从而导致外延概念与形式推演无法完全匹配。——译者

息。但是等到讨论数字的时候，情况就大不相同了。这里我们考虑的是一项基础性目标：我们志在于评估集合论成为算术基础的可能性，为此必须要找出一条途径，能够明确提供或解释我们对于算术已有的知识。

那么，我们还能做什么呢？一条可能的道路是在我们的语言中添加一个新的初始概念，"s"，定义 ω 作为 s 的定义域，并将 "(ω, s) 是一个戴德金代数" 作为一条额外的公理添加到我们的系统中去。这一做法可以解决过度定义的问题，但是罗素对这一做法发出过有名的责难，认为它定义过少并因此显得 "盗窃胜于勤劳"（Russell, 1919: 71）。当然，如果我们试图通过这种假设公理的手段来绕过证明定理 5.2.1 所需的烦琐工作，那么罗素对此的嘲弄倒是相当公平。但是如果我们同意，**只有**在能够证明该假设是谨慎的（conservative）情况下，才采取这一做法呢？在这种情况下我们就可以消除罗素所谓的 "不劳而获" 感，因为我们仍需要提供定理 5.2.1 的证明，只不过要以元语言的形式重新包装使之成为对假设是谨慎的证明。问题在于，我们还要解释为什么证明了假设是谨慎的就足够了。也就是说，我们需要解释如果假设是谨慎的，那么我们引入的新初始概念又是如何获取其意义的（以及，如果假定不是谨慎的，那么它又是如何失去意义的）。

当然，不管怎么选择，在形式上的后续进展相对于这些选择而言都是中立的。我们在证明中所需要的只是 "(ω, s) 是一个戴德金代数"，至于通过哪种方式来获得它则并不重要。

根据定义，存在一个元素 $0 \in \omega \backslash s[\omega]$，使得 $\omega = \mathrm{Cl}_s(0)$。进一步地，

$$
\begin{aligned}
\omega &= \mathrm{Cl}_s(0) \\
&= \{0\} \cup \mathrm{Cl}_s(s(0)) \,【命题\ 5.1.1\ （1）】 \\
&= \{0\} \cup s[\mathrm{Cl}_s(0)] \,【命题\ 5.1.1\ （2）】 \\
&= \{0\} \cup s[\omega]
\end{aligned}
$$

因此，如果 $0' \in \omega \backslash s[\omega]$，那么 $0 = 0'$。换句话说，0 是 ω 中唯一的 s-极小元素。

我们暂时定义 $n + 1 = s(n)$。这是我们将在 5.4 节引入的一般性记号的特例。使用这一临时定义，自然数集合 ω 的定义属性将以下列我们所熟悉的形式呈现出来：

（1）$m + 1 = n + 1 \Rightarrow$ 对任意 $m, n \in \omega$，都有 $m = n$。

（2）对任意 $n \in \omega$，$0 \neq n + 1$。

（3）如果 $0 \in A \subseteq \omega$ 而且 $(\forall n)(n \in A \Rightarrow n + 1 \in A)$，那么 $A = \omega$。

不可思议的是，自然数的所有算术属性都可以根据这区区数条假设得出。其中最

后一条通常被称为数学归纳原理（principle of mathematical induction）。方便起见，我们将以一种略微不同的形式重新陈述这条原理。

简单归纳模式（simple induction scheme）（**5.2.2**）　　如果 $\Phi(n)$ 是公式，

$$(\Phi(0) \text{ 而且 } (\forall n \in \boldsymbol{\omega})(\Phi(n) \Rightarrow \Phi(n+1))) \Rightarrow (\forall n \in \boldsymbol{\omega})\Phi(n)$$

证明：令 $A = \{n \in \boldsymbol{\omega}: \Phi(n)\}$ 并采用上述的（3）。　　□

值得强调的是，我们可以用集合论语言中的任一公式，甚至是涉及非算术实体如实数或更高层次的集合的公式来替换该模式中的 Φ。我们将在后面从各个角度来讨论允许这类替换会带来怎样的影响。

当然，人们熟知自然数的基础算术已有数千年之久了——欧几里得（约公元前 300 年）详细论述了基础数论（整除、素数等）——但是明确提出数学归纳法的历史则很短暂。事实上，直到 17 世纪中叶，归纳法才被明确视为一种证明方法（Pascal, 1665）；在更早期的文本中，通常代之以 "根据需要，重复多次"（as many times as required）这类模糊得多的用语，偶尔是一些一般归纳法的例子。

5.3　递　　归

以 $\boldsymbol{\omega}$ 作为指标集合的族（或者换一种等价的称呼，以 $\boldsymbol{\omega}$ 为定义域的函数）通常被称为**无穷序列**（infinite sequence，有时直接简称为**序列**）。有一种借助所谓的**递归**（recursion）来定义序列的标准方法：这一方法首先定义序列的初始项 x_0，然后再根据 x_n 定义出 x_{n+1}。递归定义法在数学中应用广泛：其通常特征是使用到了时序性词汇。比如，你可能看见一位数学家说：

"首先，令 $x_0 = a$；然后，一旦 x_n 已被定义，那么令 $x_{n+1} = f(x_n)$。"

但是这种定义方法的正当性来自何处呢？显然它和数学归纳原理有关，但是又不完全一样，因为归纳法是一种证明方法，而递归则是一种定义方法。递归定义的正当性由下列定理加以辩护。

简单递归原理（simple recursion principle）（**5.3.1**）（Dedekind, 1888）　　如果 A 是集合，f 是从 A 到 A 的函数，a 是 A 的成员，那么恰存在一个 A 上的序列 (x_n) 满足 $x_0 = a$ 而且对所有 $n \in \boldsymbol{\omega}$，$x_{n+1} = f(x_n)$。

证明：存在性。我们可以通过

$$(s \times f)(n, x) = (s(n), f(x))$$

定义出 $\boldsymbol{\omega} \times A$ 上的函数 $s \times f$。令 $g = \mathrm{Cl}_{s \times f}((0, a)) \subseteq \boldsymbol{\omega} \times A$ 且令

$$B = \{n \in \omega : \text{恰存在一个 } x \in A \text{ 满足 } ngx\}$$

然后可以直接证明 $0 \in B$ 而且 B 是 s-封闭的。由归纳可证 $B = \omega$；即 g 是从 ω 到 A 的函数。立即可知它就是我们要求的序列。

唯一性。假设 g, g' 是从 ω 到 A 的函数，并且满足 $g(0) = g'(0)$，并且对所有 $n \in \omega$ 都有 $g(n+1) = f(g(n))$，$g'(n+1) = f(g'(n))$ 成立。如果 $C = \{n \in \omega: g(n) = g'(n)\}$，那么 C 是 s-封闭的而且 $0 \in C$，根据归纳可得 $C = \omega$。因此 $g = g'$。 □

也就是说序列 (x_n) 是根据下列等式**递归定义**得来的。

$$x_0 = a$$

$$x_{n+1} = f(x_n)$$

推论（5.3.2） 所有戴德金代数与 (ω, s) 都是同构的。

证明：假设 (A, f) 是一个戴德金代数。和 5.3.1 中的证明相同，$g = \mathrm{Cl}_{s \times f}((0, a))$ 是从 ω 到 A 的函数，那么它的逆就是从 A 到 ω 的函数。由于对于所有 n 都有 $g(s(n)) = f(g(n))$，也就是说 g 是 (ω, s) 和 (A, f) 间的同构函数。

在定义一个序列 (x_n) 时，有时候我们可能会希望根据 n 的值来决定如何根据项 x_n 来定义 x_{n+1}。我们刚刚论述的简单递归原理没有办法做到这一点，但是只需对其做简单的扩充就足以弥补这缺憾。

含参数的简单递归原理（simple recursion principle with a parameter）**（5.3.3）** 如果 A 是集合，(f_n) 是从 A 到 A 的函数组成的序列，a 是 A 的成员，那么恰存在一个 A 中的序列 (x_n) 满足 $x_0 = a$ 而且对所有 $n \in \omega$，$x_{n+1} = f_n(x_n)$。

证明：如果我们通过

$$h(n, x) = (n + 1, f_n(x))$$

定义出从 $\omega \times A$ 到 $\omega \times A$ 的函数 h，然后根据简单递归原理我们可以得到一个序列 (m_n, x_n)，且其满足

$$(m_0, x_0) = (0, a)$$

$$(m_{n+1}, x_{n+1}) = h(m_n, x_n)$$

而这等同于指定

$$m_n = n$$

$$x_0 = a$$

$$x_{n+1} = f_n(x_n)$$

由此，命题得证。　　　　　　　　　　　　　　　　　　　　　　　　　□

　　作为递归定义的例子，假设 r 是集合 A 上的关系。关系 r^n，即所谓 r 在 A 上的第 n 次**迭代**（iterate），由如下等式递归定义：

$$r^0 = \mathrm{id}_A, r^{n+1} = r \circ r^n$$

注意如果我们把这一记法运用到后继函数上，那么我们可以通过归纳法证明

$$\text{对所有 } n, \text{ 都有 } s^n(0) = n \tag{1}$$

因为

$$s^0(0) = \mathrm{id}_\omega(0) = 0$$

而如果 $s^n(0) = n$，那么

$$s^{n+1}(0) = s(s^n(0)) = s(n) = n + 1$$

也就是说，数字 n 是（正如我们期望的那样）对 0 使用了 n 次后继函数而得到的结果。

　　递归原理是戴德金最令人印象深刻的成果之一，主要是因为直到他的证明工作之后，才显示出有许多东西确实需要证明。例如，下面这个更为直观的对递归定义合理性进行辩护的归纳论证看上去颇为吸引人。

　　　　我们希望说明序列 (x_n) 可以通过如下方式定义：

$$x_0 = a$$

$$x_{n+1} = f_n(x_n)$$

　　　　现在 x_0 已经被定义了。而如果 x_n 能被定义，那么 x_{n+1} 也能被定义。因此根据归纳法，对所有 $n \in \omega$，x_n 都能被定义。

　　戴德金指出这类论证是有谬误的。谬误对公式 "x_n 能被定义" 使用了归纳法。而在不知道能不能定义**整个** (x_n) 序列（我们证明的目的就在于此）之前，对于任意特定 n 来说，我们都应该没有办法知道 "x_n 能被定义" 究竟是什么意思。

尽管这个谬误被指出来之后好像显得挺明显的，但是它仍骗过了一些有才华的数学家，甚至在戴德金指出该谬误之后依然有一些人上当。兰道（Landau）在他的《分析学基础》（*Grundlagen der Analysis*）初稿中犯了这种错误，直到他的一位同事指出这一点（Landau, 1930: ix）。佩亚诺似乎完全没有注意到这个问题：1889 年，他轻率地递归定义了加法和乘法而不加任何解释，甚至迟至 1921 年他在讨论数学中定义的本质时仍然提到了这类例子，而对相关的递归定义的函数的存在性证明不置一词。

练习：

1. 论证不存在由集合组成的序列 (A_n)，使得对任意 $n \in \omega$ 都有 $A_{n+1} \in A_n$。

2. 补全戴德金的简单递归原理的证明细节。

3. 证明：（1）如果 r 和 s 是关系，且满足 $r \circ s = s \circ r$，证明对任意 $m, n \in \omega$ 都有 $r^n \circ s^m = s^m \circ r^n$，此外对任意 $n \in \omega$ 都有 $(r \circ s)^n = r^n \circ s^n$。

（2）如果 r 是关系，证明对任意 $m, n \in \omega$ 都有 $(r^m)^n = (r^n)^m$。

4. 补全推论 5.3.2 的证明细节。

5.4 算 术 运 算

现在我们既然有了戴德金的递归原理，就可以很方便地对 ω 上为大众所熟知的代数操作——加法，给出一个递归定义了。

定义 **加法**函数 $(m, n) \mapsto m + n$ 是从 $\omega \times \omega$ 到 ω 的函数，并由如下等式递归定义：

$$m + 0 = m \tag{2}$$

$$m + s(n) = s(m + n) \tag{3}$$

如果我们还定义 $1 = s(0)$，那么根据定义我们可知

$$s(n) = s(n + 0) = n + s(0) = n + 1$$

（这与 5.2 节中介绍的记号一致），并且（3）由此可以表达成一种更为我们所熟悉的形式

$$m + (n + 1) = (m + n) + 1 \tag{4}$$

注意如果 r 是在集合 A 上的关系，那么

$$r^{m+n} = r^n \circ r^m \tag{5}$$

因为

$$r^{m+0} = r^m = \mathrm{id}_A \circ r^m = r^0 \circ r^m$$

而如果 $r^{m+n} = r^n \circ r^m$，那么

$$r^{m+(n+1)} = r^{(m+n)+1} = r \circ r^{m+n} = r \circ (r^n \circ r^m) = (r \circ r^n) \circ r^m = r^{n+1} \circ r^m$$

由此（5）得证。当 r 是后继函数时，再根据（1）可得

$$m + n = s^{m+n}(0) = s^n(s^m(0))$$

乍看之下，最后这个等式可以被拿来作为加法的**明确**定义，但是它仍无法绕开戴德金的递归原理，因为需要递归原理来证明 s^n 的迭代定义。[顺便一提，《逻辑哲学论》（*Tractatus*）的读者们可能会注意到（5）与《逻辑哲学论》里对加法的定义具有形式上的相似性。]

　　所有那些我们熟悉的自然数加法的性质都可以根据（2）和（3）得到。例如，如果我们定义 $2 = 1 + 1$，$3 = 2 + 1$，$4 = 3 + 1$，那么可以发现

$$2 + 2 = 2 + (1 + 1) = (2 + 1) + 1 = 3 + 1 = 4$$

加法的其他常规属性都可以通过归纳法得以证明。例如，为了证明结合律（associative law）

$$k + (m + n) = (k + m) + n$$

我们可以对 n 使用归纳，第一步有

$$k + (m + 0) = k + m = (k + m) + 0 \text{【根据（2）】}$$

所以在 $n = 0$ 时结论成立。假设在 n 时结论成立，那么

$$k + (m + (n + 1)) = k + ((m + n) + 1) \text{【根据（3）】}$$
$$= (k + (m + n)) + 1 \text{【根据（3）】}$$
$$= ((k + m) + n) + 1 \text{【根据归纳假设】}$$
$$= (k + m) + (n + 1) \text{【根据（3）】}$$

因此在 $n + 1$ 时结论也是成立的。所以根据归纳法，结合律得证。

定义 乘法函数 $(m,n) \mapsto mn$ 是从 $\omega \times \omega$ 到 ω 的函数，并由如下等式递归定义：

$$m0 = 0 \tag{6}$$

$$m(n+1) = mn + m \tag{7}$$

注意如果 r 是在集合 A 上的关系，那么

$$r^{mn} = (r^m)^n \tag{8}$$

因为

$$r^{m0} = r^0 = \mathrm{id}_A = (r^m)^0$$

而如果 $r^{mn} = (r^m)^n$，那么

$$r^{m(n+1)} = r^{mn+m} = r^m \circ r^{mn} = r^m \circ (r^m)^n = (r^m)^{n+1}$$

由此（8）得证。同样地，《逻辑哲学论》的读者们会发现在预设了递归方法的前提下，这可以作为定义使用。在 r 是后继函数的情况下，根据（8）可知

$$mn = s^{mn}(0) = (s^m)^n(0)$$

定义 次方函数 $(m,n) \mapsto m^n$ 是由如下等式递归定义的函数：

$$m^0 = 1 \tag{9}$$

$$m^{n+1} = m^n m \tag{10}$$

许多其他算术函数也可以根据同样的方式定义出来。例如，我们可以根据如下等式定义函数 $n \mapsto 2_n$

$$2_0 = 1$$

$$2_{n+1} = 2^{2_n}$$

该函数通常出现在复杂理论（complexity theory）中：它可以简便地表达相当大的数字，因为

$$2_n = 2^{2^{2^{\cdot^{\cdot^2}}}} \left.\right\} n \text{ 个幂}^*$$

---

* 原文如此，疑应为 $n-1$ 个幂。例如，$2_2 = 2^2$，$2_3 = 2^{2^2}$，其指数位置上的幂重复了 $n-1$ 次。——译者

即使 n 的值很小，2_n 也是相当大的数字。另一个例子是**阶乘**函数（factorial function）$n \mapsto n!$，由如下等式递归定义

$$0! = 1$$

$$(n+1)! = n!(n+1)$$

注意，这是本书中第一个涉及参数的递归定义实例。

现在我们已经定义了所有的算术运算，而根据定义推导出这些运算所具有的基本属性则完全是机械性差事，所以本书将略去这部分细节。这些证明最早由格拉斯曼（Grassmann, 1861）完成。

练习：

1. 通过对 n 进行归纳来证明下列结论：

（1）$1 + n = n + 1$

（2）$m + n = n + m$。

2. 证明：（1）如果从 A 到 A 的函数 f 是单射的，那么对任意 $n \in \omega$，其 n 次迭代 f^n 也仍是单射的。

（2）证明 $k + n = k + m \Rightarrow n = m$。

5.5　佩亚诺算术

截至目前，本章已经概述了如何将算术嵌入集合理论中。值得强调的一点是为了达成这个目标，我们所需要的假设其实是非常少的。另外一件值得注意的事是这些假设可以被整合成一套独立于集合理论的自立（self-standing）理论。为了陈述这套自立理论，我们需要一套具有一元函数符号 S，以及（为了陈述方便起见——不过如果我们需要，也可以将其消去的）初始常元 0 的语言。其公理如下所示：

$(\forall x)(\forall y)(Sx = Sy \Rightarrow x = y)$

$(\forall x)Sx \neq 0$

$(\forall X)((X(0) \text{ 而且 } (\forall x)(X(x) \Rightarrow X(Sx))) \Rightarrow (\forall x)Xx)$。

该理论被称为**二阶佩亚诺算术**（second-order Peano arithmetic）并记为 **PA2**。如果采用该理论中的概念来表达，那么我们在 5.2 节中的定义就相当于说 $(\omega, s, 0)$ 应当是 **PA2** 的一个模型，而推论 5.3.2 则相当于说 **PA2** 是范畴的。

但是，如果我们打算进一步独立地发展该理论，那么可能会受困于该理论的第三条公理，即归纳公理是二阶的这一事实。既然我们已经确定了我们的理论应

当是一阶的，那么这里就必须要用其一阶替代物来替代它：对任意的公式 Φ，

$$(\Phi(0) \text{ 而且 } (\forall x)(\Phi(x) \Rightarrow \Phi(Sx))) \Rightarrow (\forall x)\Phi(x)$$

用该一阶公理模式替换二阶归纳公理后所得到的理论被称为**后继函数基本理论**（elementary theory of the successor function）。它在模型论教材中作为标准范例，时常还包含有对它的完全性证明，即证明一阶语言中所有有关后继函数的命题都由该理论所决定。根据这一完全性结论立即可知，后继函数基本理论是可判定的（decidable）。教科书中通常还包含有该理论不能有穷公理化的（finitely axiomatizable）证明。

不过我们给出的公理模式也并不是唯一且不可替代的。例如，我们可以用下列公理替代它：

$(\forall x)(\exists y)(x = 0 \text{ 或者 } x = Sy)$

对所有的 $n \geqslant 1$，$(\forall x) \underbrace{SS\cdots Sx \neq x}_{n \text{ 项}}$

能够达成这类替代的事实应当引起人们的警觉，并意识到后继函数基本理论实际上可能是相当弱的理论。而事实也证明了这一点。麻烦在于，在这套理论中我们只能断言可以用包含了 0 和 S 的语言表达出来的归纳实例，结果就是几乎没有任何具有数学意义的东西能被表达出来。特别是我们在 5.4 节中给出的加法的递归定义不能在该一阶理论内部得以表述。

解决办法是把加法作为新的初始函数添加进去，并将定义加法的那些递归等式看作公理。

$$(\forall x)x + 0 = x$$

$$(\forall x)(\forall y)x + (y + S0) = (x + y) + S0$$

当普雷斯布格尔证明了该理论是完全的（Presburger, 1930）之后，这一理论被称为**普雷斯布格尔算术**（Presburger arithmetic）。它仍然是不可有穷公理化的，而且尽管它明显强于后继函数基本理论，但它依旧很弱以至于无法进行算术实践——事实上，它甚至弱到无法定义乘法。

所以再一次地，我们还要将乘法及其递归定义等式作为初始概念扩充到理论中去。

$$(\forall x)x0 = 0$$

$$(\forall x)(\forall y)x(y + S0) = xy + x$$

现在我们终于进入了正题。由这一扩充得到的一阶理论，即所谓的**佩亚诺算术**（Peano arithmetic）或 **PA**，显然是非常强大的。

然而根据紧致性定理易得 **PA** 不是范畴的，因此存在一些二阶真语句（如归纳公理本身）并不为 **PA** 所蕴含。非但如此，甚至一些一阶算术语言的真语句也不被 **PA** 所蕴含（Gödel, 1931）。但是，我们发现在 **PA** 中不需要无休止地添加新初始概念：加一个取幂，加一个阶乘函数，对每个其他初始递归函数加一个初始概念：只要我们有了加法和乘法，所有其他初始递归函数都可以在 **PA** 中得到定义（Gödel, 1931）。最重要的是这种显著的稳定性表明 **PA** 似乎不仅仅只是二阶理论 **PA2** 的一个偶然片段。

佩亚诺算术具有这种（相对较）强能力的原因在于归纳模式中的加法和乘法之间**相互作用**产生的复杂结果。正如我们刚刚指出的那样，普雷斯布格尔算术是完全的，因此它要弱于 **PA**。**斯科伦算术**（Skolem arithmetic），即只有乘法的基本理论（即没有 $+$ 和 S）也是完全的（Skolem, 1931），甚至是可以有穷公理化的（Cegielski, 1981），所以它也要比 **PA** 弱得多。

和这些理论相比，**PA** 本身就足以推导出大量具有实质意义的数学内容。例如，考察算术中所谓的数论（number theory）。从整除的定义开始：公式 $(\exists r \in \omega)$ $(n = mr)$ 写作 $m|n$ 并读作 "m 整除 n"。如果 m 和 n 都是自然数，那么它们都能整除的最小自然数将被称为它们的**最小公倍数**（least common multiple）并记作 $\mathrm{lcm}\,(m, n)$；能够整除它们的最大自然数称为它们的**最大公约数**（greatest common divisor）并记为 $\gcd\,(m, n)$。如果 $\gcd\,(m, n) = 1$，那么我们称 m 和 n 是**互质的**（coprime）。为了演示如何构建出初等数论，现在让我们证明对于任意 $m, n \in \omega$，

$$mn = \mathrm{lcm}(m, n)\gcd(m, n) \tag{11}$$

当 $\gcd\,(m, n) = 0$ 时结论显然成立，因为那意味着 $m = n = 0$。所以我们假设 $\gcd\,(m, n) \neq 0$。此时显然有 $\gcd\,(m, n)|n$，所以

$$m = \frac{m}{\gcd(m, n)}\gcd(m, n) \Big| \frac{mn}{\gcd(m, n)}$$

同时，

$$n \Big| \frac{mn}{\gcd(m, n)}$$

由此得

$$\operatorname{lcm}(m, n) \mid \frac{mn}{\gcd(m, n)}$$

由定义可得，存在 $r, s \in \omega$ 使得 $\operatorname{lcm}(m, n) = mr = ns$。因此 $\frac{m}{s} = \frac{n}{r}$。但是 $\frac{m}{s} \mid m$ 而且 $\frac{n}{r} \mid n$，所以 $\frac{m}{s} \mid \gcd(m, n)$，由此

$$\frac{mn}{\gcd(m, n)} = \frac{ns}{\gcd(m, n)} \frac{m}{s} \mid ns = \operatorname{lcm}(m, n)$$

因此等式（11）成立。

举这个例子的目的是指出证明过程中所涉及的推导完全是一阶的，因此等式（11）不仅是真的，而且是在一阶理论 **PA** 中可证的。但是需要注意，这一保证并不具有一般性。每当我们面对一个算术命题的证明时，都不得不怀疑在证明该命题过程中归纳原理所用到的属性能否用一阶算术公式加以定义。如果不能，那么该命题就不属于 **PA** 内定理，即使它是集合论可证的（provable set-theoretically）。例如，"**PA** 是一致的"的形式化语句 Con(**PA**)。它在 **PA** 中是不可证的，但是它一定有一个集合论式的证明，因为我们已经证明了 **PA** 在集合论内有一个模型。

注释

本章给出的自然数的集合论结构源于戴德金（Dedekind, 1888）。次年，佩亚诺（Peano, 1889）将其转化成一个如今被普遍称之为佩亚诺公理的公理系统。我们已在第 1 章中论述了一阶逻辑逐渐崛起为严格数学的假定框架的历史。这使得佩亚诺公理的一阶片段 **PA** 成为了热门研究对象。对此类研究的结果，可以参阅凯耶（Kaye, 1991）。最近，艾萨克森（Isaacson, 1987, 1992）认为 **PA** 的理论稳定性不是偶然的结果，而是反映了一个相应的算术真的稳定概念。我们在本章中提到的 **PA** 子系统的限定性结论在斯莫伦斯基（Smorynski, 1991）中有进一步的解释。

亨金等（Henkin et al., 1962）详细阐述了从佩亚诺公理推导出自然数基本属性的过程。当然，这些属性不是热门研究的对象，但令人惊讶的是它们在形式上与数论中的重要问题（如哥德巴赫猜想和孪生素数猜想）非常相似。哈代和赖特（Hardy and Wright, 1938）对数论的经典基础做出了优雅的描述。然而在当今环境下我们特别感兴趣的是名为解析数论（analytic number theory）的分支，其中使用非算术方法来证明算术定理。其最著名的例子是狄利克雷定理（Dirichlet's theorem），即如果 r 和 s 互质，那么存在无穷多个可以表达成 $rn + s$ 形式的素数。狄利克雷使用复变函数理论中的优雅方法证明了该定理（Dirichlet, 1837）；至于

它的现代表述，请参见塞尔（Serre, 1973）。乍看起来，解析方法能以这种方式使用是非常使人惊异的，并且我们自然就会想知道它们是否是可消除的。在这种情形中它们确实是可消除的：狄利克雷定理的一个基本证明是由塞尔贝格（Selberg, 1949）发现的。内桑森（Nathanson, 2000）是此问题的一个优良参考资源。

第 6 章　计　　数

在本章中，我们将研究数字的那些不依赖于代数运算，而依赖于排列顺序的属性。首先我们构建用于分类和讨论顺序关系的术语。然后，我们的目标是定义自然数之间的顺序并说明这一顺序如何使我们能够利用自然数来对有穷集合计数，借此完成第 5 章未完成的任务。

6.1　序　关　系

定义　称集合 A 上的关系 $\leqslant$ 为**弱偏序关系**（weak partial ordering），如果它在 A 上具有传递性、反对称性和自返性。

定义　称集合 A 上的关系 $<$ 为**严格偏序关系**（strict partial ordering），如果它在 A 上具有传递性和禁自返性。

弱偏序与严格偏序之间存在密切联系：如果 $\leqslant$ 是 A 上的弱偏序关系，那么根据公式

$$x \leqslant y \text{ 而且 } x \neq y$$

定义得来的 x 与 y 的关系，为 A 上的严格偏序关系；而如果 $<$ 是 A 上的严格偏序关系，那么根据公式

$$x < y \text{ 或者 } x = y$$

定义得来的 x 与 y 的关系，为 A 上的弱偏序关系。这两项操作是互逆的。所以我们指定弱偏序关系，同样也就指定其相应的严格偏序关系。因此，我们把一个结构称为**偏序集** * （partially ordered set），其中的关系要么是弱偏序的，要么是严格偏序的。这两种关系不会混淆，因为一个关系不能既是弱偏序关系，又是严格偏序关系（除了空集上的空关系这一不足道的情况之外）。

结构（structure），就是被称为偏序集的有序对。但是数学家们往往只提载体集合，好像集合本身就是这个结构一样。严格来说这样的提法是不正确的，因为集合显然没有表达偏序的特征信息。这种提法之所以能够发挥作用，是因为在多

---

* 序集（ordered set）或有序集，是指由载体集合 A 及 A 上的序关系 r 所组成的有序对，常记作 (A, r)。——译者

数情况下根据上下文可以明显看出 A 上的关系是什么。例如，如果结构 $(A, \leqslant)$ 是偏序集且 $B \subseteq A$，那么在没有任何限制条件的情况下以提及偏序集的方式提及 B 时，实际上就是在提及 $(B, \leqslant_B)$，即 B 及其通过限制而从 A 上继承下来的偏序关系。$\leqslant$ 的逆记为 $\geqslant$，其相应的严格偏序关系的逆记为 $>$。

这里需要引入大量的术语。假设 $(A, \leqslant)$ 是偏序集且 $B \subseteq A$。称 A 的两个元素 a 和 b 是**可比较的**（comparable），如果要么 $a \leqslant b$，要么 $b \leqslant a$。称 A 中的元素 a 是 B 的**下界**（lower bound），如果对任意 $x \in B$，都有 $a \leqslant x$ [相应地，如果对任意 $x \in B$，都有 $a < x$，则称 a 是 B 的**严格下界**（strict lower bound）]。如果存在 B 的某个下界属于 B，那么这个下界是唯一的并称该下界是 B **最小的**（least）元素并记为 $\min B$。如果 B 中的元素 b 是 $<$-极小的，即不存在 $x \in B$ 满足 $x < b$，则称 b 在 B 内是**极小的**（minimal）。B 的最小元素在 B 内也一定是极小的；反过来则不一定成立。下界、严格下界、最小元素及极小元素在偏序上相应的逆的元素分别被称为**上界**（upper bound）、**严格上界**（strict upper bound）、**最大**（greatest）元素和**极大**（maximal）元素；B 的最大元素（如果存在）记为 $\max B$。如果 B 在 A 中同时具有上界和下界，那么称 B 在 A 中**有界**（bounded）。A 的最小元素和最大元素有时分别被记为 $\bot$（"底部"）和 $\top$（"顶部"）。B 的最小上界（如果存在）记为 $\sup B$，最大下界（如果存在）记为 $\inf B$。

如果 A 的某个子集合在 A 中是 $\leqslant$-封闭的，当且仅当它在 A 中是 $<$-封闭的，那么此时我们称该子集合在 A 中是**末尾的**（final）；而我们称它在 A 内是**共首的**（coinitial），如果它在 A 中的 $\leqslant$-闭包就是 A。反过来，称 A 的某个子集合在 A 中是**起始的**（initial），如果它在 A 中是 $\geqslant$-封闭的等价于它是 $>$-封闭的；称它在 A 中是**共尾的**（cofinal），如果它的 $\geqslant$-闭包就是 A。

称 A 的子集合 B 是**凸的**（convex），如果每当 $x \leqslant y \leqslant z$ 且 $x, z \in B$ 时，都有 $y \in B$；而这一情况成立当且仅当 B 是 A 的某个起始子集合与某个末尾子集合的交集。我们称 B 在 A 中是**稠密的**（dense），如果对于 A 中的 $x < z$，都存在 $y \in B$ 且满足 $x < y < z$。

根据 $A \subseteq B$ 定义的集合的聚 $\mathcal{A}$ 上的偏序也特别值得一提；当我们以提及偏序集的方式提及 $\mathcal{A}$ 时，我们是提及 "$\mathcal{A}$ 上基于包含关系的偏序集"。一个重要的情况是幂集 $\mathfrak{B}(A)$。A 中基于包含关系的最小元素是 $\varnothing$，而最大元素就是 A。对于 $B \subseteq \mathfrak{B}(A)$，如果 $B \neq \varnothing$，则其最小上界为 $\cup B$，最大下界为 $\cap B$；集合 $\cap \varnothing$ 并不存在，因为任何集合都不被 $\varnothing$ 包含；另外，$\varnothing$ 在 $\mathfrak{B}(A)$ 内的最大下界就是 $\mathfrak{B}(A)$ 本身。

另一个值得注意的重点是由 A 上所有偏序关系组成的集合 $\mathrm{Po}(A)$。$\mathrm{Po}(A)$ 的最小元素，是没有对任一元素进行排序的不足道的偏序关系，称之为 A 上的**完全无序关系**（total unordering），而其相应的弱偏序关系，就是只将元素自身与自身排序的偏序关系，即 A 上的恒等关系。另外，$\mathrm{Po}(A)$ 的极大元素即为 A 上那些不能再进一步扩充的同时仍保留自身偏序特质的那些偏序关系。这类偏序被称为**全序关系**（total ordering），有时直接简称为 A 上的**排序**（ordering）。

命题（6.1.1） A 上的某个偏序关系为全序关系，当且仅当 A 的任意两个元素都是可比较的。

证明： 必要性。假设存在 $a, b \in A$ 是关于 $<$ 不可比的。新定义偏序关系 $<'$，$x <' y$ 当且仅当要么 $x < y$，要么 $x \leqslant a$ 而且 $b \leqslant y$。现在，如果 $x <' y <' z$，则要么 ① $x < y \leqslant a$ 且 $b \leqslant z$，要么 ② $x \leqslant a$ 且 $b \leqslant y < z$，要么 ③ $x < y < z$；而每种情况下都有 $x <' z$。所以 $<'$ 是传递的。它显然是禁自返的。所以在 A 上存在 $<$ 经过合法扩充后得到的新偏序关系，因此 $<$ 不是全序。

充分性。显然的。 □

聚 $\mathcal{A}$ 被称为**链**（chain），如果它相对于包含关系是全序的，即对任意 $A, B \in \mathcal{A}$，要么 $A \subseteq B$，要么 $B \subseteq A$。

定义 假设 $(A, \leqslant)$ 和 $(B, \leqslant)$ 都是偏序集。从 A 到 B 的函数 f 被称为是**递增的**（increasing），如果

$$x \leqslant y \Rightarrow \text{对所有的 } x, y \in A, \quad f(x) \leqslant f(y)$$

而如果

$$x < y \Rightarrow \text{对所有的 } x, y \in A, \quad f(x) < f(y)$$

则称之为**严格递增的**。如果序关系恰与递增函数相反，则称之为**递减**（decreasing）函数；如果与严格递增函数相反则称之为**严格递减**函数。

任何单射递增函数都是严格递增的，严格递增函数显然也都是递增的，不过严格递增函数倒不都是单射的。（考虑定义在完全无序集合上的常值函数。）不过幸运的是，一个函数是两个弱偏序关系集合 $(A, \leqslant)$ 和 $(B, \leqslant)$ 间的同构函数，当且仅当该函数是它们对应的严格偏序关系集合 $(A, <)$ 和 $(B, <)$ 间的同构函数，所以在讨论偏序集间的同构时，我们可以继续略过弱偏序与严格偏序的区别。

练习：

1. (1) 如果偏序集 $(A, \leqslant)$ 有一个最小元素，试说明该元素也是 A 的唯一极小元素。

(2) 反过来，如果 A 有唯一的极小元素，那么该元素就一定是 A 的最小元素吗？

2. 证明 B 在有序集 A 上是稠密的，当且仅当对所有的 $a \in A$，都有 $a = \sup\{x \in B : x < a\}$。

3. 如果 $(A, \leqslant)$ 完全无序而 $(B, \leqslant)$ 是偏序集，证明任意从 A 到 B 的函数都是严格递增的。找出一个严格递增的一一对应函数的例子，且该函数不是同构函数。

6.2　籍

如果我们有一个不是序关系的关系，那么仍有可能将该关系通过某种手段扩展成为序关系。现在，我们来考察能进行这一扩展的前提条件是什么。

定义　如果 r 是 A 上的关系，则称 A 上所有包含了 r 的传递关系的交集为 r 的**严格籍**（strict ancestral），记作 r^{t}；称 A 上所有包含了 r 的自返传递关系的交集为 r 的**弱籍**（weak ancestral），记作 r^{T}。

这两个术语的命名灵感来自于这一实例：r 是由全体人类组成的集合上的亲子关系，此时 r^{t} 就是字面意义上的祖先-后代关系 *。

很容易看出任意传递关系的交集仍然是传递关系，任意自返传递关系的交集也仍然是自返传递关系。也就是说 r 的弱籍即为 A 上包含了 r 的最小自返传递关系，r 的严格籍即为 A 上包含了 r 的最小传递关系。所以某些学者会把严格籍称为**传递闭包**（transitive closure），我这里之所以避免使用这一术语是因为在集合论中，传递闭包被广泛用来指代另外一项与此相关但是又有所不同的概念。

命题（6.2.1）　假设 r 是集合 A 上的关系。则

（1）$r^{\mathrm{T}} = r^{\mathrm{t}} \cup \mathrm{id}_A$。

（2）$r \circ r^{\mathrm{T}} = r^{\mathrm{t}} = r^{\mathrm{T}} \circ r$。

证明：首先证明（1）。因为 $r^{\mathrm{t}} \subseteq r^{\mathrm{T}}$，而 A 上的某个关系是自返的当且仅当该关系包含了 id_A，所以 $\mathrm{id}_A \subseteq r^{\mathrm{T}}$。因此 $r \subseteq r^{\mathrm{t}} \cup \mathrm{id}_A \subseteq r^{\mathrm{T}}$。而 $r^{\mathrm{t}} \cup \mathrm{id}_A$ 是自返且传递的，所以 $r^{\mathrm{t}} \cup \mathrm{id}_A = r^{\mathrm{T}}$。

接下来证明（2）。因为 r^{T} 是自返的，所以显然有 $r \subseteq r \circ r^{\mathrm{T}}$，而由 $r \circ r^{\mathrm{T}}$ 是传递的可得 $r^{\mathrm{t}} \subseteq r \circ r^{\mathrm{T}}$。此外，如果 $x(r \circ r^{\mathrm{T}})z$，则存在 $y \in A$ 满足 $xr^{\mathrm{T}}y$ 且 yrz；然后根据（1）可得要么 $yr^{\mathrm{t}}z$ 要么 $y = z$，而这两种情况下都有 $xr^{\mathrm{t}}z$。也就是说 $r \circ r^{\mathrm{T}} \subseteq r^{\mathrm{t}}$，因此 $r \circ r^{\mathrm{T}} = r^{\mathrm{t}}$。$r^{\mathrm{t}} = r^{\mathrm{T}} \circ r$ 的证明过程与此相似。　　　□

---

* 原文中的籍（ancestral）也有遗传、祖先的意思。——译者

命题（6.2.2） 假设 r 是集合 A 上的关系。则

（1）对所有的 $B \subseteq A$，$r^{\mathrm{T}}[B] = \mathrm{Cl}_r(B)$。

（2）对所有的 $B \subseteq A$，$r^{\mathrm{t}}[B] = r[\mathrm{Cl}_r(B)]$。

证明： 首先证明（1）。首先假设 $x \in r^{\mathrm{T}}[B]$ 且 xry。可知存在 $a \in B$ 满足 $ar^{\mathrm{T}}x$。由 $xr^{\mathrm{T}}y$，根据传递性得 $ar^{\mathrm{T}}y$，故 $y \in r^{\mathrm{T}}[B]$。这说明 $r^{\mathrm{T}}[B]$ 是 r-封闭的，而由 r^{T} 的自返性显然有 $B \subseteq r^{\mathrm{T}}[B]$，所以 $\mathrm{Cl}_r(B) \subseteq r^{\mathrm{T}}[B]$。因为根据公式 "$y \in \mathrm{Cl}_r(x)$" 定义得到的 A 上的关系显然是自返，传递且包含 r 的：因此它显然也包含了 r^{T}。所以如果 $y \in r^{\mathrm{T}}[B]$，则存在 $x \in B$ 满足 $xr^{\mathrm{T}}y$，因此 $y \in \mathrm{Cl}_r(x) \subseteq \mathrm{Cl}_r(B)$。因此 $r^{\mathrm{T}}[B] \subseteq \mathrm{Cl}_r(B)$，得 $r^{\mathrm{T}}[B] = \mathrm{Cl}_r(B)$。

接下来证明（2）。$r^{\mathrm{t}}[B] = (r \circ r^{\mathrm{T}})[B]$【命题 6.2.1（1）】*

$$= r[r^{\mathrm{T}}[B]]$$

$$= r[\mathrm{Cl}_r(B)]，根据（1） \qquad \square$$

推论（6.2.3） 假设 r 是集合 A 上的关系，$x, y \in A$。则

（1）$xr^{\mathrm{T}}y \Leftrightarrow \mathrm{Cl}_r(y) \subseteq \mathrm{Cl}_r(x)$。

（2）$xr^{\mathrm{t}}y \Leftrightarrow \mathrm{Cl}_r(y) \subseteq r[\mathrm{Cl}_r(x)]$。

证明： 对于（1），

$$xr^{\mathrm{T}}y \Leftrightarrow y \in r^{\mathrm{T}}[x]$$

$$\Leftrightarrow y \in \mathrm{Cl}_r(x)【命题 6.2.2（1）】$$

$$\Leftrightarrow \mathrm{Cl}_r(y) \subseteq \mathrm{Cl}_r(x)$$

对于（2），

$$xr^{\mathrm{t}}y \Leftrightarrow y \in r^{\mathrm{t}}[x]$$

$$\Leftrightarrow y \in r[\mathrm{Cl}_r(x)]【命题 6.2.2（2）】$$

$$\Leftrightarrow \mathrm{Cl}_r(y) \subseteq r[\mathrm{Cl}_r(x)]【命题 5.1.1（2）】 \qquad \square$$

命题（6.2.4） 假设 r 是集合 A 上的关系。则

（1）$r^{\mathrm{t}} = \bigcup_{n \in \omega \setminus \{0\}} r^n$。

（2）$r^{\mathrm{T}} = \bigcup_{n \in \omega} r^n$。

---

* 原文如此。疑应为根据命题 6.2.1（2）。——译者

证明：首先证明（1）。令 $r' = \cup_{n \in \omega \setminus \{0\}} r^n$。通过对 n 施用归纳法易得对所有的 $n \in \omega \setminus \{0\}$，$r^n \subseteq r^t$ 成立；据此可知 $r' \subseteq r^t$。而如果 $x r^n y$ 且 $y r^m z$，那么 $x(r^n \circ r^m)z$，所以 $x r^{n+m} z$，因此 r' 是传递的，所以 $r^t \subseteq r'$。所以 $r^t = r'$。

接下来证明（2）。$r^T = r^t \cup \mathrm{id}_A$【命题 6.2.1（1）】

$$= r' \cup r^0, \text{ 根据 (1)}$$

$$= \cup_{n \in \omega} r^n \qquad \qquad \square$$

推论（6.2.5）　r^t 是 A 上的严格偏序关系，当且仅当不存在 $x \in A$ 和 $n \in \omega \setminus \{0\}$ 满足 $x r^n x$。

证明：根据命题 6.2.4(1) 易证。 $\qquad \square$

练习：

1. 验证结构 (A, r) 上的 r-封闭子集合是 A 上的**拓扑**的封闭集合，即

$\varnothing$ 和 A 是 r-封闭的；

B, C 是 r-封闭的 $\Rightarrow B \cup C$ 是 r-封闭的；

对任意 $i \in I$，B_i 是 r-封闭的 $\Rightarrow \cap_{i \in I} B_i$ 是 r-封闭的。

2.（1）证明在 A 上包含 r 的最小自返关系（有时候也被称作 r 的**自返闭包**）是 $r \cup \mathrm{id}_A$。

（2）证明在 A 上包含 r 的最小对称关系（有时候也被称作 r 的**对称闭包**）是 $r \cup r^{-1}$。

3. 证明 A 的子集合是 r-封闭的当且仅当该子集合是 r^T-封闭的。

4. 假设 r 是 A 上的关系，证明 $r^t = \cap\{s \subseteq A \times A : r \cup \{r \circ s\} \subseteq s\}$。

6.3　自然数顺序

引理（6.3.1）　s^t 是 ω 上的严格偏序关系，s^T 是其相应的弱偏序关系。

证明：该引理中唯一不是显然易证的部分是 s^t 是禁自返的。根据归纳法，由

$$0 s^t 0 \Rightarrow 0 \in s[\mathrm{Cl}_s(0)] = s[\omega] \text{【命题 6.2.2(2)】}$$

$$\Rightarrow \text{ 矛盾}$$

及

$$s(n)s^{\mathrm{t}}s(n) \Rightarrow s(n) \in s[\mathrm{Cl}_s(s(n))] \text{【命题 6.2.2(2)】}$$

$$\Rightarrow n \in \mathrm{Cl}_s(s(n)) = s[\mathrm{Cl}_s(n)] \text{【命题 5.1.1(2)】}$$

$$\Rightarrow ns^{\mathrm{t}}n \text{【命题 6.2.2(2)】}$$

归纳可证 s^{t} 在 ω 上是禁自返的。 □

因此，s^{t} 是 ω 上包含了 s 的严格偏序关系，而且它实际上也是 ω 上唯一包含了 s 的严格偏序关系（参见本节的练习 4）。出于这一原因，如果我们想要对任意 $n \in \omega$ 都有 $n < s(n)$，就必须采用下列定义。

定义 我们用 $<$ 代替 s^{t}，用 $\leqslant$ 代替 s^{T}。

在本书剩下的部分中，每当我们不加额外说明并以提及偏序集的方式提及 ω 时，该结构的关系都是如上的这种偏序关系。

最小元素原理（least element principle）**（6.3.2）** ω 的任意非空子集合都有最小元素。

证明： 反过来假设 ω 的子集合 B 没有最小元素。由于

$$\omega = \mathrm{Cl}_s(0) = s^{\mathrm{T}}[0] \text{【命题 6.2.2(1)】}$$

因此 0 是 B 的下界。而如果 n 是 B 的下界，那么 $n \notin B$（否则 n 就是 B 的最小元素，与假设矛盾），所以

$$B \subseteq s^{\mathrm{t}}[n] = s^{\mathrm{T}}[s(n)] \text{【命题 6.2.1(2)】}$$

故 $s(n)$ 也是 B 的下界。综上，根据归纳法得 ω 的所有元素都是 B 的下界。所以如果 $n \in B$，则 $s(n)$ 也是 B 的下界，所以 $s(n) \leqslant n < s(n)$，矛盾。 □

推论（6.3.3） ω 是全序的。

证明： 如果 $m, n \in \omega$，则 $\{m, n\}$ 有最小元素【最小元素原理】；最小元素要么是 m，此时有 $m \leqslant n$；要么最小元素是 n，此时有 $n \leqslant m$。命题得证。 □

定义 $\boldsymbol{n} = \{m \in \omega : m < n\}$。

推论（6.3.4） 如果 $A \subseteq \omega$ 并对任意 $n \in \omega$，都满足 $\boldsymbol{n} \subseteq A \Rightarrow n \in A$，那么 $A = \omega$。

证明： 假设 $A \neq \omega$。则 $\omega \backslash A$ 非空且存在最小元素 n【最小元素原理】。因此 $\boldsymbol{n} \subseteq A$，由前提知 $n \in A$，矛盾。 □

通用归纳模式（general induction scheme）**（6.3.5）** 如果 $\Phi(n)$ 是公式且满足

$$(\forall n \in \boldsymbol{\omega})((\forall m < n)\Phi(m) \Rightarrow \Phi(n))$$

那么 $(\forall n \in \boldsymbol{\omega})\Phi(n)$。

证明：令 $A = \{n \in \boldsymbol{\omega} : \Phi(n)\}$，根据推论 6.3.4 易证。　　　□

基于这一模式的证明有时被称为"无穷下降证明"（proof by infinite descent）。

含参数的通用递归原理（general recursion principle with a parameter）**（6.3.6）** 如果对任意 $n \in \boldsymbol{\omega}$，都有一个从 $\mathfrak{B}(A)$ 到 A 函数 s_n，那么恰存在一个从 $\boldsymbol{\omega}$ 到 A 的函数 g，g 满足对任意 $n \in \boldsymbol{\omega}$ 都有 $g(n) = s_n(g[\boldsymbol{n}])$。

证明：练习 6。　　　□

在证明过程中用到了通用递归原理的标志常常是时序性词语的使用，例如：

一旦对任意 $r < n$，$g(r)$ 都已被定义完毕之后，再令 $g(n) = s_n(g[\boldsymbol{n}])$

定义 对于自然数 n，称以 $\boldsymbol{n}$ 为索引集合的族是长度为 n 的**有穷序列** [有时也称之为**串**（string）]。将 A 中所有串的集合 $\cup_{n \in \boldsymbol{\omega}} {}^n A$ 简记为 String(A)。

练习：

1.（1）证明对任意 $m, n \in \boldsymbol{\omega}$，都有 $m < n \Leftrightarrow s(m) \leqslant n$。

（2）通过对 n 施加归纳，证明对任意 $n, q, r \in \boldsymbol{\omega}$，都有 $q < r \Rightarrow n + q < n + r$。

2. 证明如果 $m \leqslant n$，则存在唯一的元素 $n - m \in \boldsymbol{\omega}$，满足 $n = m + (n - m)$。【提示：考虑 $\{r \in \boldsymbol{\omega} : m + r \geqslant n\}$ 的最小元素。】

3. 令 n 为某个自然数。

（1）证明 $n + 1$ 是 n 唯一的后继。

（2）证明如果 $n \neq 0$，那么 $n - 1$ 是 n 唯一的前趋 *。

4. 证明 $<$ 是 $\boldsymbol{\omega}$ 上唯一满足对所有 $n \in \boldsymbol{\omega}$，都有 $n < s(n)$ 成立的严格偏序关系。

5. 证明 $\boldsymbol{\omega}$ 的任意起始真子集合都恰为某个 $n \in \boldsymbol{\omega}$ 的集合 $\boldsymbol{n}$。

6. 证明通用递归原理 6.3.6。

7. 如果 r 是 A 上的关系，证明对任意 $n \in \boldsymbol{\omega}$，$(r \cup \mathrm{id}_A)^n = \cup_{m=0}^{n} r^m$。

6.4　计数有穷集合

我们现在以 $\boldsymbol{n} = \{0, 1, 2, \cdots, n-1\}$ 为原型，通过它定义什么叫一个集合具有 n 个成员。

---

* 前趋（predecessor），即后继的逆。——译者

定义 我们称一个集合具有 n 个**成员**，如果它与 n 等势。

注意，为了使该定义可行，我们需要自然数的**顺序**结构（以便我们能够确切指出 n），尽管定义本身并未提及任何集合的顺序。

定理（6.4.1） 不存在这样的自然数 n，使得 n 是无穷的。

证明： 0 显然不是无穷的。假设 n 不是无穷的，而 $n+1$ 是无穷的。即 $n+1$ 与其自身的某个真子集合 B 等势。此时，共有以下三种可能性：

（1）$n \in B$。此时 $B \backslash \{n\}$ 是 n 的真子集，且与 n 等势，与前提假设 n 不是无穷的相矛盾。

（2）B 是 n 的真子集。所以 n 与其自身的某个真子集等势，而根据前提假设，这同样是不可能的。

（3）$B = n$。故 n 与 $n+1$ 等势，根据假设，前者不是无穷的而后者是无穷的，所以这仍是不可能的。

所以在每一种情况下都导出了矛盾。故根据归纳法，命题得证。 □

定义 我们称一个集合是**有穷的**（finite），如果存在 $n \in \omega$，而该集合拥有 n 个成员。

n 自身当然是有穷的，因为它显然拥有 n 个成员；特别一提，$\varnothing$ 是有穷的。此外，还有个不那么显而易见的结论是，如果存在从 A 满射到 B 的函数，且 A 是有穷的，那么 B 也是有穷的。由此可知，任意有穷集合的子集合也都是有穷的。

推论（6.4.2） 不存在这样的集合，它既是无穷的，又是有穷的。

证明： 根据上述定理易证。 □

我们将在后面的章节（9.4 节）中讨论是否可能存在既不是有穷的，**也不是**无穷的集合。

推论（6.4.3） 对每个有穷集合，都恰存在一个自然数 n，而该集合拥有 n 个成员。

证明： 如果该推论不成立，则存在自然数 m 和 n，满足 $m < n$ 且 m 和 n 等势，即 n 与其自身的一个真子集等势，因此它是无穷的，与定理 6.4.1 矛盾。□

正是该推论最终提供给我们以自然数度量有穷集合大小的技术方法。

定义 如果 A 是有穷的，则将唯一满足 "A 具有 n 个成员" 的数字 n 称为 A 的**成员数**（number of members）。

我们用 $\mathfrak{F}(A)$ 来表示由 A 的所有有穷子集组成的集合，用 $\mathfrak{F}_n(A)$ 来表示由 A 的所有具有 n 个元素的有穷子集组成的集合，根据此定义，有 $\mathfrak{F}(A) = \bigcup_{n \in \omega} \mathfrak{F}_n(A)$。

命题（6.4.4） 如果存在自然数 n 使得 $\mathfrak{F}_{n+1}(A) = \varnothing$，则 A 是有穷的，且满足该条件的最小的 n 就是 A 中元素的数量。

证明： 假设 n 是满足 $\mathfrak{F}_{n+1}(A) = \varnothing$ 的最小自然数。可知 A 拥有一个具有 n 个元素的子集合 B（因为 $n < n+1$）。而如果 B 是 A 的真子集，则存在 $A \backslash B$ 中的一个元素 b，且 $B \cup \{b\}$ 为 A 的具有 $n+1$ 个元素的子集合，与前提矛盾。因此 $A = B$，所以 A 具有 n 个元素。 □

定理（6.4.5） 所有非空有穷偏序集都有极大元素。

证明： 显然所有只有一个成员的偏序集都有极大元素。接下来假设所有具有 n 个成员的偏序集有极大元素，并令 $(A, \leqslant)$ 为具有 $n+1$ 个成员的偏序集。令 $a \in A$，那么 $A \backslash \{a\}$ 就有 n 个成员，根据归纳假设可知其拥有极大元素 b：如果 $b \leqslant a$，那么 a 就是 A 的极大元素，而如果 $b \not\leqslant a$，那么 b 就是 A 的极大元素。所以该命题根据归纳法得证。 □

我们已经充分论述了 (ω, s) 结构（通过同构）【推论 5.3.2】；现在要对序集 $(\omega, \leqslant)$ 做同样的讨论。

定理（6.4.6） 一个偏序集与 $(\omega, \leqslant)$ 同构，当且仅当该偏序集非有穷、全序，且它的所有真起始子集合都是有穷的。

证明： 首先证明必要性。我们已知 $(\omega, \leqslant)$ 是全序集，且非有穷。此外，如果 B 是 ω 的真起始子集合，那么存在 $n \in \omega \backslash B$，此时 $B \subseteq n$，所以 B 是有穷的。必要性得证。

接下来证明充分性。假设 $(A, \leqslant)$ 拥有定理中描述的那些性质。如果 A 的子集合 B 是非空的，那么它就有最小元素：因为如果 $b \in B$，那么要么 $\{x \in B : x < b\}$ 是空的，此时 b 就是 B 的最小元素；要么 $\{x \in B : x < b\}$ 是有穷且非空的，此时它具有最小元素【定理 6.4.5】，该元素同样也是 B 的最小元素。现在，根据通用递归原理我们可以通过如下规则定义从 ω 到 A 的函数 f：当对所有的 $m < n$，$f(m)$ 都已被定义时，令 $f(n)$ 为 $A \backslash f[n]$ 的最小元素（$A \backslash f[n]$ 非空，因为 A 是非有穷的）。f 显然是严格递增函数；此外，$f[\omega]$ 是 A 的起始子集合，且其是非有穷的，故它必定就是 A 本身。因为 ω 是全序的，所以 f 就是 $(\omega, \leqslant)$ 和 $(A, \leqslant)$ 之间的同构函数。 □

练习：

1. 证明如果 $(A, \leqslant)$ 是偏序集，那么下列三项断言是等效的：

（1）存在 $n \in \omega$，$(A, \leqslant)$ 与 $(n, \leqslant)$ 同构。

（2）A 是有穷的，且 $\leqslant$ 是全序。

（3）所有 A 的非空子集合都有最大元素和最小元素。

2. 证明 A 是有穷的，当且仅当存在一个 A 上的函数 f，使得 A 的所有子集合中只有 $\varnothing$ 和 A 本身对 f 封闭。

3. 假设 $(A, \leqslant)$ 是全序集。证明 A 上的任意序列 $(a_n)_{n \in \omega}$ 都有一个单调子序列。（我们称 $(a_{n_r})_{r \in \omega}$ 是 (a_n) 的**子序列**，如果 (n_r) 是 ω 上的递增序列。）【参考令 $B = \{n \in \omega \colon$ 对所有的 $r > n$, 都有 $a_n < a_r\}$，并分别考虑 B 是有穷的和 B 不是有穷的两种情况。】

4. （1）如果 r 是在 $\mathfrak{B}(A)$ 上根据公式 "存在 $a \in A$ 使得 $Y = X \cup \{a\}$" 定义的 X 与 Y 之间的关系，证明 $\mathfrak{F}(A) = \mathrm{Cl}_r(\varnothing)$。

（2）证明 $X, Y \in \mathfrak{F}(A) \Rightarrow X \cup Y \in \mathfrak{F}(A)$。

（3）证明如果 A 是有穷的，那么 $\mathfrak{B}(A)$ 也是有穷的。

6.5 计数无穷集合

定义 称集合 A 是**可数的**（countable），如果 $A = \varnothing$ 或者存在一个范围（range）为 A 的序列。

所有有穷集合都是可数的，ω 是可数但非有穷的（因为如果它是有穷的，那么它就应当有最大元素【定理 6.4.5】）。如果存在一个从 A 到 B 的满射函数且 A 是可数的，那么 B 也是可数的。因此，可数集合的所有子集合也都是可数的。

定义 称集合 A 是**可数无穷的**（countably infinite），如果 A 既是可数的，也是无穷的。称集合 A 是**不可数无穷的**（uncountably infinite），如果 A 是无穷，且 A 不是可数的。

自然数集合是可数无穷的；因此所有与之等势的集合也都是可数无穷的。事实上，所有可数无穷集合都与 ω 等势。因为如果 A 是可以被序列 $(x_n)_{n \in \omega}$ 枚举（enumerate）的无穷集合，那么我们递归定义 y_n 为 $A \backslash \{y_r \colon r < n\}$ 中的元素 x_m 且 m 是尽可能小的，则序列 $(y_n)_{n \in \omega}$ 无重复地枚举了 A。

命题（6.5.1） $\omega \times \omega$ 是可数无穷的。

证明： 可以证明函数 $(m, n) \mapsto 2^n(2m+1) - 1$ 是 $\omega \times \omega$ 与 ω 之间的一一对应函数。（最快捷的证明途径是，注意我们不断地除以 2，以此来将除 0 以外的任何自然数唯一地表示成 2 的幂乘以某个奇数的形式。） $\square$

由此，通过施加简单的归纳证明，我们可以看出对所有的 $n \in \omega$, ω^n 是可数无穷的。

命题（6.5.2） $\mathfrak{F}(\omega)$ 是可数无穷的。

证明： 函数 $A \mapsto \sum_{n \in A} 2^n$ 即为证明所需的 $\mathfrak{F}(\omega)$ 与 ω 之间的一一对应函数。 $\square$

命题（6.5.3） $\mathrm{String}(\omega)$ 是可数无穷的。

证明： 考虑将由自然数组成的有穷串 $(n_1, n_2, \cdots, n_k)$ 映射到单个自然数

$$p_1^{n_1} p_2^{n_2} \cdots p_k^{n_k+1} - 1$$

的函数，其中 $p_1, p_2, \cdots$ 是按大小递增排列的素数列表。在基础数论中的一项结论【通常被称为**算术基本定理**（fundamental theorem of arithmetic）】就是，该函数是在 String(ω) 和 ω 之间的一一对应函数。（表达式末尾的 "−1" 是为了包含 0；而最后一个指数中的 "+1" 是为了解决串中的末尾零导致的不唯一性。）□

当然我们可以进一步延伸这些结果来证明，当 A 可数时，$\mathfrak{F}(A)$ 和 String(A) 也是可数的；当 A 和 B 可数时，$A \times B$ 也是可数的。

命题（6.5.4） $\mathfrak{B}(\omega)$ 是不可数无穷的。

证明： 很容易看出 $\mathfrak{B}(\omega)$ 是无穷的。假设它是可数的，那么存在序列 $(A_n)_{n \in \omega}$ 枚举了 ω 的所有子集合。令 $A = \{n \in \omega : n \notin A_n\}$。那么根据假设，存在 $n \in \omega$，满足 $A = A_n$。但由此

$$n \in A \Leftrightarrow n \notin A_n \Leftrightarrow n \in A^*$$

矛盾。 □

6.6 斯科伦悖论

在前面的章节中我们曾警告过在像 **ZU** 这样的理论中，将证明的结论运用于理论本身具有潜在的危险性。下面两个定理就说明了这一危险。

完全性定理（completeness theorem）：所有一致的一阶理论都具有集合论模型。

勒文海姆-斯科伦定理（Lowenheim/Skolem theorem）：所有结构都初等等价于某个可数结构。

这两个逻辑定理被用来组成下列论证，以此反对实在论者眼中的集合论。假设我是个实在论者。我相信 **ZU** 的公理是真的，因此它们也是一致的。所以，我相信将 "**ZU** 中的公理是一致的" 这一论断集合论形式化后仍然是真的，尽管这一形式化论断并不能根据系统内公理加以证明[①]。而由于刚刚提到的两条定理，我还

---

* 原文如此。疑应为 $n \in A \Leftrightarrow n \notin A_n \Leftrightarrow n \notin A$。——译者

① 正是在这一点上形式论者与实在论者分道扬镳。形式论者可能会抱有非数学性质的信念，认为 **ZU** 是一致的，不是因为它是真的，而是因为它建立在归纳基础上；但是他们不会以此为理由去相信形式化该论断后得到的集合论式断言。

应该相信 **ZU** 具有可数集合论模型（甚至该模型的定义域是 ω）。**ZU** 的每一条定理在该模型上都为真：因此在该模型上，$\mathfrak{B}(\omega)$ 是不可数的，同样也是真的。然而，模型本身却是可数的。这就是所谓的**斯科伦悖论**（Skolem's paradox）。

但称之为"悖论"只是因为它乍看上去令人吃惊，并不意味着它是一个形式矛盾，因为它的解决方法非常直接。所谓某个集合不可数，是通过包含 $\in$ 的复杂逻辑表达式加以表述的；这意味着集合在**模型中**不可数的含义，是通过模型中对"$\in$"的解释替换 $\in$，并将所有量词作用于模型的定义域后得到的。这样处理后的语句所表达的意思根本就不是该集合不可数。因此，至少在我们这里所考虑的形式上，斯科伦悖论离形式矛盾还差得很远。实际上，从它的表面意义上看，甚至很难觉得斯科伦悖论特别令人惊讶。

但是转过来，如果从元语言视角来研究我们的集合论语言——也就是本书大部分章节所用的语言——现在被视为对象语言时，会发生什么。此时回顾上面的论述，我们在新视角下发现集合论具有可数模型。这令人不安，因为它使人们想到这个可数模型可能就是**我们的**模型：**设计中的**模型可能——在我们意料不到的地方——被证明是可数的。

因此，许多学者以斯科伦悖论为踏板，论证不存在不可数的集合。例如，考夫曼（Kaufmann, 1930）用它来质疑非直谓指定集合的条理性；赖特（Wright, 1985）直接提出，我们无法掌握给定无穷集合（如自然数集合）的任意子集这一概念[1]。但是我们要注意，从元语言中得出的结论是，对象语言理论 **ZU** 具有可数模型。如果我们试图用对象语言再去表达这一结论，那么将得到并非矛盾而是彻底的无意义。在对象语言中没有哪个公式可以表达我们在元语言中所说的某个集合是可数时的意思。

但是，我们还不能得出结论说这个定理没有哲学后果。例如，帕特南（Putnam, 1980）就借其构建"一种温和的实在论，它试图在不借助非自然心智力量的情况下，保留真和提及的经典概念的核心"。总的来说，如果我们把逻辑词汇的含义看成固定不变的，而把非逻辑词汇的含义看成完全开放的，那么即使是一套完全的公理集合也无法完整地表达我们希望表达的内涵。不过如果我们的目标正是想要确认这一点，那么可以依靠一个简单的置换论证（Putnam, 1981），该论证表明即使存在一个所谓的"理想理论"，它也不能暗中定义出自身用到的关系；而且这一置换论证对二阶理论同样适用。勒文海姆-斯科伦定理的确表明在一阶理论中，这种相对性表现得更强烈（radical）：如果只有一阶的逻辑词汇含义被看作固定的，

---

① 即使赖特的论证行得通，也看不出柏拉图主义者是否应该对此感到忧心，至少以赖特论证的形式来看是这样的，因为它呼吁柏拉图主义者去接纳构建主义假设（Clark, 1993b）。

我们甚至无法确定提及的论域的势。更难理解的是，为什么一阶理论中的这种相对性要比二阶理论中的更让人不安。

注释

弗雷格在《概念文字》中定义了籍概念并证明了其基本属性，但却是戴德金对这一概念的重新发现（Dedekind, 1888），才使它得以普及。

用自然数来衡量有穷集合的大小，显然是理解它们适用性的核心。序是否是初始概念，这一点仍有争议（Dummett, 1991：293）。戴德金以对待定理的方式，对待允许用数字来计数的原理。弗雷格则建议反过来，以此为起点推导出自然数的性质。当他不明智地使用了一个不一致的理论来证明这一过程的合理性后，该计划就停滞不前了，但赖特（Wright, 1983）又使人们再次对它产生兴趣。虽然大多数哲学家对此仍不以为意，但对该计划的详细研究（Hale and Wright, 2001）极大地促进了我们对逻辑主义的理解。

第 7 章 线

本章的任务是刻画有理数线（rational line）和实数线（real line）的序属性，并在 **ZU** 内证明，存在满足这些特征的集合。至于这些线上的点如何相加或相乘，以及如何用它们来**衡量**大小，将是第 8 章的任务。

我们先从术语开始。称有序集 $(A, \leqslant)$ 的一个子集为**开区间**（open interval），如果该子集是下列四种形式之一：

$\{x \in A : a < x\}$，其中 a 在 A 上；

$\{x \in A : x < b\}$，其中 b 在 A 上；

$\{x \in A : a < x < b\}$，其中 $a < b$ 且 a, b 都在 A 上；

整个 A。

定义 如果一个全序集的所有开区间都是非空的，则称该全序集为**线**（line）。

换句话说，线就是在自身上稠密，且没有最大元素或最小元素的有序集。根据【定理 6.4.5】，线不可能是有穷的。线的元素常被称为**点**（point）。我们称线的子集 B 是**开的**（open），如果它是某些开区间的并。

称线的子集 B 是**闭的**（closed），如果该子集的补是开的。称点 a 是 B 的**极限点**（limit point），如果 a 满足对任意包含 a 的开区间，该开区间都至少还含有一个 B 上不同于 a 的点。B 的极限点的集合被称为 B 的**导集**（derived set），并记作 B'。显然，B 是闭的当且仅当 B 包含了所有它自身的极限点，即 $B' \subseteq B$。我们说 B 是**完满的**（perfect），如果 $B' = B$，即 B 是每个点都是极限点的闭集。

7.1 有 理 数 线

定理（7.1.1） 存在（纯）可数线。

证明：令 $Q = \mathfrak{F}(\omega) \backslash \{\varnothing\}$，并定义 Q 上的序关系 $A < B$，当且仅当 $A \neq B$ 且去掉它们的共有元素后，最小元素在 A 中而不在 B 中。容易看出具有该序关系的 Q 是线。此外，$\mathfrak{F}(\omega)$ 是可数的【命题 6.5.2】，所以 Q 也是可数的。 $\square$

定义 将一些（具有最低可能出生的）可数线（纯可数线）记为 $(\mathbb{Q}, \leqslant)$ 并称之为**有理数线**（rational line）。

刚刚提到的那些性质足以描述有理数线的同构。

定理（7.1.2）（Cantor，1895）　所有可数线都同构于有理数线。

证明： 令 $(A, \leqslant)$ 为可数线，令 (a_n) 和 (b_n) 为其像分别是 A 和 $\mathbb{Q}$ 的序列。我们递归构造从 A 到 $\mathbb{Q}$ 的函数 f：一旦对于所有 $r < m$，$f(a_r)$ 都已被定义，那么定义 $f(a_m)$ 即是 b_n 中这样的元素，即它具有尽可能小的下标，并且它带给 $f(a_0), \cdots, f(a_{m-1})$ 的序关系与 a_m 带给 $a_0, \cdots, a_{m-1}$ 的序关系一样。（这样的元素永远存在，因为 $\mathbb{Q}$ 上的序是稠密且没有最大元素和最小元素的。）很明显，如此构造的从 A 到 $\mathbb{Q}$ 的函数 f 是严格递增的（因此也是单射的）；接下来如果我们能证明该函数的像就是 $\mathbb{Q}$，则证明便可结束了。因此反过来，假设它的像不是 $\mathbb{Q}$。那么存在带有最小可能下标的元素 $b_n \in \mathbb{Q} \backslash f[A]$。如果 $r < n$，那么 $b_r \in f[A]$，所以我们可以令 m_r 为满足 $f(a_{m_r}) = b_r$ 的最小自然数。如果 m 是大于 $m_0, \cdots, m_{n-1}$ 且使得 a_m 带给 $a_{m_0}, \cdots, a_{m_{n-1}}$ 的序关系和 b_n 带给 $f(a_{m_0}), \cdots, f(a_{m_{n-1}})$ 的序关系一样的自然数中最小的，那么显然 $f(a_m) = b_n$。矛盾。　□

上述对有理数线的论述并非对有理数集合的论述，因为其中并没有涉及它们的代数（有序域，ordered field）结构。在第 8 章中我们将讨论这种代数结构，那时将引入确切的实例来说明序不能唯一地确定出它。

练习：

令 $(A, \leqslant)$ 为可数偏序集。

（1）证明存在从 $(A, \leqslant)$ 到 $(\mathbb{Q}, \leqslant)$ 的递增单射函数。

（2）推断出 A 上的偏序可以扩充为全序。

7.2　完　备　性

从传统上来说，人们认为几何学专门研究那些只需要一把直尺（以画直线）和一副圆规（以画圆）就能做出的结构。直线，正如此类几何学所设想的那样，是"无缝隙的"，因为线上任意两点之间必有另一点，所以从有序集的角度来看它们也符合前面对线的定义。不过我们可能会希望几何学意义上的线能具有另一种（也更受限制的）无间隙性。这一种无间隙性可以表达为：如果函数被看成对粒子运动轨迹的描述，那么它在经过两点时不能不经过这两点之间的所有点。该性质（或它的任何合理形式化表述）被称为**介值性**（intermediate value property）。

定义　假设 $(A, \leqslant)$ 和 $(B, \leqslant)$ 是有序集。称从 A 到 B 的函数 f 具有**介值性**，如果每当 b 在 B 上处于 $f(a_1)$ 和 $f(a_2)$ 之间时，A 上都存在 a_1 和 a_2 之间的 a，满足 $f(a) = b$。

显然，我们不能指望**所有**函数都能具有介值性，但总的来说这一属性看上去是很有道理的——它通常被形容为"直观上很明显"——所有实变函数，只要它符合本部分导言中所说的连续性，就必然具有介值性。

定义 假设 $(A, \leqslant)$ 和 $(B, \leqslant)$ 是有序集，f 是从 A 到 B 的函数。如果对所有包含了 b 的开区间 J，都存在有包含 a 的开区间 I，满足 $f[I] \subseteq J$，我们就说当 x 趋向于 a 时，$f(x)$ **趋向**（tend）于 b。如果 x 趋向于 a 时，有 $f(x)$ 趋向于 $f(a)$，我们就说 f 在 a 处**连续**（continuous）。如果 f 在 A 的每一个元素处都连续，我们就说 f 是**连续的**。

接下来我们想要知道的是，如果所有满足上述连续定义的函数都具有介值性，那么线应该具有什么样的性质。回答这一问题的关键属性同样也是所有本科生微积分课程所要依赖的基础假定，即所有具有上界的非空实数集都有最小上界。

引理（7.2.1） 如果 $(A, \leqslant)$ 是偏序集合，那么下面两项论断等价：

（1）A 的任意非空子集，如果它在 A 内有上界，那么它就有上确界。

（2）A 的任意非空子集，如果它在 A 内有下界，那么它就有下确界。*

证明： 假设 B 是 A 的非空子集，并令

$$C = \{x \in A : x \text{ 是 } B \text{ 的下界}\}$$

由假设可知存在 $a = \sup C$。我们接下来证明 $a = \inf B$。首先，显然如果 $x \in C$ 且 $y \in B$，那么 $x \leqslant y$：由此可知 y 是 C 的一个上界，故 $a \leqslant y$。换句话说，a 是 B 的下界。而如果 x 是 B 的另外一个下界，那么 $x \in C$ 且因此 $x \leqslant a$。因此 a 是 B 的最大下界，即 $a = \inf B$。由此证明了（1）$\Rightarrow$（2）。（2）$\Rightarrow$（1）的证明同理。 $\square$

定义 称一条线是**完备的**（complete）**，如果它满足引理 7.2.1 中提及的论断。

定理（7.2.2） 假设 $(A, \leqslant)$ 和 $(B, \leqslant)$ 是线。那么 $(A, \leqslant)$ 是完备的当且仅当所有从 A 到 B 的连续函数都具有介值性。

证明： 首先证明必要性。假设 f 是从 A 到 B 的连续函数，b 在 $f(a_1)$ 和 $f(a_2)$ 之间。令 $C = \{x \in A : f(x) < b\}$ 并令 $a = \sup C$。

现在，如果 $f(a) < b$，那么根据 f 的连续性可知，存在 $c > a$ 使得 x 只要处于 c 和 a 之间，就有 $f(x) < b$。同时，所有这样的 x 也都在 C 中，所以 a 不是 C 的上界。矛盾。

---

* 上确界（supremum）和下确界（infimum），通常即指最小上界和最大下界。——译者

** 遵照中文惯例，当本书提及作为序理论术语的 complete 时，将其翻译为"完备的"；而作为逻辑学术语的 complete 则翻译为"完全的"。——译者

如果 $f(a) > b$，那么根据 f 的连续性可知，存在 $c < a$ 使得 x 只要处于 c 和 a 之间，就有 $f(x) > b$。但 C 中没有这样的 x，所以 a 不可能是 C 的上确界。矛盾。

因此，只可能是 $f(a) = b$。

接下来证明充分性。假设 C 是 A 的子集，在 A 上有界但没有上确界。如果我们令 $C' = \{x \in A : (\exists y \in C) x \leqslant y\}$，那么 C' 在 A 上同样没有上确界。从 B 中挑出两个元素 b 和 b'，并定义从 A 到 B 的函数 f 如下：

$$f(x) = \begin{cases} b', & \text{如果 } x \in C' \\ b, & \text{否则} \end{cases}$$

很容易证明 f 是连续的。但 f 不可能具有介值性，因为 B 是线，所以在 b 和 b' 之间还有其他元素，但 b 和 b' 是仅有的值。矛盾。 $\square$

练习：

1. 证明由偏序关系组成的非空集合的交，仍是偏序关系。

2. 推断：$\mathrm{Po}(A)$ 相对于包含关系是完备的。

7.3 实 数 线

如果我们的目标是要构造一条完备线，那么出于谨慎，显然应该首先检查一下根据 7.2 节的定义，**有理数线**是否已经是完备的。

命题（7.3.1） $\mathbb{Q}$ 不是完备的。

证明：再次考虑之前构造的有理数线模型 $\mathcal{Q}$，通过假设其为完备的，再推出矛盾以证明本命题。在 $\mathcal{Q}$ 中，考虑下面两个序列：

$$\{0\}, \quad \{0,2\}, \quad \{0,2,4\}, \quad \{0,2,4,6\}, \quad \cdots$$

$$\{0,1\}, \quad \{0,2,3\}, \quad \{0,2,4,5\}, \quad \{0,2,4,6,7\}, \quad \cdots$$

显然根据该模型上序关系的定义，前一个序列中的每一个元素都大于后一个序列中的任意元素。因此，存在 $\mathcal{Q}$ 中的成员 A 使得

$$\{0\} > \{0,2\} > \{0,2,4\} > \{0,2,4,6\} > \cdots A > \cdots$$

$$\{0,2,4,5\} > \{0,2,3\} > \{0,1\}$$

那么 $A < \{0\}$，所以 $0 \in A$。但是 $\{0,1\} < A$，所以 $1 \notin A$。同时，$A < \{0,2\}$，所以 $2 \in A$。而 $A < \{0,2,3\}$，所以 $3 \notin A$。以此类推。最终我们可知 $\{0,2,4,6,\cdots\} \subseteq A$，故 A 是无穷的，这与 $\mathcal{Q}$ 的定义矛盾，因为它仅由 ω 的有穷非空子集组成。所以 $\mathcal{Q}$ 不是完备的。而 $\mathcal{Q}$ 与 $\mathbb{Q}$ 同构【康托尔定理 7.1.2】，所以 $\mathbb{Q}$ 也不是完备的。□

推论（7.3.2） 所有完备线都是不可数的。

证明： 所有可数线都同构于 $\mathbb{Q}$【定理 7.1.2】，因此也不是完备的。□

既然没有可数线是完备的，那么接下来尝试通过最低限度地扩展可数线的方法来追求完备性，即构造一条线，尽管其本身不可数，但是有一条可数线是它的稠密子集。

定义 称具有可数稠密子集的完备线为**连续统**（continuum）。

数学家们常设想基于时空的连续统实例。我们稍后再谈他们的这种想法是否有道理，但不论怎样，这里我们不考虑那些因素，即在不借助于空间或时间直觉的前提下构造连续统概念。

定理（7.3.3） 存在连续统。

证明： 令 $\mathcal{R}$ 为由 $\mathbb{Q}$ 的所有没有最大元素的非空起始真子集构成的集合。显然，该集合相对于包含关系是全序的，且没有最小元素或最大元素。此外，如果 $\mathcal{B}$ 是 $\mathcal{R}$ 上的链，它的所有元素都被 $\mathcal{R}$ 的某些元素包含，那么容易验证 $\cup\mathcal{B} \in \mathcal{R}$；因此 $\mathcal{R}$ 是完备的。因为 $\mathbb{Q}$ 是可数的，所以 $\{\{x : x < a\} : a \in \mathbb{Q}\}$ 是 $\mathcal{R}$ 的可数子集；因为如果 $A, B \in \mathcal{R}$ 且 $A \subset B$，那么存在 $x \in B \backslash A$，可知有 $A \subset \{x : x < a\} \subset B$，所以 $\{\{x : x < a\} : a \in \mathbb{Q}\}$ 在 $\mathcal{R}$ 上稠密。由此我们可知 $\mathcal{R}$ 是完备线，且有可数稠密子集，即 $\mathcal{R}$ 是连续统。□

定义 我们将一些（具有最低可能出生的纯）连续统记为 $(\mathbb{R}, \leqslant)$，并称之为**实数线**（real line）。

介值定理（intermediate value theorem）：所有从 $\mathbb{R}$ 到 $\mathbb{R}$ 的连续函数都具有介值性。

证明： 根据定理 7.2.2 易证。□

命题（7.3.4） $\mathbb{R}$ 是不可数的。

证明： 根据推论 7.3.2 易证。□

本书之前已经举过一个不可数集的实例，即 $\mathfrak{B}(\omega)$。不过康托尔的实数线才是历史上最早发现的实例，并且他在 1873 年的这一发现可以说是现代基数理论诞生的标志。

定义 假设 $(A, \leqslant)$ 和 $(B, \leqslant)$ 是偏序集。称从 A 到 B 的函数 f 是**正规的**（normal），如果对所有在 A 中有上确界的集合 C，集合 $f[C]$ 在 B 上都有上确界

且 $f(\sup C) = \sup f[C]$；如果该函数还是单射的，则称之为**严格正规的**（strictly normal）。

特别注意，所有（严格）正规函数也是（严格）递增的。

命题（7.3.5）　假设 B 是线 $(A, \leqslant)$ 的稠密子集。那么对任意从 B 到 $\mathbb{R}$ 的正规函数 f，都恰有一个从 A 到 $\mathbb{R}$ 的正规函数 $\bar{f}$ 为它的扩展。

证明：证明唯一性。如果 $a \in A$，那么为了使 $\bar{f}$ 是正规的，就必须有

$$\bar{f}(a) = \sup_{x \in B, x < a} \bar{f}(x) = \sup_{x \in B, x < a} f(x)$$

因此 $\bar{f}$ 具有唯一性。

证明存在性。如果我们定义，对于所有 $a \in A$

$$\bar{f}(a) = \sup_{x \in B, x < a} f(x)$$

那么对 $a \in B$，我们有

$$\bar{f}(a) = \sup_{x \in B, x < a} f(x) = f(a)$$

因为 f 是正规的。而如果 C 是 A 的子集且其上确界为 c，那么

$$\sup \bar{f}[C] = \sup_{a \in C} \sup_{y \in B, y < a} f(y) = \sup_{y \in B, y < C} f(y) = \bar{f}(c)$$

这证明了 $\bar{f}$ 是正规的。　　　　　　　　　　　　　　　　　　　□

接下来我们将证明，之前用以定义 $(\mathbb{R}, \leqslant)$ 的属性——完备并具有可数稠密子集——足以确定 $(\mathbb{R}, \leqslant)$ 的同构。

引理（7.3.6）　如果 $(A, \leqslant)$ 是线，B 是 A 的稠密子集并相对于其继承自 A 上的序关系而言是完备的，那么 $B = A$。

证明：假设 $a \in A$ 并令 $C = \{x \in B : x < a\}$。C 在 B 上有上界，因此 C 在 B 上就有最小上界。因为 B 在 A 上稠密，所以最小上界一定就是 a，由此可知 $a \in B$。　　　　　　　　　　　　　　　　　　　　　　　　　　　　□

定理（7.3.7）　所有连续统都同构于实数线。

证明：假设 $(A, \leqslant)$ 是连续统，B 是 A 的可数稠密子集。根据定义可知 $\mathbb{R}$ 具有可数稠密子集，因此也存在从 B 满射到 $\mathbb{R}$ 的这一子集的同构函数 f【定理 7.1.2】。这一同构函数显然是严格正规的，所以存在一个正规函数 $\bar{f}$ 是它的扩展，且 $\bar{f}$ 是

从 A 满射到 $\mathbb{R}$ 的子集 $\bar{f}[A]$ 的严格递增函数【命题 7.3.5】。该子集在 $\mathbb{R}$ 上稠密，且因为其同构于 A，所以是完备的；所以该子集就是 $\mathbb{R}$【引理 7.3.6】。 □

现在我们已证明连续统定义唯一地表征了某种序结构。尚不清楚，且在诸文献中也没有得到应有关注的问题是，空间和时间能否为我们提供这种序结构的模型。连续统定义的两个部分——不论是完备性，还是存在可数稠密子集——都不像某些想象中的那么明显。一旦我们假设可以执行加法和乘法运算（甚至仅仅假设允许加法运算），情况都可能有所不同，正如第 8 章中我们将要看见的那样。但是现在，先让我们考察在没有允许这些假设的情况下，可以做何讨论。

戴德金认为"每个人都会立刻承认完备性公理（completeness axiom）* 是真的"（Dedekind, 1872），但他也直言空间实际上可能并不满足完备性公理。对此，他说：

> 只要我们愿意，没有什么能阻止我们在思维中对空间填补缝隙并使之连续；此类填补将生成新的点，但填补必须依照上述原理实施。

他没有继续讨论时间是否也有可能以这样的方式进行填补。显然，康德式的观点与他遥相呼应：无论空间是否真的是连续的，我们都可以把它当成是连续的。庞加莱也有与之相似的看法，他认为空间并没有以连续统的形式呈现在我们的感官上。他说，"通过心智的主动运作，我们可以**忽略**这两种连续之间的差异，将它们看成同一种状况"，并且这一忽略是必要的（Poincaré, 1913）。还有许多学者直接就认为，空间在直觉上显然是连续的。这样做的弱点在于，完备性原理对实数线的**任意**子集做论断，而我们对这些子集的直觉远称不上可靠：可以参见本书 15.7 节，有一条关于平面的任意子集的定理，需要读者具有一定的数学修养才能不把该定理直觉地认定为谬误。

如果不能直接肯定完备性定理，那么我们还有另一种选择，即认为介值定理——实数线上的所有连续函数都具有介值性——是一项明显的真理。因为我们之前已经论证过，该定理只有在实数线是完备的情况下才成立。但我们对连续函数的直观概念可能是指一个可以不把笔尖从纸面上抬起便能画完的函数，或者其他与此类似的东西；而这样的函数在直觉上似乎都至少是分段可微的（这也是为什么当人们第一次接触到处处不可微的连续函数实例时，会觉得它非常反直觉的原因）。因此，连续性的定义涉及了我们直观概念之外的领域，而我们很难看出

---

* 指戴德金完备性原理（Dedekind completeness），其内容大致为如果将 $\mathbb{R}$ 划分为两个子集 A 和 B，且 $(\forall a \in A, \forall b \in B)(a < b)$，那么 $(\exists c \in \mathbb{R}, \forall a \in A, \forall b \in B)(a \leqslant c \leqslant b)$。有时也称它为实数完备性定理。——译者

为什么在使用这些非直观的函数时,却应当要把介值定理当成直观上成立的东西。在初学者眼里,介值性有资格从直觉上对连续这一概念做出很好的解释,就像它在定义上已经对连续概念做出的解释一样。当然,如果"连续"是用介值性来定义的,我们就不能以介值定理作为依据来相信实数线在直觉上确实是完备的了。

如果我们不考虑加法运算,那么就更难在直觉上体会到定义中的另一个部分——即要求实数线应具有可数稠密子集——的需要。事实上,除了实数线的势是无穷的这一事实之外,我们完全不清楚是否还有任何其他因素是我们对实数线的势的直觉来源。霍奇斯(Hodges, 1998:3)曾(在探讨业余爱好者批评证明时)指出当我们得出康托尔的那些结论时,"所有的直觉都辜负了我们。直到康托尔第一次证明他的定理之前 …… 在任何人的脑海中都没有与这些定理相似的念头。尽管如今我们接受了这些定理,也完全因为它们是被证明了的,而不是任何其他原因"。如果此言为真,那么似乎就不太可能有一个直观论证不需要借助连续统的时空属性,就来证明连续统具有可数稠密子集。

练习:

1. 如果 $(A, \leqslant)$ 是具有可数稠密子集的全序集,试说明它可以嵌入 $(\mathbb{R}, \leqslant)$。

2. 给出一个没有最大和最小元素的稠密有序集实例,且该序集和实数线等势但不同构。【提示:考虑从 $\mathbb{R}$ 中去掉某点。】

7.4 苏斯林线

命题(7.4.1) 任意由 $\mathbb{R}$ 上开区间组成的互不相交集合都是可数的。

证明: 假设 $\mathcal{A}$ 是开区间组成的互不相交集合,$\{q_n : n \in \omega\}$ 是 $\mathbb{R}$ 的可数稠密子集。如果 $\mathcal{A}$ 是空集,那它自然是可数的。如果它不是空集,那么它至少含有一个成员 A_0。对任意 $n \in \omega$ 都不会有多于一个 $A \in \mathcal{A}$ 使得 $q_n \in A$ 成立:如果有这样的 $A \in \mathcal{A}$,令 $f(n)$ 等于它;如果没有,则令 $f(n) = A_0$。显然,这样定义的函数 f 是从 ω 到 $\mathcal{A}$ 的满射函数。 □

所以 $(\mathbb{R}, \leqslant)$ 是完备线,且所有由它的开区间组成的互不相交集合都是可数的。苏斯林(Souslin, 1920)推测,所有满足这一**特征**的线都是连续统。

定义 苏斯林线(Souslin line)是指没有可数稠密子集的完备线,但所有由该线的开区间组成的互不相交集合都是可数的。

因此,上一段中苏斯林的猜测可以表述成不存在苏斯林线。但事实表明,这一猜测独立于我们所使用的形式系统,甚至独立于 **ZFC**(Jech, 1967; Solovay and Tennenbaum, 1971)。这也是本书中第一个独立于我们理论的真正的数学命题实例：在第四部分中我们将看到更多此类实例。

引理（7.4.2） $\mathbb{R}$ 的所有非空凸子集都是开区间。

证明： 令 U 为 $\mathbb{R}$ 的某个非空凸子集。根据 U 在 $\mathbb{R}$ 中上界和下界的可能情况，共有以下四种可能性需要考虑。

（1）U 有上界而无下界。我们令 $b = \sup U$，则易证 $U = \{x \in \mathbb{R} : x < b\}$。

（2）U 有下界而无上界。同样，我们可以令 $a = \inf U$ 并证明 $U = \{x \in \mathbb{R} : a < x\}$。

（3）U 既有上界也有下界。令 $a = \inf U$，$b = \sup U$，则 $U = \{x \in \mathbb{R} : a < x < b\}$。

（4）U 在 $\mathbb{R}$ 中既无上界也无下界。此时 $U = \mathbb{R}$。

因此在每一种情况下，U 都是开区间。 $\square$

引理（7.4.3）   线的任意开子集都可以唯一地表示为由一组互不相交的非空凸开集合构成的聚的并集。

证明： 令 U 为某线上的开子集，此外称 $x \sim y$，如果 U 包含一个开区间，并且 x 和 y 都属于它。容易看出这就是 U 上的等价关系，而且所有的这些等价类都是非空凸开集合。 $\square$

命题（7.4.4） $\mathbb{R}$ 的所有开子集都可以唯一地表示为由一组互不相交的开区间构成的可数聚的并集。

证明： 令 U 为 $\mathbf{R}$ 的开子集，显然它可以唯一地表示为由一组互不相交的非空凸开集合构成的聚的并集【引理 7.4.3】。这些集合都是开区间，所以聚是可数的【命题 7.4.1】。 $\square$

7.5 贝 尔 线

定义   将可以通过在连续统中去掉一个可数稠密子集而得到的线称为**无理数线**（irrational line）。

之前章节中的工作已为我们提供了一个无理数线的结构：实数线具有与有理数线同构的稠密子集；所以如果去掉了这个子集，剩下的显然就是一条无理数线。这样的无理数线在几何学上的直接意义大概比实数线的意义要小得多。要不是因为另一种完全不同的无理数线结构与博弈论（theory of games）之间具有惊人的联系，我们应该不会太在意无理数线。为此，我们先取所有自然数序列的集合 ${}^{\omega}\omega$，并定义其上的序关系 $<$ 为，如果 $x \neq y$ 且使得 $x(n) \neq y(n)$ 成立的最小的 n 满足：

$x(n) < y(n)$，如果 n 是偶数，

$x(n) > y(n)$，如果 n 是奇数，

那么 $x < y$。我们称这样得到的有序集为**贝尔线**（Baire line）。贝尔线的一个子集是闭的当且仅当它是某个树的所有路径的集合。

定理（7.5.1） 贝尔线是无理数线。

本书不给出该定理的证明：读者可以在许多地方找到该定理的证明，比如（Truss, 1997）。

推论（7.5.2） 所有无理数线都同构于贝尔线。

证明：我们在 7.3 节中的工作足以立即证明任意两个无理数线都是互相同构的。 □

在这里，我们感兴趣的重点在于贝尔线提供了一种非常自然的方法来编码和研究含有两个博弈者的博弈论。为了说明这一点，可以代入跳棋或者象棋这类由两名玩家组成的博弈。在这类博弈中，每位玩家考虑的都是由棋手交替下棋的步骤组成的序列：如果用自然数标记所有可能的下棋步骤，那么一场这类的**博弈**就可以被表示成自然数序列 x，即贝尔线的成员：序列 x 中的偶数 $x(0), x(2), x(4), \cdots$ 列举了第一名玩家的下棋步骤；而奇数 $x(1), x(3), x(5), \cdots$ 列举了第二名玩家的下棋步骤。当然，胜利条件因所玩的博弈而异；但是让我们用 A 来指第一名玩家获胜的那类博弈。我们先不对 A 做任何预设，所以贝尔线 $^\omega\omega$ 的**任**一子集 A 都构成某种令第一名玩家获胜的博弈。我们做出的唯一简化预设是没有平局，所以只要是不属于 A 的博弈，都自动判定第二名玩家获胜。根据这一方式定义输赢的博弈被称为 A **上的博弈**（the game on A）。

第一名玩家的一项**策略**（strategy），是指一个从 $\bigcup_{n\in\omega} {}^{2n}\omega$ 到 ω 的函数 σ，即一个对任意以 $2n$ 个自然数组成的串作为输入，都会生成单个自然数作为输出的函数。它应当被看作是在博弈中的每一步都告诉第一名玩家根据已发生的步骤，下一步应该执行哪一步：只有在

对所有 n，$x(2n) = \sigma(x(0), x(1), \cdots, x(2n-1))$ 时，博弈 x 才会**遵守**策略 σ

我们用 $\sigma * t$ 表示第一名玩家遵守策略 σ 来对抗下棋步骤由 t 列举的第二名玩家的博弈；如果对于任意序列 t，$\sigma * t$ 的赢家都是第一名玩家，我们就说 σ 是一个**制胜策略**（winning strategy）。类似地，对第二名玩家来说，其制胜策略为从 $\bigcup_{n\in\omega} {}^{2n+1}\omega$ 到 ω 的函数 τ，且对每一场遵守该策略的博弈，即

如果对所有 n，都有 $x(2n+1) = \tau(x(0), x(1), \cdots, x(2n))$

赢家都是第二名玩家；我们用 $s * \tau$ 表示第一名玩家的下棋步骤由 s 列举，而

第二名玩家遵守策略 τ 的博弈。

我们称一场博弈是**确定的**（determined），如果在这场博弈中有一方拥有制胜策略。由此自然引发了一个问题，那就是哪些博弈是确定的。在一些特殊情形下，该问题很容易被解答。

命题（7.5.3） 在可数集合或具有可数补集的集合上的博弈都是确定的。

证明： 假设序列 $x_0, x_1, x_2, \cdots$ 列举了赢家是第一名玩家的博弈。那么对第二名玩家来说就有一项策略，即在第 n 步时执行 $x_n(2n+1)+1$；此时赢家是第二名玩家，因为它通过对角线方法令博弈脱离了第一位玩家获胜的范围 *。   □

命题（7.5.4）（Gale and Stewart，1953）：在贝尔线的任意闭子集或开子集上的博弈都是确定的。

证明： 首先假设 A 是闭的。如之前所说，A 一定是某个树上所有无穷路径的集合。因此，如果第二名玩家没有制胜策略，那么第一名玩家就有制胜策略，也就是说不会出错（即下一步超出树范围的棋）。而如果 A 是开的，那么它的补集就是闭的，此时两名玩家角色互换，其他都与前一种情况相同。   □

这些结论使我们得到了大量确定的博弈，但还远没有穷尽所有确定的博弈。本书在第四部分将回归到这一问题上，并考虑更多的公理使我们超越默认理论。

注释

偏序集的概念在数学中非常常见。但是这种结构理论通常只有在对一般概念施加各种限制之后，才能得到有意义的结论。康托尔和豪斯多夫等人对由此类限制而产生的线理论进行了广泛的研究。

贝尔线之所以如此命名，是因为贝尔（Baire, 1909）最早提议用它来作为描述集合论的一种工具。

---

* 对角线方法是一种用来证明实数和自然数之间不可能建立一一对应关系的一种方法。读者可以参照相关证明进一步了解。——译者

第 8 章 实 数

在第二部分的导言中，我们提到了魏尔施特拉斯对微积分的严格表述建立在实数构成完备序域的假设之上——也就是说有一个连续统，在这个连续统上定义了具有我们所熟悉的那些代数属性的加法和乘法运算。本章的主要目标就是在我们的默认理论 **ZU** 中构造出这样的集合。在第 7 章说明如何构造连续统时，我们已经朝这个目标前进了一步。但是只有序结构并不足以支撑起该目标：仅依靠序结构，是无法定义出加法和乘法的。只需考虑一条有弹性的数字线就能看出原因：在线上各段使用不同的力来拉伸该线，这会改变数之间的**代数**关系，但不改变它们之间的顺序关系。因此为了达成本章的目标，我们必须重新开始：思路是利用自然数集合 ω 来依次构建既有代数结构也有序结构的集合 **Z**（整数集）、**Q**（有理数集）和 **R**（实数集）。

8.1 等 价 关 系

在构造前两个集合 **Z** 和 **Q** 时，我们将采用一种被称为"等价类方法"（method of equivalence classes）的标准的集合构造方法。

定义 称集合 A 上的一个关系是**等价关系**（equivalence relation）*，如果该关系是传递、自返且对称的。

集合 A 上最小的等价关系就是由等式 $x = y$ 定义出来的对角线关系。

定义 A 上等价关系 s 的**等价类**（equivalence class）是指形如 $s[a] = \{x \in A : asx\}$ 的集合。而 s 的所有等价类组成的集合 $\{s[a] : a \in A\}$ 则称为 A 上 s 的**系数**（quotient），记作 A/s。

当然，等价类不是类（至少在我们拒绝将集合与类混同时，它确实不是类），但这一称呼是如此地广为流传以至于一味坚持将它更准确地称为"等价集"是不合时宜的。不管怎么说，重点在于如果 s 是 A 上的等价关系，那么

$$(\forall a, b \in A)(asb \Leftrightarrow s[a] = s[b])$$

定义 称由集合 A 的子集组成的聚 $\mathscr{B}$ 为 A 上的一个**划分**（partition），如果 A 的每一个元素都恰属于 $\mathscr{B}$ 的某个元素。

对此，另一种定义方式是说集合 A 的一个划分指一组并集为 A 的互不相交的聚。划分与等价关系的联系由以下命题指出。

命题（8.1.1） 如果 A 是集合，那么函数 $s \mapsto A/s$ 是 A 上的等价关系和 A 的划分之间的一一对应函数；它的逆函数是将某个划分 $\mathscr{B}$ 映射到根据公式 $(\exists B \in \mathscr{B})(x, y \in B)$ 定义的 A 上等价关系的函数。

证明：练习 3。   □

由该命题可知，为了指定一个等价关系，直接定义该关系本身或是将论域划分为对应的等价类，都是可以的。

练习：

1. 证明 A 上的自返关系 s 是等价关系，当且仅当

$$(xsy \text{ 而且 } zsy \text{ 而且 } zst) \Rightarrow xst$$

2. 证明 A 上一组等价关系的交集仍是等价关系，但是两个等价关系的并集就不一定仍是等价关系。

3. 证明命题 8.1.1。

4. 如果 r 是 A 上的关系且 $s = (r \cup r^{-1})^{\mathrm{T}}$，证明 s 是 A 上包含 r 的最小等价关系，而且 r/s 在 A/s 上是偏序关系。

5. 如果 f 是从 A 到 A 的函数，s 是 A 上的等价关系，找出关于 s 的充要条件，使 f/s 是从 A/s 到 A/s 的函数。

8.2 整   数

本节的任务是构造一个模拟整数的集合，其中包括正数和负数。思路是所有的整数都可以写成 $m - n$ 的形式，其中 $m, n \in \boldsymbol{\omega}$。当然这样的表示法并不唯一，但由于

$$m - n = m' - n' \Leftrightarrow m + n' = m' + n$$

我们希望在 $m + n' = m' + n$ 时，把 (m, n) 和 (m', n') 视为代表了同一个整数。所以我们将其记作 $(m, n) \sim (m', n')$：显然 $\sim$ 是个等价关系，所以我们可以令 $\mathbf{Z} = (\boldsymbol{\omega} \times \boldsymbol{\omega})/\sim$。加法、乘法和序关系的定义可以很容易地借由非形式运算给出。例如，运算

$$(m - n) + (m' - n') = (m + m') - (n + n')$$

表明，如果想用 $[m,n]$ 表示有序对 (m,n) 关于 $\sim$ 的等价类，我们应该定义

$$[m,n] + [m',n'] = [m+m', n+n']$$

类似地，我们想要

$$(m-n)(m'-n') = (mm'+nn') - (mn'+nm')$$

所以我们定义

$$[m,n][m',n'] = [mm'+nn', mn'+nm']$$

而为了使

$$m-n \leqslant m'-n' \Leftrightarrow m+n' \leqslant n+m'$$

为真，我们需要定义

$$[m,n] \leqslant [m',n'] \Leftrightarrow m+n' \leqslant n+m'$$

在进一步讨论之前，我们应该先检视这些定义的一致性，即证明这些定义与选择了哪对有序对来代表等价类无关。这一工作很简单。然后我们通过把每个自然数 n 关联到整数 $n-0$，即令 $n_{\mathbf{Z}} = [n,0]$，将所有自然数嵌入该结构。完成这些工作后，就可以直接检查我们的结构是否满足整数的标准代数特性，从而证明下列定理。

定理（8.2.1）　在集合 $\mathbf{Z}$ 上定义有：

（O）关系 $\leqslant$，

（A）运算 $(j,k) \mapsto j+k$，

（M）运算 $(j,k) \mapsto jk$，

（I）从 ω 到 $\mathbf{Z}$ 的函数 $n \mapsto n_{\mathbf{Z}}$。

它们具有以下属性：

（$A1$）$(\forall j,k,l \in \mathbf{Z}) j+(k+l) = (j+k)+l$；

（$A2$）$(\forall k \in \mathbf{Z}) k+0_{\mathbf{Z}} = k$；

（$A3$）$(\forall k \in \mathbf{Z})(\exists k' \in \mathbf{Z}) k+k' = 0_{\mathbf{Z}}$；

（$A4$）$(\forall j,k \in \mathbf{Z}) j+k = k+j$；

（$M1$）$(\forall j,k,l \in \mathbf{Z})(jk)l = (jk)l^{*}$；

---

* 原文如此。疑应为 "$(\forall j,k,l \in \mathbf{Z})(jk)l = j(kl)$"。——译者

$(M2)$ $(\forall k \in \mathbf{Z})kl_{\mathbf{Z}} = k$;

$(M3)$ $(\forall j, k \in \mathbf{Z})jk = kj$;

$(M4)$ $(\forall j, k \in \mathbf{Z})(jk = 0_{\mathbf{Z}} \Rightarrow j = 0_{\mathbf{Z}}$ 或者 $k = 0_{\mathbf{Z}})$;

(AM) $(\forall j, k, l \in \mathbf{Z})j(k + l) = jk + jl$;

(O) $\leqslant$ 是 $\mathbf{Z}$ 上的全序关系;

(OA) $(\forall j, k, l \in \mathbf{Z})(j \leqslant k \Rightarrow j + l \leqslant j + l)^{*}$;

(OM) $(\forall j, k, l \in \mathbf{Z})(j \leqslant k$ 而且 $l \geqslant 0 \Rightarrow jl \leqslant kl)$;

(IA) $(\forall m, n \in \boldsymbol{\omega})(m + n)_{\mathbf{Z}} = m_{\mathbf{Z}} + n_{\mathbf{Z}}$;

(IM) $(\forall m, n \in \boldsymbol{\omega})(mn)_{\mathbf{Z}} = m_{\mathbf{Z}}n_{\mathbf{Z}}$;

(IO) $(\forall m, n \in \boldsymbol{\omega})(m \leqslant n \Leftrightarrow m_{\mathbf{Z}} \leqslant n_{\mathbf{Z}})$.

命题（8.2.2） $\mathbf{Z}$ 是可数的。

证明： 我们已经知道 $\boldsymbol{\omega} \times \boldsymbol{\omega}$ 是可数的【命题 6.5.1】。而正如我们定义的那样，$\mathbf{Z}$ 是它的系数，所以也是可数的。 □

8.3 有 理 数

现在我们再重复上述过程，不过这次目的是构造形如 $\dfrac{j}{k}$ 的有理数，所以我们使用有序对 (j, k)，其中 $j \in \mathbf{Z}$，$k \in \mathbf{Z}\backslash\{0_{\mathbf{Z}}\}$。我们想要

$$\frac{j}{k} = \frac{j'}{k'} \Leftrightarrow jk' = j'k$$

所以我们通过定义

$$(j, k) \sim (j', k') \Leftrightarrow jk' = j'k$$

来得到集合 $\mathbf{Z} \times (\mathbf{Z}\backslash\{0_{\mathbf{Z}}\})$ 上的等价关系 $\sim$，然后令

$$\mathbf{Q} = (\mathbf{Z} \times (\mathbf{Z}\backslash\{0_{\mathbf{Z}}\}))/\sim$$

接下来的工作与上一节类似。我们想要

$$\frac{j}{k} + \frac{j'}{k'} = \frac{jk' + j'k}{kk'}$$

---

* 原文如此。疑应为 "$(\forall j, k, l \in \mathbf{Z})(j \leqslant k \Rightarrow j + l \leqslant k + l)$"。——译者

所以我们定义

$$[j, k] + [j', k'] = [jk' + j'k, kk']$$

我们想要

$$\frac{j}{k}\frac{j'}{k'} = \frac{jj'}{kk'}$$

所以我们定义

$$[j, k][j', k'] = [jj', kk']$$

而且我们想在 $k, k' \geqslant 0$ 时有

$$\frac{j}{k} \leqslant \frac{j'}{k'} \Leftrightarrow jk' \leqslant j'k$$

所以我们记

$$[j, k] \leqslant [j', k'] \Leftrightarrow jk' \leqslant j'k$$

与 8.2 节一样，我们很容易验证这些定义的一致性。最后，我们希望以 $k/1$ 这种形式的有理数来表示任意整数 k，所以我们定义

$$k_{\mathbf{Q}} = [k, 1]$$

可以通过**序域**（ordered field）概念来概括许多由上述定义得来的有理数纯代数属性。序域的定义如下。

定义　一个**序域**是一个集合 F，且 F 具有

（O）关系 $\leqslant$，

（A）运算 $(x, y) \mapsto x + y$，

（M）运算 $(x, y) \mapsto xy$，

（I）从 $\mathbf{Z}$ 到 F 的函数 $k \mapsto k_F$。

且它们被要求满足下列性质：

（$A1$）$(\forall x, y, z \in F)x + (y + z) = (x + y) + z$；

（$A2$）$(\forall y \in F)y + 0_F = y$；

（$A3$）$(\forall y \in F)(\exists y' \in F)y + y' = 0_F$；

（$A4$）$(\forall x, y \in F)x + y = y + x$；

（$M1$）$(\forall x, y, z \in F)(xy)z = x(yz)$；

（$M2$）$(\forall y \in F)y1_F = y$；

（$M3$）$(\forall x, y \in F)xy = yx$；

（$M4$）（$\forall x \in F\backslash\{0_F\}$）（$\exists x' \in F\backslash\{0_F\}$）$xx' = 1_F$；

（AM）（$\forall x,y,z \in F$）$x(y+z) = xy + xz$；

（O）$\leqslant$ 是 F 上的全序关系；

（OA）（$\forall x,y,z \in F$）（$x \leqslant y \Rightarrow x + z \leqslant y + z$）；

（OM）（$\forall x,y,z \in F$）（$x \leqslant y$ 而且 $z \leqslant 0 \Rightarrow xz \leqslant yz$）；

（IA）（$\forall j,k \in \mathbf{Z}$）（$j+k$）$_F = j_F + k_F$；

（IM）（$\forall j,k \in \mathbf{Z}$）（$jk$）$_F = j_F k_F$；

（IO）（$\forall j,k \in \mathbf{Z}$）（$j \leqslant k \Leftrightarrow j_F \leqslant k_F$）。

理所当然地，我们将发展该定义下序域的元素之间的算术。比如，我们可以通过如下方式定义序域 F 中元素 x 的**绝对值**：

$$|x| = \begin{cases} x, & \text{如果 } x \geqslant 0 \\ 0, & \text{否则} \end{cases}$$

注意所有序域都是线，因为如果 $x < y$，那么 $x < \frac{1}{2}(x+y) < y$。

上述定义很容易转化为某个一阶语言中的一列公理，而该语言中的非逻辑符号只有加号、乘号和序关系符号。因此，序域概念是可以有穷一阶公理化的。我们之前提到的对序域属性的发展，可以通过一阶逻辑中这些公理的推导来表示。

定理（8.3.1） $\mathbf{Q}$ 是一个序域。

命题（8.3.2） $\mathbf{Q}$ 是可数的。

证明：$\mathbf{Z}$ 是可数的【命题 8.2.2】，所以 $\mathbf{Z} \times (\mathbf{Z}\backslash\{0\})$ 是可数的，所以 $\mathbf{Z} \times (\mathbf{Z}\backslash\{0\})/\sim$ 也是可数的。 □

推论（8.3.3） 有序集 $(\mathbf{Q}, \leqslant)$ 同构于 $(\mathbb{Q}, \leqslant)$。

证明：因为 $\mathbf{Q}$ 是序域，所以 $\mathbf{Q}$ 也是线；而我们刚刚也证明了 $\mathbf{Q}$ 是可数的。根据康托尔对有理数线的刻画【定理 7.1.2】，命题得证。 □

8.4 实数的定义

定理（8.4.1） 存在完备序域。

证明：实数线 $\mathbb{R}$ 具有和有序集 $\mathbf{Q}$ 同构的可数稠密子集。很容易验证 $\mathbf{Q}$ 上的加法运算对于任意变元来说都是正规的。所以我们可以利用命题 7.3.5 来将其扩展为整个 $\mathbb{R}$ 上的加法运算。然后我们就可以直接（但是非常烦琐）地验证出如此定义出来的 $\mathbb{R}$ 上的加法运算是否满足序域定义中对加法的所有要求（如结合律、交换律等）。

用同样的方法，我们很容易验证正有理数上的乘法运算也是正规的，所以我们可以把它扩展成正实数的乘法运算。然后我们可以利用它来轻易定义出负实数的乘法运算。检查这样定义出来的乘法运算是否满足序域定义中对乘法的所有要求将比检查加法时更为烦琐。　　　　　　　　　　　　　　　　　　　　　　　　□

如此我们就完成了（或者更准确地说，勾勒了）一个完备序域的构造过程。当然这种构造不是唯一的：还有其他不同的途径可以证明定理 8.4.1【例如，利用有理数的柯西序列（Cauchy sequence）的等价类】。然而，尽管成为完备序域要求不能唯一地确定出一个结构，但所有这些结构都是互为同构的（见推论 8.7.6）。因此现在的情况和我们之前定义自然数集时相似：我们想挑出某种特定结构，但是任何我们能挑出的结构都额外还具有某些我们不想要的属性。这里不再重复我们对这一两难困境的讨论。

定义　我们挑某些（具有最低可能出生的纯）完备序域，记为 **R**，并将其成员称为**实数**。

在导论中我们提到，基于 "全体实数构成了一个完备序域" 这一假设，可以严谨地发展出实变函数的微积分。所以如果我们在这里直接补上该发展，就可以在 **ZU** 内表述很大一部分数学内容。

而这能说明什么呢？它至少告诉了我们一个相对一致性结论：假设 ZU 是一致的，那么连续统的魏尔施特拉斯式理论也是一致的。如果我们能够进一步把集合论还原成某种逻辑，那么能说明的东西更多，因为那意味着我们达成了某种逻辑主义（logicism）的目标*，即微积分在逻辑中的基础。如果该逻辑是独立于直觉而可知的，那可能将构成对康德观点的终极驳斥。但正如我们在本书第一部分中所看到的那样，将集合论还原成任何可以称得上是逻辑的东西都是非常困难的，而且也不清楚这里所讨论的逻辑在康德看来是否是分析的。因此，这里展示的这些工作在某种程度上并没有决定性地驳倒康德的观点。

不过，就算分析学在集合论中的基础不能够彻底驳倒康德，却也仍足以削弱他的观点。因为在集合论中认为我们凭之以筑成知识基础的直觉具有时空性的（spatio-temporal）特征，要比在实数理论中如此认为更加没有说服力。正因如此，对数学的集合论式还原促成了一种始自戴德金，经由哥德尔至杜梅特的传统，这一传统认为理性能够根据思维自身的结构，而非时空经验的结构来构造直觉。

---

* 逻辑主义是一种数学哲学思潮，主张数学是逻辑的延伸，从逻辑中可以推导出全部数学。——译者

8.5 实数的不可数性

根据我们之前完成的工作，可以推断出 **R** 是不可数的，但我们得出该结论的途径是相当迂回的。鉴于这一结论在历史和哲学上的重要地位，这里将论述另一种更为直接的证明途径。我们首先定义一个非常受分析学者们青睐的集合用作构造反证的工具。和惯例相同，这里用 $[a,b]$ 表示有界闭区间 $\{x \in \mathbf{R} : a \leqslant x \leqslant b\}$，我们令

$$K_0 = [0,1]$$

$$K_1 = \left[0, \frac{1}{3}\right] \cup \left[\frac{2}{3}, 1\right]$$

$$K_2 = \left[0, \frac{1}{9}\right] \cup \left[\frac{2}{9}, \frac{1}{3}\right] \cup \left[\frac{2}{3}, \frac{7}{9}\right] \cup \left[\frac{8}{9}, 1\right]$$

...

康托尔三分集（Cantor's ternary set）即为

$$K = \cap_{n \in \boldsymbol{\omega}} K_n$$

也就是说，K 是我们从单位区间上，去掉其中间三分之一的开区间，再去掉剩下两个部分各自的中间三分之一，再去掉剩下四个部分各自的中间三分之一，依次类推后得到的闭集。

另一种直观的方法是把它看成形如 $\sum_{n=1}^{\infty} s_n/3^n$ 的实数的集合，其中对所有的 n，$s_n = 0$ 或 2，即 K 由只含有 0 和 2 的三进制表达式所表达的 $0 \sim 1$ 之间的数字所组成。

现在假设 s 是任一实数序列。我们通过下面的方法来归纳定义关于康托尔三分集的一个闭区间序列 $(I_n(s))$。我们首先令 $I_0(s) = [0,1]$。一旦 $I_n(s) = [a_n, b_n]$ 已经被确定，那么我们就像上面说明的那样去掉其中间三分之一，留下两侧的闭区间 $\left[a_n, a_n + \frac{1}{3}(b_n - a_n)\right]$ 和 $\left[b_n - \frac{1}{3}(b_n - a_n), b_n\right]$；我们令 $I_{n+1}(s)$ 为左侧的那个闭区间，但如果 $s(n)$ 是属于该区间的，那么我们就令右侧的那个闭区间为

$I_{n+1}(s)$。现在这组集合

$$I_0(s), I_1(s), I_2(s), \cdots, I_n(s), \cdots$$

形成了一个嵌套的闭区间序列，其长度依次为

$$1, 1/3, 1/9, \cdots, 1/3^n, \cdots$$

　　而这些区间的左端点构成了一组有界递增序列。由完备性可知该序列有一最小上界，它小于任意 $I_n(s)$ 的右端点，因此属于 $\cap_{n \in \omega} I_n(s)$。将该最小上界记为 $f(s)$，那么我们就定义出一个从 $^w\mathbf{R}$ 到 K 的函数 f。定义该函数的原因在于我们很容易得出，对所有的 n，$f(s) \neq s(n)$。换句话说，对任意实数序列 s，函数 f 都能生成一个不属于该序列的实数 $f(s)$。

　　命题（8.5.1） K 是不可数的。

　　证明： 如果 K 是可数的，那么根据定义有序列 s，满足 $\mathrm{im}[s] = K$。但 $f(s) \in K \backslash \mathrm{im}[s]$。矛盾。　　　　　　　　　　　　　　　　　　　□

　　推论（8.5.2） $\mathbf{R}$ 是不可数的。

　　证明： 康托尔三分集是 $\mathbf{R}$ 的子集。由于康托尔三分集是不可数的，所以 $\mathbf{R}$ 也是不可数的。　　　　　　　　　　　　　　　　　　　　　　　□

　　上述定义得到的函数 f 常被称为**对角线函数**（diagonal function），而用它来证明 $\mathbf{R}$ 的不可数性，就是**对角线证明**（diagonal argument）的一个使用实例。该方法向来受到很多批评。其中一项不公正的批评是对角线证明是模糊的：这种批评认为该证明并没有指出任何一个**明确**的实数，说我们不可能数到它，但实际上这一点不是必需的；对角线证明所做的是根据任给的实数序列，生成一个不在该序列内的数。另一种更合理的批评是说对角线证明的问题不在于模糊，而在于它是**非直谓**的。因为对角线函数 f 在层级结构中**向下**映射，所以 $f(s)$ 的出生要低于 s。（s 是实数**序列**，所以它在层级中必然要高于序列内的那些成员。）这也是建构主义者不能接受该不可数证明的原因：他们的反对观点是尽管我们明确定义了 $f(s)$，但我们完全是根据 s 来执行这一定义的。事实上，不如说实数的定义是非直谓的，而该不可数证明不过是用到了实数的定义。不管怎么说这都提醒了我们，利用可数线来对连续统构造模型失败的原因仅在于我们要求所有连续函数都具有介值性，包括那些不能一阶定义的函数。

8.6 代 数 实 数

由**一阶序域语言**中所有描述实数的真语句所组成的理论具有非同构模型，即所谓的**实闭域**（real-closed field）。这样的理论显然是完备的，但它也被证明是可公理化的（Tarski, 1948）。因为序域语言是可数的，所以根据模型论（勒文海姆-斯科伦定理）可知，该理论必有可数模型，而且它必有一模型是 **R** 的子域。这类实例中，最小的就是代数实数（algebraic real number）集。

定义 称一个实数是**代数的**（algebraic），如果它是某个有理系数多项式的根；如果不是，就称它为**超越的**（transcendental）。将全体代数实数组成的集合记为 **A**。

我们这里不用绕弯路就能证明 **A** 是实闭域（或证明它是域）。不过，我们也不需要该结论或刚刚提到的模型论考量，就能证明 **A** 是可数的。

命题（8.6.1） **A** 是可数的。

证明：有理数集 **Q** 是可数的【命题 8.3.2】。所以有理数串的集合 String(**Q**) 也是可数的【命题 6.5.3】。所以由不特定 x 的有理系数多项式组成的集合 **Q**[x] 也是可数的（因为每一个这种多项式，都可以由其系数组成的串来表示）。所以 **Q**[x] × **ω** 也是可数的【命题 6.5.1】。取 **Q**[x] × **ω** 中任意有序对 (p, r)：定义 $f(p, r)$ 为方程 $p(x) = 0$ 的第 r 个实数根，如果存在这样一个根；如果不存在，则定义 $f(p, r)$ 为 0。该函数 f 将可数集合 **Q**[x] × **ω** 满射到 **A** 上（因为 n 次多项式最多只有 n 个实数根）。所以 **A** 也是可数的。 □

推论（8.6.2） 存在超越实数。

证明：**A** 是可数的；**R** 不是可数的。 □

大约在康托尔发现这个存在性证明（1874）的同时，其他数学家也在寻找超越数的明确实例：刘维尔（Liouville, 1844）证明了对任意大于 1 的整数 k，$\sum_{n=1}^{\infty} 1/k^{n!}$ 是超越的；后来埃尔米特（Hermite, 1873）证明了 e 是超越的，而林德曼（Lindemann, 1882）证明了 π 也是超越的。那之后又发现了其他超越数实例：例如，1930 年，$2^{\sqrt{2}}$ 也被证明是超越的。所以康托尔并没有证明出什么新东西存在。此外，尽管他的证明要比刘维尔的更简洁（而且也揭示了其他证明没有揭示的联系），但许多学者（例如，Kac and Ullam, 1968；Moore, 1982）似乎都认为这种简洁的代价是它只能证明超越数存在，而不能提供一个方法去找到超越数实例。但这类看法是不正确的：康托尔和其他人的证明之间区别并**不在于**其他人证明更为明确；我们给出的计数代数数的方法可以很容易地在这方面发挥作用，康托尔的对角线论证可以帮我们明确地构造出一个超越实数。

　　因此康托尔获取超越数方法的缺点不在于它不够明确，而在于它不完美。多项式的根与其系数之间的关系虽然是连续的，但是计算性却非常不稳定。例如，威尔金森（Wilkinson, 1959）指出，我们只要用 2^{-23} 扰动多项式

$$(x+1)(x+2)(x+3)\cdots(x+20)$$

的一个系数，都会使得该式只有 10 个实数根而其他 10 个根的虚部在 $0.8 \sim 3$ 之间。因此，尽管我们确实可以把康托尔的思路转化成算法来求出十进制形式的任意精确度的超越数，我们也仍需非常小心地确保该算法在计算复杂性上不至于太过严苛（Davenport et al., 1993, §3.2.1）。事实上，确实有一个计算复杂性为 $O(n^2 \log^2 n \log\log n)$ 的此类算法（Gray, 1994），但很显然的是，如果我们想要一个十进制形式的超越数，那么刘维尔的方法要简单得多：指定 $k = 10$，不需要任何复杂计算工作我们就能得到一个超越数实例

$$\sum_{n=1}^{\infty} \frac{1}{10^{n!}} = 0.110001000\cdots$$

【即所谓的刘维尔数（Liouville's number）】。尽管值得强调的是，算法的计算复杂性对所采用的记号法高度敏感：比如，如果我们用 10 以外的基数来表示刘维尔数，那么该算法原有的简洁性就会消失。

　　所以在是否明确这一点上，这些超越数实例之间并没有差异。但在另外两项标准上，它们可能的确有所不同。这两项不同（但互相关联）的评价标准，第一个相当明确，第二个则相对模糊。称一个实例是**自然的**（natural），如果它不受随机选择，如表征模式（representational scheme）或编码的影响。刘维尔数和康托尔超越数在这种评价标准下都不是自然的——通过改变对角线化的代数数的枚举，康托尔方法可以生成任意超越数（Gray, 1994）——而 e、π 和 $2^{\sqrt{2}}$ 是自然的，因为定义这些数字的过程中不需要借助任何随机选择。另外，我们将一个实例算成是**真正数学**（genuinely mathematical）的，如果数学家们不只是因为它是一个实例而对它感兴趣。在这个意义上，e 和 π 也是真正数学的，但 $2^{\sqrt{2}}$ 就很难说了，此外只有在某些特定数论中才能发现刘维尔数是真正数学的。

　　在这种意义上，什么才算是真正数学的，显然在某种程度上是一个心理层面的问题，我们无法对它给出精确定义。事实上随着数学家们兴趣的转变，该术语的应用范围无疑也随之变化。注意，真正数学的实例往往也是自然的，因为非自然实例的随机性常会与它的数学吸引力相抵消，不过这方面也不是没有例外，像

一个表征模式就可能因为被人长期使用和自身的实用性而变得有意义。例如，许多外行人（及少数专业数学家）将十进制形式的数字当成是他们数学概念的核心，使得依赖于这种表示法的实例对他们来说是真正数学的。（可能这就是为什么许多业余数学爱好者对像"以十进制表示的 π 中，各数字是否以相等频率出现"这样的问题感兴趣。）

8.7　阿基米德序域

假设 F 是一个序域。F 的所有子域（即 F 的一个子集，且该子集相对于它从 F 上继承下来的运算而言仍是一个序域）的交集也是一个序域，则称之为 F 的**素子域**（prime subfield）并记作 F'。不难证明 F' 总是同构于 **Q**。此外，**Q** 的素子域就是 **Q** 本身，所以我们可以把 **Q** 看成是**最小序域**：所有序域都包含了它的副本。但反过来，并没有对应的所谓最大序域：可以构造出任意大小的序域。（根据序域概念能被一阶公理化，可以得出这个结论。）为了能得到某种意义上的最大序域，我们需要添加一项被称为**阿基米德性质**（Archimedes' property）的约束。

定义　称一个序域 F 是**阿基米德的**（Archimedean），如果该序域的素子域在 F 上无界。

显然 **Q** 是阿基米德的，因为它的素子域就是它本身。此外考虑自然数在 **Q** 中没有上界，所以一个序域 F 是阿基米德的，当且仅当对任意 $x \in F$，我们都有自然数 n 使得

$$x < \underbrace{1_F + 1_F + \cdots + 1_F}_{n\text{项}}$$

成立。如果 F 中某个元素的绝对值大于素子域中的任一元素，那么就称该元素是**无穷大的**（infinitely large），而如果它的绝对值小于素子域的任一正元素，那么就称之为**无穷小量**（infinitesimal）。所以说 F 是阿基米德的，就相当于说它不含有无穷大的元素，或者（因为 x 是无穷大的，当且仅当 $1/x$ 是无穷小量）说它没有非零的无穷小量。

举个例子，对于不特定 ε 的有理系数函数，即形如

$$f(\varepsilon) = \frac{a_n\varepsilon^n + a_{n-1}\varepsilon^{n-1} + \cdots + a_0}{b_m\varepsilon^m + b_{m-1}\varepsilon^{m-1} + \cdots + b_0}$$

且其中所有系数 $a_0, a_1, \cdots, a_n$ 和 $b_0, b_1, \cdots, b_m$ 都是有理数的函数，考虑由这类函数组成的集合 $\mathbf{Q}(\varepsilon)$。可以按通常的方式对这些函数进行加法和乘法运算，我们

还可以规定当 a_n 和 b_m 具有相同符号（即都是正数或都是负数）时，$f(\varepsilon)$ 就是正的，以此来对这些函数进行排序。很显然，这样定义得到的 $\mathbf{Q}(\varepsilon)$ 是一个序域。但是，对任意有理数 a，我们有 $a - \varepsilon > 0$，即 $a > \varepsilon$，所以 ε 是无穷小量。因此 $\mathbf{Q}(\varepsilon)$ 是非阿基米德的。

引理（8.7.1）　任意完备序域都是阿基米德的。

证明：假设 F 是完备序域，且 F' 在 F 上有界，令 $a = \sup F'$。既然 $a - 1 < a$，所以 $a - 1$ 就不是 F' 的上界；即存在 $r \in F'$ 满足 $a - 1 < r$。但 $a < r + 1 \in F'$，与 a 的定义矛盾。　□

根据引理 8.7.1 可以推导出 $\mathbf{R}$ 的素子域 $\mathbf{R}'$ 与 $\mathbf{Q}$ 同构。很容易就能给出该类同构：将有理数 m/n 对应到实数 $m_{\mathbf{R}} n_{\mathbf{R}}^{-1}$。习惯上把 $\mathbf{R}'$ 和 $\mathbf{Q}$ 看成一样的，即不对有理数和它的对应实数做区分。

引理（8.7.2）　序域 F 是阿基米德的，当且仅当它的素子域 F' 在 F 上稠密。

证明：必要性。如果 F 是阿基米德的，且在 F 上 $x < y$，那么存在 $s \in F'$ 使得 $\dfrac{1}{y - x} < s$，即 $ys - xs > 1$。所以存在整数 k，使得 $xs < k_F < ys$，即 $x < k_F s^{-1} < y$。

充分性。易证的。　□

命题（8.7.3）　有序集 $(\mathbf{R}, \leqslant)$ 同构于 $(\mathbb{R}, \leqslant)$。

证明：$\mathbf{R}$ 的素子域是稠密的【引理 8.7.2】，而且因为它同构于 $\mathbf{Q}$，所以它也是可数的【引理 8.3.2】。此外，根据定义可知有序集 $(\mathbf{R}, \leqslant)$ 是完备的。因此它是一个连续统，故同构于 $(\mathbb{R}, \leqslant)$。　□

回顾一下前面的内容，我们定义 $\mathbf{R}$ 和 $\mathbb{R}$ 时都是任意选择的：而这一命题证明了我们可以把它们选成同一个集合。

命题（8.7.4）　有序集 $(\mathbf{R} \backslash \mathbf{Q}, \leqslant)$ 同构于贝尔线 $({}^\omega \boldsymbol{\omega}, \leqslant)$。

证明：根据推论 7.5.2 易证。　□

我们甚至可以确切定义出 $\mathbf{R} \backslash \mathbf{Q}$ 和 ${}^\omega \boldsymbol{\omega}$ 之间的同构。从 ${}^\omega \boldsymbol{\omega}$ 中的序列 s 映射到连续分数

$$\cfrac{1}{1 + s(0) + \cfrac{1}{1 + s(1) + \cfrac{1}{1 + s(2) + \cfrac{1}{\cdots}}}}$$

的函数是严格递增的，且它的取值范围由 0 到 1 之间的无理数组成。为了得到与整个 $\mathbf{R} \backslash \mathbf{Q}$ 的同构，我们还必须生成一个严格递增的有理函数，它从单位区间

$\{x : 0 < x < 1\}$ 满射到整个实数线，例如，

$$x \mapsto \frac{1 - 2x}{x\,(x - 1)}$$

完整的证明工作参见（Truss, 1997）。

自然，$\mathbf{R}\backslash\mathbf{Q}$ 和 $^\omega\omega$ 在序结构间的同构函数不是唯一的，但一旦找到了一个，我们就可以利用该同构，借助无理数集合来对任何双人博弈进行编码。通过这种方式，对双人博弈的研究就可以转化成实数集合论的一部分。

定理（8.7.5） 一个序域是阿基米德的，当且仅当它和 $\mathbf{R}$ 的某个子域同构。

证明：充分性。显然，阿基米德域的任意子域也是阿基米德的。$\mathbf{R}$ 是阿基米德的【引理 8.7.1】，所以对任一域而言，只要它同构于 $\mathbf{R}$ 的某一子域，那么该域就也是阿基米德的。

必要性。假设 F 是一个阿基米德域。那么在它的素子域 F' 和 $\mathbf{R}$ 的素子域之间存在有同构函数 f（因为它们都同构于 $\mathbf{Q}$）。该同构函数显然是正规的。此外，因为 F 是阿基米德的，所以 F' 在 F 上是稠密的。所以 f 可以扩充成从 F 到 $\mathbf{R}$ 内的正规函数 $\bar{f}$【命题 7.3.5】。易证 $\bar{f}$ 是同构函数。 □

该定理的结论之一就是阿基米德原理（Archimedes' principle）不能由序域的一阶语言来表达（因为它们模型的势有上界）。另一个结论是如果我们的起始序域不具备阿基米德性质，那么我们在定理 8.4.1 的证明过程中进行的构造就不会起作用：不管我们怎么尝试将非阿基米德序域扩展成阿基米德型序域，最终都不可避免地会发现违反了某些序域属性。

推论（8.7.6） 任何完备序域都同构于 $\mathbf{R}$。

证明：令 F 为一完备序域。那么可知 F 是阿基米德的，因此可以嵌入 $\mathbf{R}$。嵌入后的像在 $\mathbf{R}$ 中是完备且稠密的，因此必等同于 $\mathbf{R}$。 □

定理 8.7.5 还通过一种极大性属性告诉我们一项关于实数序域的特征：实数序域是唯一可以将任意阿基米德型序域（通过同构）嵌入自身的序域。

事实上，该理论还可以推广到有序群（ordered group，即只定义了一个满足 $(A1)$ 到 $(A4)$ 性质的**加法**函数和 (O)，(OA) 的有序集）上。称一个有序群是**阿基米德的**，如果对任意 $x, y > 0$，都存在 n 使得

$$\underbrace{x + x + \cdots + x}_{n\text{项}} > y$$

实数加法群（additive group）是唯一能将所有阿基米德有序群（通过同构）嵌入

自身的有序群（Warner, 1968）。这样做的意义在于它能让我们回避掉第 7 章结尾把时空中的线当成连续统的担忧。现在，我们有理由相信时空中的点可以用这样的方式叠加在一起，构成一个阿基米德有序群。如果我们真的相信这一点，那么就自然也能得到它的极大性状况：空间中的一条线，即使它本身不是完备的，它也可以嵌入到实数完备群中去，这也印证了戴德金"在思维中填补缝隙并使之连续"的想法。

8.8　非标准序域

现在，假设我们扩充我们的一阶语言以使其包括的常元足以表示任意实数，其关系符号足以表示任意在 **R** 上集合论可定义的关系：称此语言为**扩展**语言（extended language）。根据一阶逻辑的紧致性定理易知，该语言中所有描述实数的真语句组成的集合还有别的非同构集合论模型存在。称这些其他模型为**非标准**序域（non-standard ordered field）。

正如鲁宾逊（Robinson, 1961）最早注意到的那样，这为我们提供了一种优雅的新证明方法：要想证明扩展语言中的语句 Φ 对于 **R** 来说是真的，我们可以把该语句移入非标准域 **R*** 中，并证明 Φ 在 **R*** 中为真；由此得出 Φ 在 **R** 中也为真。因为该方法基于模型论，所以它是非构造性的：一旦我们有了对 Φ 的非标准证明，就可以确信存在对 Φ 的标准证明，但在这两种证明之间没有一般性的转换方法，而且标准证明中用到的层次内容在集合论层级结构中的位置可能会比非标准证明用到的层次位置高得多（Henson and Keisler, 1986）。

因此，非标准分析是将想象的理论（非标准分析）叠加到真正的理论（常规的魏尔施特拉斯连续统理论）上。不需要将想象理论中提及的实体（无穷小量）视作真实的对象。它们的可靠性由守恒（conservativeness）证明加以保证。非标准分析之所以是有用处的，是因为我们有时可以用它来去掉证明中的高阶对象（这些对象常因过于抽象而难以被我们把握），结果是非标准证明可能比标准证明更易于被我们理解和发现；也可能用到无穷小量的证明会变得短得多。[这并不意味着我们实现了希尔伯特纲领（Hilbert's programme），因为守恒证明不仅是非有穷的，而且是非构造的，更重要的是，它还在本质上用到了选择公理。]

一个非标准域必然包含实数作为其真子域，因此非标准域是非阿基米德的，但反过来则不一定成立：例如，非阿基米德型 **Q**(ε) 就不是非标准的，因为扩展语言可以表达出其区别于 **R** 的一阶属性。

非标准分析的支持者们搜集了各种引文以图佐证非标准分析实现了那些用到

无穷小量的早期分析学家们的初衷。例如，柯西就认为：

> 可以，而且必须被用作发现和证明的方法 …… 但在我看来，最后的等式中绝不应出现无穷小量，因为在那里它们的存在是无目的且无用的。（Cauchy, 1844:13）

而该方法的创始人莱布尼茨则 [在 1702 年给瓦里尼翁（Varignon）的一封信中] 说：

> 如果有人拒绝在严格形而上学意义上承认无穷大和无穷小的线并把它们视作真实的东西，他依旧可以在推导过程中将它们当成想象的概念来使用以方便推导，类似于我们在普通代数中所说的虚数根（如 $\sqrt{-2}$）…… 无穷大和无穷小以这种方式扎根于整个几何学甚至整个自然中，就好像它们是完美现实的一部分。（Leibniz, 1996: 252–254）

但无论莱布尼茨自己对该问题的看法如何，我们显然还需要进一步论证才能说服自己只把真正/想象的概念间差别看成这么微不足道的一点。莱布尼茨用虚数来做类比是非常巧妙的：尽管名为虚数，但是现代数学家们并不认为实数就要比虚数更为真实。在本章中我们对数字系统的每一次扩展都可以看作添加相关的想象的元素以试图求解一类新的方程：我们将自然数扩展为整数以图求解 $x+n=m$；我们再扩展至有理数以图求解 $jx+k=0$；扩展至实数以图对任意连续的 f，都能求解 $f(x)=0$；我们再扩展至复数从而能够求解任意多项式 $p(x)=0$。**乍看起来**，似乎没有理由认为这些扩展中的哪一个要比其他的更加是想象的。

但要注意的是，其中一些扩展具有非常特别的稳定性。以第一个扩展为例。我们原本想求解方程 $x+n=m$，其中 $m,n\in\omega$，但在 ω 中这类等式只有在 $m\geqslant n$ 时才成立，所以我们扩展到 $\mathbf{Z}$ 来消除这一限制。而当我们的数字系统扩展到 $\mathbf{Z}$ 之后，我们就又产生了一类新方程，其形式与之前的方程一样，而其中 m,n 的取值范围现在是整个 $\mathbf{Z}$。我们刚刚提到的稳定性在于：$\mathbf{Z}$ 仍包含了这类新方程的解，正如它包含了之前方程的解一样。

然而，从标准实数到非标准实数的扩展不具备这样的稳定性。它确实由于试图在一阶和二阶分析学公式间进行平衡而拥有了某种有限的稳定性。回顾前文，实数的基本理论即为实闭域理论。代数实数构成了该理论的一个模型。在该模型中，我们完全可以研究多项式演算，但没有办法研究一般的可微性现象。为了能补足这一点，我们增加了一个**二阶**原理。（在这里我们增加的是完备性公理，不过其他更为有限的公理可能实际上也足够了。）现在，我们将这一特定二阶论域中的所有对象作为常元添加进我们的语言当中，然后取其中的一阶片段以便运用紧致性定理来得到非标准模型。显然，这一构造要想成功，其中关键就在于阿基米德原理应是不可还原的（irreducibly）二阶原理，因为需要借助这一点才能通过一阶片段来获取与之初等等价的（即它们共享所有的一阶属性）实数的非阿基米德型扩展。

在今天，甚至把对一阶传递原理（first-order transfer principle）的早期理解归功于柯西或莱布尼茨都是显然不合理的，因为正如我们指出的那样，直到 19 世纪末逻辑学大发展后，一阶和二阶属性才得以区分，而即使是那个时候该区分也并不显得特别重要。即使是现在，也很少有非逻辑学背景的数学家能够非常清楚地知道自己所使用的概念中哪些是一阶的，哪些又是二阶的。

但就算承认这一点，并认为非标准分析最多不过是一种针对无穷小量方法提出者们的意图的理性（rational）重构，那也有掩盖重点的风险。很显然，许多用到无穷小量的数学家们并没有把无穷小量仅仅当成一个想象的元素。这倒并不奇怪：在数学界中始终有一种逐渐接纳最初仅仅是设想中的元素并最终将它当成真实元素的学科发展模式。但如果在这里我们也走上这一模式，把无穷小量当成真实的，我们甚至会失去前文中所说的有限稳定性，而且也没有理由不去设想非标准域的无穷小量组成了一个新的层次。（更准确地说，我们在语言中为每个非标准数字添加一个常元，然后用紧致性定理得到一个与非标准域具有完全相同一阶属性的扩展。）

显然我们现在已经开始了一项进程，可以像迭代构造集合论层级结构时那样对该进程加以迭代。如果我们这样做，那么将得到一个与魏尔施特拉斯非常不同，但又更为丰富的连续统概念。但采用该概念会对本书这一部分始终考虑的对集合论的还原产生根本性后果。所以现在的建议是把连续统看成无限**可分的**（divisible），就像层级是无限可扩张的一样，而且如果接纳了这个想法，那么似乎我们将最终不可避免地放弃把连续统当成点集合的想法。

注释

本章论述的完备序域的集合论构造主要基于戴德金（Dedekind, 1872）。在许多教科书中都能找到任何感兴趣读者想要知道的一切细节：出于怀旧的原因，我本人特别喜欢兰道（Landau）的《分析学入门》（*Grundlagen der Analysis*, 1930），不过亨金的著作（Henkin et al., 1962）同样清晰且详尽。另一种具有同样悠久历史的构造是利用有理数柯西序列集合的系数，如果两序列的项之间的差趋向于零，则令这两序列相等。

在许多地方都能找到在"实数构成完备序域"这一假设或它的某种变体基础

上发展实分析的材料：很多英国大学生的这类学习材料开始于哈代（Hardy, 1910）；在最近的著作中，我最喜欢的是斯特龙伯格（Stromberg, 1981）。

我们这里只是顺便提到了实闭域理论，实闭域初等等价于实数，对它的研究可以追溯到阿廷和施赖埃尔（Artin and Schreier, 1927）。粗略浏览可以参考范德瓦尔登（van der Waerden, 1949）。塔斯基证明了该理论是可公理化的，他的证明借助于消除量词，并且由该证明还生成了对该语言的任意语句的判定程序。范登德里斯（van den Dries, 1988）很好地论述了这些思想的成果。

实闭域理论与欧几里得构造，即只用直尺和圆规这样的欧几里得工具所能构造的几何学密切相关。在过去的许多个世纪中，数学家们特别在其中的三项问题上迸发出非凡的创造力——化圆为方、倍立方、三等分角。甚至在林德曼（Lindemann, 1882）证明 π 是超越数之前，化圆为方就已经成为了一个成语，用于形容不可能完成的任务。

对熟悉标准分析的人来说，介绍非标准分析的最好教材仍源自该学科的创始人鲁宾逊（Robinson, 1974），但赫德和勒布（Hurd and Loeb, 1985）的也不错。更简洁的论述参见阿维安（Abian, 1974）。托尔（Tall, 1976）论述了非标准分析的简单公理化。凯斯勒（Keisler, 1976），亨勒与克莱因贝格（Henle and Kleinberg, 1980）都从头开始对非标准分析加以阐述，这些阐述不需要读者熟悉标准分析。

标准的魏尔施特拉斯式观点是否正确地模拟了直觉上的几何学连续统，这是许多学者业已讨论过的问题。一些相关评论可以参考霍布森（Hobson, 1921）。

第二部分总结

在这一部分中我们展示了如何将经典数论和实变函数理论嵌入到 **ZU** 中去。其过程可以分解成两步：首先我们明确了理论的公理，然后构造了这些公理的集合论模型。任何针对第一步的讨论都可以归结为各分支学科下的具体问题，尽管本书曾短暂地驻留于连续统问题上，但从严格意义上来说连续统并不是集合论学者所关心的问题。那么第二步又如何呢？我们在第二步中建立了什么？

在第二步中，我们至少建立了一系列不容忽视的相对一致性结论：如果 **ZU** 是一致的，那么佩亚诺算术和完备序域理论也是一致的。我们不应忘记在 20 世纪 20~30 年代，有一些逻辑学家对这些理论的一致性抱有深切的怀疑，尽管今天我们认为它们的一致性是完全不值得怀疑的。

另外，即使是在当年，也没有人认为集合论要比数论**更为**稳固，所以这些相对一致性结论的重要性不在于它们增加了我们对较弱理论的信心，而在于为我们提供了一条校准这些理论相对强度的途径。此外，这种利用集合论来校准强度的方法可以应用于个别定理及其证明上。正如本书所呈现的那样，其中一个实例就是戴德金定理，如果把它的原始证明翻译到我们的系统中，那调用到的层次在集合论层级中的位置要远比后来发现的基础证明所调用的层次位置更高。

不过注意，这里还有一个重要的稳定性问题亟须解决。我们此前已多次提及，建模过程的第一阶段，即我们确定集合论模型要具有的内部属性，远不足以唯一地得出第二阶段结果。显然任何对集合论强度的校准，如果其依赖于所选择嵌入的局部特征，都会变得没有太大意义。因此我们想要的是稳定性：也许期待一个完全独立于所选嵌入的强度校准是不切实际的，但我们至少可以希望有一个不太依赖于所选嵌入的强度校准。然而过往经验表明，即使是这样的希望也比看上去的更难。对几乎所有的数学应用而言，嵌入的使用都会使层级高度变得多余，并且可以通过使用编码来大大简化它们。不过这样的话，对内容的数学复杂程度的度量标准就不会总是像它应有的那样明显了。

在 20 世纪，还有另一主题被反复加以讨论：实数理论，以及由它扩展来的其他大部分数学内容，都可以在集合论内得到解释，这意味着在某种程度上可以把它们看成集合论的**一部分**。诱导人们产生这种想法的原因可以归为两类，其中一种（在我看来）要远比另一种更具可行性。

不太具有可行性的那类论证以本体论的节约原则（奥卡姆剃刀）为立论基础：既然我们在第一阶段中已经列出了足够多的属性来完整地描述出自然数并能以此找出它的同构，而且我们已经证明了存在恰好具有这些属性的**集合**，那么再假设自然数是该集合论模型成员之外的任何东西，都会导致不必要的实体倍增。贝纳塞拉夫（Benacerraf, 1965）明确指出奥卡姆剃刀实际上并不适用于这类论证。他指出，集合论模型的非唯一性彻底地否证了模型成员是真正自然数的说法：如果没有哪个纯集合可以声称自己就是自然数集，那么任何其他的集合也不能做出这样的声称。

但我说过，还有另一种更具可行性的论证。这类论证的历史源头是弗雷格那失败了的逻辑主义。弗雷格试图将算术嵌入类理论，而不是集合理论之中，并且他认为这种嵌入所依赖的类属性是**逻辑**真，在广义的康德式观点中我们可以认为它就是所谓分析的。弗雷格的计划当然失败了，如今几乎没有人再声称整个数学都可以嵌入到逻辑尤其是今天的狭义逻辑概念中去。不过，集合论就算不是逻辑的一部分，它也仍可能具有某种实数理论所不具有的特殊认识论地位。集合论可能——说得宽泛点——本质上要比数学的其他分支学科更为基础。如果是这样，那么把后者嵌入前者，或许将使得我们能够说我们对数字真理的知识是可靠的，仅仅因为我们对集合论的知识是可靠的。

第三部分
基数与序数

我们将以无穷集的度量理论开始本书的第三部分，这一理论几乎完全是由康托尔在 19 世纪 70~80 年代发展起来的。当然，这种发展的先决条件是要承认无穷集合概念本身是一致的，而在康托尔时代之前这种承认绝非普遍的：如我们此前所说，无穷和其他各种各样的无限（limitlessness）概念之间的混淆使得人们长期以来倾向于认为无穷集合概念是不一致的。但即使这些混淆得以充分澄清，我们仍需要借助另外一些概念来认识无穷集。一项重要的认识是意识到等势（equinumerosity）概念让我们能够对无穷集的大小进行度量，就像对有穷集大小进行度量一样，但是单这一个认识还不够。假设在 A 包含 B 且这两者不等势时，我们说 A 比 B **更多**（more numerous）。如果 A 和 B 都是有穷的，那么只有在 A 真包含 B 时，A 才比 B 更多。因此我们会倾向于用大小概念，如 "大于" 来不加区分地表示 "更多于" 和 "真包含了" 这两种不同的概念。里米尼的格列高利（Gregory of Rimini），一位 14 世纪的奥古斯丁修会僧侣，注意到在处理无穷情况时我们应对这两种概念加以仔细区分，否则我们将会遇到一些颇令人困惑的事实，例如，自然数集合真包含了偶数集，但这两者又是等势的。等势的定义为无穷集们提供了一个易于理解的大小概念，但这不足以得出太多结论。要想使这一概念真正有意义，那么有一件事必须要为真：存在**不同大小**的无穷集。这一事实相当出人意料，也是康托尔对不可数集合的发现具有如此重要意义的原因。

考虑下列问题。首先，给定一个定义在偏序集合上的函数 f，且满足对任意 x，$f(x) \geqslant x$。现在，我们想对任意 a 都能找出一个 $\bar{a} \geqslant a$，且 $\bar{a}$ 是 f 的一个不动点，即 $f(\bar{a}) = \bar{a}$。这个问题很容易表述，在某些情况下也很容易解决。例如，我们在 5.1 节中面对的问题，当时对关系 r 定义域中的任意子集 B，有 $f(B) = B \cup r[B]$，如果我们令

$$\overline{A} = \cup_{n \in \omega} f^n(\mathbf{A})$$

那么 $\bar{A}$ 是 r-封闭的，即

$$f(\bar{A}) = \bar{A} \tag{1}$$

但是（1）的证明依赖于本例中 f 的特殊属性；不难举出相反的不成立实例。例如，对任意由从 $\mathbf{R}$ 到 $\mathbf{R}$ 的函数组成的聚 $\mathcal{A}$，我们令 $f(\mathcal{A})$ 为由对 $\mathcal{A}$ 中函数逐点极限（pointwise limit）的函数组成的集合。我们之前已经看到连续函数构成的集合 $\mathcal{C}$ 在对于逐点极限时是不封闭的，即 $f(\mathcal{C}) \neq \mathcal{C}$。最早由贝尔（Baire, 1898）研究了如何确定包含 $\mathcal{C}$ 且对逐点极限封闭的最小函数集。如果我们模仿先前的构造，令

$$f^\omega(\mathcal{A}) = \cup_{n \in \omega} f^n(\mathcal{A})$$

我们可能会指望其答案是 $f^\omega(C)$，可惜事实上不是：生成逐点极限时产生的新函数不在该集合中。

为了解决该问题，我们必须先概括步骤：我们需要不断迭代进行对 f 的操作，直到稳定为止。但是我们该怎样表达这一思路？又如何证明最终能达到稳定？我们需要把符号 α 放在 $f^\alpha(A)$ 的指数位置，用以充当进展的索引，哪怕是无穷迭代时也是如此。这个符号被称为**序数记号**（ordinal notation），康托尔发明它就是为了处理此类问题。但人们很快发现序数可以用来索引许多其他数学进程。例如，我们可以用序数指示集合论层级中的层次，这样 V_α 就是用符号 α 来索引的层次。

第 9 章 基　数

在本章中，我们将通过以下定义来研究在 4.8 节中引入的等势概念。

定义　称两个集合是**等势的**（equinumerous），如果它们之间存在一一对应。

正如我们在导言中指出的那样，最重要的是能够看出这个概念可以带来多么丰富的结论。博尔扎诺的反面事例可以很好地说明这一点，他也许是第一个注意到日后戴德金在定义无穷时所用到的那些特征的人，并在他的著作《无穷悖论》（*Paradoxien des Unendlichen*, 1851）中几乎发展出了一套基数理论。无疑博尔扎诺对康托尔产生了影响，后者曾高度赞扬过他的著作，可惜的是他并没有做出决定性的工作，因为他并没有发现等势可以充当大小理论的基础，这一工作留待康托尔完成。

9.1　基数的定义

为了发展这一大小理论，我们可以把每个集合与一个被称作它的**势**的对象联系起来，我们可以把势看作（或者至少说是代表了）该集合的大小。接下来我们需要的是，两个集合的势是相同的，当且仅当它们是等势的。当所涉集合为有穷集时，可以如 6.4 节中显示的那样利用自然数来实现这一点。但对无穷集而言呢？一个天真的猜测是任意无穷集都是互为等势的，因此我们只需要一个对象（"无穷大"）来度量它们的大小，但我们之前已经证明了 **R** 是不可数的，换种表达方式就是 ω 和 **R** 有不同的势，所以我们的理论不可能以该猜测为根据。

从形式的角度来看，我们想要的是具有以下属性（根据某种可疑的历史惯例，一些文献会称之为**休谟原理**（Hume's principle））的项 "card(x)"。

$$\mathrm{card}(A) = \mathrm{card}(B) \text{ 当且仅当 } A \text{ 和 } B \text{ 等势}$$

顺便一提，这与我们在附录 B 中将会提及的类抽象原理（abstraction principle for classes）具有明显的相似性。与类的情况一样，如果只是为了表达等势关系而讨论势，那我们也太单纯了。

根据我们发现的康托尔的早期工作，这一点确实是合理的。他在 1874 年第一篇关于等势的论文中根本没有提到势概念，而这一概念出现在他 1878 年的论文中时，也只是出现在了并列短语中，"A 和 B 具有相同的势"可以被简单地被看作"A 与 B 等势"的另一种说法。直到在 1883 年的著作中，他才把基数看成不同的对象，有独立研究的价值。

如果我们想把基数当成对象而不仅仅是一种可消除的**说话方式**，那么这里的情况就和类不同了，因为假设任意基数是对象并不会使得我们面临纯逻辑障碍，现在我们就可以给出明确定义，在我们理论中哪些集合可以充作基数来证明这一点。为此，我们需要用到 4.4 节中介绍的技巧。

定义 称集合 $\langle X : X$ 和 A 等势 $\rangle$ 为 A 的**势**（cardinality），并记作 $\mathrm{card}(A)$。任何是某个集合势的东西都被称为**基数**（cardinal number）。

该定义的意义仅仅在于它把休谟原理变成了一条定理。

命题（9.1.1） $\mathrm{card}(A) = \mathrm{card}(B)$ 当且仅当 A 和 B 等势。

证明：必要性。任意集合 A 都与其自身等势，所以 $\mathrm{card}(A) \neq \varnothing$【命题 4.4.1】。因此，如果 $\mathrm{card}(A) = \mathrm{card}(B)$，那么必然存在既属于 $\mathrm{card}(A)$ 又属于 $\mathrm{card}(B)$ 的集合 X，因此 X 也同时与 A 和 B 等势：所以 A 和 B 也一定是互相等势的。

充分性。如果 A 和 B 等势，那么与 A 等势的集合也恰为与 B 等势的集合，所以 $\mathrm{card}(A) = \mathrm{card}(B)$。 □

当然我们也可以选择其他定义来实现休谟原理。我们选择的定义在后文中将只在一点上（命题 9.2.5 的证明中）与其他定义具有不同的影响：在那里我们要用到本定义中集合的基数出现在层级结构中的位置最多比集合高一级。除此之外，任何我们将要证明的基数属性都是根据休谟原理推导出来的，所以与选择的具体定义无关。

不过值得强调的是，我们能够使用休谟原理是因为我们已经给出了理论上的承诺：特别要注意我们给出的承诺只适用于 A 和 B 都是集合，即都是**有根聚**的情况。如果我们想为非有根聚提供类似命题 9.1.1 的声明，那么就需要做出另一项不同的承诺（见附录 A）。

从这里开始，我们用小写哥特体字母 $\mathfrak{a}, \mathfrak{b}, \mathfrak{c}$ 等来指代基数。

9.2 偏 序

定义 假设 $\mathfrak{a} = \mathrm{card}(A)$，$\mathfrak{b} = \mathrm{card}(B)$。如果存在从 A 到 B 的单射函数，我们就记为 $\mathfrak{a} \leqslant \mathfrak{b}$，而如果 $\mathfrak{a} \leqslant \mathfrak{b}$ 且 $\mathfrak{a} \neq \mathfrak{b}$，我们就记为 $\mathfrak{a} < \mathfrak{b}$。

注意，该定义与选择哪个集合来表示 A 或 B 无关。因为只要 $\mathrm{card}(A) = \mathrm{card}(A')$ 且 $\mathrm{card}(B) = \mathrm{card}(B')$，那么就存在从 A 到 A' 的一一对应函数 f 和从

B 到 B' 的一一对应函数 g【命题 9.1.1】。所以如果 i 是从 A 到 B 的单射函数，那么 $g \circ i \circ f^{-1}$ 就是从 A' 到 B' 的单射函数；而如果 i' 是从 A' 到 B' 的单射函数，那么 $g^{-1} \circ i' \circ f$ 是从 A 到 B 的单射函数。

$$
\begin{array}{ccc}
A & \xrightarrow{\ i\ } & B \\
\downarrow f & & \downarrow g \\
A' & \xrightarrow{\ i'\ } & B'
\end{array}
$$

接下来，我们要证明它所定义出来的是一个偏序。

命题（9.2.1） 假设 $\mathfrak{a}, \mathfrak{b}, \mathfrak{c}$ 是基数。

（1）$\mathfrak{a} \leqslant \mathfrak{a}$；

（2）如果 $\mathfrak{a} \leqslant \mathfrak{b}$ 而且 $\mathfrak{b} \leqslant \mathfrak{c}$，那么 $\mathfrak{a} \leqslant \mathfrak{c}$。

证明：不足道的。 □

不过，证明它的反对称性要比这稍微复杂一些。

引理（9.2.2） 假设 $A \subseteq B \subseteq C$ 而且 A 和 C 等势，那么 B 不仅和 A 等势，也和 C 等势。

证明：假设 f 是从 C 到 A 的一一对应函数。那么很容易验证，根据定义

$$
g(x) = \begin{cases} f(x), & \text{如果} x \in \mathrm{Cl}_f(C \backslash B) \\ x, & \text{如果} x \in C \backslash \mathrm{Cl}_f(C \backslash B) \end{cases}
$$

得到的从 C 到 B 的函数 g 是一一对应函数。 □

伯恩斯坦等势定理（Bernstein's equinumerosity theorem）**（9.2.3）** 如果存在从 A 到 B 的单射函数 f 和从 B 到 A 的单射函数 g，那么存在 A 和 B 之间的一一对应函数。

证明：$g[f[A]] \subseteq g[B] \subseteq A$ 并且 $g \circ f$ 是 A 和 $g[f[A]]$ 之间的一一对应函数。所以存在 A 和 $g[B]$ 之间的一一对应函数 h【引理 9.2.2】。而 g^{-1} 显然是 $g[B]$ 和 B 之间的一一对应函数。所以 $g^{-1} \circ h$ 就是 A 和 B 之间的一一对应函数。 □

推论（9.2.4） 如果 $\mathfrak{a}, \mathfrak{b}$ 是基数且满足 $\mathfrak{a} \leqslant \mathfrak{b}$ 和 $\mathfrak{b} \leqslant \mathfrak{a}$，那么 $\mathfrak{a} = \mathfrak{b}$。

证明：本证明基本就是重复伯恩斯坦等势定理的证明。 □

注意，我们没有说 $\leqslant$ 是**全**序的，即没有说对任给的两个基数都是可以互相比较的；而我们之所以没有这么说是因为根据我们现有的公理无法推出该论断；事实上我们将在 15.4 节证明该论断等价于选择公理。

命题（9.2.5）　如果Φ是任一公式，那么集合$B = \{\mathfrak{a} : \Phi(\mathfrak{a})\}$存在，当且仅当存在基数$\mathfrak{c}$使得只要有$\Phi(\mathfrak{a})$成立，那么$\mathfrak{a} \leqslant \mathfrak{c}$就成立。

证明：必要性。假设B是集合并令$\mathfrak{c} = \mathrm{card}(V(B))$。如果$\mathfrak{a} \in B$，那么对任意$A \in \mathfrak{a}$，我们都有$A \subseteq V(B)$，所以$\mathfrak{a} = \mathrm{card}(A) \leqslant \mathrm{card}(V(B)) = \mathfrak{c}$。

充分性。假设只要有$\Phi(\mathfrak{a})$成立，就有$\mathfrak{a} \leqslant \mathfrak{c}$成立，令$C$为任一满足$\mathrm{card}(C) = \mathfrak{c}$的集合。那么

$$\Phi(\mathfrak{a}) \Rightarrow \mathfrak{a} \leqslant \mathfrak{c}$$
$$\Rightarrow \text{对某些} X \in \mathfrak{B}(C)\ \mathfrak{a} = \mathrm{card}(X)$$
$$\Rightarrow a \subseteq V(\mathfrak{B}(C))$$

所以B是集合。　□

定理（9.2.6）（Cantor, 1892）　如果A是集合，那么存在从A到$\mathfrak{B}(A)$的单射函数，但不存在从A到$\mathfrak{B}(A)$的满射函数。

证明：从A到$\mathfrak{B}(A)$的函数$x \mapsto \{x\}$显然是单射的。对所有从A到$\mathfrak{B}(A)$的函数f，令$B_f = \{x \in A : x \notin f(x)\}$。如果$B_f = f(y)$，那么

$$y \in B_f \Leftrightarrow y \notin f(y) \Leftrightarrow y \notin B_f$$

显然是荒诞的。所以B_f是A的子集且不在f的像中。因此不可能有从A到$\mathfrak{B}(A)$的**满射**函数。　□

显然康托尔的定理证明在结构上类似于$\mathbf{R}$是不可数的证明。特别是它们都表现了同样的非直谓性：尽管f的层级位置要高于B_f，我们仍根据f来定义B_f。

推论（9.2.7）　对于任意基数$\mathfrak{a}$，都存在基数$\mathfrak{a}'$满足$\mathfrak{a} < \mathfrak{a}'$。

证明：对任意集合A，根据康托尔定理有$\mathrm{card}(A) < \mathrm{card}(\mathfrak{B}(A))$。　□

我们上面只说$\leqslant$是**任意基数集合中**的偏序，而不是**由全体基数构成的集合**的偏序。后一种说法的错误在于全体基数并不构成集合。

命题（9.2.8）　不存在由全体基数构成的集合。

证明：假设存在这样的集合，那么它就有最大元素【命题9.2.5】，这与我们刚刚得出的推论9.2.7矛盾。　□

如果我们仍坚持设想所有属性都是可聚的，那么该命题就应该像罗素悖论一样被当成悖论，并且它在历史上也具有过重要意义。

练习：

1. 证明$\mathfrak{a} \leqslant \mathfrak{b} \Rightarrow V(\mathfrak{a}) \subseteq V(\mathfrak{b})$。
2. 补全引理9.2.2的证明细节。

9.3　有穷和无穷

我们已经定义了什么是有穷的、无穷的和可数的集合。再稍显累赘地说一下，我们说一个基数 a 是有穷的【或说它是无穷的，或可数的】，如果它是某个有穷【或相应的无穷，可数】集的基数[①]。为了解释这些概念是如何融入基数理论中去的，我们还要引入一个符号以表示自然数集的基数。

定义　$\aleph_0 = \text{card}(\omega)$。

定理（9.3.1）　集合 A 是可数的，当且仅当 $\text{card}(A) \leqslant \aleph_0$。

证明：必要性。假设 A 是可数的。如果 A 是空的，那么自然有 $\text{card}(A) \leqslant \aleph_0$。如果 A 不是空的，那么存在从 ω 满射到 A 的函数 f。因此对每一个 $x \in A$，所有通过 f 映射到 x 的自然数组成的集合不为空，故其中存在一个最小元素 $g(x)$。显然，这样定义得到的从 A 到 ω 的函数 g 是单射的。因此 $\text{card}(A) \leqslant \aleph_0$。

充分性。假设 $\text{card}(A) \leqslant \aleph_0$。如果 A 是空的，那么它显然是可数的。假设它不为空，那么选一个元素 $a \in A$。已知存在从 A 到 ω 的单射函数 g。如果 $n \in g[A]$，令 $f(n)$ 为使得 $g(x) = n$ 成立的那个唯一的 $x \in A$；而如果 $n \in \omega \backslash g[A]$，令 $f(n) = a$。显然，这就定义了从 ω 到 A 的满射函数 f，因此 A 也是可数的。　□

定理（9.3.2）　集合 A 是有穷的，当且仅当 $\text{card}(A) < \aleph_0$。

证明：必要性。假设 A 是有穷的。所以 A 具有 n 个元素，其中 $n \in \omega$。因为 $n \subseteq \omega$，所以显然 $\text{card}(A) \leqslant \aleph_0$。但如果 $\text{card}(A) = \aleph_0$，那么 ω 就是有穷的，所以它存在最大元素，这显然是荒谬的。因此 $\text{card}(A) < \aleph_0$。

充分性。假设 $\text{card}(A) < \aleph_0$ 但 A 不是有穷的。首先注意，A 是非空的，而且是可数的【定理 9.3.1】，因此存在序列 $x_0, x_1, x_2, \cdots$ 列举了 A 中所有元素。显然，如果我们能定义从 ω 到 A 的单射函数 g，我们就能得到想要的矛盾，因为单射函数意味着 $\text{card}(A) \geqslant \aleph_0$。我们通过递归来做到这一点。如果对于 $m < n$，$g(m)$ 都已被定义，那么 $A \backslash g[n]$ 非空，因为 A 不是有穷的；所以我们可以令 $g(n)$ 为 $A \backslash g[n]$ 中，索引 r 尽可能小的元素 x_r。显然这样的 g 就是从 ω 到 A 的单射函数。　□

定理（9.3.3）　集合 A 是无穷的，当且仅当 $\text{card}(A) \geqslant \aleph_0$。

证明：必要性。假设 A 是无穷的。故存在从 A 到 A 的单射函数 f，使得存在 $a \in A \backslash f[A]$。我们可以证明根据 $g(0) = a$，$g(n + 1) = f(g(n))$ 定义得来的从

[①] 之所以说这是累赘的，是因为 a 本质上是集合，所以我们此前已经定义过 a 是无穷的是什么意思。如果恰好有无穷多个个体，那么有穷基数实际上会是**无穷**集。

ω 到 A 的函数 g 是单射的。因为如果它不是单射的，那么存在 $m, n \in \omega$ 满足 $m < n$ 且 $g(m) = g(n)$。我们可以选定最小的满足该属性的 m。显然 $n > 0$，所以存在 $n_0 \in \omega$，满足 $n = n_0 + 1$。分两种情况考虑，分别是 $m = 0$ 和 $m > 0$。如果 $m = 0$，那么

$$a = g(0) = g(n) = g(n_0 + 1) = f(g(n_0))$$

所以 $a \in f[A]$。矛盾。另外，如果 $m > 0$，那么存在 $m_0 \in \omega$，满足 $m = m_0 + 1$。因此

$$f(g(m_0)) = g(m_0 + 1) = g(m) = g(n) = g(n_0 + 1) = f(g(n_0))$$

又由于 g 是单射的，所以 $g(m) = g(n)^*$。而 $m_0 < n_0$。这与 m 是满足 "$m < n$ 且 $g(m) = g(n)$" 的最小元素矛盾。

　　充分性。假设 $\operatorname{card}(A) \geqslant \aleph_0$。所以存在从 ω 到 A 的单射函数 g。我们可以通过

$$f(x) = \begin{cases} g\left(g^{-1}(x) + 1\right), & \text{如果} x \in g\,[\omega] \\ x, & \text{否则} \end{cases}$$

定义出从 A 到 A 的函数 f。f 显然是单射的，但不是满射的，因为 $g(0) \in A \backslash f[A]$。　　　　　　　　　　　　　　　　　　　　　　　　　$\square$

推论（9.3.4）　以下三项论断是等价的：

（1）$\operatorname{card}(A) = \aleph_0$；

（2）A 是可数无穷的；

（3）A 是可数的，且不是有穷的；

证明：易证的。　　　　　　　　　　　　　　　　　　　　　　　　　　$\square$

推论（9.3.5）　A 是不可数无穷的，当且仅当 $\operatorname{card}(A) > \aleph_0$。

证明：A 是不可数无穷的，当且仅当 $\operatorname{card}(A) \not\leqslant \aleph_0$【定理 9.3.1】且 $\operatorname{card}(A) \geqslant \aleph_0$【定理 9.3.3】，即当且仅当 $\operatorname{card}(A) > \aleph_0$。　　$\square$

练习：

令 f 是从 A 到 A 的函数。

（1）如果 A 是有穷的，证明 f 是单射的，当且仅当 f 是满射的。

（2）如果存在元素 $a \in f[A]$ 满足 $A = \operatorname{Cl}_f(a)$，证明 f 是一一对应函数。【首先使用简单递归原理证明 A 是有穷的。】

$*$ 应为 "f 是单射的，所以 $g(m_0) = g(n_0)$"，疑为作者笔误。——译者

9.4　可数选择公理

我们已经证明了没有集合可以既是有穷的，又是无穷的【推论 6.4.2】。但是，是否所有集合都要么是有穷的，要么是无穷的呢？本书目前所陈述过的公理不足以解决该问题（Cohen, 1966）：如果我们想要得到该问题的肯定答案，还需要下面这个额外的集合论假设。

可数选择公理（axiom of countable choice）：对任意由非空集合组成的序列 (A_n)，都存在序列 (x_n) 满足对所有的 $n \in \omega$，都有 $x_n \in A_n$。

我们称其为"公理"不过是为了遵从历史惯例，但我们不应真的把它当成公理：也就是说，我们不会把它添加到默认理论。相反，在任何依赖它而成立的定理中，我们都会明确说明该定理需要可数选择公理作为其假设前提。

定理（9.4.1）　根据可数选择公理可得，任意集合要么是有穷的，要么是无穷的。

证明：假设 A 是集合，且不是有穷的。那么对任意 $n \in \omega$，A 中都存在有 n 个元素的子集【命题 6.4.4】。所以根据可数选择公理，存在序列 $(A_n)_{n \in \omega}$ 满足对任意 $n \in \omega$，A_n 都是 A 的一个有 n 个元素的子集。A_{2^n} 具有 2^n 个元素，而 $\cup_{r<n} A_{2^r}$ 中的元素数目 $\leqslant \sum_{r<n} 2^r = 2^n - 1 < 2^n$，所以对任意 n 来说，A 的子集

$$B_n = A_{2^n} \setminus \cup_{r<n} A_{2^r}$$

都是非空的。因此（再次根据可数选择公理），存在从 ω 到 A 的函数 g，满足对任意 n，$g(n) \in B_n$。该函数是单射的，因为 B_n 是互不相交的。因此 A 是无穷的【定理 9.3.3】。□

换句话说，可数选择公理意味着所有基数都是和 $\aleph_0$ 可比较的。

定理（9.4.2）　根据可数选择公理可得，如果 (A_n) 是可数集组成的序列，那么 $\cup_{n \in \omega} A_n$ 也是可数集。

证明：为了简便起见，我们先假设每一个可数集 A_n 都是非空的。因此对任意 $n \in \omega$，由从 ω 到 A_n 的满射函数组成的集合也是非空的。所以根据可数选择公理，存在序列 (f_n) 满足对任意 n，f_n 是一个从 ω 到 A_n 的满射函数。所以 $(m, n) \mapsto f_n(m)$ 是从 $\omega \times \omega$ 到 $\cup_{n \in \omega} A_n$ 的满射函数。如果我们用该函数和从 ω 到 $\omega \times \omega$ 的一一对应函数进行组合，就可以得到要求的从 ω 到 $\cup\{A_n: n \in \omega\}$ 的满射函数。□

可数选择公理常被用于证明实数理论中的结论。例如，一般积分理论中的一个核心概念是一个实数集为**零**（null），如果它能被总长度任意小的区间序列（有

界区间 I 的**长度** $\ell(I)$ 可以通过端点间的差值来定义）所覆盖。我们现在尝试证明如果 (C_n) 是由零集组成的序列，那么 $\cup_{n\in\omega}C_n$ 也是零集。现取任意 $\varepsilon>0$，由满足 $\sum\limits_{m=0}^{\infty}\ell(I_{nm})<\varepsilon/2^{n+1}$ 的区间 I_{nm} 构成的序列来覆盖每一个 C_n。（这是可以做到的，因为根据假设，C_n 是零集。）那么区间序列的序列 (I_{nm}) 显然覆盖了 $\cup_{n\in\omega}C_n$，且其总长度为

$$\sum_{n=0}^{\infty}\sum_{m=0}^{\infty}\ell(I_{nm})<\sum_{n=0}^{\infty}\frac{\varepsilon}{2^{n+1}}=\varepsilon$$

这表明我们可以通过总长度任意小的区间序列来覆盖 $\cup_{n\in\omega}C_n$，因此它为零。而在我们给出的这一证明中，暗含了对可数选择公理的运用：对每一个 $n\in\omega$，我们都必须从众多能覆盖 C_n 的区间序列中，**选出**一个区间序列 $(I_{nm})_{m\in\omega}$，且我们并没有具体说明这一选择如何执行。

一种最常出现在分析学中的情况可以抽象地表述成以下形式。我们有一条形如

$$(\forall n\in\omega)(\exists x\in\mathbf{R})\Phi(n,x)$$

的定理，而我们希望得到 $\mathbf{R}$ 中一组序列 (x_n)，满足 $(\forall n\in\omega)\Phi(n,x_n)$。这点可以通过可数选择公理做到：根据假设，集合 $A_n=\{x\in\mathbf{R}:\Phi(n,x)\}$ 是非空的，所以公理确保了存在 $\mathbf{R}$ 中的序列 (x_n)，满足对任意 n，我们都有 $x_n\in A_n$，即 $\Phi(n,x_n)$。但在微积分教科书中，很少会把对选择公理的使用如此明确地标识出来。我们刚才的描述可能被简单地介绍成

对每个自然数 n，令 x_n 为满足 $\Phi(n,x_n)$ 的实数

事实上，这种略过可数选择公理的做法也是历来趋势。举一个明确的例子，考察以下论证，同时该论证很可能是选择公理在数学中的首次运用，它由海涅（Heine，1872）公开提出——并被冠以康托尔的名字。

命题（9.4.3） 根据可数选择公理可得，对任意从 $\mathbf{R}$ 到 $\mathbf{R}$ 的函数，如果它在一点上是序列连续的（sequentially continuous），那么它在该点上也是连续的。

证明：假设 f 在 a 点不连续。所以存在包含 $f(a)$ 的区间 J，满足对任意包含 a 的区间 I，都有 $f[I]\not\subseteq J$。特别地，对任意 $n\in\omega$，我们都可以（使用可数选择公理）选择在 $a-\frac{1}{n}$ 到 $a+\frac{1}{n}$ 之间的 x_n，x_n 满足 $f(x_n)\notin J$。然后我们就可以推断出序列 (x_n) 趋向于 a 时，$(f(x_n))$ 并没有收敛于 $f(a)$。 □

　　海涅在表达该命题时并没有附加任何条件,事实上,在他的文本中并没有对需要可数选择公理来进行辅助证明的步骤做任何附注。从这一命题被公开发表,直到 19 世纪末,选择公理被康托尔、戴德金、博雷尔(Borel)、贝尔和其他人在许多场合中暗含地使用了。起初,似乎只有佩亚诺和他在都灵的同事明确列出了对该公理的使用:佩亚诺声称(Peano, 1890: 210)"不能无穷次地使用一个**任意**法则来使一个类 a 对应于该类的个体";贝塔齐(Bettazzi, 1896: 512)批评了戴德金对"一个集合要么是有穷的,要么是无穷的"的证明,理由是"(戴德金)必须在每个无穷集中任意选出一个(对应的)对象,这似乎不太严谨;除非人们愿意接受这样一个假设,即这种选择是可实现的——然而在我看来接受这种假设似乎是不明智的"。

　　但有时,通过给出明确规则以定义相关序列的元素,可以避开对可数选择公理的使用。例如,如果我们有一个形如 $(\forall n \in \omega)(\exists x \in \mathbf{Q})\Phi(n, x)$ 的定理,可以不用可数选择公理就能定义 $\mathbf{Q}$ 中序列 (x_n),且其满足对所有 $n \in \omega$, $\Phi(n, x_n)$ 成立。为了做到这一点,我们注意到 $\mathbf{Q}$ 是可数的(不像 $\mathbf{R}$),所以存在序列 (a_r),它的像为 $\mathbf{Q}$;如果令 r_n 为集合 $\{r \in \omega : \Phi(n, a_r)\}$(根据假设可知它是非空的)的最小元素,并对所有 $n \in \omega$,令 $x_n = a_{r_n}$,就能得到满足所需属性的序列 (x_n)。通过这种方式来避开可数选择公理的一个很好实例就是我们刚刚证明的连续性结论的推广版本。

　　命题(9.4.4)　　如果一个从 $\mathbf{R}$ 到 $\mathbf{R}$ 的函数是处处序列连续的,那么它也是处处连续的。

　　证明:如果 f 是序列连续的,那么只要证明了 $f[I \cap \mathbf{Q}] \subseteq J$,那么就足以证明 $f[I] \subseteq J$。所以我们可以通过在先前证明的每一步中改选**有理数**以避免使用可数选择公理。　　　　　　　□

　　但是不可能在所有情况下都避开可数选择公理,至少在默认理论与本书的默认理论相似的情况下不行:可数选择公理不能在 **ZU**(Fraenkel, 1922a)中得到证明,甚至不能在 **Z**(Cohen, 1963)中得到证明。经典分析学在多大程度上依赖于对不可消的可数选择公理的使用,这一问题已经得到广泛研究并被充分理解了:例如,已经证明了在没有该公理的情况下,不仅可能存在 $\mathbf{R}$ 的子集,既不是有穷的,也不是无穷的(Cohen, 1966: 138),甚至还可能存在一个模型,其连续统是可数集的可数并(Feferman and Levy, 1963)。由此可知,我们不能指望在之前对零集的可数并仍然是零集的证明中消去可数选择公理,因为如果将其消去,那么在刚刚提及的那个模型中整个实数线都是零的,而这显然是荒谬的。

　　自由建构主义者(liberal constructivist)可能会认为可数选择公理具有一定

的合理性，因为似乎只是在实际尺度上，而不是逻辑上不可能制造出一个每次执行选择时都只要花费前一次执行选择的一半时间的装置，以在有穷时间里做出无穷多次选择（Russell, 1936：143-144）。我们在第一部分中已经看到，建构主义者必须依赖于这样的超级装置才能解释层级中无穷层次集合的存在：对他们来说似乎没有理由去拒绝可数选择公理。

但对柏拉图主义者来说，这类思想实验（thought experiment）完全不是重点：对他们来说，问题不在于任何事物（不管是多理想化的事物）能做什么，而在于到底哪些集合存在。此外，截至目前本书所讨论的内容都不足以令一个柏拉图主义者把可数和不可数间的区别看成是特别重要的东西。因此，很难看出为什么他会接纳可数选择公理，而不接纳我们将在第 15 章中研究的不受限选择公理。

练习：

1. 假设可数选择公理成立，证明对于每一个基数 a，如果 $a > \aleph_0$，那么恰存在一个 b，满足 $a = \aleph_0 + b$。

2. 不使用可数选择公理，证明 **R** 不是有穷集的可数并。

注释

基数理论的确由康托尔开创，尽管我们这里给出的形式发展已经和他的《超穷数理论基础》（Beitrage, 1895, 1897）中的内容有了很大的不同，这主要是因为他并不怀疑选择公理，认为没理由将理论发展到这样的程度以至于孤立了他所诉求的重点。道本（Dauben, 1990）很好地叙述了康托尔发展其基数理论的历史。穆尔（Moore, 1990）则阐明了其早期背景。该理论发展的惊人之处在于，在康托尔之前只有很少的先驱者：只有博尔扎诺（Bolzano, 1855）在某些方面接近了基数理论。

康托尔在他 1883 年的著作中猜想了伯恩斯坦等势定理的一个特例，并在 1895 年的一篇论文中推测了它的一般性结论，但最终是他的学生费利克斯·伯恩斯坦在 1897 年将其证明——当时他年仅 19 岁。博雷尔在他的《函数论讲义》（*Lecons sur la theorie des fonctions*, 1898）附录中给出了伯恩斯坦证明的一个略微简化版本。本书给出的证明则使用了戴德金的链理论来避免提及自然数，是 1897 年戴德金[①]在与伯恩斯坦的一次对话中发现的，并于 1899 年与康托尔通过信件进行了沟通。然而戴德金从未公开过该证明，最终由策梅洛在 1906 年重新发现（Poincaré, 1906; Peano, 1906; Zermelo, 1908b）。在英国和德国，这个结论常被称为"施罗德–伯恩斯坦定理"，因为施罗德（Schroder, 1898）曾试图证明它，但直到科塞

---

① 在戴德金的论文中可以发现一份类似证明的草稿，日期显然是 1887 年 7 月 11 日（Dedekind, 1932: 447–448）。

特（Korselt, 1911）才在公开出版物中指出施罗德的证明是错误的，虽然施罗德在 1902 年就已经指出并承认了这个错误。根据另一种常见于法国和意大利的传统，该结论也会被称为"康托尔–伯恩斯坦定理"，也许是为了表示康托尔在 1895 年的贡献，也许是博雷尔讲义中一个含糊的脚注（Borel, 1898：105）使然。不管怎么说，康托尔似乎从未直接证明出该定理，只从形式化的基数可比原理（我们将在 15.4 节讨论它）推导过该定理，对此他始终没有给出令人信服的证明，一封他写于 1903 年的信（Cantor, 1991：434）确认了这一点。

第 10 章　基本基数算术

本章的主要任务是研究可由以下定义得出的初步结论。

定义　如果 $\mathfrak{a} = \mathrm{card}(A)$ 且 $\mathfrak{b} = \mathrm{card}(B)$，令

$$\mathfrak{a} + \mathfrak{b} = \mathrm{card}(A \uplus B)$$

$$\mathfrak{a}\mathfrak{b} = \mathrm{card}(A \times B)$$

$$\mathfrak{a}^{\mathfrak{b}} = \mathrm{card}(^{B}A)$$

当然，严格来说我们还要检查这些定义是否不依赖于我们对具体集合 A 或 B 的选择，即如果 A 与 A' 等势，B 与 B' 等势，那么 $A \uplus B$，$A \times B$，^{B}A 也分别等势于 $A' \uplus B'$，$A' \times B'$，$^{B'}A'$。不过这些证明都是直接易证的，因此这里我们将其省略。

所以这些定义在形式上是一致的，但这不足以解释为什么我们选择了这些定义。本章的内容将提供部分解释，我们将说明对于有穷基数，这些定义不过是重复了我们早已熟悉的加法、乘法和幂运算。但这只能部分地解释我们如此定义的动机：无疑还有其他定义也能满足有穷基数运算的要求，不过在无穷的情况下，它们就有所不同了。因此我们这样定义所能带来的好处无法直接体现，只有在基于这些定义的理论发展成熟之后才能得以彰显。

10.1　有穷基数

定义　对所有 $n \in \boldsymbol{\omega}$，我们令 $|n| = \mathrm{card}(\boldsymbol{n})$。

有了这个定义，我们就可以说集合 A 有 n 个元素，当且仅当 $\mathrm{card}(A) = |n|$。

命题（10.1.1）　$m \leqslant n \Leftrightarrow |m| \leqslant |n|$。

证明：如果 $m \leqslant n$，那么 $\boldsymbol{m} \subseteq \boldsymbol{n}$，所以 $|m| \leqslant |n|$。反过来，如果 $|m| \leqslant |n|$ 但 $m > n$，那么存在从 $\boldsymbol{m}$ 到 $\boldsymbol{n}$ 的单射函数：该函数是一个从 $\boldsymbol{n}$ 到 $\boldsymbol{n}$ 的单射且不满射函数的限制。所以 $\boldsymbol{n}$ 既是有穷的又是无穷的，与推论 6.4.2 矛盾。　　　□

推论（10.1.2）　$|m| = |n| \Rightarrow m = n$。

证明：根据命题 10.1.1 立即得证。　　　□

命题（10.1.3） 如果 $m, n \in \omega$，那么

$$|m + n| = |m| + |n|$$

$$|mn| = |m||n|$$

$$|m^n| = |m|^{|n|}$$

证明：可以证明如下函数

从 $m \uplus n$ 到 $\{r \in \omega: r < m + n\}$ 的函数 $(r, i) \mapsto im + r$；

从 $m \times n$ 到 $\{r \in \omega: r < mn\}$ 的函数 $(r, s) \mapsto rn + s$；

从 $^n m$ 到 $\{r \in \omega: r < m^n\}$ 的函数 $(n_r)_{r \in n} \mapsto \sum_{r \in n} n_r m^r$

都是一一对应函数。命题由此得证。 □

这些证明了根据 $n \mapsto |n|$ 给定的从 ω 到有穷基数集合的满射函数仍保留了自然数的顺序【命题 10.1.1】和算术结构【命题 10.1.3】。所以可以合理假设——特别是因为我们一开始选用以代表自然数的集合是完全任意的——如果直接用符号 n 表示基数 $|n|$，将几乎不会引起混淆，因此我们将放弃区分自然数及其对应有穷基数；从现在开始我们在方便的时候（也就是几乎每时每刻）都会采用这种做法。

练习：
证明基数 $\mathfrak{a}$ 不是有穷的，当且仅当对所有 $n \in \omega$，都有 $\mathfrak{a} > n$。

10.2 基 数 算 术

现在，既然我们将自然数视同有穷基数，自然就要问哪些我们所熟知的自然数算术法则可以推广到无穷情况中去。以下命题给出了这个问题的答案。

命题（10.2.1） 假设 $\mathfrak{a}, \mathfrak{b}, \mathfrak{c}$ 都是基数。

（1）$\mathfrak{a} + (\mathfrak{b} + \mathfrak{c}) = (\mathfrak{a} + \mathfrak{b}) + \mathfrak{c}$；

（2）$\mathfrak{a} + \mathfrak{b} = \mathfrak{b} + \mathfrak{a}$；

（3）$\mathfrak{a} + 0 = \mathfrak{a}$；

（4）$\mathfrak{a} \geqslant \mathfrak{b} \Leftrightarrow (\exists \mathfrak{d})(\mathfrak{a} = \mathfrak{b} + \mathfrak{d})$；

（5）如果 $\mathfrak{b} \leqslant \mathfrak{c}$，那么 $\mathfrak{a} + \mathfrak{b} \leqslant \mathfrak{a} + \mathfrak{c}$；

（6）$(\mathfrak{a}\mathfrak{b})\mathfrak{c} = \mathfrak{a}(\mathfrak{b}\mathfrak{c})$；

（7）$\mathfrak{a}\mathfrak{b} = \mathfrak{b}\mathfrak{a}$；

（8）$\mathfrak{a}0 = 0\mathfrak{a}$，$\mathfrak{a}1 = \mathfrak{a}$，$\mathfrak{a}2 = \mathfrak{a} + \mathfrak{a}$；

（9）$\mathfrak{a}(\mathfrak{b} + \mathfrak{c}) = \mathfrak{a}\mathfrak{b} + \mathfrak{a}\mathfrak{c}$；

（10）$\mathfrak{b} \leqslant \mathfrak{c} \Rightarrow \mathfrak{ab} \leqslant \mathfrak{ac}$；

（11）$(\mathfrak{a}^{\mathfrak{b}})^{\mathfrak{c}} = \mathfrak{a}^{\mathfrak{bc}}$；

（12）$(\mathfrak{ab})^{\mathfrak{c}} = \mathfrak{a}^{\mathfrak{c}}\mathfrak{b}^{\mathfrak{c}}$；

（13）$\mathfrak{a}^{\mathfrak{b}+\mathfrak{c}} = \mathfrak{a}^{\mathfrak{b}}\mathfrak{a}^{\mathfrak{c}}$；

（14）$\mathfrak{a}^{0} = 1$，$\mathfrak{a}^{1} = \mathfrak{a}$，$\mathfrak{a}^{2} = \mathfrak{aa}$；

（15）如果 $\mathfrak{a} \leqslant \mathfrak{b}$ 且 $\mathfrak{c} \leqslant \mathfrak{d}$，那么 $\mathfrak{a}^{\mathfrak{c}} \leqslant \mathfrak{b}^{\mathfrak{d}}$。

证明：所有这些证明都很直接。我们以证明（11）作为示例。如果能证明 A, B, C 都是集合，那么 $^{C}(^{B}A)$ 就和 $^{C \times B}A$ 等势，那么该命题就得证了：对于每个函数 $f \in {}^{C}(^{B}A)$，我们可以通过 $(c, b) \mapsto f(c)(b)$ 在它们和 $^{C \times B}A$ 中的函数之间建立一一对应关系；我们还可以取它的逆，即将所有 $g \in {}^{C \times B}A$ 通过 $c \mapsto (b \mapsto g(c, b))$ 与 $^{C}(^{B}A)$ 中的函数建立关系。由此可见 $^{C}(^{B}A)$ 与 $^{C \times B}A$ 等势。　□

引理（10.2.2）　$\mathrm{card}(\mathfrak{B}(A)) = 2^{\mathrm{card}(A)}$。

证明：我们通过如下定义给出 A 的子集 B 的**特征函数**（characteristic function）$c_B(x)$：

$$c_B(x) = \begin{cases} 1, & \text{如果} x \in B \\ 0, & \text{否则} \end{cases}$$

显然函数 $B \mapsto c_B$ 是在 $\mathfrak{B}(A)$ 和 $^{A}\{0, 1\}$ 之间的一一对应；逆函数由 $f \mapsto f^{-1}[1]$ 给出。因为根据定义，$^{A}\{0, 1\}$ 的势为 $2^{\mathrm{card}(A)}$，故命题得证。　□

命题（10.2.3）　$\mathfrak{a} < 2^{\mathfrak{a}}$。

证明：通过引理 10.2.2，本命题不过是将康托尔定理 9.2.6 翻译为基数语言后所得到的结论。　□

10.3　无　穷　基　数

10.2 节的诸结论表明，自然数的许多为我们所熟知的属性都可以直接推广到非有穷情形中去。但是下面的命题将证明在某些方面，无穷基数的算术与自然数算术有着显著的不同。

命题（10.3.1）　$\mathfrak{a}$ 是无穷的，当且仅当 $\mathfrak{a} = \mathfrak{a} + 1$。

证明：必要性。假设 $\mathfrak{a} = \mathrm{card}(A)$。如果 A 是无穷的，那么它和它的某真子集 A' 等势，而 $A \backslash A' \neq \varnothing$，即 $\mathrm{card}(A \backslash A') \geqslant 1$；因此

$$\mathfrak{a} = \mathrm{card}(A) = \mathrm{card}(A') + \mathrm{card}(A \backslash A') \geqslant \mathfrak{a} + 1 \geqslant \mathfrak{a}$$

故 $\mathfrak{a} = \mathfrak{a} + 1$。

充分性。如果 $\mathfrak{a}=\mathfrak{a}+1$，那么有集合 A、A' 和不属于 A' 的元素 x 满足 $\mathfrak{a}=$ $\mathrm{card}(A)=\mathrm{card}(A')$ 而且 $\mathrm{card}(A)=\mathrm{card}(A'\cup\{x\})$。所以 $A'\cup\{x\}$ 等势于其真子集 A'，故是无穷的。所以 A 也是无穷的。　　　　$\square$

该命题的直接结论之一就是我们不能通过直观，即像"当 $\mathrm{card}(A)=\mathfrak{a}$，$\mathrm{card}(B)=\mathfrak{b}$ 且 $B\subseteq A$ 时，$A\backslash B$ 的基数即为 $\mathfrak{a}-\mathfrak{b}$"这样来定义无穷基数的减法运算。这种定义的失败之处在于它的结论依赖具体所选中的集合 A 和 B。要想探究原因，可以考察 $\aleph_0-\aleph_0$，即当 A 和 B 都是可数无穷时，$A\backslash B$ 的基数。如果我们令 $A=\omega$ 且 $B=\omega$，那么自然有 $A\backslash B=\varnothing$，此时在该定义下我们得到 $\aleph_0-\aleph_0=0$。但如果 $B=\omega\backslash\{0\}$，那么 $A\backslash B=\{0\}$，所以 $\aleph_0-\aleph_0=1$；而如果 $B=\omega\backslash\{0,1\}$，那么 $A\backslash B=\{0,1\}$，所以 $\aleph_0-\aleph_0=2$；依此类推。另外，如果 $B=\{2n:n\in\omega\}$，那么 $A\backslash B=\{2n+1:n\in\omega\}$，所以 $\aleph_0-\aleph_0=\aleph_0$。也就是说，在这种定义下 $\aleph_0-\aleph_0$ 可以是从 0 到 $\aleph_0$ 之间的**任何数**。

这不是说 $\mathfrak{a}-\mathfrak{b}$ **永远**不能通过上述方法得以确认：例如，很容易证明 $2^{\aleph_0}-\aleph_0=2^{\aleph_0}$。不过这些例子已经生动地证明了我们不能指望无穷基数算术会与有穷基数算术相同。下面的命题提供了另一个体现这种差异的实例。

命题（10.3.2）　$\aleph_0^2=\aleph_0$。

证明：根据命题 6.5.1 立即得证。　　　　$\square$

许多基数等式都多少直接符合我们已列出的属性。下面是三个例子。

（1）$\aleph_0\leqslant 2\aleph_0\leqslant\aleph_0\aleph_0=\aleph_0^2=\aleph_0$，所以 $2\aleph_0=\aleph_0$。

（2）$\aleph_0^{\aleph_0}=2^{\aleph_0}$ 成立，因为 $2^{\aleph_0}\leqslant\aleph_0^{\aleph_0}\leqslant\left(2^{\aleph_0}\right)^{\aleph_0}=2^{\aleph_0^2}=2^{\aleph_0}$。

（3）为了证明 $\aleph_0 2^{\aleph_0}=2^{\aleph_0}$，我们只需要注意到 $2^{\aleph_0}\leqslant\aleph_0 2^{\aleph_0}\leqslant(2^{\aleph_0})^2=2^{2\aleph_0}=2^{\aleph_0}$。

命题（10.3.3）　$\mathfrak{a}$ 是无穷的，当且仅当 $\mathfrak{a}+\aleph_0=\mathfrak{a}$。

证明：如果 $\mathfrak{a}$ 是无穷的，那么 $\mathfrak{a}\geqslant\aleph_0$【定理 9.3.3】，所以存在 $\mathfrak{b}$ 满足 $\mathfrak{a}=\mathfrak{b}+\aleph_0$【命题 10.2.1(4)】，由此

$$\mathfrak{a}+\aleph_0=(\mathfrak{b}+\aleph_0)+\aleph_0$$
$$=\mathfrak{b}+(\aleph_0+\aleph_0)\text{【命题 10.2.1(1)】}$$
$$=\mathfrak{b}+2\aleph_0\text{【命题 10.2.1(8)】}$$
$$=\mathfrak{b}+\aleph_0$$
$$=\mathfrak{a}$$

反之，如果 $\mathfrak{a} + \aleph_0 = \mathfrak{a}$，那么 $\mathfrak{a} \geqslant \aleph_0$【命题 10.2.1(4)】，所以 $\mathfrak{a}$ 是无穷的【定理 9.3.3】。   □

在第 15 章中我们将研究选择公理对基数算术的简化效用。此前我们在 9.4 节中已经遇到过一个例子，即在假设可数选择公理——一种受限选择公理成立的前提下，证明每个基数要么是有穷的，要么是无穷的。但是，使用选择公理才能证明的结论往往有一个较弱的版本，可以不需要选择公理就能证明，而且这些较弱的结论在某些场合下是有用的。例如，我们之前证明的 $\aleph_0 2^{\aleph_0} = 2^{\aleph_0}$，就是 $\mathfrak{a}\mathfrak{b} = \max(\mathfrak{a}, \mathfrak{b})$ 的一个特殊情况，但后者只有在假设选择公理成立的情况下才能得到证明。另一个例子——布洛斯（Boolos, 1994）很好地阐明了它对《数学原理》（*Principia Mathematica*）的意义——是下面这个 "所有基数要么是有穷的，要么是无穷的" 的弱化版结论。

命题（10.3.4）（Whitehead and Russell, 1910-13）   如果 $\mathfrak{a}$ 是基数，那么要么 $\mathfrak{a}$ 是有穷的，要么 $2^{2^{\mathfrak{a}}}$ 是无穷的。

证明：如果 $\operatorname{card}(A) = \mathfrak{a}$ 且 A 不是有穷的，那么显然集合 $\mathfrak{F}_n(A)$ 是 $\mathfrak{B}(A)$ 的非空子集，即 $n \mapsto \mathfrak{F}_n(A)$ 是从 ω 到 $\mathfrak{B}(\mathfrak{B}(A))$ 的单射函数，所以 $2^{2^{\mathfrak{a}}}$ 是无穷的。   □

我们建立起来的基数运算也使得我们可以计算多个集合的势。作为示例，让我们来求由 ω 上所有等价关系组成的集合 $\mathcal{A}$ 的势。我们将使用的技术方法常被称为 "夹逼"（squeezing）。首先，注意到 ω 上的所有等价关系都是 $\omega \times \omega$ 的子集，所以

$$\operatorname{card}(\mathcal{A}) \leqslant \operatorname{card}(\mathfrak{B}(\omega \times \omega)) = 2^{\aleph_0^2} = 2^{\aleph_0} \tag{1}$$

现在考虑从 $\mathfrak{B}(\omega)$ 到 $\mathcal{A}$ 的函数 f，它取集合 $B \subseteq \omega$ 对应于 ω 上等价类为 B 的相等关系以及根据 $n \in \omega \setminus B$ 得来的单元集 $\{n\}$：该函数显然不是单射的，因为它并没有区分 ω 的各个只有 1 个元素的子集；但它的限制 $f|\mathfrak{B}(\omega) \setminus \mathfrak{F}_1(\omega)$ 是单射的，所以

$$\operatorname{card}(\mathcal{A}) \geqslant \operatorname{card}(\mathfrak{B}(\omega) \setminus \mathfrak{F}_1(\omega))$$

现在我们有 $\operatorname{card}(\mathfrak{F}_1(\omega)) = \aleph_0$，$\operatorname{card}(\mathfrak{B}(\omega)) = 2^{\aleph_0}$，以及 $\operatorname{card}(\mathfrak{B}(\omega) \setminus \mathfrak{F}_1(\omega)) \geqslant \aleph_0$。所以 $\operatorname{card}(\mathfrak{B}(\omega) \setminus \mathfrak{F}_1(\omega)) = 2^{\aleph_0}$，因此

$$\operatorname{card}(\mathcal{A}) \geqslant 2^{\aleph_0} \tag{2}$$

根据（1）、（2）以及伯恩斯坦等势定理 9.2.3，可知 $\operatorname{card}(\mathcal{A}) = 2^{\aleph_0}$。

练习:

1. 证明命题 10.3.1。

2. 假设 a, b 是基数, 证明

(1) $a \geqslant 2^{\aleph_0}$, 当且仅当 $a + 2^{\aleph_0} = a$。

(2) 如果 $a \geqslant 2^{\aleph_0} \geqslant b$, 那么 $a + b = a$。

(3) $a = 2^{\aleph_0}$, 当且仅当 $a \geqslant \aleph_0$ 且 $a + \aleph_0 = 2^{\aleph_0}$。

(4) 如果 $2 \leqslant a \leqslant b = b^2$, 那么 $a^b = 2^b$。

3. 证明不存在集合 $B = \{b : b^2 = b\}$。【提示: 对所有 a, $2^{a\aleph_0} \in B$。】

4. 证明如果 a 不是有穷的, 那么 $2^{2^a} \geqslant 2^{\aleph_0}$。

5. 找出以下集合的势:

(1) 由具有超过一个元素的 ω 的子集所组成的集合;

(2) 由 ω 的无穷子集组成的集合;

(3) 由 ω 的排列 (permutation) 所组成的集合。

10.4　连续统的权

我们之前已经 (两次) 证明了连续统是不可数的。但现在我们可以更精准地得出这一结论。

命题 (10.4.1) $\mathrm{card}(\mathbf{R}) = 2^{\aleph_0}$。

证明: 注意因为 $\mathbf{Q}$ 在 $\mathbf{R}$ 上稠密, 所以根据 $f(a) = \{x \in \mathbf{Q} : x < a\}$ 定义得到的从 $\mathbf{R}$ 到 $\mathfrak{B}(\mathbf{Q})$ 的函数 f 是单射的, 因此

$$\mathrm{card}(\mathbf{R}) \leqslant \mathrm{card}(\mathfrak{B}(\mathbf{Q})) = 2^{\mathrm{card}(\mathbf{Q})} = 2^{\aleph_0}$$

现在回想一下, 在 8.5 节中的康托尔三分集 K 是 $\mathbf{R}$ 的子集, 且 K 由只含有 0 和 2 的三进制表达式所表达的 0~1 的数字所组成。所以存在 $^\omega\{0, 2\}$ 和 K 之间的一一对应, 将任一由 0 和 2 组成的序列 (s_n) 对应于实数 $\sum_{n \in \omega} s_n 3^{-n-1}$, 所以

$$\mathrm{card}(K) = \mathrm{card}(^\omega\{0, 2\}) = 2^{\aleph_0}$$

因此 $\mathrm{card}(\mathbf{R}) \geqslant 2^{\aleph_0}$。由此根据伯恩斯坦等势定理可知 $\mathrm{card}(\mathbf{R}) = 2^{\aleph_0}$。 □

因为命题 10.4.1, 基数 $2^{\aleph_0}$ 也常被称为**连续统的权** (power of the continuum, 这里的 "权" 在过去是 "势" 的同义词): 有些作者把它记为 $\mathfrak{c}$; 其他人则记之为 $\beth_1$。

推论 (10.4.2) 如果 $n \geqslant 1$, 那么 $\mathrm{card}(\mathbf{R}^n) = \mathrm{card}(\mathbf{R})$。

证明：$\mathrm{card}(\mathbf{R}^n) = (2^{\aleph_0})^n = 2^{n\aleph_0} = 2^{\aleph_0} = \mathrm{card}(\mathbf{R})$。 □

当康托尔第一个发现这一结论时，他是感到非常惊讶以至于惊呼（在 1877 年致戴德金的一封信中）"我看见了，但是我不相信"。

可以证明还有其他聚也具有连续统的权。举个例子，考虑 $\mathbf{R}$ 的开子集组成的聚。其中每个这样的集合都可以表示成互不相交的开区间的可数并【命题 7.4.4】，且因此可以用一对实数序列来表示这些区间的两端点，以此对它们进行编码。所以这些开集合的数目不超过

$$\mathrm{card}(^{\omega}\mathbf{R} \times ^{\omega}\mathbf{R}) = ((2^{\aleph_0})^{\aleph_0})^2 = 2^{2\aleph_0^2} = 2^{\aleph_0}$$

而很明显，实数线中至少有这么多数量的开子集，所以根据夹逼方法可知其数目恰为这么多。

由此立即可知，$\mathbf{R}$ 的闭子集组成的集合同样具有连续统的权，就和完满子集组成的集合一样。不过，$\mathbf{R}$ 的**所有**子集的集合 $\mathfrak{B}(\mathbf{R})$ 具有严格大于其的势 $2^{2^{\aleph_0}}$（$= \mathfrak{c}^{\mathfrak{c}}$）。

将命题 10.4.1 推广到所有非空完美集上将得到一些有趣的结论。证明的思路是将我们之前的工作一般化并证明任意完满集都有子集同构于康托尔三分集。

引理（10.4.3） 如果 P 是实数线的完满子集，$\mathcal{P}$ 是由 "是 P 的有界闭子集，且同时具有无穷多个 P 内的点" 的集合所组成的集合。那么存在一个函数将 $\mathcal{P}$ 中任意成员 A 映射至由 P 的两个互不相交成员 A_0 和 A_1 所组成的对，且 A_0 和 A_1 的长度小于 A 长度的一半。

证明：假设 $A \in \mathcal{P}$。那么存在无穷多个 P 内的点在 A 内。如果我们令 a_0 和 a_1 是其中任意两点，令集合 $\varepsilon = \frac{1}{3}|a_1 - a_0|$，那么集合 $A_i = \{x \in P : a_i - \varepsilon \leqslant x \leqslant a_i + \varepsilon\}$（$i = 0, 1$）显然具有我们要求的属性。然而所选 A_i 的确切端点并不重要；如果我们愿意，可以很容易地使端点为有理数。这样做的好处是我们可以预先规定对有理数端点区间的枚举，并要求在这一枚举中尽可能早地选出满足要求的 A_0 和 A_1，从而避免在定义我们想要的函数时使用任何形式的选择公理。 □

命题（10.4.4） 如果 B 是 $\mathbf{R}$ 的非空完满子集，那么 $\mathrm{card}(B) = 2^{\aleph_0}$。

证明：思路是使用上述引理构造康托尔三分集的同构副本。取具有无穷多个 P 内的点，且是 P 的有界闭子集的 A。如果 s 是由 0 和 1 组成的长度为 n 的有穷串，我们用 $s^\wedge 0$ 和 $s^\wedge 1$ 分别表示在 s 末尾加上 0 或 1 之后得到的长度为 $n + 1$ 的串。然后使用引理 10.4.3，对于每一个 s，我们都可以把闭集合 A_S 递归关联于 s：$A_{S^\wedge 0}$ 和 $A_{S^\wedge 1}$ 都是 A_S 的子集，且长度小于它的一半。对于 $^{\omega}\{0, 1\}$ 中每

一个**无穷**序列 s, 令 $f(s)$ 为属于 $\cap_{n \in \omega} A_{s|n}$ 的 P 中的唯一元素。显然 f 是单射的, 所以它的像是 P 的子集且具有连续统的权。 □

注释

我们还没有定义完基数算术: 正如之前所说, 我们将在第 15 章说明通过假设更多的集合论公理, 如选择公理或广义连续统假设, 会如何简化基数算术。即使没有选择公理, 也还是有很多内容值得论述。谢尔平斯基 (Sierpinski, 1965) 保留了这方面最全面的处理手法, 不过巴赫曼 (Bachmann, 1955) 也值得参考。

第 11 章　序　数

简单归纳和通用归纳是在证明自然数相关命题时的强大工具：我们现在研究如何将其一般化，以便在远比 ω 的子集更为宽泛的有序集的类上使用它们。首先，我们注意到某种变体归纳法可以在任意具有所谓的良序（well-ordering）属性的有序集上使用。因此，我们的策略是研究良序集间的同构，就像我们在第 9 章研究集合间的等势。而正如我们在第 9 章的工作引出了基数算术一样，我们在本章的工作也会引出序数算术。

11.1　良　序

定义　集合 A 上的关系 r 被称为是**良基的**（well-founded），如果所有 A 的非空子集都有 r-极小元素。

这一定义恰好说明了要想使用更一般的通用归纳原理，需要满足什么样的条件。

命题（11.1.1）　如果 Φ 是任意公式，r 是集合 A 上的良基关系，那么

$$(\forall x \in A)((\forall yrx)\Phi(y) \Rightarrow \Phi(x)) \Rightarrow (\forall x \in A)\Phi(x)$$

证明：令 $B = \{x \in A\colon \Phi(x)\}$，并且如果可能，假设 $B \neq A$。那么 $A \backslash B$ 就是 A 的非空子集，根据前提可知其具有 r-极小元素 x。但是，不存在 $y \in A \backslash B$ 满足 yrx。所以对所有 $y \in A$，如果 yrx，那么 $\Phi(y)$。因此根据假设有 $\Phi(x)$ 成立，所以 $x \in B$。矛盾。　$\square$

命题（11.1.2）　r^{t} 是良基的，当且仅当 r 是良基的。

证明：必要性。这是显然的，因为一个集合的任意 r^{t}-极小元素也是 r-极小元素。

充分性。假设 r^{t} 不是良基的。所以存在 A 的非空子集 B，B 没有 r^{t}-极小元素，即 $B \subseteq r^{\mathrm{t}}[B] = r[\mathrm{Cl}_r(B)]$。所以

$$\mathrm{Cl}_r(B) = B \cup \mathrm{Cl}_r(r[B])$$
$$= B \cup [\mathrm{Cl}_r(B)]$$

$$= r[\mathrm{Cl}_r(B)]$$

因此 r 也不是良基的。 □

在本章中我们经常会用到下面这个记号：

$$\mathrm{seg}_A(a) = \{x \in A : x < a\}$$

在不会引起混淆的情况下，我们会将其简写作 $\mathrm{seg}(a)$。

引理（11.1.3） 如果 $(A, \leqslant)$ 是偏序集，那么如下三项论断等价。

（1）严格偏序 $<$ 在 A 上是良基的。

（2）任意 A 的子集，如果在 A 中具有严格上界，那么在 A 中也有最小严格上界。

（3）如果 $B \subseteq A$ 且 $(\forall a \in A)(\mathrm{seg}_A(a) \subseteq B \Rightarrow a \in B)$，那么 $B = A$。

证明：练习 1。 □

定义 如果 $(A, \leqslant)$ 是满足引理 11.1.3 中某一论断的（偏）序集合，那么我们就说 $\leqslant$ 在 A 上是**（偏）良序的**，$<$ 在 A 上是严格（偏）良序的，$(A, \leqslant)$ 是**（偏）良序集**。

一个偏良序集显然不能包含严格递减序列（的像）（参见 14.1 节对该命题的逆的讨论）。如果一个偏序集的任意非空子集都有**最小**（而不仅仅是极小）元素，那么该集合是全序（也因此是良序）的。

显然，根据继承得到的序关系，（偏）良序集的任意子集仍是（偏）良序的。如果 A 是（偏）良序的，那么它的起始子集 $\mathrm{seg}_A(a)$ 也是（偏）良序的。

假设 $(A, \leqslant)$ 是良序集。此时 A 有最小元素 $\bot$，当且仅当 A 是非空的。A 不一定有最大元素：如果 $a \in A$，那么要么 a 就是 A 的最大元素，要么 A 中存在比 a 大的元素，而在后一种情况下，比 a 大的最小元素就是 a 的唯一后继，记之为 a^+。$A \backslash \{\bot\}$ 中的任一元素不一定是 A 中任何其他元素的后继：而如果它确不是其他元素的后继，那么就称之为 A 的**极限点**（limit point）；这种情况成立，当且仅当 $a = \sup \mathrm{seg}(a)$。

良序集的一个代表实例就是 $(\omega, \leqslant)$：它没有极限点和最大元素。所有有穷（偏）序集都是（偏）良序的【定理 6.4.5】；事实上一个有序集是有穷的，当且仅当它和它的逆序（opposite）集合都是良序的。

命题（11.1.4） 实数线的所有良序子集都是可数的。

证明：假设 A 是 $\mathbb{R}$ 的良序子集，令 $(r_n)_{n \in \omega}$ 是范围为 "$\mathbb{R}$ 的一个稠密子集" 的序列。对 A 中的任意 x，令 x^+ 为 A 中大于 x 的最小元素（当不存在这样的

元素时，令 x^+ 为任意大于 x 的实数）；令 $g(x)$ 为满足 $x < r_n < x^+$ 的 r_n 中，具有最小索引下标的那一个。如此定义的从 A 到 $\{r_n : n \in \omega\}$ 的函数 g 显然是单射的，所以 A 是可数的。 □

当我们讨论对集合形成过程的建构主义式理解时，曾注意到这种理解显然会把我们限制在有穷集上。为了把建构主义从这种限制中解放出来，我们研究了诉诸超级任务的可能性——超级任务以越来越快的速度重复执行进程，从而在有穷时间内完成无穷多次任务。然而我们刚刚证明的命题表明，这种方法仍有一个限制。因为超级任务中执行的任务在时间上是良序的。因此，如果我们假设这一时间顺序被正确地建模为一连续统，就可以得出结论说，任意超级任务也仅包含可数多的子任务。

定理（11.1.5） 如果 $(A, \leqslant)$ 是良序集，f 是从 A 到 A 的严格递增函数，那么对所有的 $x \in A$，有 $x \leqslant f(x)$ 成立。

证明： 假设不成立。那么存在 $x \in A$ 满足 $x > f(x)$；令 x_0 为满足这一条件的最小元素。那么

$$f(x_0) \leqslant f(f(x_0)) < f(x_0)$$

矛盾。 □

推论（11.1.6） 如果 $(A, \leqslant)$ 是良序集，$B \subseteq A$，那么以下三项论断等价：

（1）B 是 A 的起始真子集。

（2）存在 $a \in A$，满足 $B = \text{seg}_A(a)$。

（3）B 是 A 的起始子集，且不同构于 A。

证明：（1）$\Rightarrow$（2）。如果 B 是 A 的起始真子集，那么 $A \backslash B$ 非空，故存在它的最小元素 a；显然 $B = \text{seg}_A(a)$。

（2）$\Rightarrow$（3）。假设 $B = \text{seg}_A(a)$。如果存在从 $(A, \leqslant)$ 到 $(B, \leqslant_B)$ 的同构 f，那么 $f(a) \geqslant a$【定理 11.1.5】，所以 $f(a) \notin B$，而这是荒谬的。

（3）$\Rightarrow$（1）。显然的。 □

推论（11.1.7） 令 $(A, \leqslant)$ 和 $(B, \leqslant)$ 是良序集。如果存在从 $(A, \leqslant)$ 到 $(B, \leqslant)$ 的同构，那么该同构是唯一的。

证明： 假设 f 和 g 都是从 $(A, \leqslant)$ 到 $(B, \leqslant)$ 的同构。那么 $g \circ f^{-1}$ 是严格递增的，所以对所有 $x \in A$，

$$f(x) \leqslant g(f^1(f(x))) = g(x)【定理 11.1.5】$$

类似地，可得 $g(x) \leqslant f(x)$。因此 $f = g$。 □

定理（11.1.8） 如果 $(A, \leqslant)$ 和 $(B, \leqslant)$ 都是良序集，那么要么 A 同构于 B 的起始子集，要么 B 同构于 A 的起始子集（或两者都成立）。

证明：令

$$f = \{(x, y) \in A \times B: \operatorname{seg}_A(x) \text{ 和 } \operatorname{seg}_B(y) \text{ 是同构的}\}$$

首先注意如果 $(x_1, y_1), (x_2, y_2) \in f$，那么 $x_1 < x_2 \Leftrightarrow y_1 < y_2$，因为，比如，如果 $x_1 < x_2$ 而且 $y_1 \geqslant y_2$，那么 $\operatorname{seg}_B(y_1)$ 就同构于其自身的一个起始真子集，与推论 11.1.6 矛盾。由此可知 f 是严格递增的，而 $\operatorname{dom}[f]$ 和 $\operatorname{im}[f]$ 则分别是 A 和 B 的起始子集。现在假设，如果可能，令 $\operatorname{dom}[f] \neq A$ 且 $\operatorname{im}[f] \neq B$。令 a 为 $A \backslash \operatorname{dom}[f]$ 的最小元素，b 为 $B \backslash \operatorname{im}[f]$ 的最小元素。显然 $\operatorname{dom}[f] = \operatorname{seg}_A(a)$ 且 $\operatorname{im}[f] = \operatorname{seg}_B(b)$，所以 f 是 $\operatorname{seg}_A(a)$ 和 $\operatorname{seg}_B(b)$ 之间的同构。因此 $b = f(a)$。矛盾。所以 f 即为我们要求的同构。 □

练习：

1. 证明引理 11.1.3。

2. 假设 $(A, \leqslant)$ 是偏序集。

（1）证明 $(A, \leqslant)$ 是偏良序的，当且仅当对所有的 $a \in A$，$\operatorname{seg}(a)$ 是偏良序的。

（2）证明 A 是有穷的，当且仅当 $\mathfrak{B}(A)$ 对于包含关系是偏良序的。【充分性证明可以考虑 $\{B \in \mathfrak{B}(A): A \backslash B \text{ 是有穷的}\}$。】

3. 如果 $(A, \leqslant)$ 是偏序集，证明以下两项论断等价：

（1）对所有的 $a \in A$，$\operatorname{seg}_A(a)$ 是良序的；

（2）$(A, \leqslant)$ 是偏良序的，且 A 的所有有向子集相对于原有顺序关系都是全序的。

称 $(A, \leqslant)$ 是一个**树**（tree），如果它满足上述论断。

4. 如果 A 是树，证明 B 是 A 的极大全序子集，当且仅当 B 是 A 的起始全序子集，且在 A 上没有严格上界。如果 B 满足这些限制条件，就称它为 A 的一个**分支**（branch）。

5. 称一个全序集 $(A, \leqslant)$ 是**完满序的**（perfectly ordered），如果它满足：

（1）A 有最小元素；

（2）A 中除最大元素（如果有最大元素）以外的所有元素都有唯一后继；

（3）A 中任意元素都可以要么通过 A 的最小元素，要么通过 A 的一个极限点，运用有穷次数的后继运算得到。

证明所有良序集都是完满序的，但反过来则不一定成立。

11.2 序数的定义

我们现在要引入结构的序类型（order-type）概念。目的是对同构结构进行编码。这类似于我们在 9.1 节中面对的问题，即定义集合的基数，以便只编码它的大小。所以我们在这里同样使用斯科特–塔斯基方法（the Scott/Tarski trick）来定义序类型也就不足为奇了。

定义 如果 (A, r) 是一个结构，那么将集合

$$\langle (B, s) : (B, s) \text{ 同构于} (A, r) \rangle$$

记为 $\mathrm{ord}(A, r)$，并称之为 (A, r) 的**序类型**。

命题（11.2.1） 如果 (A, r) 和 (B, s) 都是结构，那么 (A, r) 同构于 (B, s)，当且仅当 $\mathrm{ord}(A, r) = \mathrm{ord}(B, s)$。

证明： 直接可得。 □

定义 一个良序集的序类型被称为一个**序数**（ordinal）。

从这里开始我们一般用小写希腊字母 α, β, γ 等来表示序数。

定义 假设 $\alpha = \mathrm{ord}(A, \leqslant)$, $\beta = \mathrm{ord}(B, \leqslant)$。我们用 $\alpha \leqslant \beta$ 表示存在从 $(A, \leqslant)$ 映射到 $(B, \leqslant)$ 的某个起始子集的同构。

很容易验证这一定义不依赖于我们对 $(A, \leqslant)$ 或 $(B, \leqslant)$ 的选择。

命题（11.2.2）

（1）$(\alpha \leqslant \beta$ 而且 $\beta \leqslant \gamma) \Rightarrow \alpha \leqslant \gamma$;

（2）$\alpha \leqslant \alpha$;

（3）$(\alpha \leqslant \beta$ 而且 $\beta \leqslant \alpha) \Rightarrow \alpha = \beta$;

（4）$\alpha \leqslant \beta$ 或者 $\beta \leqslant \alpha$。

证明：（1）和（2）是显然的；（3）可以根据推论 11.1.6 得到；（4）可以根据定理 11.1.8 得到。 □

命题（11.2.3） 如果偏序集 $(A, \leqslant)$ 是链 $\mathscr{B}$ 的起始子集的并集，且其中每一个子集所继承的偏序都是良序的，那么 A 也是良序的，且

$$\mathrm{ord}\,(A, \leqslant) = \sup_{B \in \mathscr{B}} \mathrm{ord}\,(B, \leqslant_B)$$

证明： 假设 A 有不具有极小元素的非空子集 C，取 $x \in C$。因为存在 $B \in \mathscr{B}$ 使得 $x \in B$，所以 $B \cap C$ 非空，而因为 B 是偏良序的，所以 $B \cap C$ 有极小元素 y。因为 C 没有极小元素，所以存在 $z \in C$ 满足 $z < y$；并且 $z \in B$ 因为 B 是

A 的初始子集。这与 y 在 $B \cap C$ 内是极小的矛盾。因此 $(A, \leqslant)$ 是偏良序的。证明的其余部分留作练习。 □

定义 $\alpha = \{\beta : \beta < \alpha\}$。

对任意序数 α 来说，集合 α 都是存在的，因为它的成员都属于 $\mathfrak{B}(V(\alpha))$。

定理（11.2.4） 如果 α 是序数，那么 $(\alpha, \leqslant)$ 是良序集且 $\mathrm{ord}(\alpha, \leqslant) = \alpha$。

证明： 令 $(A, \leqslant)$ 是任意满足 $\mathrm{ord}(A, \leqslant) = \alpha$ 的良序集，对所有的 $x \in A$，令 $f(x) = \mathrm{ord}(\mathrm{seg}_A(x), \leqslant)$。那么 f 是严格递增的，因为如果 $x < y$，那么 $\mathrm{seg}(x)$ 是 $\mathrm{seg}(y)$ 的起始子集，但又不同构于 $\mathrm{seg}(y)$【推论 11.1.6】，所以 $f(x) < f(y)$。此外，f 的像是整个 α，因为如果 $\beta < \alpha$，那么存在 $x \in A$，满足

$$\beta = \mathrm{ord}(\mathrm{seg}_A(x), \leqslant) = f(x) 【推论 11.1.6】$$

所以 $(A, \leqslant)$ 同构于 $(\alpha, \leqslant)$。命题由此立即得证。 □

推论（11.2.5） 任意非空序数集都有最小元素。

证明： 令 A 为任意非空序数集，令 $\alpha \in A$。如果 α 是 A 的最小元素，那么命题得证。如果不是，那么 $A \cap \alpha$ 非空，因此有最小元素【定理 11.2.4】，该元素必定为 A 的最小元素。 □

布拉利-福尔蒂悖论（11.2.6） 不存在 $\{\alpha : \alpha$ 是序数$\}$。

证明： 反过来假设存在 $A = \{\alpha : \alpha$ 是序数$\}$。那么依之前的顺序【推论 11.2.5】，它是良序的。所以如果 $\alpha = \mathrm{ord}(A, \leqslant)$，那么 $\mathrm{ord}(\alpha, \leqslant) = \alpha$【定理 11.2.4】，因此 $(\alpha, \leqslant)$ 同构于 $(A, \leqslant)$【命题 11.2.1】。但是 α 是 A 的起始真子集（因为 $\alpha \in A$），因此与它不同构【推论 11.1.6】。矛盾。 □

命题（11.2.7） 如果 Φ 是任意公式，那么集合 $B = \{\beta : \Phi(\beta)\}$ 存在，当且仅当存在序数 α 满足 $\Phi(\beta) \Rightarrow \beta < \alpha$。

证明： 必要性。假设 $B = \{\beta : \Phi(\beta)\}$。所以存在序数 α 不在 $V(B)$ 中，因为如果所有序数都属于 $V(B)$，它们就可以组成一个集合，与布拉利-福尔蒂悖论相矛盾。因为 $V(B) \in V(\alpha)$，所以

$$\Phi(\beta) \Rightarrow \beta \in B$$
$$\Rightarrow V(\beta) \in V(B)$$
$$\Rightarrow V(\beta) \in V(\alpha)$$
$$\Rightarrow \beta < \alpha$$

必要性。如果存在序数 α 满足 $\Phi(\beta) \Rightarrow \beta < \alpha$，那么满足 Φ 的所有序数都属于集合 α。□

将最小序数记为 0。显然不存在最大序数。对任意序数 α，我们记 α^+ 为大于 α 的最小序数：并将其称为 α 的 **后继**。如果一个非零序数不是任何其他序数的后继，我们就把该序数称为一个 **极限序数**（limit ordinal）。

引理（11.2.8） 如果 $\alpha \neq 0$，那么以下三项论断等价：

（1）α 是极限序数；

（2）$(\forall \beta)(\beta < \alpha \Rightarrow \beta^+ < \alpha)$；

（3）$\alpha = \sup_{\beta < \alpha} \beta$。

证明：（1）$\Rightarrow$（2）。假设 $\beta < \alpha$。显然 $\beta^+ \leqslant \alpha$。但如果 $\beta^+ = \alpha$，那么 α 就不是极限序数。所以 $\beta^+ < \alpha$。

（2）$\Rightarrow$（3）。令 $\gamma = \sup_{\beta < \alpha} \beta$。那么 $\gamma \leqslant \alpha$。但如果 $\gamma < \alpha$，那么根据假设有 $\gamma^+ < \alpha$，所以 $\gamma^+ < \gamma$，显然是荒谬的。因此 $\gamma = \alpha$。

（3）$\Rightarrow$（1）。假设 $\sup_{\beta < \alpha} \beta = \alpha$ 但 α 不是极限序数。所以存在序数 γ 满足 $\alpha = \gamma^+$ 因此，

$$\gamma = \sup_{\beta < \alpha} \beta = \alpha = \gamma^+$$

而这显然是荒谬的。□

11.3 超限归纳与递归

现在我们考虑把在第 9 章证明过的简单归纳及递归原理推广到任意序数情况中去 *。

命题（11.3.1） 如果 $A \subseteq \alpha$ 且如果 $\beta \subseteq A \Rightarrow \beta \in A$，那么 $A = \alpha$。

证明： 根据引理 11.1.3 和定理 11.2.4 立即可证。□

通用超限归纳模式（general transfinite induction scheme）**（11.3.2）** 如果 $\Phi(\alpha)$ 是公式且如果 $(\forall \beta)((\forall \gamma < \beta)\Phi(\gamma) \Rightarrow \Phi(\beta))$，那么 $(\forall \alpha)\Phi(\alpha)$。

证明： 令 $A = \{\beta < \alpha : \Phi(\beta)\}$；那么 $A = \alpha$【命题 11.3.1】，所以 $\Phi(\alpha)$ 仍成立。□

命题（11.3.3） 假设 A 是 α 的子集，且满足下列三项属性：

（1）$0 \in A$；

（2）对所有的 $\beta < \alpha$，有 $\beta \in A \Rightarrow \beta^+ \in A$；

---

* 似乎是作者笔误，应为第 5 章。——译者

（3）对所有极限序数 $\lambda < \alpha$，有 $\boldsymbol{\lambda} \subseteq A \Rightarrow \lambda \in A$。

那么 $A = \boldsymbol{\alpha}$。

证明： 如果可能，假设 $A \subset \boldsymbol{\alpha}$。所以 $\boldsymbol{\alpha} \backslash A$ 非空，因此有最小元素【定理 11.2.4】。第一项属性说明该元素不是 0，第二项属性说明它不是一个后继，而第三项说明它不是一个极限序数。矛盾。　　　　　　　　　　　　　　　　　　□

简单超限归纳模式（simple transfinite induction scheme）（**11.3.4**）　　如果 $\Phi(\alpha)$ 是公式且满足：

（1）$\Phi(0)$；

（2）$(\forall \beta)(\Phi(\beta) \Rightarrow \Phi(\beta^+))$；

（3）如果 λ 是极限序数，那么 $(\forall \beta < \lambda)\Phi(\beta) \Rightarrow \Phi(\lambda)$。

那么 $(\forall \alpha)\Phi(\alpha)$。

证明： 就像根据命题 11.3.1 得出通用超限归纳模式一样，可以通过运用命题 11.3.3 得出简单超限归纳模式。　　　　　　　　　　　　　　　　　　□

通用超限递归原理（general principle of transfinite recursion）（**11.3.5**）　　如果对所有的 $\beta < \alpha$，都存在从 $\mathfrak{B}(A)$ 到 A 的函数 s_β，那么恰存在一个从 $\boldsymbol{\alpha}$ 到 A 的函数 g 满足对所有的 $\beta < \alpha$，$g(\beta) = s_\beta(g[\boldsymbol{\beta}])$。

证明： 唯一性。可以通过使用通用超限归纳原理直接得到。

存在性。我们将通过对 α 使用简单超限归纳来证明 g 的存在性。当 $\alpha = 0$ 时，结论显然成立。接下来假设存在一个满足上述属性的从 $\boldsymbol{\beta}$ 到 A 的函数 g，我们可以通过令 $g(\beta) = s_\beta(g[\boldsymbol{\beta}])$ 来将 g 扩展到 β^+。最后，假设 λ 是一个非零极限序数，且对所有的 $\beta < \lambda$，都存在（必定是唯一的）从 $\boldsymbol{\beta}$ 到 A 的函数 g_β 满足对所有的 $\gamma < \beta$，有 $g_\beta(\gamma) = s_\gamma(g_\beta[\boldsymbol{\gamma}])$。任何两个这样的函数 g_β 在它们值域的重合部分一定也是相同的。所以如果 $g = \cup_{\beta < \lambda} g_\beta$，那么 g 是一个函数【命题 4.8.1】且

$$\text{dom}[g] = \cup_{\beta < \lambda} \text{dom}[g_\beta] = \{\gamma : (\exists \beta < \lambda)(\gamma < \beta)\} = \boldsymbol{\lambda}$$

容易看出 g 就是我们要求的函数。通过简单超限归纳完成该证明。　　　　□

简单超限递归原理（simple principle of transfinite recursion）（**11.3.6**）　　如果 A 是集合，f 是从 A 到 A 的函数，a 是 A 的一个成员，s 是从 $\mathfrak{B}(A)$ 到 A 的函数，那么对任意序数 α，存在唯一的从 $\boldsymbol{\alpha}$ 到 A 的函数 g 满足：

（1）$g(0) = a$；

（2）如果 $\beta^+ < \alpha$，那么 $g(\beta^+) = f(g(\beta))$；

（3）对所有的极限序数 $\lambda < \alpha$，有 $g(\lambda) = s(g[\boldsymbol{\lambda}])$。

证明： 利用通用超限递归原理易证。　　　　　　　　　　　　　　　　□

为了说明如何使用序数，我们下面将证明一个关于实数集的结论，该结论同时也是描述集合论的核心。

定理（11.3.7）（Cantor，1883; Bendixson，1883） 所有 $\mathbf{R}$ 的不可数闭子集都有非空完满子集。

证明：令 B 为 $\mathbf{R}$ 的任一闭子集，并递归定义如下

$$B^{(0)} = B$$

$$B^{(\alpha+1)} = (B^{(\alpha)})'$$

$$\text{对极限序数}\lambda, B^{(\lambda)} = \cap_{\alpha<\lambda} B^{(\alpha)}$$

因为 B 是闭的，所以 $B^{(\alpha)}$ 组成了 $\mathbf{R}$ 的闭子集的递减超限序列。如果 α_0 是使得 $B^{(\alpha+1)} = B^{(\alpha)}$ 成立的最小序数 α，那么 $(B^{(\alpha_0)})' = B^{(\alpha_0+1)} = B^{(\alpha_0)}$，所以 $B^{(\alpha_0)}$ 是完满的。接下来，我们证明集合

$$B_0 = \cup_{\beta<\alpha_0} \left(B^{(\beta)}\backslash B^{(\beta+1)} \right)$$

是可数的。我们把它映射到由所有具有有理数端点的开区间所组成的可数集 $\mathcal{U}$ 上。对所有的 $\beta < \alpha_0$，再对每一个 $B^{(\beta)}\backslash B^{(\beta+1)}$ 上的 x，我们都能挑出一个 $\mathcal{U}$ 中的成员 $U(x)$，它与 $B^{(\beta+1)}$ 不相交且与 $B^{(\beta)}\backslash B^{(\beta+1)}$ 只相交于 x。另外我们可以规定（以避免使用可数选择公理）$U(x)$ 为在对 $\mathcal{U}$ 的枚举过程中最先出现的满足前述要求的开区间。如此定义的从 B_0 到 $\mathcal{U}$ 的函数 $x \mapsto U(x)$ 显然是单射的，所以 B_0 是可数的。而 $B = B_0 \cup B^{(\alpha_0)}$，所以如果 B 是不可数的，那么 $B^{(\alpha_0)}$ 就像要求的那样是非空的。 □

推论（11.3.8） 所有 $\mathbf{R}$ 的不可数闭子集都有连续统的权。

证明：我们已经证明了非空完满集总有连续统的权【命题 10.4.4】。 □

康托尔之所以对证明该结论感兴趣是因为他在 1878 年提出的一项被称为**连续统假设**（continuum hypothesis）的猜想，该猜想认为 $\mathbf{R}$ 的**所有**不可数子集都有连续统的权。他因此把我们刚刚证明的结论看成对该猜想的一种特殊情况的验证。不过那其实是一个过于特殊的情况，尽管人们可以很朴素地猜测 $\mathbf{R}$ 的所有闭子集组成的集合的基数 $\mathfrak{c} = 2^{\aleph_0}$，而**所有**子集组成的集合的基数为 $\mathfrak{c}^{\mathfrak{c}}$。我们在第 15 章将对此做更多讨论；特别是会发现，想要把定理 11.3.7(康托尔–本迪克松定理) 的证明方法扩展到对连续统假设的证明上是如此困难，至少不易于直接证明人们的朴素猜测。

11.4 势

定义 $|\alpha| = \mathrm{card}(\boldsymbol{\alpha})$。

当我们说一个序数 α 的**势**时，我们指的不是那个特定集合的基数（它毕竟只是我们在序数定义过程中的意外产物），而是刚刚定义的那个 $|\alpha|$。我们说 α 是有穷的或无穷的，可数的或不可数的，都是根据 $|\alpha|$ 的情况来说的。显然如果 $\mathrm{ord}(A, \leqslant) = \alpha$，那么 $\mathrm{card}(A) = |\alpha|$。

命题（11.4.1） $\alpha \leqslant \beta \Rightarrow |\alpha| \leqslant |\beta|$。

证明：显然的。 □

当然，其逆命题在无穷情形下不成立。

定义 $\omega_0 = \mathrm{ord}(\boldsymbol{\omega}, \leqslant)$。

所以 $|\omega_0| = \aleph_0$，因此 ω_0 是最小无穷序数。如果对所有的 $n \in \omega$，我们令 $n_0 = \mathrm{ord}(\boldsymbol{n}, \leqslant)$，那么根据 $n \mapsto n_0$ 定义得来的从 ω 到 ω_0 的函数是同构函数：从现在开始我们以有穷序数 n_0 标识自然数 n，并把 ω_0 记作 ω。

由一些以 β 为指标集的序数 β 所构成的族 $(x_\alpha)_{\alpha<\beta}$ 被称为是**超限序列**（transfinite sequence）。因为 $<\omega$ 时，那些序数（在我们刚刚引入的标识下）就是自然数，所以在 $\beta = \omega$ 的特殊情况下，该族就是我们在 5.3 节中所指的无穷序列。

定理（11.4.2）（Hartogs, 1915） 不存在基数 $\mathfrak{a}$ 能够满足对所有序数 α，$|\alpha| \leqslant \mathfrak{a}$。

证明：反过来假设 $\mathfrak{a}$ 是所有形如 $|\alpha|$ 的基数的上界。那么将很容易证明所有序数都被包含在 $V(\mathfrak{a})$ 之后的第四级层次上。因此 $\{\alpha : \alpha$ 是序数$\}$ 存在【分离公理模式】，与布拉利–福尔蒂悖论矛盾。 □

该定理在证明大型序数的存在性时是一项非常有用的工具。例如，它表明不是所有序数都是可数的，因为否则，对所有的 α，都有 $|\alpha| \leqslant \aleph_0$，与该定理矛盾。将最小不可数序数记为 ω_1，我们令 $\aleph_1 = |\omega_1|$。

命题（11.4.3） $\aleph_0 < \aleph_1 < 2^{2^{\aleph_0}}$。

证明：显然 $\aleph_0 \leqslant \aleph_1$；而确实 $\aleph_0 < \aleph_1$，因为如果 ω_1 是可数的，那么 ω_1 将是可数序数，由此我们会得到 $\omega_1 < \omega_1$。如果序数 $\alpha < \omega_1$，那么我们令 $f(\alpha)$ 为 ω 上所有满足 $\mathrm{ord}(\omega, r) = \alpha$ 的良序 r 所组成的集合，因此 f 是从 ω_1 到 $\mathfrak{B}(\mathfrak{B}(\omega \times \omega))$ 的单射函数。所以

$$\aleph_1 = |\omega_1| \leqslant \mathrm{card}(\mathfrak{B}(\mathfrak{B}(\omega \times \omega))) = 2^{2^{\aleph_0^2}} = 2^{2^{\aleph_0}} \qquad \square$$

由此我们得到了另一个不可数集实例，因为我们刚刚证明的命题意味着可数序数的集合 ω_1 是不可数的。康托尔把 ω 称为"第一数类"（first number class），把 $\omega_1\backslash\omega$ 称为"第二数类"（second number class）。

值得注意的是，就像推导实数的相应结论时一样，我们推导 ω_1 是不可数的证明过程是非直谓的，而这次的非直谓性要隐藏得更深一些：布拉利–福尔蒂悖论的证明依赖于所有序数组成的集合的序数，而这显然是一个非直谓性的定义，我们对 ω_1 的不可数性的证明透过定理 11.4.2 继承了这种非直谓性，因为在该定理的证明中用到了布拉利–福尔蒂悖论。这种非直谓性意义重大，因为它使得序数理论超脱了康托尔最初设想的"顺序符号"这一角色。原因是任何符号系统都是可数的，所以它们都不能穷尽 ω_1。

用序数标记对象的方法是证明集合论结论的一项有力工具。然而为了能够应用这一方法，我们需要所研究的对象具有良序结构。因此，在一个给定集合上是否存在良序就成了一个我们感兴趣的问题。

定义 称集合 A 是**可良序的**（well-orderable），如果存在 A 上的良序。

一个集合是可良序的，当且仅当存在一个范围为该集合的超限序列。如果 A 和 B 是等势的，那么显然 A 是可良序的，当且仅当 B 也是可良序的。因此一个集合是否是可良序的，只取决于它的势。因为 ω 是可良序的，所以所有可数集都是可良序的，但反过来则不成立：正如我们刚刚看到的那样，所有可数序数组成的集合 ω_1 是可良序的，但它是不可数的。我们在 14.4 节中将讨论更多可良序的不可数集。

练习：
证明 α 的出生不会高于 $|\alpha|$ 的出生四个层次以上。

11.5 秩

序数系统最重要的应用之一是衡量一个集合在整个层级结构中的位置。我们即将使用到的衡量方法被称为集合的**秩**（rank）。为了定义这个概念，我们需要回顾 3.6 节的内容。那里的大部分内容都可以用我们在本章新引入的词汇重新加以表述，可以说任何层次 V 的记录（由所有属于 V 的层次所组成的集合）都是良序的：非严格序关系可以看成包含关系，相应的严格序关系可以看成属于关系。我们可以借由把记录的序数当成它在层级中位置的指标来利用这种新表述。

定义 集合 A 的**秩**是指序数

$$\rho(A) = \mathrm{ord}(\{V : V是一个层次且V \in V(A)\}, \subseteq)$$

换句话说：A 的秩就是它的出生记录的序数。现在有

$$\rho(A) \leqslant \rho(B) \Leftrightarrow V(A) \subseteq V(B)$$

以及

$$\rho(A) < \rho(B) \Leftrightarrow V(A) \in V(B)$$

据此我们可以推断，一个集合的秩完全可以替换集合的出生，来衡量该集合在层级结构中的位置。

定义 $V_\alpha = \{x : x是个体，或者x是集合且\rho(A) < \alpha\}$。

命题（11.5.1）

$$V_0 = \{x : x是个体\}$$

$$V_{\alpha+1} = V_\alpha \cup \mathfrak{B}(V_\alpha)$$

如果λ是极限序数，$V_\lambda = \cup_{\alpha < \lambda} V_\alpha$

证明：由超限归纳法可证。 $\square$

命题（11.5.2） 如果 V_α 存在，那么它是一个层次，且

$$\alpha = \rho(V_\alpha) = \mathrm{ord}(V : V是一个层次且V \in V_\alpha\}, \subseteq)$$

证明：同样由超限归纳法可证。 $\square$

在这个阶段我们并没有声称层次 V_α 存在，事实上与 **ZU** 一致的是应该存在序数 α——即使是和第二极限序数一样小——然而却并不存在。该问题将是本书第 13 章的核心。

我们此前已经看到了层级包含一个由纯层次组成的核心：可以把这些纯层次看成是通过一种与 V_α 相似的过程而得到的，但该过程的起点是 $\varnothing$。

定义 $U_\alpha = \{a \in V_\alpha : a 是纯的\}$。

命题（11.5.3）

$$U_0 = \varnothing$$

$$U_{\alpha+1} = \mathfrak{B}(U_\alpha)$$

如果λ是极限序数，$U_\lambda = \cup_{\alpha < \lambda} U_\alpha$

证明：证明类似于命题 11.5.1。 $\square$

很容易证明（以 5.4 节中的记号）$\mathrm{card}(\mathrm{U}_n) = 2_{n-1}$。许多作者按照皮尔斯设计的记号把它扩展到超限，根据该种记号，对任意序数 α，

$$\beth_\alpha = \mathrm{card}\,(\mathrm{U}_{\omega+\alpha})$$

于是 $\beth_0 = \aleph_0$，$\beth_1 = 2^{\aleph_0}$，$\beth_2 = 2^{2^{\aleph_0}}$。由此我们可以推出 $\rho(\boldsymbol{\omega}) = \omega$ 而 $\rho(\mathbf{R}) = \omega+1$（当然，这只是因为我们规定了 $\boldsymbol{\omega}$ 和 $\mathbf{R}$ 在纯层级中的位置应尽可能地低）。

命题（11.5.4）   如果 r 是集合 A 上的关系，那么 r 是良基的当且仅当存在一个序数 α 和一个从 A 到 $\boldsymbol{\alpha}$ 的函数 f，满足对所有的 $x, y \in A$，

$$xry \Rightarrow f(x) < f(y) \tag{1}$$

证明： 必要性。使用通用递归证明，定义 $f(a)$ 为 $\{f(x)\colon xra\}$ 的最小严格上界。

充分性。直接可证。   □

使得满足（1）的函数 f 存在的最小序数 α 被称为良基关系 r 的**秩**。该秩概念令我们能够陈述我们集合理论的二阶变体的部分范畴性结论。

策梅洛范畴定理（Zermelo's categoricity theorem）   如果 T 是一个范畴的理论，那么 $\mathbf{Z2}[T]$ 的任意两个模型的有根部分如果具有相同的秩，那么它们互为同构。

当然该定理的内容正是我们在第一部分讨论的两项丰饶原理所期待的。一旦给定了个体，二阶分离模式就能完全确定出层级中每一个层次上的集合——也就是确定了所有集合。唯一需要确认的其他变量是衡量层级结构高度的序数，也就是我们所说的秩。对该问题的进一步思考可以参见本书第四部分的结论。

练习：

补全命题 11.5.4 的证明细节。

注释

比起基数理论,序数理论也许更足以称得上是个人的独立发现:道本（Dauben,1990）详述了康托尔理论的诞生。泰特（Tait, 2000）记述了康托尔如何在他的《基础》（*Grundlagen*）一书中超越了自己早年将序数看作一套充作递归定义指标的记号系统的想法。

布拉利-福尔蒂悖论的历史则有些曲折。为了解释这一点，我们将（暂时）使用 "准序数"（quasi-ordinal）一词指称完满序集（见 11.1 节练习 5）的序类型。在该术语下，布拉利-福尔蒂（Burali-Forti, 1897b）证明的是所有准序数组成的集合在其自有的偏序下不是全序的。他还断言所有准序数都是序数，由此与康托尔

定理（Cantor, 1897）矛盾，后者声称序数是全序的。其中有一个谬误：布拉利–福尔蒂误解了康托尔对良序的定义，其实它的含义恰恰相反，使得其逆命题——所有序数都是准序数——成立。因此该矛盾就消解了：一个非全序集合有全序子集，这并不荒谬。布拉利–福尔蒂在（Burali-Forti, 1897a）中更正了错误，并添加了颇具神秘色彩的注释："读者可以自行验证（Burali-Forti, 1897b）中的哪些命题对良基类也成立。" 但是他似乎并没有听从自己的建议去进行这些验证：直到罗素（Russell, 1903）做了这件事，结果他注意到布拉利–福尔蒂的论证说明序数不是全序的，从而复活了悖论。这就产生了一个真正的悖论，且由于罗素的原因，该悖论普遍被称为 "布拉利–福尔蒂悖论"，尽管布拉利–福尔蒂本人迟至 1906 年［在一封给库图拉特（Couturat）的信中］仍否认其中含有矛盾。（库图拉特后来公开的信件内容令人感到非常困惑：出于对布拉利–福尔蒂的尊重，不如假设它在翻译过程中出现了错译。）不管怎么说，康托尔在 1899 年之前的某个时刻独立发现了这个悖论。

　　作为证明手段的超限归纳和作为定义手段的超限递归如今已是纯数学家们的常用工具：像霍布森（Hobson, 1921）这样的经典分析学教材中都包含大量这样的例子。

　　当然，逻辑学家们特别关心的是发现了在证明论中可以利用超限归纳和切割消去法以证明多种形式系统的一致性。这个想法可以追溯到希尔伯特（Hilbert, 1925），他希望通过对自然数的**有穷**归纳来实现这个目标。哥德尔（Gödel, 1931）的工作表明这个目标至少对于希尔伯特感兴趣的那些形式系统而言未免过于野心勃勃。但当根岑（Gentzen, 1936）以超限归纳至可数序数 ε_0（我们将在 12.5 节对它进行定义）来证明 **PA** 是一致的之后，人们又对这个项目重拾兴趣。后来的研究工作把根岑的结论或多或少地扩展到了各种谓词分析学系统上，但经典分析学，甚至是像 **Z** 这样的集合论系统的简单易懂的一致性证明仍显得遥不可及。

第 12 章　序 数 算 术

在本章中，我们将定义序数的加法、乘法和幂运算。我们将取之前递归定义自然数的相应运算时（5.4 节）的模型：后继序数应采用的扩展定义形式是明确的；对极限序数的加法定义形式也是明确的，只要我们要求对于第二个变元而言，运算是正规的。

12.1　正 规 函 数

命题（12.1.1）　如果 $(A, \leqslant)$ 是良序的，$(B, \leqslant)$ 是偏序的，那么从 A 到 B 的函数 f 是正规的【严格正规的】，当且仅当该函数满足：

如果 $a \in A$ 且 a 是 A 的一个极限点，那么 $f(a) = \sup_{x<a} f(x)$；

对 A 除最大元素（如果有）以外的任何 a，$f(a^+) \geqslant f(a)$【如果是严格正规的，要求 $f(a^+) > f(a)$】。

证明：必要性。显然的。

充分性。我们先证明 f 是递增的。因为如果它不是递增的，那么就存在 $a \in A$ 使得有一些 $b < a$ 且 $f(b) \not\leqslant f(a)$：尽可能小地选中这样的 a。接下来分两种情况讨论。

（1）a 是 A 的极限点。此时

$$f(a) = \sup_{x<a} f(x) \not\leqslant f(a)$$

矛盾。

（2）存在 $c \in A$ 使得 $a = c^+$。此时对所有的 $x < a$，有 $x \leqslant c$ 且因此 $f(x) \leqslant f(c)$（因为选 a 时是尽可能小的），所以 $c = b$ 且 $f(c) \not\leqslant f(a)$。但 $f(a) = f(c^+) \geqslant f(c)$。矛盾。

因此 f 是递增的。【如果要在更强形式下证明 f 是严格递增的，思路与此类似。】

现在我们证明 f 是正规的。假设 C 是 A 的非空有界子集，令 $c = \sup C$。所以如果 $x \in C$，那么 $x \leqslant c$，故 $f(x) \leqslant f(c)$；所以 $f(c)$ 是 $f[C]$ 的上界。接下来分两种情况讨论：

（1）$c \in C$。此时 $f(c) \in f[C]$，所以 $f(c)$ 是 $f[C]$ 的上确界。

(2) $c \notin C$。此时 c 是 A 的极限点。如果 $x < c$，那么存在 $y \in C$ 满足 $x \leqslant y$，所以如果 z 是 $f[C]$ 在 B 上的上界，那么 $f(x) \leqslant f(y) \leqslant z$。因此 $f(c) = \sup_{x<c} f(x) \leqslant z$。由此可知，在这种情况下 $f(c)$ 也是 $f[C]$ 的上确界。

因此 f 是【严格】正规的。 $\qquad\square$

命题（12.1.2） 如果 $(A, \leqslant)$ 是良序集，f 是从 A 到 A 的严格正规函数，那么对所有的 $a \geqslant f(\bot)$，都存在一个最大元素 $b \in A$ 满足 $f(b) \leqslant a$。

证明： 如果 a 是 A 的最大元素，那么显然它就是我们要找的那个元素。如果 a 不是 A 的最大元素，那么 $f(a^+) > f(a) \geqslant a$，所以存在元素 $c \in A$ 满足 $f(c) > a$：选中这样的元素 c 中最小的那个。现在，$c > \bot$ 因为 $f(c) > f(\bot)$。而如果 c 是 A 的极限点，那么我们将有

$$f(c) = \sup_{x<c} f(x) \leqslant a < f(c)$$

这显然是荒谬的。所以存在 $b \in A$ 满足 $c = b^+$。显然 $f(b) \leqslant a$；而如果 $x > b$，那么 $x \geqslant c$，所以 $f(x) \geqslant f(c) > a$。因此 b 就是我们想要的元素。 $\qquad\square$

12.2 序 数 加 法

首先考虑序数的加法。我们想要定义出具有如下属性的运算：

$$\alpha + 0 = \alpha$$

$$\alpha + \beta^+ = (\alpha + \beta)^+$$

如果 λ 是极限序数，那么 $\alpha + \lambda = \sup_{\beta < \lambda}(\alpha + \beta)$

此前给出自然数加法的定义时，我们直接根据戴德金定理对该递归定义的有效性进行了证明。所以在这里，我们希望通过超限递归调用类似的定理对序数加法定义的有效性加以证明。

但不幸的是其中有一个困难。在本定义的第三项中，对于极限序数 λ，我们需要一项独立论证来证明 $\beta < \lambda$ 时，$\alpha + \beta$ 有界，因为否则就不存在 $\sup_{\beta < \lambda}(\alpha + \beta)$。

事实证明解决此难题最简单的方法是避开它。我们可以在定义中完全不使用超限递归，而用综合手段（synthetic mean）以明确定义序数加法。这样做了之后，就可以很简单地检查我们所定义的运算是否满足上面给出的递归等式。

定义 如果 $(A, \leqslant)$ 和 $(B, \leqslant)$ 都是有序集，那么我们定义 A 和 B 的**有序和**（ordered sum）$A + B$ 为不相交并 $A \uplus B = (A \times \{0\}) \cup (B \times \{1\})$ 及其上的序关

系，该序关系为 $(x, i) \leqslant (y, j)$ 当且仅当

$i = 0$ 且 $j = 1$

或者 $i = j = 0$ 而且 $x \leqslant y$

或者 $i = j = 1$ 而且 $x \leqslant y$。

该定义相当于把一份 B 的拷贝放在了 A 的拷贝后面。显然两个有序集的有序和仍是有序的。但是为了使我们能够利用这一点，必须还要要求它对良序也能保持这一不变性。幸运的是这一点很容易被证明。

引理（12.2.1） 两个良序集的有序和仍是良序的。

证明： 假设 C 是 $A \uplus B$ 的非空子集。所以存在 $D \subseteq A$，$E \subseteq B$，满足

$$C = (D \times \{0\}) \cup (E \times \{1\})$$

如果 D 是非空的，那么它在 A 中就有最小元素 a（因为 A 是良序的），此时 $(a, 0)$ 就是 C 的最小元素；而如果 D 是空的，那么 E 就是非空的且在 B 中有最小元素 b（因为 B 是良序的），此时 $(b, 1)$ 是 C 的最小元素。 $\square$

该引理为以下定义提供了合理性辩护。

定义 如果 $\alpha = \mathrm{ord}(A, \leqslant)$ 而且 $\beta = \mathrm{ord}(B, \leqslant)$，那么我们定义 $\alpha + \beta$ 等于 $(A, \leqslant)$ 和 $(B, \leqslant)$ 的有序和的序数。

例如，$\omega + 2$ 就是一个由 **2** 的拷贝接上 ω 的拷贝所组成的良序集的序数。

命题（12.2.2） $|\alpha + \beta| = |\alpha| + |\beta|$。

证明： 琐碎的。 $\square$

命题（12.2.3） 序数的加法具有下列递归等式的特征：

（1）$\alpha + 0 = \alpha$；

（2）$\alpha + \beta^+ = (\alpha + \beta)^+$；

（3）如果 λ 是极限序数，那么 $\alpha + \lambda = \sup_{\beta < \lambda}(\alpha + \beta)$。

证明： 直接可证。 $\square$

根据命题 12.2.3，可以清楚地看出对于有穷序数（即自然数），其加法定义在这些方面与我们在 5.4 节中的定义相吻合。

因为 $\alpha + 1 = \alpha + 0^+ = (\alpha + 0)^+ = \alpha^+$，所以命题 12.2.3(2) 可以按我们更熟悉的形式重新写作

$$\alpha + (\beta + 1) = (\alpha + \beta) + 1$$

推论（12.2.4） 对任意 α，函数 $\beta \mapsto \alpha + \beta$ 在任意序数集合上都是严格正规的。

证明：根据命题 12.1.1 和命题 12.2.3 立刻得证。 □

差集算法（subtraction algorithm）**（12.2.5）** 如果 $\beta \leqslant \alpha$，那么存在唯一的序数 ρ，满足 $\alpha = \beta + \rho$。

证明：存在性。存在满足 $\beta + \rho \leqslant \alpha$ 的最大序数 ρ【推论 12.2.4 及命题 12.1.2】。但如果 $\beta + \rho < \alpha$，那么

$$\beta + (\rho + 1) = (\beta + \rho) + 1 \leqslant \alpha$$

与我们对 ρ 的选择矛盾。因此 $\beta + \rho = \alpha$。

唯一性。根据函数 $\rho \mapsto \beta + \rho$ 是单射的【推论 12.2.4】，可以证明唯一性。 □

如果 $\beta \leqslant \alpha$，那么使得 $\alpha = \beta + \rho$ 成立的唯一序数 ρ 有时被写作 $\alpha - \beta$。

命题（12.2.6） 假设 α, β, γ 都是序数。

(1) $\beta < \gamma \Rightarrow \alpha + \beta < \alpha + \gamma$。

(2) $\alpha + \beta = \alpha + \gamma \Rightarrow \beta = \gamma$。

(3) 对所有的非空序数集合 B，$\alpha + \sup_{\beta \in B} \beta = \sup_{\beta \in B}(\alpha + \beta)$。

(4) $\alpha + (\beta + \gamma) = (\alpha + \beta) + \gamma$。

(5) $\alpha \leqslant \beta \Rightarrow \alpha + \gamma \leqslant \beta + \gamma$。

(6) $\alpha \leqslant \beta \Leftrightarrow (\exists \delta)\beta = \alpha + \delta$。

(7) $\alpha < \beta \Leftrightarrow (\exists \delta > 0)\beta = \alpha + \delta$。

证明：根据命题 12.1.1 和 12.2.3 立刻可证（1），（2）和（3）。

证明（4）。我们对 γ 使用超限归纳。当 $\gamma = 0$ 时结论是显然的。如果 $\alpha + (\beta + \gamma) = (\alpha + \beta) + \gamma$，那么

$$\alpha + (\beta + (\gamma + 1)) = \alpha + ((\beta + \gamma) + 1)$$
$$= (\alpha + (\beta + \gamma)) + 1$$
$$= ((\alpha + \beta) + \gamma) + 1$$
$$= (\alpha + \beta) + (\gamma + 1)$$

而且如果 λ 是一个极限序数，满足对所有的 $\gamma < \lambda$，有 $\alpha + (\beta + \gamma) = (\alpha + \beta) + \gamma$，那么

$$\alpha + (\beta + \lambda) = \sup_{\gamma < \lambda}(\alpha + (\beta + \gamma))$$

$$= \sup_{\gamma < \lambda}((\alpha + \beta) + \gamma)$$

$$= (\alpha + \beta) + \lambda$$

整个证明根据超限归纳得来。

证明（5）。同样可以根据对 γ 使用超限归纳加以证明。

根据推论 12.2.4 和差集算法立刻可证（6）和（7）。　　　　　　□

注意序数的加法（不同于基数的加法）是**不可**交换的，因为，例如

$$1 + \omega = \sup_{n < \omega}(1 + n) = \omega < \omega + 1$$

这种不可交换性影响很深：将命题 12.2.6 的（1），（2），（3）和（7）中 α 移至右侧后得到的新式子，如 $\beta < \gamma \Rightarrow \beta + \alpha < \gamma + \alpha$，通常是不成立的。

练习：

1. 证明 $\alpha \geqslant \omega$ 当且仅当 $\alpha = 1 + \alpha$。

2. $\alpha = (\alpha - \beta) + \beta$ 是否是一般性成立的？

3. 找出对于序数 α 和 β，使得 "$\alpha + \beta$ 为极限序数" 成立的充要条件。

4. 对所有的 β，函数 $\alpha \mapsto \alpha + \beta$ 都是递增的【命题 12.2.6(5)】。证明该函数是严格递增的，当且仅当 β 是有穷的；而该函数是正规的，当且仅当 $\beta = 0$。

12.3　序数乘法

现在我们转向乘法。同样，这次我们所追求的递归等式也是根据对有穷情形的扩展得来的：

$$\alpha 0 = 0$$

$$\alpha(\beta + 1) = \alpha\beta + \alpha$$

如果 λ 是极限序数，那么 $\alpha\lambda = \sup_{\beta < \lambda} \alpha\beta$

而同样地，我们仍运用综合定义的方式来间接地获得这些等式。

定义　如果 $(A, \leqslant)$ 和 $(B, \leqslant)$ 都是有序集，那么我们定义 A 和 B 的**有序积**（ordered product）为 $A \times B$ 的笛卡儿积及其上的序关系，该序关系满足 $(x_1, y_1) \leqslant (x_2, y_2)$ 当且仅当**要么** $y_1 \leqslant y_2$，**要么** $y_1 = y_2$ 且 $x_1 \leqslant x_2$。

这种顺序关系通常被称为**反向字典**（reverse lexicographic）序，因为它和波斯语字典中单词出现的先后顺序相同。或者也可以把它看成先取一份 B 的拷贝，再依次将每一个成员替换成 A 的拷贝后所得到的结果。

引理（12.3.1） 两个良序集的有序积仍是良序的。

证明： 假设 C 是 $A \times B$ 的非空子集，那么从 C 的元素中选出那些具有可能最小的 B-坐标的元素，再从这些元素中选出具有可能最小 A-坐标的那个，显然该元素就是 C 的最小元素。 □

定义 如果 $\alpha = \mathrm{ord}(A, \leqslant)$ 而且 $\beta = \mathrm{ord}(B, \leqslant)$，那么定义 $\alpha\beta$ 为 $(A, \leqslant)$ 和 $(B, \leqslant)$ 的有序积。

例如，$\omega 2$ 就是这样一个良序集的序数：它由 **2** 的成员对应的 ω 拷贝组成，并且按这些成员间的顺序关系来排列。

因此把 $\alpha\beta$ 读作 "β 个 α" 似乎能更好地表达它的含义，所以把它记成 $\beta\alpha$ 可能更为自然：事实上，康托尔在他关于该领域的第一篇论文（Cantor, 1883）里也是这么做的。由于注意到这样做会使得形式更为简洁，于是他将这个记号倒过来写；例如，我们后面的命题 12.4.6(5) 在康托尔的原始记号中就会被写成如下形式（Cantor, 1887: 86）：

$$\alpha^{(\beta+\gamma)} = \alpha^{(\gamma)}\alpha^{(\beta)}$$

命题（12.3.2） $|\alpha\beta| = |\alpha||\beta|$。

证明： 琐碎的。 □

命题（12.3.3） 序数的乘法具有下列递归等式的特征：

（1）$\alpha 0 = 0$；

（2）$\alpha(\beta+1) = \alpha\beta + \alpha$；

（3）如果 λ 是极限序数，那么 $\alpha\lambda = \sup_{\beta<\lambda} \alpha\beta$。

证明： 直接可证。 □

根据命题 12.3.3，可以看出对于有穷序数（即自然数），其乘法定义在这些方面与我们在 5.4 节中的定义相吻合。然而就像序数的加法一样，在无穷情况下乘法也不满足交换律：例如，

$$2\omega = \sup_{n<\omega} 2n = \omega < \omega + \omega = \omega 2$$

推论（12.3.4） 函数 $\beta \mapsto \alpha\beta$ 在任意序数集合上都是正规的（如果 $\alpha > 0$，那么函数还是严格正规的）。

证明：根据命题 12.1.1 和命题 12.3.3 立刻可证。 □

除法算法（division algorithm）（**12.3.5**）   如果 $\beta \neq 0$，那么存在唯一的序数 δ 和 $\rho < \beta$ 使得 $\alpha = \beta\delta + \rho$。

证明：存在性。如果我们选中满足 $\beta\delta \leqslant \alpha$ 的最大序数 δ【推论 12.3.4 和命题 12.1.2】，那么存在 ρ 满足 $\alpha = \beta\delta + \rho$【命题 12.2.6（6）】。因此

$$\beta\delta + \beta = \beta(\delta + 1) > \alpha = \beta\delta + \rho$$

所以由两边消去可得 $\rho < \beta$。

唯一性。假设 $\alpha = \beta\delta + \rho$，但 δ 不是使得 $\beta\delta \leqslant \alpha$ 成立的最大序数。那么

$$\alpha \geqslant \beta(\delta + 1) = \beta\delta + \beta > \beta\delta + \rho = \alpha$$

这显然是荒谬的。这就证明了 δ 的唯一性；而 ρ 的唯一性来自于差集算法 12.2.5。 □

除法算法在 $\beta = \omega$ 时特别有用：任一序数都可以被唯一地写成 $\omega\delta + n$ 的形式，其中 $n < \omega$。

推论（**12.3.6**） α 是极限序数，当且仅当存在 $\beta > 0$，使得 $\alpha = \omega\beta$。

证明：必要性。存在 β 和 $n < \omega$，满足 $\alpha = \omega\beta + n$【除法算法】。如果 $n \neq 0$，那么存在 $m < \omega$ 使得 $n = m + 1$，所以

$$\alpha = \omega\beta + (m + 1) = (\omega\beta + m) + 1$$

所以 α 是一个后继序数，与假设矛盾。因此 $n = 0$，故 $\alpha = \omega\beta$。

充分性。假设 $\omega\beta$ 是非零的，也不是极限序数。那么存在 γ，$\omega\beta = \gamma + 1$。现有 $\sigma \leqslant \alpha$ 和 $n \leqslant \omega$ 满足 $\gamma = \omega\sigma + n$。那么

$$\omega\beta = (\omega\sigma + n) + 1 = \omega\sigma + (n + 1)$$

但由除法算法中分解的唯一性，可知 $n + 1 = 0$。矛盾。 □

命题（**12.3.7**）   假设 α, β, γ 都是序数。

（1）如果 $\alpha \neq 0$，那么 $\beta < \gamma \Rightarrow \alpha\beta < \alpha\gamma$。

（2）如果 $\alpha \neq 0$，那么 $\alpha\beta = \alpha\gamma \Rightarrow \beta = \gamma$。

（3）对任意非空序数集 B，$\alpha \sup_{\beta \in B} \beta = \sup_{\beta \in B}(\alpha\beta)$。

（4）$\alpha(\beta+\gamma)=\alpha\beta+\alpha\gamma$。

（5）$\alpha(\beta\gamma)=(\alpha\beta)\gamma$。

（6）$\alpha\leqslant\beta\Rightarrow\alpha\gamma\leqslant\beta\gamma$。

证明： 根据推论 12.3.4 立刻可证（1），（2）和（3）。

证明（4）。我们通过对 γ 施加简单超限归纳来证明该命题。$\gamma=0$ 时命题显然成立。如果 $\alpha(\beta+\gamma)=\alpha\beta+\alpha\gamma$，那么

$$\begin{aligned}
\alpha(\beta+(\gamma+1)) &= \alpha((\beta+\gamma)+1)\\
&= \alpha(\beta+\gamma)+\alpha\\
&= (\alpha\beta+\alpha\gamma)+\alpha\\
&= \alpha\beta+(\alpha\gamma+\alpha)\\
&= \alpha\beta+\alpha(\gamma+1)
\end{aligned}$$

而如果 λ 是极限序数且满足对所有的 $\gamma<\lambda$，都有 $\alpha(\beta+\gamma)=\alpha\beta+\alpha\gamma$，那么

$$\alpha(\beta+\gamma)=\sup_{\gamma<\lambda}(\alpha(\gamma+\lambda))=\sup_{\gamma<\lambda}(\alpha\beta+\alpha\lambda)=\alpha\beta+\alpha\lambda$$

整体证明由归纳法得来。

证明（5）和（6）。同样对 γ 施加简单超限归纳可证。　　　　□

注意，在命题 12.3.7 从（1）到（4）的运算中，改成在右侧乘以 α 后通常是不成立的。例如，

$$(2+3)\omega=5\omega=\omega<\omega2=2\omega+3\omega$$

以及 $(\omega+1)n=\omega n+1$，于是

$$(\omega+1)\omega=\sup_{n<\omega}((\omega+1)n)=\sup_{n<\omega}(\omega n+1)=\omega\omega<\omega\omega+\omega$$

练习：

1. 使用除法算法 12.3.5 中的符号，证明如果 $\delta<\tau$，那么 $\alpha<\beta\tau$。

2. 证明只要 $\beta\neq0$，$\beta\omega$ 就是极限序数；但并不是所有极限序数都具有这种形式。

3. 证明 $\alpha+1+\alpha=1+\alpha2$。

4. 如果 $\alpha\neq0$ 且 β 是极限序数，证明 $(\alpha+1)\beta=\alpha\beta$。

5. 对任意 β，函数 $\alpha\mapsto\alpha\beta$ 都是递增的；证明它是严格递增的，当且仅当 β 是后继序数。

6. 证明如果 $\beta \neq 0$ 且 $2 < n < \omega$，那么 β 是极限序数，当且仅当 $n\beta = \beta$。

7. 找到相对于序数 α, β 而言的充要条件，使得 $\alpha\beta$ 为极限序数。

12.4 序 数 幂

定义 如果 $(A, \leqslant)$ 和 $(B, \leqslant)$ 是有序集，B 有最小元素 $\perp$，那么 $(A, \leqslant)$ 的 $(B, \leqslant)$ 次**有序幂**（ordered exponential）被定义为由所有满足"对所有但有穷多的 $x \in A$，$f(x) = \perp$"的从 A 到 B 函数 f 所组成的集合 $^{(A)}B$ 及序关系，而该序关系被定义为 $f < g$，当且仅当 $f \neq g$ 且 $f(x_0) < g(x_0)$，其中 x_0 是有穷集 $\{x \in A: f(x) \neq g(x)\}$ 的最大元素。

选择该序关系完全是因为我们想要得到一个满足适宜递归条件（下面的命题 12.4.3）的序数幂的定义，而且它比有序和或有序积要难描述得多。

引理（12.4.1） 如果 $(A, \leqslant)$ 和 $(B, \leqslant)$ 是良序集，那么 A 的 B 次有序幂 $(^{(A)}B, \leqslant)$ 也是良序的。

证明： 假设 $\mathscr{F}$ 是 B 的非空子集。所以它有元素 f。令 $a_0, a_1, \cdots, a_{n-1}$ 为元素 $a \in A$，且满足 $f(a) \neq \perp$，安排编号令 $a_0 > a_1 > \cdots > a_{n-1}$。接下来递归定义 B 的元素 $b_0, b_1, \cdots, b_{n-1}$，使得

$$b_r = \min\{g(a_r) : g \in \mathscr{F} \text{而且对于} p < r, g(a_p) = b_p\}$$

现在定义 f_0 为对于 $r < n, f_0(a_r) = b_r$；对于 $x \in A \backslash \{a_0, a_1, \cdots, a_{n-1}\}, f_0(x) = \perp$。很容易验明 f_0 为 $\mathscr{F}$ 的最小元素。 □

定义 如果 $\alpha = \mathrm{ord}(A, \leqslant)$，$\beta = \mathrm{ord}(B, \leqslant)$，那么我们用 $\beta^{(\alpha)}$ 指代有序幂 $(^{(A)}B, \leqslant)$ 的序数。

命题（12.4.2）（Schonflies, 1913） 如果 α 和 β 都是无穷的，那么

$$|\beta^{(\alpha)}| = \max(|\alpha|, |\beta|)$$

证明： 该命题可以根据定义和我们将在后面证明一项可良序基数结论【命题 15.3.3】得出[①]。 □

命题（12.4.3） 假设 β 是序数。

（1）$\beta^{(0)} = 1$。

（2）$\beta^{(\alpha+1)} = \beta^{(\alpha)}\beta$。

（3）$\beta^{(\lambda)} = \sup_{a < \lambda} \beta^{(\alpha)}$。

[①] 一般不建议使用尚未被证明的结论，但是至于本命题，很容易验证其并不会导致逻辑上的循环论证。

证明：直接可证。 □

因此，当问题中的序数为有穷时，该定义与我们所熟悉的幂定义相吻合。

特别要注意，

$$2^{(\omega)} = \sup_{n < \omega} 2^n = \omega$$

由此导致的结论之一是

$$\left| 2^{(\omega)} \right| = |\omega| = \aleph_0 < 2^{\aleph_0} = |2|^{|\omega|}$$

所以序数的幂运算不像加法和乘法那样与相应的基数运算相契合（参见命题 12.2.2 和命题 12.3.2）。这也是为什么我摒弃标准记法，将序数幂写作 $\beta^{(\alpha)}$ 而不是更常见的 β^α 的原因：我想要强调序数幂和基数幂的区别。不过，在说明这一点之后，我偶尔会在比较方便的时候把序数幂写作 β^α；不必担心这会导致与基数幂的混淆，因为没有哪个序数同时也是基数。

注意，只要我们继续坚持要求函数 $\alpha \mapsto 2^{(\alpha)}$ 是正规的（而且该要求是可以被满足的），那么基数幂和序数幂之间的这种差别就是不可避免的。事实上，就算放弃了这一要求，我们依旧不能定义出与基数幂相协调的序数幂。因为如果我们能做到这一点，我们就能定义出序数 2^ω 满足 $|2^\omega| = |2|^{|\omega|} = 2^{\aleph_0}$，所以我们就能定义 $\mathfrak{P}(\omega)$ 上的良序。但这在我们的理论中是不可能做到的，哪怕纳入了选择公理也是如此（Feferman, 1965）。

推论（12.4.4） 函数 $\alpha \mapsto \beta^{(\alpha)}$ 是正规的，当且仅当 $\beta > 0$（而如果 $\beta > 1$，那么该函数就是严格正规的）。

证明：根据命题 12.1.1 和命题 12.4.3 立刻可证。 □

对数算法（logarithmic algorithm）**（12.4.5）** 如果 $\alpha > 0$ 且 $\beta > 1$，那么分别存在唯一序数 γ, δ, ρ 使得 $\alpha = \beta^{(\gamma)} \delta + \rho$，其中 $0 < \delta < \beta$ 且 $\rho < \beta^{(\gamma)}$。

证明：存在性。选中满足 $\beta^{(\gamma)} \leqslant \alpha$ 的最大序数 γ【推论 12.4.4 和命题 12.1.2】，然后使用除法算法 12.3.5 以获得满足 $\rho < \beta^{(\gamma)}$ 和 $\beta^{(\gamma)} \delta + \rho = \alpha$ 的序数 δ 和 ρ。如果 $\delta = 0$，我们可得 $\rho = \alpha \geqslant \beta^{(\gamma)} > \rho$，这显然是荒谬的。而如果有 $\delta \geqslant \beta$，我们可得

$$\alpha < \beta^{(\gamma+1)} = \beta^{(\gamma)} \beta \leqslant \beta^{(\gamma)} \delta \leqslant \beta^{(\gamma)} \delta + \rho = \alpha$$

这同样是荒谬的：因此得 $0 < \delta < \beta$，正如命题要求的那样。

唯一性。如命题中那样假设 $\alpha = \beta^{(\gamma)} \delta + \rho$，但 γ 不是使得 $\beta^{(\gamma)} \leqslant \alpha$ 成立的最大序数。那么有

$$\alpha \geqslant \beta^{(\gamma+1)} = \beta^{(\gamma)}\beta \geqslant \beta^{(\gamma)}(\delta+1) = \beta^{(\gamma)}\delta + \beta^{(\gamma)} > \beta^{(\gamma)}\delta + \rho = \alpha$$

显然是荒谬的。这就证明了 γ 的唯一性。δ 和 ρ 的唯一性可以根据除法算法 12.3.5 得出。 □

命题（12.4.6） 假设 α, β, γ 都是序数。

（1）如果 $\alpha > 1$，那么 $\beta < \gamma \Leftrightarrow \alpha^{(\beta)} < \alpha^{(\gamma)}$。

（2）如果 $\alpha > 1$，那么 $\alpha^{(\beta)} = \alpha^{(\gamma)} \Rightarrow \beta = \gamma$。

（3）对任意非空序数集 $B, \alpha^{(\sup B)} = \sup_{\beta \in B} \alpha^{(\beta)}$。

（4）如果 $\alpha > 1$，那么 $\beta \leqslant \alpha^{(\beta)}$。

（5）$\alpha^{(\beta+\gamma)} = \alpha^{(\beta)}\alpha^{(\gamma)}$。

（6）$\left(\alpha^{(\beta)}\right)^{(\gamma)} = \alpha^{(\beta\gamma)}$。

（7）$\alpha \leqslant \beta \Rightarrow \alpha^{(\gamma)} \leqslant \beta^{(\gamma)}$。

证明： 根据推论 12.4.4 立刻可证（1）、（2）和（3）；（4）可以通过（1）和定理 11.1.5 得到；（5）、（6）和（7）可以通过对 γ 运用简单超限归纳得证。□

练习：

1. 如果在对数算法 12.4.5 中有 $\gamma < \tau$，证明 $\alpha < \beta^{(\tau)}$。

2. 说明如何在序数分别是 $\omega+2$，$\omega 2$，ω^2 和 $\omega^{(\omega)}$ 的集合 ω 上定义良序。

3. 找出对于序数 α, β 而言，使得 $\alpha^{(\beta)}$ 为极限序数的充要条件。

4. 证明函数 $\beta \mapsto \beta^{(\alpha)}$ 是严格递增的，当且仅当 α 是后继序数。

5. 找出 $\alpha\beta^{(\omega)} \neq \alpha^{(\omega)}\beta^{(\omega)}$ 的实例。

12.5 标 准 型

定理（12.5.1） 如果 α 是任意序数，$\beta > 1$，那么分别存在唯一的有穷序数序列 $(\delta_r)_{r<n}$ 和 $(\alpha_r)_{r<n}$ 满足 $\alpha_0 > \alpha_1 > \cdots > \alpha_{n-1}$，$0 < \delta_r < \beta$ （其中 $r < n$），且

$$\alpha = \beta^{(\alpha_0)}\delta_0 + \beta^{(\alpha_1)}\delta_1 + \cdots + \beta^{(\alpha_{n-1})}\delta_{n-1}$$

证明： 存在性。反复使用对数算法 12.4.5：该过程必须在有穷多步之后停止，因为否则我们就会得到一个严格递减的序数序列，这与序数是良序的事实矛盾。

唯一性。这可以根据对数算法 12.4.5 的唯一性得到。 □

定理 12.5.1 中给出的 α 的表达式被称为以 β 为底数的 α 的**标准型**（normal form）。有两种特殊情况值得注意：当 $\beta = 2$ 时，我们得到的是**二价标准型**（dyadic normal form）

$$\alpha = 2^{(\alpha_0)} + 2^{(\alpha_1)} + \cdots + 2^{(\alpha_{n-1})}$$

而当 $\beta = \omega$ 时，我们得到**康托尔标准型**（Cantorian normal form）

$$\alpha = \omega^{(\alpha_n)} m_0 + \omega^{(\alpha_1)} m_1 + \cdots + \omega^{(\alpha_{n-1})} m_{n-1}$$

例如，

$$
\begin{aligned}
(\omega 2 + 1)(\omega + 1)3 &= ((\omega 2 + 1)\omega + \omega 2 + 1)3 \\
&= \left(\omega^{(2)} + \omega 2 + 1 \right) 3 \\
&= \omega^{(2)} + \omega 2 + 1 + \omega^{(2)} + \omega 2 + 1 + \omega^{(2)} + \omega 2 + 1 \\
&= \omega^{(2)} + \omega^{(2)} + \omega^{(2)} + \omega 2 + 1 \\
&= \omega^{(2)} 3 + \omega 2 + 1
\end{aligned}
$$

就是康托尔标准型。

当我们考虑以 β 为底数的标准型序数表达式时，一个非常重要的序数就是满足 $\gamma > \beta$，且使得 $\beta^{(\gamma)} = \gamma$ 成立的最小的 γ。我们称之为 β 的**显著序数**（salient ordinal）。它之所以重要是因为它是第一个其标准型不能提供**还原**（reduction）的序数：如果 γ_0 是 β 的显著序数，那么它以 β 为底数的标准型就是 $\gamma_0 = \beta^{(\gamma_0)}$，而对于任意 $\alpha < \gamma_0$，我们可得

$$\alpha = \beta^{(\alpha_0)} \delta_0 + \beta^{(\alpha_1)} \delta_1 + \cdots + \beta^{(\alpha_{n-1})} \delta_{n-1}$$

其中 $0 < \delta_r < \beta$ 而且 $\alpha_{n-1} < \alpha_{n-2} < \cdots < \alpha_0 < \alpha$。现在假设我们把 $\alpha_0, \cdots, \alpha_{n-1}$ 都表示成以 β 为底数的标准型；再把**这些**标准型中的各个指数表示成标准型；以此类推。由于指数在其中的每一步中都在下降，所以在有穷步内我们一定能得到所有指数都小于 β 的表达式。称该表达式为以 β 为底数的 α 的**完全标准型**（complete normal form）。

在此有两种情况特别值得注意。一种是以一个有穷序数 $N > 1$ 为底的情况，很容易看出此时显著序数是 ω，所以只对有穷序数（即自然数）才能还原为完全标准型。因此，例如，我们可以算出以 3 为底数的 2350 的完全标准型为

$$2350 = 3^7 + 3^4 \cdot 2 + 1 = 3^{3 \cdot 2 + 1} + 3^{3+1} \cdot 2 + 1$$

而类似地，以 2 为底数的 8192 的完全标准型为

$$8192 = 2^{13} = 2^{2^3 + 2^2 + 1} = 2^{2^{2+1} + 2^2 + 1}$$

另外，如果以 ω 为底数，显著序数即为方程 $\omega^{(\alpha)} = \alpha$ 的最小解，即

$$\varepsilon_0 = \omega^{\omega^{\omega^{\cdots}}}$$

将之记为 ε_0。所有 $< \varepsilon_0$ 的序数都可以展开成以 ω 为底数的完全标准型；也就是说它可以表示成仅由有穷数字符号和 ω 以加法、乘法和幂组成的有穷形式。

序数 ε_0 对于帮助理解一阶理论 **PA** 也有非常重要的意义（我们将在第 13 章中对此进行讨论）。如果我们考察该序数在序数的超穷序列

$$0, 1, 2, 3, \cdots, \omega, \omega + 1, \omega + 2, \cdots, \omega 2, \omega 2 + 1, \cdots, \omega 3, \cdots,$$

$$\omega^2, \omega^2 + 1, \cdots, \omega^2 + \omega, \cdots, \omega^3, \cdots, \omega^\omega, \cdots, \omega^{\omega^\omega}, \cdots, \varepsilon_0, \cdots, \omega_1, \cdots$$

中的位置，我们就能把握它的大小。而据此序列，从序数的角度来看，ε_0 是非常大的，因为有那么多的极限参与到它的构建过程中。但是注意，$|\varepsilon_0| = \aleph_0$，也就是说 ε_0 是**可数的**，所以从基数角度来看它并不是非常大。

练习：

1. 找出 $\omega(\omega + 1)(\omega^{(2)} + 1)$ 的康托尔标准型。

2. 找出 $\omega^{(n+1)} - (1 + \omega + \omega^{(2)} + \cdots + \omega^{(n)})$ 的康托尔标准型。

3. 找出 $2^{(\omega\alpha + n)}$ 的康托尔标准型，其中 $n < \omega$。

4. 证明 $\alpha = \omega\alpha$ 当且仅当对于某些 β，$\alpha = \omega^{(\omega)}\beta$ 成立。[考虑 α 的康托尔标准型。]

5. 称一个序数 α 是**不可分解的**（indecomposable），如果对所有的 $\beta < \alpha$，都有 $\beta + \alpha = \alpha$。

（1）证明 α 是不可分解的，当且仅当 $\alpha = \beta + \gamma \Rightarrow (\alpha = \beta$ 或者 $\alpha = \gamma)$。

（2）证明如果 $\beta \neq 0$，那么 α 是不可分解的当且仅当，$\beta\alpha$ 也是不可分解的。

（3）如果 α 是不可分解的且 $0 < \beta < \alpha$，证明存在不可分解的 γ，满足 $\alpha = \beta\gamma$。

（4）证明对任意 $\alpha \neq 0$，$> \alpha$ 的最小不可分解序数是 $\alpha\omega$。

（5）证明一个序数是不可分解的，当且仅当它是 0 或对于某些 β，$\omega^{(\beta)}$ 成立。

6. 称一个序数 α 是**临界的**（critical），如果只要 $0 < \beta < \alpha$，就有 $\beta\alpha = \alpha$。

（1）证明 α 是临界的，当且仅当 $\beta\gamma = \alpha \Rightarrow (\beta = \alpha$ 或者 $\gamma = \alpha)$。

（2）证明如果 $\beta > 1$，那么 $> \beta$ 的最小临界序数是 $\beta^{(\omega)}$。

（3）证明临界序数是 0, 1, 2 或形如 $\omega^{(\omega^{(\beta)})}$ 的序数。

注释

我们已经提过康托尔在思考第二数类时发展了序数概念使之不仅仅只是单纯的记号，但直到他定义了序数的算术运算之后，才有可能把序数当成是数。这里叙述的基本理论在康托尔的《超穷数理论基础》（Beitrage, 1895, 1897）中都已有明确论述。海森伯格（Hessenberg）等人在 20 世纪 30 年代的研究表明数论中的大量内容都可以推广到超穷的情况。有关细节请参考谢尔平斯基（Sierpinski, 1965）。

第三部分总结

一套纯数学理论，比如，本书这一部分所论述的内容，竟可能导致哲学困境，这令许多数学家感到厌烦和丧气。一个**应用**数学分支可能有它自己独特的哲学问题，因为它确实要面对实体性问题：该领域中需要建模的实体是什么，以及我们又如何能知道它的确模拟了那些实体。但就**纯**数学而言，一旦我们已经在数学层次上对定理的正确性感到满意，我们的理论又怎能再提出任何问题，而且这些问题还不仅仅是那种哲学中常见的对数学整体正确性的怀疑？

但这种论调遗漏了一点，那就是像本部分所论述的这类数学内容确实在某种程度上是应用数学的一部分。我们给一些词做出了精确定义——势、大于、小于——这些词的原本含义都是我们早已知晓的。当它作用于有穷集时，我们实际上是把我们从小就开始练习的计算加以形式化。而——最关键的是——在作用于无穷集时，我们是取有穷情形的自然概念扩展作为理论的。

这种扩展成功的标志之一是如今大多数纯数学家已经把我们在本部分所论述的那些内容当作是常用工具来使用[①]。另一个标志是现在几乎没有哪个数学家仍认为无穷集的存在是逻辑不一致甚至是自相矛盾的。如果有人（而且也只有极少数人）坚持有穷论，那也是因为他们对从正面说明无穷集存在的论证感到不信服，而不是因为他们认为存在一项反面论证足以说明不存在无穷集。

数学家们在这一概念上的态度转变之彻底，怎么说都不为过。就算他们不相信所有实数都可以由 ∅ 通过超限迭代幂集操作而得到（如果以 **ZF** 为框架，那必然要承认这一点），但无疑他们仍坚信——至少在大多数时候——实数构成了一个集合。而在 200 年前，根本没有人会这样认为。

这种概念上的转变虽然大大拓展了数学的范围，为我们提供了新工具去面对一些甚至是非常古老的问题，但它本身并没有导致古典数学的修正，因为在不同种类的解释之间似乎有中立的地带。对于知道水（基本上）是由 H_2O 组成的我，和对于生活在拉瓦锡时代之前的人而言，"水是湿的"这句话含有某种可以被我们所共同把握的内容；同样，我可以通过一本 18 世纪的数学书籍得知某些数学内容，即使我在读它的时候完全没有进入 18 世纪数学的思维模式。

---

① 如果说序数理论不像基数理论那样为人们所熟知，那是因为存在一种在许多实用场景下避开序数的手段，该手段特别为布尔巴基学派所推广，可以参见 14.5 节。

介绍这些是因为它表明了在对内容的**数学**正确性没有异议的情况下，对内容的解释是如何产生差异的。而这种解释角度上的问题是每个学习基数和序数理论的人所必须面对的[①]。我们证明了 $2^{\aleph_0} > \aleph_0$。但它是否和 $4 > 2$ 是**同样**意义上的真呢？当然从狭义上来说我们可以对此给出肯定回答，因为两者都是康托尔定理的实例。但这只是在证明了这两个等式的那种形式论角度内对该问题的回答。我们真正想要知道的是如何思考无穷集，而该回答则鼓励我们尽可能和思考有穷集一样去思考无穷集。但是"尽可能"又到底有多可能呢？类比是在思考数学问题时最重要的工具之一，但可以肯定的是我们在这里所用的类比必定会在某点上令我们失望。

[①] 我们在本书的第四部分讨论大基数理论，那时该问题将显得更为迫切。

第四部分
更 多 公 理

本书第二、三部分内容几乎都是正面的：我们展示了如何在本书的默认理论 **ZU** 内发展出传统数学——算术、分析学和（通过扩展）几何学——以及康托尔的无穷数理论。但现在我们必须带着更多不确定性回到第一部分中以便引入尚未论述过的对默认理论的一些可能补充。

对坚持集合迭代概念的人来说，存在未被默认理论包含在内的公理并不令人惊讶。我们在第一部分中采纳的公理保证了层次

$$V_0, V_1, V_2, \cdots, V_\omega, V_{\omega+1}, V_{\omega+2}, \cdots$$

的存在性，但并没有保证 $V_{\omega+\omega}$ 的存在性。而我们在第 4 章中用到的第二丰饶原理似乎要求 $V_{\omega+\omega}$ 的存在性。所以，我们的首要任务将是研究声称层级中存在有该层次及更高层次的命题 [这些命题被称为**高级无穷公理**（higher axioms of infinity）]。

高级无穷公理是迭代概念带来诸多困惑的原因，因为它不仅迫使我们接受这些公理，还要接受一个由此而无尽生长的层级。我们想知道层级中有多少层次，但对此给出的任何答案都可以被立即看作有缺陷的，因为可能还有（而根据第二丰饶原理，就是有）除此之外的更多层次。我们遇到的所有情形都是大型的无限可扩展性现象的实例。

因此这些公理表现出来的是，迭代概念本身就暗含某种不完全性。但是我们之前已见过不完全性的实例，可它们似乎完全不同。苏斯林猜想一条完备线，如果它的互不相交开区间聚都是可数的，那么它就一定是连续统，该猜想独立于一阶集合论公理。但如果该猜想有一个反例，那么它的势就至多只有 $2^{\aleph_0}$，所以同构于论域的秩为 $\omega + 1$ 的反例。因此苏斯林猜想由二阶理论 **Z2** 所决定。这与我们刚才提到的高级无穷公理形成对比，后者在一阶和二阶理论中都表现出了不完全性。

不过，我们在设计公理时并非没有注意到苏斯林猜想所例证的那种不完全性：它是我们致力于构建能够完全形式化的理论而导致的不可避免的缺陷。原因当然就是哥德尔不完全性定理，该定理证明了任意形式化集合论语言中，都存在一个语句（被称为哥德尔语句）说公理本身是真的，该语句是真的，但却是不可证的。例如，我们在第一部分中考察过的一阶理论 U，将声称 "U 是一致的" 语句形式化后得到的 $\mathrm{Con}(U)$ 就是一个哥德尔语句。

所以，至少在实在论者看来，一阶理论不可能穷尽所有我们视之为真的论断。（形式论者对不完全性的反应显然与此不同，除非他们给出一个独立于公理之外的真理概念。）

正如我们在第一部分中指出的那样，一阶理论和二阶理论之间差异的核心之一就是一阶分离公理模式远不足以表达出柏拉图主义者乐于接受的所有二阶公理实例。因此，一阶公理化不能表示出在层级中从一个层次移往后一个层次的操作。而因为 V 的后一个层次是 $V \cup \mathfrak{P}(V)$，所以这也就相当于说一阶公理化不能表示从一个集合到它的幂集的操作。

这一失败最直接的表现来自于幂集的基数。如果 $\mathrm{card}(A) = \mathfrak{a}$，那么 $\mathrm{card}(\mathfrak{P}(A)) = 2^{\mathfrak{a}}$，由康托尔定理，我们知道 $2^{\mathfrak{a}}$ 大于 $\mathfrak{a}$。但是到底大多少？更具体点，是否还有另一个基数介于这两者之间？对该问题的解答独立于我们的默认理论。而当 $\mathfrak{a} = \aleph_0$ 时，该问题就是所谓的**连续统问题**，因为 $2^{\aleph_0}$ 正是连续统的基数，我们此前讨论过的所有一阶理论都没有解决该问题，因此它和苏斯林猜想一样是不完全性的实例。

但截至目前，在不能由我们的默认理论公理所确定的诸集合论命题中，最重要的是选择公理，它断言层级中的每个层次都有确定的属性使我们能够挑出集合。该公理在数学上的重要性主要在于大量的重要命题都被证明是依赖于它的，以及在纯数学的各个领域中有大量的简洁命题被证明是等同于它的。在哲学上选择公理同样具有重要意义，因为它在历史上一直是柏拉图主义者和建构主义者之间关于数学存在性之本质的核心争论焦点之一。

第 13 章 无 穷 阶

我们在第 3 章提出的层次理论对于层级结构中存在多少层次而言完全是中性的,因为此时理论只基于分离公理模式。直到我们在第 4 章加入了假设——生成公理和无穷公理——可以说将层级延伸到了一定的高度。但显然还有其他方式来扩展理论以断言层级达到其他高度。我们把这些论断都称为**无穷公理**。通常可以用 "对确定的序数 α,层次 V_α 存在" 这样的形式来说明它们:我们在 4.9 节中采用的无穷公理就断言 V_ω 存在,因此在这个新定义上它也可以被看成一种 "无穷公理"。我们不会试图对何物构成了无穷公理进行精确定性表述,事实上我们很快就会看到想要对该术语的范围进行形式表述是不可能的。但是注意,我们仍可以按照对无穷公理的预期意义来依强度对这些公理进行排序。我们说一个形式理论 U' 扩展层次理论要严格强于另一种扩展 U,如果我们能证明 U' 中存在层次 V,而 $(V, \in)$ 是 U 的一个模型。从这个意义上来说,无穷公理的强度可以设计得没有上限。我们在本章中更感兴趣的是对于真的无穷公理而言,是否具有强度极限,以及如果有极限,它的极限又延伸至哪里。

但在讨论该问题之前,我们应先考察一下它与那些数学家们感兴趣且远没有这么抽象的问题之间的联系。这一联系产生的原因是递归函数论中一个我们已经熟悉了的结论,即如果 T 是一个形式理论,那么算术语言中就存在一个可以编码成表示 "T 的一致性" 的语句 $\mathrm{Con}(T)$,但该语句同样也像任何其他算术语句一样,可以从集合论角度将其解释成是在说关于集合 ω 的某些事情。而如果 U' 严格强于 U,我们就可以指望在 U' 中证明 $\mathrm{Con}(U)$ 对 ω 来说是真的;但根据哥德尔不完全性定理,我们不能在 U 中证明这一点。

当然,一个集合论论断在 U' 中可被证明,而在较弱的 U 中不能被证明,这一点并不奇怪:重要的是它是一项基本算术论断;即它可以通过一个一阶算术语言的语句得到——只要把该语句中的量词论域覆盖住 ω。事实上我们还可以说:哥德尔语句 $\mathrm{Con}(U)$ 是 Π_1,即它可以表述成 $(\forall x)f(x) = 0$ 的形式,其中 f 是初始递归函数。(哥德尔本人有时把这类语句称为 "哥德巴赫式",因为数论中众所周知的哥德巴赫猜想可以表述成这种形式。)

因此,每当我们在集合论中加入一个更强(即在我们刚才所说意义上的更强)

的无穷公理，我们也就扩展了可以证明对 ω 为真的算术语句 Π_1 的范围。这形象说明了我们之前提到的一个事实，即自然数集合在我们系统内是由近乎于具有二阶特征的一阶加以定义的。也就是说，这一定义要求没有 ω 的子集是归纳属性（induction property）的反例；但由于我们描述该理论时所用的一阶语言的局限性，这就只能意味着没有子集**按该理论语言可被定义**为反例。如果我们加强无穷公理，就扩大了可定义的集合范围，进一步约束了 ω 的定义，从而增加了在所有解释下都为真的算术语句的范围。

在这方面自然数没什么特别之处。我们将其看作最简单的（因此也许是最麻烦的）情形，但是预期这种现象会出现在任何通过范畴进行描述的无穷结构（如实数线）上，因为所有这类描述都是二阶的，因此任何近似于它们的一阶描述都会被刚刚提到的对无穷公理的加强所影响。

13.1　古德斯坦定理

我们第 5 章的工作证明了 **PA** 在 **ZU** 中有模型。可以将其形式化得到一个 **ZU** 中的证明，该证明表明哥德尔语句 Con(**PA**) 在 ω 中是正确的，尽管它不能在 **PA** 内得到证明。但什么是 Con(**PA**)？哥德尔的证明是构造性的，所以如果想要回答该问题，我们要做的就是选择一种明晰的算术语言数字编码方案，并由此得到该哥德尔语句。我们知道它整体形如 $(\forall x)f(x) = 0$，而且完全没有理由期待它的内在本质。

我们在 **ZU** 中证明哥德尔语句是真的，即 $(\forall n \in \omega)f(n) = 0$，要依赖于对编码的了解，因为该语句通过编码可以被解读为我们在 **ZU** 中可以证明 **PA** 是一致的。不同的编码会得到不同的哥德尔语句，如果直接给出这类语句而不告知该语句是通过怎样的编码方式得来的，那么就无法轻易得到对该语句的证明。没有理由指望这个句子能简单到足以让人记住，甚至人们很难有动力去寻找它的证明。总而言之，哥德尔语句既不是自然的，也不是真正数学的 *。

所以至少从人们心理对实用主义的偏爱来说，在 **PA** 中找出一个自然的（即独立于任何编码方式），而且如果可能的话，还是真正数学的不完全性实例是有意义的。事实证明，我们在第 12 章中对序数算术的工作使我们能够造出一个这样的实例。

回顾第 12 章的末尾，我们证明所有自然数 r 都有一个被称为以 n 为底数的**完全标准型**的表达式，且该式中没有 $> n$ 的数字出现。如果我们用 $n + 1$ 替换

---

* 这里的"自然的"和"真正数学的"，参见 8.6 节对这两个概念的论述。——译者

该表达式中的 n，求出此时它所表示的自然数，再从答案中减去 1，我们就得到 1 个自然数并记之为 $F_n(r)$。例如，

$$2350 = 3^7 + 3^4 \cdot 2 + 1 = 3^{3 \cdot 2 + 1} + 3^{3+1} \cdot 2 + 1$$

是以 3 为底数的完全标准型，所以

$$F_3(2350) = 4^{4 \cdot 2 + 1} + 4^{4+1} \cdot 2$$

类似地，

$$8192 = 2^{13} = 2^{2^3 + 2^2 + 1} = 2^{2^{2+1} + 2^2 + 1}$$

是以 2 为底数的完全标准型，所以

$$F_2(8192) = 3^{3^{3+1} + 3^3 + 1} - 1$$

总的来说这样的函数 F_n 是递归定义的。现在，我们以任意自然数 m 为起点，使用这些函数 F_n 来获得所谓的 m 的**古德斯坦序列**（Goodstein sequence）。

定义 从自然数 m 开始的古德斯坦序列 $(g(m,n))_{n \geqslant 1}$ 根据如下递归定义得来：

$$g(m,1) = m$$
$$g(m,n+1) = F_{n+1}(g(m,n))$$

因此，从 m 开始的古德斯坦序列为

$$m, F_2(m), F_3(F_2(m)), F_4(F_3(F_2(m))), \cdots$$

换一种不那么紧凑但较易理解的方式来解释：古德斯坦序列的第一项是 m；而一旦计算好了第 n 项，就可以得到第 n 项以 $n+1$ 为底的完全标准型，再把该标准型中所有的 $n+1$ 替换为 $n+2$，再减去 1，就得到了第 $n+1$ 项。

我们感兴趣的是不同起点的古德斯坦序列的表现。从 2 开始的古德斯坦序列是不足道的，它在第四步终止。

$$g(2,1) = 2$$
$$g(2,2) = 3 - 1 = 2$$
$$g(2,3) = 1$$
$$g(2,4) = 0$$

以 3 为起点的序列在第六步终止。

$$g(3,1) = 3 = 2+1$$

$$g(3,2) = 3$$

$$g(3,3) = 4-1 = 3$$

$$g(3,4) = 2$$

$$g(3,5) = 1$$

$$g(3,6) = 0$$

但接下来的情况就有点不一样了。尽管以 4 为起点的序列增长得不算特别快，它还是在一段间隔之后变得相当大。

$$g(4,1) = 4 = 2^2$$

$$g(4,2) = 3^3 - 1 = 26 = 2 \cdot 3^2 + 2 \cdot 3 + 2$$

$$g(4,3) = 2 \cdot 4^2 + 2 \cdot 4 + 1 = 41$$

$$g(4,4) = 2 \cdot 5^2 + 2 \cdot 5 = 60$$

$$g(4,5) = 2 \cdot 6^2 + 2 \cdot 5 = 82$$

$$g(4,6) = 2 \cdot 7^2 + 7 + 4 = 109$$

$$g(4,7) = 2 \cdot 8^2 + 8 + 3 = 139$$

$$\cdots$$

$$g(4,96) = 11327$$

$$\cdots$$

而稍大一些的起点数字只需几步就能使序列达到天文数字。例如，以 51 为起点的序列的前几步如下：

$$g(51,1) = 51 = 2^{2^2+1} + 2^{2^2} + 2 + 1$$

$$g(51,2) = 3^{3^3+1} + 3^{3^3} + 3 \sim 10^{13}$$

$$g(51,3) = 4^{4^4+1} + 4^{4^4} + 3 \sim 10^{155}$$

$$g(51, 4) = 5^{5^5+1} + 5^{5^5} + 2 \sim 10^{2185}$$

$$g(51, 5) = 6^{6^6+1} + 6^{6^6} + 1 \sim 10^{36306}$$

$$g(51, 6) = 7^{7^7+1} + 7^{7^7} \sim 10^{695975}$$

$$g(51, 7) = 8^{8^8+1} + 8^{8^8} - 1 \sim 10^{15151337}$$

$$\cdots$$

这里有一个问题，即是否不论序列的起点在哪里，古德斯坦序列最终都会归于 0。正如我们刚刚所见，从 3 开始的序列在六步后终止于 0。但任何比这更大的情况都无法通过直接计算加以验证：从 4 开始的古德斯坦序列不能借由实际运算来确定其中的每一个项，甚至在远超我们运算能力极限的序列第 10^{30} 项，根据估算来看，此时它仍在增长。

尽管如此，它最终确实还是停止了，其他每一个古德斯坦序列也是如此。我们可以用序数记号来迅速证明这一点，这是序数证明能力的一个惊人例证。诀窍是对任意古德斯坦序列生成一个与之并行的序数序列，并称之为**古德斯坦序数序列**（Goodstein ordinal sequence），它通过用 ω，而非 $n + 2$，取代 $n + 1$ 的所有出现而得到。

为了表述该形式，让我们用 $\delta_n(r)$ 表示自然数 r 以 n 为底展开成完全标准型之后，用 ω 代替该标准型中出现的每一个 n 后所得到的序数。很容易看出 $\delta_n(r) < \varepsilon_0$，并且

$$如果 r < s, 那么 \delta_n(r) < \delta_n(s) \tag{1}$$

此外，

$$\delta_{n+1}(F_n(r) + 1) = \delta_n(r) \tag{2}$$

然后把自然数 m 的古德斯坦序数序列定义为如下序数序列：

$$\gamma(m, 1), \gamma(m, 2), \gamma(m, 3), \cdots$$

其中

$$\gamma(m, n) = \begin{cases} \delta_{n+1}(g(m, n)), & 如果 g(m, n) \neq 0 \\ 0, & 如果 g(m, n) = 0 \end{cases}$$

根据这些定义，3 的古德斯坦序数序列如下所示：

$$\gamma(3,1) = \omega + 1$$

$$\gamma(3,2) = \omega$$

$$\gamma(3,3) = 3$$

$$\gamma(3,4) = 2$$

$$\gamma(3,5) = 1$$

$$\gamma(3,6) = 0$$

而 51 的古德斯坦序数序列的起始部分如下：

$$\gamma(51,1) = \omega^{\omega^\omega+1} + \omega^{\omega^\omega} + \omega + 1$$

$$\gamma(51,2) = \omega^{\omega^\omega+1} + \omega^{\omega^\omega} + \omega$$

$$\gamma(51,3) = \omega^{\omega^\omega+1} + \omega^{\omega^\omega} + 3$$

$$\gamma(51,4) = \omega^{\omega^\omega+1} + \omega^{\omega^\omega} + 2$$

$$\gamma(51,5) = \omega^{\omega^\omega+1} + \omega^{\omega^\omega} + 1$$

$$\gamma(51,6) = \omega^{\omega^\omega+1} + \omega^{\omega^\omega}$$

$$\cdots$$

在这两个例子中，我们可以注意到古德斯坦序数序列从一开始就是严格递减的。事实上情况也总是如此。

引理（13.1.1） 如果 $g(m, n-1) \neq 0$，那么 $\gamma(m,n) < \gamma(m, n-1)$。

证明： $\gamma(m,n) = \delta_{n+1}(g(m,n))$

$$= \delta_{n+1}(F_n(g(m, n-1))), \text{ 如果} g(m, n-1) \neq 0$$

$$< \delta_{n+1}(F_n(g(m, n-1)) + 1), \text{ 根据（1）}$$

$$= \delta_{n+1}(g(m, n-1)), \text{ 根据（2）}$$

$$= \gamma(m, n-1) \qquad \Box$$

根据该引理，我们立刻可以得到想要的结论。

定理（13.1.2）（Goodstein, 1944）　$(\forall m \in \boldsymbol{\omega})(\exists n \in \boldsymbol{\omega})(g(m,n) = 0)$。

证明： 反过来假设存在自然数 m，使得对所有 $n \in \boldsymbol{\omega}$，$g(m,n) \neq 0$。那么

$$\gamma(m,1), \gamma(m,2), \gamma(m,3), \cdots$$

是小于 ε_0 的严格递减无穷序数序列，与小于 ε_0 的序数集合是良序的事实相矛盾。

$\square$

该结论也可以通过如下定义加以表达。

定义　令 $G(m)$ 等于使 $g(m,n) = 0$ 的最小自然数 n，以此定义**古德斯坦函数** G。

古德斯坦函数显然是部分递归的，也就是说只要它被定义了，那么原则上就有一种机械方法来计算它的值：我们只需要计算相应的古德斯坦序列直到其停止，然后数出步数。上面的古德斯坦定理暗含了一项信息，那就是古德斯坦函数 G 是处处有定义的，即它是完全递归的。但显然其递增速度相当惊人：

$$G(1) = 2, G(2) = 4, G(3) = 6, G(4) \sim 10^{121210694}$$

而我们想要的就是该函数的这种快速增长性。对 **PA** 中证明的形式进行分析，可知任何 **PA** 内可证明的递归函数的增长速度都有极限；然而，古德斯坦函数 G 的增长速度超过了该极限。所以尽管 G 是完全递归的，但该事实是 **PA** 内不可证的（Kirby and Paris, 1982）。换句话说，一阶算术语句 $(\forall x)(\exists y)g(x,y) = 0$ 是 **PA** 不完全性的实例，它在 $\boldsymbol{\omega}$ 中为真，但是在 **PA** 中不可证。和哥德尔语句相比，它无疑是自然的，因为它不依赖于任何具体的编码方案，而且进一步说，它显然也可以被认为是真正数学的：人们可能对它是否为真这件事本身感兴趣，而不只因为它是不完全性实例。

顺带一提，虽然古德斯坦语句是 **PA** 不可证的，但它的任何实例都是可证的。这是因为实例如 Σ_1，而任何真的 Σ_1 语句都是 **PA** 可证的。（如果语句 $(\exists x)f(x) = 0$ 在 $\boldsymbol{\omega}$ 内为真，那么存在自然数 n 使得 $f(n) = 0$：对证明这一点的计算使用存在概括规则，就得到了 **PA** 内对原语句的证明。）

为了得到 **PA** 的数学不完全性，我们不得不付出逻辑复杂性的代价：我们之前提到哥德尔语句是 Π_1，即其形式为 $(\forall x)f(x) = 0$，而古德斯坦语句为 Π_2，其形式为 $(\forall x)(\exists y)f(x,y) = 0$。当我们从希尔伯特纲领的角度来考虑它们时，这种差异的重要性就体现出来了。假如我在考虑 **PA** 的真：此时，**PA** 对一个算术语句的证明当然会给我一个相信其为真的直接理由。但如果现在给定一个扩展 **PA**

后得到的集合论 U，而我并不相信它是真的，只能确定它在形式上是一致的。那么一项 U 中对算术语句的证明能使我相信 U 吗？

如果我们在 U 中证明的语句 $\varPhi$ 是 Π_1，那么它确实可以做到这点。因为反过来考虑，如果 $\varPhi$ 是假的，那么它的否定式就是关于 ω 的 Σ_1 真理：因此（正如我们之前指出的）它在 **PA** 内可证，因此也在 U 中可证，与 U 的一致性相矛盾。（就算我们有两个**互不相容**——即互相不一致——但又分别与 **PA** 一致的 **PA** 的扩展 U_1 和 U_2，这两个理论中 Π_1 的算术结论也都应当是真的。）

另外，如果在 U 中证明的语句是 Σ_1（或者对古德斯坦定理，此时当然就是 Π_2），我们不能以这种方式进行论证。因为如果 $\varPhi$ 是任何 **PA** 不可证的真 Π_1 语句（即一个哥德尔语句），它的否定式就是与 **PA** 一致的假 Σ_1 语句，因此在某些一致的扩展 **PA** 集合论内可证。

13.2 序 数 公 理

对哪些序数 α 来说第 α 级层次 V_α 存在？根据无穷公理，V_ω 是存在的。因此根据生成公理，$V_{\omega+1}, V_{\omega+2}$ 等也是存在的。但 **ZU** 中的公理并不确保第二个极限层次 $V_{\omega+\omega}$ 的存在。那么我们需要在系统中添加额外公理以确保该层次存在吗？下面，我们用 **ZfU** 和 **Zf** 分别表示在 **ZU** 和 **Z** 中添加了以下公理后得到的理论。

序数公理（axiom of ordinals）：对所有序数 α，都存在对应层次 V_α。

该公理的作用是通过确保对每个我们能在 **ZU** 中证明其存在的序数 α，哪怕 $\alpha \geqslant \omega+\omega$，都有层次 V_α 存在，以此来加强无穷公理。不过，该公理对层级高度的影响还远不止如此，因为序数概念并不独立，而是默认理论的一部分：刚才提到的新层次的存在还确保了更多我们之前无法得到的序数 α 的存在性，而对**它们**使用序数公理又能得到它们对应的层次 V_α 的存在性。以此类推。因此，新理论所描绘的层级要远高于我们的心理值。

ZfU 还有一个意外的结果，它使我们能够对纯传递集合上的依赖关系结构做出优雅的表征描述。这类描述即所谓的莫斯托夫斯基折叠引理（Mostowski's collapsing lemma），它在研究迭代层级时是一项非常有用的工具，因此集合论学者们会认为 **ZfU** 是比 **ZU** 更具吸引力的理论。（当然，从这一角度来看 **Zf** 所描述的纯层级更吸引人，因为它并不牵扯使属性变得复杂的非集合论对象。）我们不能低估那些想要研究更优雅结构的集合论学者们的个人兴趣对选择公理方案的影响。我们在前面已经看到挑选基础公理的原初动机在多大程度上受到了这种愿景的影响，显然对像 **Zf** 这类系统的偏爱也出于类似的考量。

我们这里还要注意序数公理的另一项结果（该结果对我们将在附录 A 中讨论的集合论标准公理化的影响要比在本章中的影响大得多）：序数公理使我们能够以与第 11 章完全不同的思路来发展序数理论。我们称由如下超限递归定义得到的集合 α' 为**冯·诺伊曼序数**（von Neumann ordinal）：

$$0' = \varnothing$$

$$(\alpha + 1)' = \alpha \cup \{\alpha'\}$$

对任意极限序数 λ, $\lambda' = \cup_{\alpha < \lambda} \alpha'$

我们要考察的想法是，在形式化处理中用冯·诺伊曼序数代替序数。这里的关键点在于，如果我们的理论是 **ZU**，那么这一想法行不通，因为 $\rho(\alpha') = \alpha$：在 **ZU** 中我们不能证明层次 $V_{\omega+\omega}$ 的存在，因此也就不能证明对应的冯·诺伊曼序数 $(\omega + \omega)'$ 存在。所以就没有足够多的冯·诺伊曼序数存在，以组成一个可供我们工作的理论。另外，在 **ZfU** 中情况则有所不同：我们可以证明对所有序数 α，都存在对应的冯·诺伊曼序数 α'，因此只要我们愿意，就可以用冯·诺伊曼序数代替序数。

这样做还显不出会有什么好处，除非我们能够不依赖于对序数的递归而**直接**定义冯·诺伊曼序数，从而发展出独立的冯·诺伊曼序数理论，不过这点其实很容易做到。冯·诺伊曼序数的自主定义如下。

定义　一个**冯·诺伊曼序数**是一个传递集合 A，且满足 $\in_A$ 是 A 上的传递关系。

当我们借此定义使冯·诺伊曼序数与递归定义解绑后，我们会发现这一自主序数理论用起来非常顺手，这主要是因为以下事实：

$$\alpha < \beta \Leftrightarrow \alpha' \in \beta'$$

我们不打算详述其细节，那些部分几乎可以在任何一本集合论教科书中找到：这里只需强调该定义正确表述了我们想要的集合特征即可。总之，只要我们假定序数公理，就可以用冯·诺伊曼式定义来发展序数理论。

然而有什么理由使我们相信这一新公理呢？如果冯·诺伊曼序数理论是唯一可得的序数理论，那么我们就有一种逆向原因去相信序数公理。这里确实有一些历史上的原因，本书第三部分中的那种序数理论直到 20 世纪 50 年代才被发现，而且又过了一段时间之后才真正广为人知。所以在 20 世纪 20 年代，序数在数学定理证明中的重要作用使得序数公理得到了强力支持。

但在 **ZU** 中，一旦我们有了另一种不需要序数公理的定义方法，对该公理的支持就很难继续下去。这里有一种普遍的困境。对任一集合论公理的逆向论证都依赖于我们事先对该公理会生成的某些**数学**真理的确信，而这一生成是否会发生又取决于我们选择哪部分数学嵌入集合论：不同的嵌入可能会使得对公理的要求也不同，因此逆向论证依赖于所选嵌入。所以我们希望探究序数公理能否产生不那么依赖于所选嵌入的数学结论。

在第二部分中，我们证明了数学家最感兴趣的两个结构——自然数和实数，可以由层级中低无穷秩结构建模：更确切地说，存在秩为 ω 的集合服务于自然数集，还有秩为 $\omega + 1$ 集合服务于实数集。当然，我们不仅需要这些集合，还需要定义在这些集合上的关系和函数，它们的秩稍高一些。然后为了得到日常意义上的数学，我们还需要定义其他函数，这些函数的秩可能还会更高。

人们常说数学中的某些部分比其他部分更抽象。例如，泛函分析就比实变函数分析更抽象。这里"抽象"一词的用法，多数数学家已经很熟悉了，而它似乎还可以借助在集合论中建模所需要用到的对象的**秩**来体现：泛函分析比实变函数分析抽象，是因为前者处理的对象是由具有更高秩的集合建模的。

我们可以观察到数学发展的趋势之一，特别是在 20 世纪的趋势，是移向更高的抽象性。尽管如此，20 世纪的绝大多数数学内容仍可以直接用相当低秩（可以确定低于 $\omega + 20$）的无穷集加以表述，因此，尽管前面提到哥德尔式证明告诉我们，在算术语言中存在一些语句，如 Con(**ZU**) 离开了序数公理就无法证明，这里仍有一个问题，即这类语句中有没有哪些具有真正数学意义，即其中有没有非集合论学者的数学家也会感兴趣的语句。

这类实例是存在的。我们在 7.5 节中证明了在贝尔线的任意开、闭、可数或补集可数的子集上的博弈是确定的。在证明了这些结论之后，我们很自然地会想知道有哪一类更大的博弈是确定的。一个明显值得考虑的方向是**博雷尔集**（Borel set），即对线的开或闭子集通过可数次（只要我们想）的并或补后得到的集合，而它可以为我们提供一个 **ZU** 的数学不完全性实例：在 **ZfU** 中可以证明所有在博雷尔集上的博弈都是确定的（Martin, 1975），而在 **ZU** 中不能证明这一点（Friedman, 1971）。

当然，单就这一点还不足以为我们提供一项逆向论证以证明序数公理的真：要想这一逆向论证成立，我们必须要有独立的理由去相信"所有在博雷尔集上的博弈都是确定的"。然而不论如何，它为数学家们提供了一项对序数公理感兴趣的外在理由，因为它表明序数公理使博雷尔集在博弈论中有相关结论，而这无疑属于具有真正数学意义的部分，而不单只是集合论结论。此外这个结论特别引人注目，因为它似乎是可以独立表述的断言，即它不依赖于需要高级无穷公理才能构造的证明。

另外，这一关于博雷尔集的实例并不是那种可以给多数数学家留下深刻印象的理想例子：这种集合的数学分支——描述集合论（descriptive set theory）——正如其名称所暗示的那样，主要是由集合论学者们自己在研究。弗里德曼（Friedman）最近专注于数论，并设计了方法以生成各种在证明中涉及不同程度抽象性的语句。尽管它们肯定是自然的，即独立于编码方式，但人们仍质疑这些语句是否具有真正的数学意义。因此，对序数公理和实际数学之间的相关性，仍有怀疑的余地。当然，如果发现了一项真正的数论猜想——一项由数论学者们提出的猜想——而其证明的确需要更高阶的方法，那这一怀疑就会被彻底消除，然而迄今为止我们还没有发现这样的例子。

13.3 反　　映

如果说序数公理与实际数学应用间的联系还很有限，根据序数公理得以在数学内部发现的少量应用对该公理的逆向论证力度可以忽略不计，那么为序数公理辩护的论证核心一定是围绕直观的。最明显的此类论证是，没有充分理由说明为什么层级不应扩展到 $V_{\omega+\omega}$ 之外，而通过第二丰饶原理的某种变形，我们可知它确实是这样扩展的。在本节中我想研究这一直观论证或其外延，能否用于证明一类被统称为反映公理模式（axiom scheme of reflection）的更强的无穷公理。它们旨在把握整个论域中的每个属性都会反映在某个子论域中的思想。

反映公理模式　对每个具有自由变元 $x_1, x_2, \cdots, x_n$ 的公式 $\varPhi$，有以下公理：

$$(\forall x_1, x_2, \cdots, x_n)(\exists V)(\varPhi \Rightarrow \varPhi^{(V)})$$

当然，对该公理的理解要依赖于我们在 3.4 节中的约定，即字母 V, V' 等只表示层次，我们在本节剩下的部分中将继续遵守这一约定。所以该公理断言存在**层次** V 满足 $\varPhi \Rightarrow \varPhi^{(V)}$；称这一层次**反映**了公式 $\varPhi$。只具有分离和反映公理模式实例作为公理的系统被记为 **ZFU**；相应的纯系统被记为 **ZF**。我们可以通过反映公理模式来证明无穷公理，生成公理和序数公理以示范该公理模式在实践中是如何使用的。

命题（13.3.1, ZFU）　存在层次。

证明：任一语句的反映都足以证明，存在至少一个层次。　　　　　　　　□

命题（13.3.2, ZFU）　对每个层次，都存在另一个层次在其上。

证明：假设 V 是任一层次，对 $(\exists a)(a = V)$ 的反映可以获得 $(\exists V')(\exists a \in V')(a = V)$，即 $(\exists V')(V \in V')$。 $\square$

命题（13.3.3, ZFU）　存在极限层次。

证明：根据命题 13.3.2，我们可得

$$(\forall a)(\exists V)(a \in V)$$

对此公式的反映使我们可得一层次 V'，满足

$$(\forall a \in V')(\exists V \in V')(a \in V)$$ $\square$

命题（13.3.4, ZFU）　对任意序数 α，层次 V_α 存在。

证明：对 α 做归纳。当 $\alpha = 0$ 时，在命题 13.3.1 中已经得到了证明，而在命题 13.3.2 中也证明了后继序数的情况。所以现在假设 λ 是一个极限序数，且对所有 $\alpha < \lambda$，V_α 存在。所以存在一个层次 V 反映这一点，即对所有的 $\alpha < \lambda$，有 $V_\alpha \in V$。因此存在 $V_\lambda = \cup_{\alpha < \lambda} V_\alpha$，即为命题要求的层次。 $\square$

此时我们已经证明了 **ZFU** 至少和 **ZfU** 一样强。而事实上它甚至更强：以下定理（更准确地说，是定理模式）在 **ZFU** 中可证而在 **ZfU** 中不可证。

命题（13.3.5, ZFU）　如果 τ 是一个项，那么

$$(\forall a)((\forall x \in a)(\tau(x)是集合) \Rightarrow \{\tau(x) : x \in a\}是集合)$$

证明：假设 a 是一个集合。那么通过对

$$(\forall x \in a)(\exists y)(y = \tau(x))$$

的反映，我们就能得到层次 $V \ni V(a)$ 且满足

$$(\forall x \in a)(\exists y \in V)(y = \tau(x))$$

由此可得 $\{\tau(x) : x \in a\}$ 是 V 的子集。 $\square$

可见 **ZFU** 比 **ZfU** 强得多：为 **ZU** 添加有穷公理后得到的系统，只要仍保持一致性，其强度就比不上 **ZFU**（Montague, 1961）。既然反映如此之强，那么我们又为什么应该相信它？我们之前注意到，对序数公理的逆向论证已经非常无力了。而对于反映，它们的逆向论证力度甚至变得更弱。看来我们似乎不太可能找到一个强于序数公理的东西来证明我们已因其他理由而充分信任的结论。或许我们最好的期待是一项较弱的外在论证，其大致意思是说，有反映的理论比没有反映的理论更方便。

我们已经观察到序数公理可以作为反映模式的一项特定实例提出来，所以我们对序数公理的任一直观论证都可能适用于所有其他实例。遵循这种策略的最突出事例是哥德尔的一项观点，该观点被 Wang（1974：536）注意到并记录了下来：

> （序数公理）没有其他公理的那种**直接**论据（在对集合迭代概念进行仔细分析之前）。这点从它没有被纳入策梅洛的原始公理系统之中就可以看出来。（哥德尔）建议最好通过以下思路来获取它。从集合的迭代概念来看，如果已经得到了一个序数 α，那么执行 α 次幂集操作 $\mathfrak{P}$ 可以得到集合 $\mathfrak{P}^{\alpha}(\varnothing)$。但出于同样的原因，如果不使用 $\mathfrak{P}$ 而是在层级中使用更大的跳跃……$\mathfrak{Q}^{\alpha}(\varnothing)$ 也将同样是集合。现在，假设任何可行的跳跃操作（甚至包括那么需要论域中所有集合或者选择步骤才能得以定义的操作）都等价于该公理。

该论证最有趣的一点是它试图通过对一个特定实例的论证，归纳得出对一整个公理模式的辩护论证。换句话说，它并不符合我们在第一部分遇到的模式，而在那种模式中，对如分离一类的公理模式的信念来自于我们对与之（非常）类似的二阶公理的信念。

但反映公理模式的形式暗示了这种差异是不可避免的，因为一个公式的层次反映是固定的句法概念，它对所采用的表述形式高度敏感。事实上，就连反映模式的一致性（更不用说它的真实性）都对语言中的表述形式高度敏感。柏拉图主义者可能相信不论我们能否表述它，论域中的集合都自有其高度。但如果我们**能**用独立项表述高度，再对该表述使用反映，就能在论域中得到一个层次，且具有同样的高度，这与我们的意图相反。当然，这有助于提醒我们，在形式理论中层次的高度在某种意义上是无法在理论内部得以表述的。但这也表明对反映模式的盲目概括可能会产生不一致性，而且这一危险已经得到了证实：三阶反映最自然的对应公式是不一致的（Tait, 1998）。

由此可见对反映模式的**任何**论证都必须要对所能表达的层次高度敏感。这点可以在康托尔的思想中找到痕迹，他认为整个集合论域以某种方式代表着**绝对**，因此假定一个有穷的存在竟可以表述它，简直就是亵渎。这种思想在神学中很受欢迎：例如，圣格列高利（St Gregory）认为"无论我们的思想在思考上帝时取得了多大的提升，我们都无法触及袘，而只能达到在袘之下的某些东西"。但显然我们还要做更多的工作才能建构起这种能够代表绝对的、由所有集合组成的类。

弗伦克尔等人提出了一种非神学式的对反映模式的论证，他们认为：

> 当我们试图调和不断增长的论域与我们对能够谈论涉及**全体**集合

的语句的真假值的愿望之间的矛盾时，我们倾向于假设某些临时论域非常接近于那尚未到达的最终论域。换句话说，不存在某种**集合论语言可表达**的属性，能够将论域与某些"临时论域"区别开来。(Fraenkel, 1958: 118；加粗标记是我后来附加的。)

换句话说，我们试图通过对特定实例进行句法概括以论证反映的合理性，这并非偶然而是反映模式本质所导致的必然。但是这样使得任何此类论证都带有明显的建构主义色彩。基于对集合迭代概念的柏拉图主义式理解而对反映进行的直接论证确实称得上是"政变"(Aken, 1986: 1001)，但由于我们之前所述的种种原因，这种论证的前景不妙。

13.4 置　　换

现在让我们考虑另一种证明反映模式合理性的策略，它基于如下模式的技术结果。

置换公理模式（Axiom scheme of replacement）　如果 $\tau(x)$ 是任意项，那么有如下公理：

$$(\forall x \in a)(\tau(x) \text{ 是集合}) \Rightarrow \{\tau(x) : x \in a\} \text{ 是集合}$$

我们已经通过命题 13.3.4 证明了该模式的所有实例都是 **ZFC** 的定理。但是现在我想思考的技术结论是其反面：如果我们记 **ZFU**^{r} 为由 **ZU** 中所有公理加上置换公理模式后得到的理论，那么我们在该 **ZFU**^{r} 中就可以**证明**反映。

定理（13.4.1）　如果 Φ 是任一公式，那么

$$(\exists V)(\Phi \Rightarrow \Phi^{(V)})$$

证明：所有一阶语句都逻辑等价于一**前束**（prenex）语句，即形如

$$Q_1 x_1 Q_2 x_2 \cdots Q_n x_n \Psi(x_1, \cdots, x_n)$$

的语句，其中每个 Q_r 要么是 $\exists$，要么是 $\forall$，而 Ψ 是无量词的。所以不失一般性，我们可以假设 Φ 满足该形式。我们用 Ψ_r 作为

$$Q_{r+1} x_{r+1} Q_{r+2} x_{r+2} \cdots Q_n x_n \Psi(x_1, \cdots, x_n)$$

的缩写，所以 Ψ_n 就是 Ψ，Ψ_0 就是 Φ。对 $1 \leqslant r \leqslant n$，如果 Q_r 是存在量词，令 $V_r(x_1, \cdots, x_{r-1})$ 为满足

$$(\exists x_r)\Psi_r(x_1,\cdots,x_r) \Rightarrow (\exists x_r \in V)\Psi_r(x_1,\cdots,x_r)$$

的最低层次 V；而如果 Q_r 是全称量词，则令 $V_r(x_1,\cdots,x_{r-1})$ 为满足

$$(\exists x_r)并非\Psi_r(x_1,\cdots,x_r) \Rightarrow (\exists x_r \in V)并非\Psi_r(x_1,\cdots,x_r)$$

的最低层次 V。对任意层次 V，令 $f_r(V)$ 为最早包含了所有 $x_1,\cdots,x_{r-1} \in V$ 的层次（其存在性由置换得以保证）$V_r(x_1,\cdots,x_{r-1})$，并令

$$f(V) = f_1(V) \cup f_2(V) \cup \cdots \cup f_n(V)$$

再令

$$V^0 = V_0$$

$$V^{p+1} = f(V^p)$$

$$V^\omega = \cup_{p\in\omega} V^p$$

该 V^ω 为一极限层次。假设 $x_1,\cdots,x_n \in V^\omega$。那么对一些 $p \in \boldsymbol{\omega}$，有 $x_1,\cdots,x_n \in V^p$，所以如果 $1 \leqslant r \leqslant n$，那么

$$V_r(x_1,\cdots,x_{r-1}) \in V^{p+1} \in V^\omega$$

由此，根据对 V_r 的定义可得

$$(Q_r x_r)\Psi_r(x_1,\cdots,x_r) \Leftrightarrow (Q_r x_r \in V^\omega)\Psi_r(x_1,\cdots,x_r)$$

因为 Ψ_n 是没有量词的，所以

$$\Psi_n(x_1,\cdots,x_n) \Leftrightarrow \Psi_n^{(V^\omega)}(x_1,\cdots,x_n)$$

因此对所有的 $x_1,\cdots,x_r \in V^\omega$，有

$$\Psi_r(x_1,\cdots,x_r) \Leftrightarrow \Psi_r^{(V^\omega)}(x_1,\cdots,x_r)$$

此时在 $r=0$ 处可得

$$\Phi \Leftrightarrow \Phi^{(V^\omega)}$$

结论得证。 □

所以，该技术性结论为我们提供了一条完全不同的途径来为 **ZFU** 做直观辩护：并不是直接论证反映的合理性，而是先试图论证置换的合理性，然后用刚刚

提到的结论将反映作为一项定理推导出来。这里值得注意的是对反映的证明具有一项特征使之不同寻常。当然，严格来说反映原理是一种定理模式而不是一项单独的定理。本书已经不是第一次遇到这种模式了，但是我们此前遇到的所有模式公式在整个证明中都是非分析的（unanalysed）：例如，我们试图证明由二阶公式 $\cdots X \cdots$ 的实例所组成的模式 $\cdots \Phi \cdots$ ，那么对该模式的**证明**就由包含变元 X 的二阶证明组成。而我们刚刚给出的对反映的证明则完全不同于这一途径：对模式中每个实例的证明策略都依赖于其中出现的 Φ 实例的逻辑复杂度，所以它不可能生成对二阶实例的证明。我们之前说反映是不同寻常的，因为我们不能单纯地把它当成是单个二阶公理的限制加以辩护：刚刚提到的特征强力地佐证了这一点。

在这方面，反映不同于置换，置换可能被看成单个二阶公理的特殊情况。

置换公理（axiom of replacement）：$(\forall F)(\forall a)(a$ 是集合 $\Rightarrow \{F(x): x \in a\}$ 是集合)[①]。

所以如果我们能找到对该二阶原理的论证，我们就可以根据在第 3 章中论证分离模式的合理性时所遵循的思路，同样在这里断言一阶模式是二阶原理的近似。该策略，特别对柏拉图主义者而言，是更为可信的，因为它避开了我们在 13.3 节结尾时所面临的困境：对反映的辩护论证必须对其所能描述的极限保持高度敏感，这就不可避免地带上了建构主义的色彩。

13.5　大 小 限 制

虽说我们的新策略在柏拉图主义者们的眼里更为合理，但它依旧是有问题的。最常被提出来用以支持二阶置换原理进而支持一阶置换模式的论证，其推动力与我们在第 3 章中讨论迭代概念的推动力完全不同。这一新的推动力被称作**大小限制**（limitation of size）。我们在这一标题下，把那些根据**有多少**对象具有属性而将属性划分为可聚的或不可聚的原则归为一类。这类原理的历史相当古老：例如，康托尔在 19 世纪 90 年代概述了基于这类原理的理论，尽管他没有公开该理论而只是以私人通信的形式进行了传播（1897 年给希尔伯特，1899 年给戴德金）。而罗素在他的论文（Rusell, 1906a）中讨论可能的解悖方案时，（独立地）勾勒出了另一个这样的理论，并冠之以 "大小限制" 这一名称。然而罗素最终确定的理论并不受惠于大小限制，于是那之后的一些年里似乎很少有人再对该概念感兴趣。但它在 20 世纪 20 年代后期再次变得流行，这可能要归功于冯·诺伊曼的鼓动。由此它进入了数学界的意识之中，并一直持续到今天。例如，称一个数学实体（如

---

① 该公式是二阶的，因为从逻辑的角度来看，第一个量词作用于所有函数。

一个范畴）"小"，如果它是一个聚。

为了更好地讨论大小的限制，我们不妨遵守布洛斯（Boolos, 1989）的方法，将其区分为弱和强的两种版本。

弱大小限制原理（weak limitation-of-size principle）：如果满足 F 的不多于满足 G 的，且满足 G 的可以组成一个聚，那么满足 F 的也能组成一个聚。

强大小限制原理（strong limitation-of-size principle）：一个属性 F 不是可聚的，当且仅当有多少个对象就有多少种 F。

这两种原理的共同点是，聚的大小是有极限的。强大小限制原理显然蕴涵了弱大小限制原理，但反过来则不成立，因为弱大小限制原理允许聚的大小极限可能无法限制全域。正如我们所料，当考察对大小限制论证的细节时，在柏拉图主义者和建构主义者之间存在着实质性的不同。我们首先考察建构主义者的说法，因为它看起来似乎更直接。

建构主义者肯定大小限制原理（不论是强的还是弱的）的动机来自于其意味着对可构成聚的对象数目上限产生限制——而该极限，是由于我们理解"被聚的对象"的能力上限所导致的。让我们遵循康托尔的说法，称由于过于庞大而无法被聚的对象数目基数为**绝对无穷**（absolutely infinite）。不难看出将如此多事物聚在一起的尝试正是人类反复犯下的愚行之一——对无法理解的事实的傲慢。这类观点非常古老——在希腊人那里就已很常见——而康托尔在他对弱大小限制原理的论证中热烈地支持这一点。不同的是古代学者把绝对和无穷看作相等的事物，而康托尔现在建议把它们分开，这样就可以论述无穷但并非绝对无穷的基数（因此，该基数也是人类可以理解的）。

在许多现代人看来，对数学原理的神学式论证似乎是一种错置范畴的谬误，而我们完全有理由怀疑是否还有更好的论证可用。我们需要建构主义提供更多的细节来了解是什么让他们把一些对象理解成为一个聚。这不仅仅是理解它们共有属性的问题，因为我们大致理解什么是同一性（self-identity），尽管这要求我们否认所有满足该属性的事物可以组成一个聚。也许建构一个聚需要在我们的思想中浏览一遍聚的对象。如果是这样，就不难理解为什么前康托尔时代的人们把绝对无穷与无穷视为等同了，因为完全看不出来一个有穷的存在——即使是理想化的存在——如何能遍历无穷。为了让这一点能说得通，我们必须接受超级任务的概念。

然而超级任务亦有其局限性：正如我们之前指出的那样（11.1 节），如果一个超级任务在时间流上执行，而时间流的结构是实数线，那么所有超级任务都是可数的。所以这意味着所有不可数基数都是绝对无穷的。当然，一些建构主义可能对这一结果不以为然，但这肯定不符合康托尔本人的意图，要知道不可数基数理论堪称他最伟大的成就之一。所以我们有充足的理由怀疑康托尔所说的把集合"在思想中聚起来",并不像其表面看上去那样是建构主义式的。

而如果我们改以柏拉图主义的概念,那么我们所要面临的困境就是很难看到有什么论证可以让我们保留住弱大小限制原理。如果说什么东西能组成一个聚,完全与我们的思想无关,那么组成聚的东西数量有很多又怎样呢?

就算我们成功保留了弱大小限制原理,仍然很难说明白绝对无穷基数到底有多大。面对矛盾,柏拉图主义者坚持说不存在由一切(everything)构成的聚,所以一切的数量就是绝对无穷的。从冯·诺伊曼开始,许多人声称这是**唯一的**绝对无穷基数,但很难说清该论断的理由。如果我们感兴趣的内容都被矛盾所拦,那么仅排除这一种绝对无穷的情况或许就**足够**了,但为什么我们应该认为这是唯一被排除的情况呢?

现在我们来考察 **ZFU**^{r} 中的哪些公理可以借由大小限制得以辩护。分离和置换公理模式显然是通过弱大小限制原理得以辩护的。但是这两个模式在有其他公理辅助时显得能力强大,而就公理模式而言,在只有其自身时却起不了任何作用,因为显然它们在一个只由空集构成的论域中仍是可满足的。(所以它们的情况类似于迭代概念,在得到第二丰饶原理的肯定之前,迭代概念并不能证明层级中有任何层次存在。)即使我们转向强大小限制原理,这个问题依然没有得到解决。例如,考虑一个具有可数无穷多个体的论域,并且其中所有的集合都遗传有穷性 *——个体的有穷集,个体的有穷集的有穷集,等等。因此,在这样的论域中对象的个数仍是可数无穷的,强大小限制原理仍是可满足的,但不存在由所有个体组成的集合,因此 4.2 节中的临时公理是不可满足的。

类似的考量也适用于生成公理。如果要从大小限制中得出生成公理,那么就必须满足如果 α 是小的,即 α 小于全体对象的数目,那么 2^α 也要是小的。但我们凭什么要如此认为呢?浏览文献可以发现一些缺乏信心的人试图断言 2^α 比 α"大不了多少",但即使真的是这样(这点很值得怀疑),也需要进一步论证才能得出结论说事物的总数不是 2^α。

最近的新逻辑主义试图将集合理论建立在所谓的 New V,一个包含了强大小限制原理的二阶公理上,也体现了这一困境。

$$\{x : Fx\} = \{x : Gx\} \Leftrightarrow ((\forall x)(Fx \Leftrightarrow Gx) \text{或者满足 } F \text{ 与满足 } G \text{ 的同样多})$$

除非我们添加强公理以说明有多少集合存在,否则 New V 根本无法生成一个可行的理论而只能作为大小限制的固有缺陷的象征,这点并不像一些评论家(如 Ket-

---

* 遗传的定义参见本书 3.7 节。——译者

land, 2002）所认为的那样 "令人吃惊"。但很难看出如何推动一项关于论域大小的公理。无疑，对于存在，或必须存在多少非集合仍有争论——例如，对能否完全不存在任何东西这一点上始终存有争论——但这对大小限制论者来说毫无意义，因为我们刚刚已经看到存在无穷多个体且不存在无穷集合与大小限制是一致的。换句话说，我们需要的是对论域的**集合论**部分大小的论证。这相当于问存在多少个集合，而这也恰是大小限制所无法回答的问题。

我们已集中讨论了大小限制对集合的影响，但我们还需要讨论它是否对该影响产生了推动：换句话说，它有没有为我们提供理由以排除非有根聚？答案似乎显然是否定的。像奥采尔（Aczel, 1988）的非良基集合论允许存在如 $a = \{a\}$ 的聚。这在逻辑上当然不存在任何不一致：可以证明如果 **ZF** 是一致的，那么奥采尔的理论也是一致的。但如果一致性要求没有排除 a，那么大小限制论者就承诺了它的存在，因为根据弱大小限制原理，如果存在任一单元集，那么 a 也存在。

13.6 转回依赖关系

我们得出的结论是，即使我们相信大小限制，它能为无穷公理提供辩护的可能性也相当小，而对于基础公理则完全无法提供支持；更糟的是我们很难看到有什么理由可以令我们相信大小限制是真的。如果想要一项直观论证以支持我们的集合理论，那么依靠依赖关系似乎更有可能成功。不过置换公理被认为是这种方法的软肋所在，因为我们尚不清楚依赖关系应该如何证明置换。在某种限定情况下，柏拉图主义者或许能以某种方式证明它，但我们不认为这足够令人满意。因此在最近的哲学研讨（如 Boolos, 1989）中常有声音说迭代概念**和**大小限制这两种完全不同的概念都不足以为整个理论的合理性做辩护。

当然，本书这里不需要过分担心该论断，因为置换公理——这项对迭代概念来说很可能是大有问题的公理——不是本书默认理论的一部分。尽管如此，我还想强调这一论断可能过于悲观：尽管这里不需要为了捍卫我们的默认理论而为置换做辩护，但我还是认为我们也许可以在依赖理论的基础上为它做辩护。为了做到这一点，我把 13.5 节的弱大小限制原理拆分成两个部分。弱大小限制原理显然相当于以下两项原理的结合。

广义分离原理（generalized separation principle）：如果所有满足 F 的都是满足 G 的，且满足 G 的可以组成一个聚，那么满足 F 的也能组成一个聚。

大小原理（size principle）：如果满足 F 的和满足 G 的一样多，那么满足 F 的可以组成一个聚，当且仅当满 G 的可以组成一个聚。

其中第一项原理是对 3.5 节中所说的分离原理的推广，因为它适用于聚，而不单单是集合。当然，如果 3.3 节中论述的内柏拉图主义者对依赖关系的良基性的论证是正确的，这一推广就是无害的，因为那样一来，所有聚都是集合。而如果该论证不正确，则需要进一步论证来对该推广加以辩护。但在那种情况下无论如何都要对非有根聚的形而上学性质做更多论述以对其他假定于非有根聚的公理做辩护：广义分离原理是否正确，大概率要取决于此。

所以我们先把这个问题放在一边，而将重点放在大小原理上。我想说的是，基于设想"对一个聚来说最本质的是它有多少成员"，可以为我们提供一种合理的推动力。为了在实际中置入该设想，让我们考察一类在数学界中如今司空见惯的概念。一个属性是群论的（group-theoretic），如果两个同构群相对于它而言是无差异的；一个属性是拓扑的（topological），如果两个同胚（homeomorphic）度量空间相对于它而言是无差异的，等等。在聚中，与同构和同胚相类似的概念是一一对应的。那么扩展一下，一个属性是聚理论的（collection-theoretic），如果一个类有该属性，当且仅当该类的所有等势类都有该属性。所以看上去很合理的是，如果我们取一个类可能具有的属性"是恰有这些成员的聚"为聚理论的，那么我们就直接得出了大小原理。

该论证仅阐述了一个简单的设想，即聚仅由其成员组成：除了已有的结构之外，没有其他结构能再强加其上。因此我们会反问，除了对象的数目之外，还有什么能确定这些对象能否构成一个聚呢？还能有什么是哪怕能与此问题有一点点相关的呢？

13.7 仍要更高

近年来的集合论研究主要集中于对所谓的**大基数公理**（large cardinal axiom）的研究。这些基数的存在性论断独立于 **ZFC**，但我们同时认为其仍与 **ZFC** 保持一致。此外，通常还认为它们必须能产生数学上的结果才值得研究，例如，能产生新的组合结果，提供集合理论的稳定性，作为某些研究的固定点。所有的大基数公理，实际上都是本章所说的无穷公理，因为它们都承诺了某个大基数的存在性，所以也就都意味着在层级中存在可以到达该基数的层次。目前，有大量关于大基数——例如（按大小递增排列），强不可达（strongly inaccessible）基数、强马洛（strongly Mahlo）基数、可测（measurable）基数、伍丁（Woodin）基数、超紧（supercompact）基数——以及其对应的无穷公理的文献。

对这些公理的研究使我们进一步发现了其与实数集结构间的紧密联系：之前

我们已经注意到，博雷尔集的确定性证明需要序数公理；而在更高的层次上也有类似的结论。因此，对贝尔线上越来越复杂的子集的确定性证明，需要用到越来越大的基数。

这类结论中最引人注目的也许是勒贝格犯下的一个著名错误（Lebesgue, 1905：191-192）。他当时声称博雷尔集的连续像仍然是博雷尔集，但他的论证正如他自己后来承认的那样，是"简单，简短，但却错误的"（Lusin, 1930：vii）：他错误地假定了

$$f^{-1}\left(\cap_{n\in\omega}A_n\right)=\cap_{n\in\omega}f^{-1}\left(A_n\right)$$

而如果 f 不是单射的，那么该式则不一定为真。苏斯林（Souslin, 1917）注意到了这个错误，并举了一个例子来说明一个**解析**（analytic）集合，即某个博雷尔集的连续像，不一定是博雷尔集[1]。这一发现自然引得人们研究射影集（projective set），即允许闭集通过连续像的可数并和任意次数的补之后所得到的集合。射影集组成了一个比博雷尔集更广泛的类，并且其定义要更复杂。研究这类集合的关键思路由库拉托夫斯基和塔斯基（Kuratowski and Tarski, 1931）指出，即认识到获得射影集的方式与逻辑运算相对应。这带来的结果是尽管序数公理可以确定任意博雷尔集上的博弈，但哪怕假设了可测基数的存在性，也不足以将该结论推广到任意射影集上；目前已有的确定性证明建立在存在无穷多伍丁基数的假设上（Martin and Steel, 1988），而该假设是非常强的。有了更强的无穷公理之后，该结论就可以推广到有时被称为**准射影集**（quasi-projective set）的更一般的类中，其由出现在自实数集开始的可建构层级中的集合所组成：如果我们假定，不仅存在无穷多的伍丁基数，而且在其上还存在一个可测基数，那么我们就可以证明在任意准射影集上的博弈都是确定的[2]。

我们将在 15.7 节对这些结论做更多说明。当前我们只评述大基数公理的推动力。当然，哥德尔定理警告我们不能指望证明出任何此类公理的一致性。人们已经尝试过对大基数公理的合理性做直观论证，例如，莱因哈特（Reinhardt, 1974）对存在超紧基数的论证[3]，但所有现有的此类论证都非常粗糙。在读到大基数的时候，有时很难避免这样一种琐碎的感觉，即它们的大小使它们看上去难以置信，例如，在忍受了可测基数之后，我们向下读到超紧基数时发现它还要更加大——二

---

[1] 讽刺的是，勒贝格在他的原始论文中为了另一个目的，也构建了一个这样的集合。

[2] 该论断在文献中常被写作 $AD^{L(\mathbb{R})}$。

[3] 马迪（Maddy）拒绝此类论证，理由是"它们扩展超出了潜在知觉和大脑的基础"（Maddy, 1990：141）。我在这点上不赞同她，因为我不认为对接纳某个公理所做出的直观论证应比其他类型的论证更依赖于知觉或大脑基础。

者大小差距如此之大，以至于小于最小超紧基数的那些可测基数的集合本身还是可测基数。

应当注意的是形式论的谈话方式在数学界中总是很流行，而在涉及大基数时尤其如此。事实上人们很容易倾向于维特根斯坦的建议，即把无穷基数看成是**大**的完全是一种错误。

> $\aleph_0$ 不是一个巨大的数字 …… 学了对 $\aleph_0$ 乘法的孩子根本没有学到任何重要知识 …… "我买了某些无穷大的东西并把它带回了家。"你可能会惊叹，"天呐！你是怎么搬它的？"——一把曲率半径为无穷的直尺。（Wittgenstein, 1976：32, 142）

导致大基数如此难以被接受的部分原因恰恰在于有时用来推动它们的**康托尔式有穷论**（Cantorian finitism）。其思想是无穷集应尽可能地类似于有穷集。如果我们采纳了这种思想，就会把如 "某个大基数远大于 $\aleph_0$" 这样的论断看得和 "10^{20} 远大于 12" 具有同样的意义。如果我们这样做，是否会失去对真实的把握？又或者我们像布洛斯暗示的那样，

> 怀疑是否无论开始时是怎样的，当我们走了足够远之后，即使车轮仍在转动，我们已然不再听取对现实中任何事物的描述？（Boolos, 2000：268）

13.8　加速定理

截至目前，我们对抽象（即更高阶）方法的讨论集中于它们对没有它们就无法证明的那些结论的效用。但我们不应忽视它们对没有它们也能得以证明的那些结论的效用，那些结论可以借由这些方法得到更短、更优雅或更清晰的证明。

读者立刻可以注意到，虽然这三种变化都令人满意，但这三种评价标准——简洁、优雅、清晰——其方向无疑是不同的：最短的证明往往不是最清晰的，有时也不是最优雅的。在对该问题进行系统性研究的时候，我们必须认识到优雅和清晰远不如单纯的证明长度来得客观，因而也就较难进行形式上的研究。然而，就证明长度而言，其中暗含了一种现象——在证明的抽象程度及其长度之间存在着权衡——这是数学经验中一项我们早已熟悉的事实：在学习数学时，我们有时会费力完成一项冗长但（至少在非形式意义上）不抽象的原始证明，但很久过后我们会发现，对其应用更抽象的理论可以更快地证明该结论。行文到此为止还只是非正式的观察结论：更精确地说，我们对此面临的困境是证明的长度对其用到的

理论形式高度敏感。如果我们通过证明所包含的行数来度量一项证明的大小，则每个可公理化的一阶理论都等同于每条定理有三行证明的理论。但是，这种简洁性必须通过牺牲我们实际所处理的理论的一项特征才能得以实现，即它们是通过有穷条公理或公理模式来实现公理化的，而对于这类理论，我们有如下定理：如果 U' 严格强于 U，那么存在一个数字 N，满足对任意 m，U' 中都有一语句，其证明行数不超过 N 且其在 U 中的最短证明行数超过 m（Buss, 1994）。

另外，衡量证明中的行数可能并不是一种非常可靠的办法，因为每行的长度可能长到无法衡量。但如果我们转而以证明中包含的字符数来衡量证明的大小，那么表示法上的一些微小变化都可能对整个证明的大小产生巨大的影响。马赛厄斯（Mathias, 2002）提供了一个戏剧性的例子，他证明了在许多形式系统中只用数十个字符便可以表示的基数 1，在布尔巴基的形式系统（Bourbaki, 1954）中需要 10^{12} 个字符来表示；而该系统在其第四版中有一项看似不足道的改动，即根据库拉托夫斯基的定义来定义有序对，而不再把有序对当成初始概念，这一改动使得系统内表示基数 1 所需使用的字符数爆炸式增长至 10^{54}。①然而尽管如此，类似于巴斯定理（Buss's theorem）的论断对于这种字符数度量而言仍是可用的（Mostowski, 1952）：如果 U' 严格强于 U，那么存在数字 N，满足对任意 m，都存在一个语句，该语句在 U' 中的证明短于 N 个字符，而在 U 中最短证明的字符数超过了 m。

不过就像之前讨论不完全性现象一样，我们在这里感兴趣的并不是这种一般性结论，而是它们具有真正数学意义的实例。毕竟，如果出现任意加速的证明 N 的长度都会达到 10^{100}，那么巴斯和莫斯托夫斯基的加速结论与数学实践就没什么关系了，因为我们很难想象在实际中会遇到这种现象。

但是实际上我们可以通过限制，从数学不完全性中获得具有真正数学意义的加速实例。所以尽管不能在 **PA** 中证明声称**每一个**古德斯坦序列都会停止的论断，但可以对具有特定起点 m 的古德斯坦序列进行验证；当然我们要知道对于某些 m 值，在 **PA** 中证明以 m 为起点的古德斯坦序列最终会终止的证明过程可能会非常长，而我们在 13.1 节中已经给出了显然可行的证明来表明在 **ZU** 中，这类证明不过是古德斯坦定理的一个不足道的特定实例。

布洛斯给出了另一个甚至更简单且更直观的加速实例（Boolos, 1987）。考虑包含一个常元 0，一个一元函数符号 s，一个二元函数符合 f 和一个一元谓词 D 的一阶语言。令 T 为一理论，其公理为

---

① 更准确地说，马赛厄斯声称该字符数为 2 409 875 496 393 137 472 149 767 527 877 436 912 979 508 338 752 092 897，不过我本人并没有验证其算术。

（1）$(\forall x)f(x,0) = s(0)$；

（2）$(\forall y)f(0,sy) = s(s(f(0,y)))$；

（3）$(\forall x)(\forall y)f(s(x),s(y)) = f(x,f(s(x),y))$；

（4）$D(0)$；

（5）$(\forall x)(D(x) \Rightarrow D(s(x)))$。

现在，$D(f(ssss0,ssss0))$ 显然是 T 的一条定理。这在 **ZU** 中很容易得到证明。取 T 的任一集合论模型并用 $\bar{D}, \bar{f}, \bar{s}, \bar{0}$ 分别解释模型中的 $D, f, s, 0$。令 $\bar{N} = \mathrm{Cl}_{\bar{s}}(\bar{0})$。那么我们可以通过对 y 施加归纳以证明 $(\forall x \in \bar{N})(\forall y \in \bar{N})f(x,y) \in \bar{N}$。为此，首先注意 $\bar{f}(\bar{0},\bar{0}) = \bar{s}(\bar{0}) \in \bar{N}$；而如果 $y \in \bar{N}$ 且 $\bar{f}(\bar{0},y) \in \bar{N}$，那么 $\bar{f}(\bar{0},\bar{s}(y)) = \bar{s}(\bar{s}(\bar{f}(\bar{0},y))) \in \bar{N}$，所以根据对 y 的归纳，$\bar{f}(\bar{0},y) \in \bar{N}$。现在假设对所有的 $y \in \bar{N}$，有 $\bar{f}(x,y) \in \bar{N}$。现在有 $\bar{f}(\bar{s}(x),\bar{0}) = \bar{s}(\bar{0}) \in \bar{N}$；而如果 $y \in \bar{N}$ 且 $\bar{f}(\bar{s}(x),y) \in \bar{N}$，那么根据归纳假设有 $\bar{f}(\bar{s}(x),\bar{s}(y)) = \bar{f}(x,\bar{f}(\bar{s}(x),y)) \in \bar{N}$。所以通过对 y 进行归纳，有 $\bar{f}(s(x),y) \in \bar{N}$。因此，通过对 x 的归纳，对所有 $\bar{N}$ 中的 x 和 y，都有 $\bar{f}(x,y) \in \bar{N}$。但根据（4），有 $\bar{0} \in \bar{D}$，所以根据（5），$\bar{D}$ 是 s-封闭的。所以 $\bar{N} \subseteq \bar{D}$，据此立刻可得 $\bar{f}(\bar{4},\bar{4}) \in \bar{D}$。因此语句 $D(f(ssss0,ssss0))$ 在 T 的所有集合论模型中都为真，因此根据一阶逻辑的完全性，它在 T 中是可证的。

但布洛斯在他的论文中证明，即使在相当标准的一阶逻辑系统中，该定理的最短形式证明（使用 5.4 节中定义的符号）也具有超过 265 536 个符号。因此我们可以看出仅限于使用基础符号来证明集合论论断基本上是不可行的。

上面给出的例子表明如果我们想要确保未经缩写的集合论证明是可行的，那么就需要我们格外认真一些。此外，前面的示例还表明我们必须谨慎，以免这只是所研究那个特定一阶形式系统上的特征：例如，有实例证明如果在逻辑中添加切割规则（cut rule）会大大加速证明。但是这些实例都远没能达到这种加速，因此我们可以判断在任何我们所熟悉的一阶系统内完整写下布洛斯的这一实例的证明都是不可行的。

当然，布洛斯的这项实例是通过专门设计以演示说明加速的。我们在实际中遇到的加速可能并不会这么地引人注目。此外，证明的清晰与长度同等重要：如果我们不能找到它，那么简短也没什么太大帮助。这类现象的实例出现在层级中的各个层次上。我们在第 5 章提到过算术上的狄利克雷定理，人们在发现了它的分析性证明后仅一个世纪就证明了它在 **PA** 内有一项证明。将无穷小与实数理论相接能够加快证明速度。而任意博雷尔集上的博弈都是确定的，该定理最早是在假设可测基数存在的情况下被证明的；马丁后来的证明（Martin, 1975）只需要依赖于序数公理，但明显复杂很多，而且思路也完全不同。

注释

在本章中我们关注了两种相关现象：在强集合论 U' 中可证明的结论，其在弱集合论 U 中的证明长度在 U' 的证明要长得多；以及在 U' 中可证明的一些结论在 U 中根本就不可证。表明这些现象是可能的一般性定理要归因于哥德尔，但我们现在已经知道了许多这两种现象的自然实例，其中有一些可以说具有真正数学意义。其中一些实例可以参见弗里德曼（Friedman, 1986; 1998）。在本书写作时他还有更多实例正待发表。

金森（Kanamori, 1997）阐述了大基数理论的细节。马迪（Maddy, 1988）对集合论学者们接纳大基数公理的原因做出了清晰的分析，她区分了内在与外在原因，但该区分与她坚定的自然主义（naturalistic）立场一致，而与我这里对逆向和直观论证的区分并不相同。马迪的外在原因不仅包括实在论者的逆向论证，还包括可由形式论者给出的特定理论原因，如简洁性、优雅性或能产生困难或有趣问题的能力。

在许多集合论教科书中都有对冯·诺伊曼序数理论和莫斯托夫斯基折叠引理的论述：德雷克（Drake, 1974）的就特别清楚。Wang（1977）讨论了各种反映原理的哲学基础。对大小限制的历史，最好的论述来自于哈勒特（Hallett, 1984）。对如今被称为 New V 的抽象原理的讨论来自于夏皮罗和韦尔（Shapiro and Weir, 1999）。

第 14 章 选 择 公 理

在 9.4 节中，我们曾引入一项原理——可数选择公理——它不同于我们的默认理论中的公理，因为它断言一特定类型的集合（准确地说，是序列）存在，且没有提供能唯一地描述出该集合的限定条件。在本章中，我们将研究具有该特征的可数选择公理的一些推广，并进一步探讨这种唯一性的缺乏是否应当被视为缺陷。

14.1 可数依赖选择公理

考虑下列问题，证明一个偏序集是偏良序的，当且仅当它不包含严格递减序列。当然，该证明的一个方向是直接可得的：严格递减序列的范围是一个没有极小元素的非空集。为了证明反方向的命题，先假设 A 不是偏良序的，所以它有非空子集 B，B 是没有极小元素的。现在选中 B 中元素 x_0 并定义 B 中序列 (x_n) 如下：一旦 x_n 已被选中，那么令 x_{n+1} 为 B 中任一小于 x_n 的元素。（该元素是存在的，因为 B 没有极小元素。）该序列 (x_n) 显然是严格递减的。

该论证的困境在于为了生成这样的序列 (x_n)，需要做出可数无穷多次选择。而这一做法的合理性不能通过可数选择公理加以辩护，因为该公理只允许独立的选择。利用对时间的隐喻可以说明这一困境：这些选择不是同时的，因为只有在知道 x_n 的值之后才能选择 x_{n+1}。在数学中，这种类型的选择非常常见而且必要，因此值得单独列出一条允许执行这种选择的集合论原理。

可数依赖选择公理（axiom of countable dependent choice）：如果 r 是集合 A 上满足 $(\forall x \in A)(\exists y \in A)(x \, r \, y)$ 的关系，那么对任意 $a \in A$，都存在一个 A 中的序列 (x_n) 满足 $x_0 = a$ 且对所有的 $n \in \omega$ 都有 $x_n \, r \, x_{n+1}$。

命题（14.1.1） 可数依赖选择公理蕴含了可数选择公理。

证明：假设 (A_n) 是不相交非空集序列。选择元素 $a \in A_0$，并通过令 $x \, r \, y$ 当且仅当存在 $n \in \omega$ 使得 $x \in A_n$ 且 $y \in A_{n+1}$ 来定义 $\bigcup_{n \in \omega} A_n$ 上的关系 r。显然，$\operatorname{dom}[r] = \bigcup_{n \in \omega} A_n$，所以根据可数依赖选择公理，存在序列 (x_n) 满足 $x_0 \in A_0$ 且对所有的 $n \in \omega$ 都有 $x_n \, r \, x_{n+1}$。通过归纳，很容易得到对所有的 $n \in \omega$，都有 $x_n \in A_n$。因此，我们证明了一种特殊的可数选择公理，被选元素都出自互不相交的集合。将此结论推广到一般情况下是很容易的。 □

定理（14.1.2） 以下三项论断等价：

（1）可数依赖选择公理；

（2）如果 r 是非空集 B 上满足 $\mathrm{dom}[r] = B$ 的关系，即 $(\forall x \in B)(\exists y \in B)(x \, r \, y)$，那么存在 B 中的序列 (y_n) 满足对所有的 $n \in \boldsymbol{\omega}$，$y_n \, r \, y_{n+1}$ 成立（y_0 的值不做规定）；

（3）所有在像中不含有严格递减序列的偏序集，都是偏良序的。

证明：（1）$\Rightarrow$（2），不足道的。

（2）$\Rightarrow$（3）。假设 $(A, \leqslant)$ 是偏序集且不是偏良序的。所以它具有非空子集 B 且 B 没有极小元素。现有 $\mathrm{dom}[>_B] = B$（因为否则，就有 B 具有极小元素），因此根据假设可知存在 B 中的序列 (y_n)，满足对所有的 $n \in \boldsymbol{\omega}$，$y_n > y_{n+1}$ 成立。

（3）$\Rightarrow$（1）。假设 r 是非空集 A 上满足 $(\forall x \in A)(\exists y \in A)(xry)$ 的关系，$a \in A$。令 $\mathcal{A}$ 为由 $\mathrm{String}(A)$ 中所有满足 $a = s(0)rs(1)r\cdots rs(n-1)$（其中 n 为串 s 的长度）的串 s 组成的集合。**相反的包含关系不是** $\mathcal{A}$ 的偏良序，因此根据假设可得，存在 $\mathcal{A}$ 中的严格递减序列 (s_n)。现在 $\{s_n : n \in \boldsymbol{\omega}\}$ 是一个链，因此如果 $s = \bigcup_{n \in \boldsymbol{\omega}} s_n$，那么 s 就是 A 中的序列【命题 4.8.1】，$s(0) = a$，且对所有的 $n \in \boldsymbol{\omega}$，$s(n)rs(n+1)$ 成立。 $\qquad\square$

可数依赖选择公理由伯奈斯（Bernays）于 1942 年首次明确提出，尽管在此之前数学家们（特别是分析学家们）已经非正式地使用它很多年了。该公理比可数选择公理更强；即它不能通过可数选择公理得以证明（Mostowski, 1948），就算我们假定了纯度公理也还是无法证明它（Jensen, 1966）。依赖选择的稳定性由于人们发现它与数个数学上极有趣的命题等价而得以加强——这些命题中最值得注意的也许是贝尔范畴定理*（Baire category theorem）（Blair, 1977）。

我猜，形式论者会因为这类结论而对该公理感兴趣。另外，对实在论者而言，依赖选择与数学中其他分支上的命题之间的等价并不能说明该公理就是真的，除非我们有独立的理由相信其他的这类命题。然而，我们在 9.4 节中为可数选择所勾勒的建构主义式推动力似乎同样适用于可数依赖选择。毕竟它所依赖的只是可数无穷超级任务这个概念的一致性，即一个理想化的存在，于有穷时间内完成一系列设定操作：似乎不需要在此概念上增加设定来使设定操作之间具有依赖关系。

练习：

1. 补全命题 14.1.1 最后的一般性证明。

2. 假定可数依赖选择公理成立，证明如果 $(A, \leqslant)$ 是无穷偏序集，那么 A 要么有无穷全序子集，要么有无穷完全无序子集。【假设 A 的所有完全无序子集是

---

* 还有一种常见的翻译是"贝尔纲定理"。——译者

有穷的：证明 A 的所有无穷子集 B 都有极大完全无序子集，并因此有元素 b，它和 B 的无穷多个元素都是可比较的。】

3. 证明可数依赖选择公理等价于断言，如果 $(A, \leqslant)$ 是偏序集，(D_n) 是 A 的共尾子集的序列，那么存在 A 中的递增序列 (x_n) 满足 $\{x_n : n \in \omega\}$ 与每一个 D_n 相交。

14.2　重回斯科伦悖论

在模型论中有一个需要依赖选择的实例。

勒文海姆-斯科伦定理（子模型形式）：可数依赖选择公理意味着每一个结构都有一个可数的初等等价子结构。

对该定理的证明，请参阅模型论方面的教科书如霍奇斯（Hodges, 1993）。它比 6.6 节中提到的勒文海姆-斯科伦定理更强，因为后者只是说每个结构都初等等价于一个可数结构，而它不一定是给定结构的子结构。更强的定理需要某种选择来完成其一般性证明[①]（从它可以被用来迅速证明每个集合是有穷或无穷的这一点上可以看出）。有些学者认为这种对选择的依赖可以充作哲学武器来反对该子模型形式的定理。确实，斯科伦（Skolem, 1922）在他证明了子模型形式的定理两年之后，又证明了我们在 6.6 节中提到的那种较弱形式的定理，就是因为他想从中得出不使用依赖选择的哲学结果。

但事实上，在这里争论对依赖选择的使用是一种红鲱鱼*，因为这里用于生成斯科伦悖论的定理也适用于集合论自身的模型，而此时用于证明该定理的依赖选择是可消去的。也就是说，以下定理在 **ZU** 中是可证的，且**不需要**用到任何选择。

定理　**ZF** 的每个（传递）模型都有一个可数（传递）子模型。

正是该定理为我们提供了一种更精确的（有些人认为是更麻烦的）斯科伦悖论。为了解释其原因，我们要再次把目光移向元语言。通过使用子模型形式的勒文海姆-斯科伦定理，我们可以推断出存在一个可数传递集合 M，满足 $(M, \in)$ 是集合论的一个模型。此外，因为 M 是可数且传递的，所以 M 的每一个成员也是可数的。但 **ZF** 的所有定理在 M 中仍是真的：特别地，M 有一些成员，如在 M 中充作自然数的幂集的集合，而它们在 M 中是不可数的。所以可数与在 M 中可数是两种不同的概念。集合论学者对此的表述是，可数性不是一种**绝对**的属性。

当我们在 6.6 节中首次讨论斯科伦悖论时，我们看到如果保持逻辑词汇的意

---

① 但是麦金托什（McIntosh, 1979）断言子模型形式意味着选择公理是不正确的。

＊指红鲱鱼谬误，即在论述一个话题时穿插进了另一项不相干的话题，导致主要问题被忽略。——译者

义固定，但不限制解释域和属于关系的范围，我们就不能束缚住该论域的基数。现在基于更强的定理，我们可以将其扩展到甚至属于关系的外延都已固定下来的情况。现在不同解释间的变化只是量词作用域的变化，不过这种程度的变化也足以使谓词"可数"的外延发生变化。

所以集合论有（假定它总是一致的）一个模型 M，它从内部来看是不可数的，而从外部来看是可数的。很容易看出是如何导致这种情况出现的：一阶分离模式是弱的，因为在模型结构中的每一个层次，它都要求我们 $\{x \in V : \Phi\}$ 只包括理论（可数）语言中的公式 Φ。而其对应的二阶变体就没有这种弱点。

因此，对于一阶集合论的某些模型来说，从一些视角看它们是可数的。这并不表示集合论的所有模型都有这样的视角。当然，这不能使我们相信所有集合都是真正可数的。这一点非常明显，但是有关斯科伦悖论的文献常常因人们对它的误解而被扭曲原意。

14.3　选择函数和选择公理

定义　一个**选择函数**（choice function）是指一个函数 f，其满足对所有的 $A \in \mathrm{dom}[f]$，有 $f(A) \in A$。由所有满足 $\mathrm{dom}[f] \subseteq \mathcal{A} \backslash \{\varnothing\}$ 的选择函数 f 所组成的集合记作 $\mathrm{choice}(\mathcal{A})$。

如果 $\mathrm{dom}[f] = \mathcal{A} \backslash \{\varnothing\}$，我们就说 f 是 $\mathcal{A}$ 的选择函数。

引理（**14.3.1**）　$\mathrm{choice}(\mathcal{A})$ 的极大元素就是 $\mathcal{A}$ 的选择函数。

证明：如果 f 是 $\mathcal{A}$ 的选择函数，那么 $\mathrm{dom}[f] = \mathcal{A} \backslash \{\varnothing\}$，所以 f 在 $\mathrm{choice}(\mathcal{A})$ 中极大。另外，如果 f 是 $\mathrm{choice}(\mathcal{A})$ 的一个成员且不是 $\mathcal{A}$ 的选择函数，那么 $\mathrm{dom}[f] \subset \mathcal{A} \backslash \{\varnothing\}$，且存在 $A \in (\mathcal{A} \backslash \{\varnothing\}) \backslash \mathrm{dom}[f]$：如果 $a \in A$，那么 $f \cup \{(A, a)\}$ 是严格包含 f 的选择函数，所以 f 不是 $\mathrm{choice}(\mathcal{A})$ 的极大元素。□

命题（**14.3.2**）　所有有穷集合都有选择函数（"有穷选择原理"）。

证明：如果 $\mathcal{A}$ 是有穷集合，那么 $\mathrm{choice}(\mathcal{A})$ 是有穷且非空的：因此它有极大元素【定理 6.4.5】，该元素必为 $\mathcal{A}$ 的选择函数【引理 14.3.1】。　　　　□

在 9.4 节中我们讨论了可数选择公理，它断言所有可数集都有选择函数。我们现在要考虑的显然是该原理的推广。

选择公理：对所有由不相交集合组成的集合 $\mathcal{A}$，都存在集合 C 满足对每一个 $A \in \mathcal{A}$，集合 $C \cap A$ 都恰有一个成员。

许多学者都把选择公理看成他们的默认理论的一部分，但本书不这么做。习惯上用 **ZFC** 指代在 **ZF** 中加入选择公理后所得到的理论，而把它加入到其他集合理论中时也有相应的记号。

命题（14.3.3）　选择公理等价于断言所有集合都有选择函数。

证明：必要性。假定选择公理成立，并令 $\mathscr{B}$ 为任一由非空集组成的集合。我们想要定义一个选择函数，其定义域为 $\mathscr{B}$。为了做到这一点，令 $\mathscr{A} = \{B \times \{B\}$：$B \in \mathscr{B}\}$。那么 $\mathscr{A}$ 显然是互不相交的，且每一个元素都是非空的。所以根据选择公理，存在集合 C 与每一个 $B \times \{B\}$ 相交于一个唯一的有序对：记该有序对中第一个元素为 $f(B)$。由此定义的函数 f 显然就是 $\mathscr{B}$ 的选择函数。

充分性。如果 $\mathscr{A}$ 是由不相交非空集合所组成的集合，f 是 $\mathscr{A}$ 的选择函数，集合 $\{f(A) : A \in \mathscr{A}\}$ 与每一个 $A \in \mathscr{A}$ 恰相交于元素 $f(A)$。　　　□

选择公理显然蕴含了可数选择公理；现在让我们证明不那么明显的结论，即更强的可数依赖选择公理也被选择公理所蕴含。

命题（14.3.4）　选择公理蕴含了可数依赖选择公理。

证明：假定 a, A, r 满足可数依赖选择公理假设条件中的要求。那么对所有的 $x \in A$，$r[x] \neq \varnothing$。所以根据选择公理，存在从 A 到 A 的函数 f，满足对每一个 $x \in A$，我们都有 $f(x) \in r[x]$，即 $x r f(x)$。现令 $x_0 = a$ 且一旦 x_n 被定义了，就令 $x_{n+1} = f(x_n)$。显然，对所有的 $n \in \omega$，有 $x_n r x_{n+1}$ 成立。　　　□

选择公理当然不会导致集合论不一致，就算又加入了纯度公理也是如此（Gödel, 1938）；此外，无论我们把在第 13 章中讨论的哪一条高级无穷公理加入理论之中，该相对一致性结论都仍然成立。另外，在我们迄今为止所考察的所有理论中都不能证明选择公理——甚至就算我们假定可数依赖选择（Mostowski, 1948）或纯度（Feferman, 1965）也依然如此。选择公理是本书目前最为重要的，尤其因为它在 14.2 节末尾所说的意义上是最稳定的：在数学的许多明显与集合论不相干的分支上，都有大量的重要论断可以被证明是与选择公理等价的。

练习：

证明选择公理等价于断言，如果 $(B_i)_{i \in I}$ 是非空集合族，那么 $\prod_{i \in I} B_i$ 非空。

14.4　良序原理

命题（14.4.1）　所有可数集都是可良序的。

证明：不足道的。　　　□

当康托尔发现 $\mathbf{R}$ 是不可数的之后，他自然要问它是不是可良序的：事实上，他很快就声称不仅 $\mathbf{R}$ 是可良序的，而且**每一个**集合都是可良序的。康托尔在 1883 年提出的这一论断，后来被称为**良序原理**（well-ordering principle），他称它"在我看来是一项基本的思维法则,其结论非常丰富且因其普遍有效而特别引人注目"
(Cantor,1883:550)。然而到了 1895 年,他已不再把良序原理视为公理,而是
作为一项有待证明的猜想;他在 1896 年给希尔伯特的信中尝试给出良序原理的
证明,但他在该信中所说的远不足以令人信服。尽管如此,希尔伯特在 1900 年于
国际数学家大会上相当慷慨地将良序原理称为 "康托尔定理",但也提出了在实数
线上找到一个**确定的**(definite)良序的问题。不久,策梅洛(Zermelo,1904)制
定了选择公理(Auswahl axiom)的明确形式,并说明了如何据此推出良序原理。

引理(**14.4.2**)(Zermelo,1904) 对集合 A 上的每一个良序,都存在 $\mathfrak{P}(A)$
的选择函数且该函数是确定的;反方向同样成立。

证明:必要性。假设 $\leqslant$ 是 A 上的良序关系。对每一个 $B \in \mathfrak{P}(A)\backslash\{\varnothing\}$,令
$f(B)$ 等于 B 相对于 $\leqslant$ 而言的最小元素。显然这就定义出了一个 $\mathfrak{P}(A)$ 的选择
函数。

充分性。如果 f 是 $\mathfrak{P}(A)$ 的选择函数,那么根据通用超限递归原理和哈托格
斯定理 11.4.2,存在唯一的序数 α 和从 α 到 A 的函数 g,g 满足对所有的 $\beta < \alpha$,
有 $g(\beta) = f(A\backslash g[\beta])$ 且 $g[\alpha] = A$;该函数是单射的,由此可得 A 上的一个
良序。   □

定理(**14.4.3**)   选择公理等价于断言,所有集合都是可良序的。

证明:根据上述引理立刻可证。   □

即使我们假定了选择公理,也无法解决希尔伯特提出的在 **R** 上**定义**一个良
序的问题:在集合论的一阶语言中,不存在项 σ 使得我们能够在 **ZFC** 中证明 σ
是 **R** 的一个良序(Feferman,1965)。更非形式化的说法是,这意味着选择公理
只保证了 **R** 上存在良序,但并没有给我们一种定义它的手段。

选择公理在 20 世纪的前几年被数学家们多次使用——有关其中详情,请参见
本章结尾的注释——但可以肯定的是策梅洛在他于 1904 年证明良序原理时使用
了选择公理,由此使该公理成为焦点并在数学界引发了激烈争论。特别是当柯尼
希(König,1905)发表了一份据称是与选择公理**相矛盾**的结论的证明之后,情况
更是如此:随后,《数学年鉴》(*Mathematische Annalen*)(Borel, 1905; Bernstein,
1905a; Jourdain, 1905; Schönflies, 1905),《法国数学学会公报》(*Bulletin de
la Societ Mathematique de France*)(Borel et al., 1905),《伦敦数学学会论文
集》(*Proceedings of the London Mathematical Society*)(Hobson, 1905; Dixon,
1905; Hardy, 1906; Jourdain, 1906; Russell, 1906b),以及许多其他刊物上都有大
量针对策梅洛证明的讨论。

促动某些评论者的原因似乎是,他们相信良序原理是错的,因此需要找出在

策梅洛的证明中，到底哪些地方出了错。策梅洛在 1904 年的证明中用到了对序数的超限归纳（我们刚刚给出的那个证明也用到了这一方法），而任何对序数的使用，都仍因布拉利-福尔蒂悖论而遭到污名化，所以一些异议者将注意力集中于这一点，而不是他对选择公理的使用上。例如，霍布森（Hobson, 1905：185）抱怨说，"不承认'不一致'的聚集体的存在，但这种存在性在康托尔理论的假设下又是不能被否认的，这就为该证明带来了额外的可疑因素"。正是为了回应**这种**批评，策梅洛又发表了另一种证明（Zermelo, 1908a），通过戴德金的**链理论**（Kettentheorie）的扩展消除了之前证明中对序数的使用。这使得选择公理成为了新证明中唯一能被批评者们合理反对的原理。

良序原理常常是应用选择公理的一条有利途径：下面就是一项可以算作典型的例证。

命题（14.4.4） 假定选择公理成立，那么所有在集合 A 上的偏序 $\leqslant$，都可以被扩充成一个全序。

证明：证明的关键在于我们可以通过良序原理把 $A \times A$ 表示成超限序列 $A \times A = \{(x_\alpha, y_\alpha) : \alpha < \beta\}$ 的范围。然后我们通过如下归纳定义得到 A 上包含了 $<$ 的偏序族 $(<_\alpha)_{\alpha \leqslant \beta}$。首先令 $<_0$ 就是 $<$。当 $<_\alpha$ 已被定义之后，令 $<_{\alpha^+}$ 为尽可能最小地包含了 $<_\alpha$ 和有序对 (x_α, y_α) 的偏序；如果不存在这样的偏序，则令 $<_{\alpha^+} = <_\alpha$。最后，如果 λ 是极限序数，令 $<_\lambda = \bigcup_{\alpha < \lambda} <_\alpha$。该超限序列的最终元素是包含了 $<$ 的偏序，并且它显然是由 A 上所有偏序所组成的集合中的最大元素，即 A 上的全序。 □

14.5 极 大 原 理

策梅洛（Zermelo, 1908a）在他对良序原理的证明中消去了序数，日后逐渐变得明显的是，这是一种使用选择公理同时避开序数的一般性方法的应用实例：在数学中使用选择公理常常是为了获取特定偏序集的极大元素。在本节中，我们将分离出公理的这种用途所基于的属性。这部分内容主要具有数学意义而本书的其他章节也不会涉及其中。

定义 称一个偏序集 $(A, \leqslant)$ 是**归纳有序的**（inductively ordered）（并且 $\leqslant$ 被称为 A 上的**归纳序**），如果 A 的所有全序子集在 A 上都有上确界。

所有归纳序集都是非空的，因此具有最小元素（因为 $\varnothing$ 是全序的）。对于集合 A 来说，它要对于包含关系而言是归纳有序的，只要（但并不是必需的）对每一条链 $\mathscr{B} \subseteq A$，都有 $\bigcup \mathscr{B} \in A$。

引理（**14.5.1**）（Bourbaki，1949b） 如果 $(A, \leqslant)$ 是归纳有序的，那么对每一个从 A 到 A 且满足对所有 $x \in A$ 都有 $f(x) \geqslant x$ 的函数 f 来说，该函数都有一个确定的不动点。

证明：假设 f 是满足这样条件的函数，令 α 为满足 $|\alpha| \nleqslant \mathrm{card}(A)$ 的最小序数【哈托格斯定理 11.4.2】。那么【简单超限递归原理】唯一地存在从 α 到 A 的函数 g 满足

$$g(0) = \perp$$

如果 $\beta^+ < \alpha$，那么 $g(\beta^+) = f(g(\beta))$

对所有极限序数 λ，如果 $\lambda < \alpha$，那么 $g(\lambda) = \sup_{\beta < \lambda} g(\beta)$

显然 g 是正规的【命题 12.1.1】，但它不是严格正规的（因为如果它是，那么它就是单射函数，则我们就会有 $|\alpha| \leqslant \mathrm{card}(A)$）。所以存在 $\beta < \alpha$ 满足 $g(\beta^+) = g(\beta)$【命题 12.1.1】。如果我们选中了满足这样条件的最小的 β（为了得到确定性），并令 $b = g(\beta)$，那么 $f(b) = f(g(\beta)) = g(\beta^+) = g(\beta) = b$。□

定理（**14.5.2**） 如果 $(A, \leqslant)$ 是可良序的归纳有序集，那么 $(A, \leqslant)$ 有极小元素。

证明：反过来假设 A 在这种序关系下没有极小元素。令 $\preccurlyeq$ 为 A 上的某良序关系。现在，对每一个 $x \in A$，都存在元素 $y \in A$ 满足 $y > x$：为了得到确定性，令 $f(x)$ 为在良序关系 $\preccurlyeq$ 下满足这种条件的最小的 y。那么对所有的 $x \in A$，有 $f(x) > x$，与引理 14.5.1 相矛盾。□

注意，在定理 14.5.2 的证明中，选中的 $f(x)$ 为在 $\preccurlyeq$ 下的最小，而不是在 $\leqslant$ 下的最小；该良序关系 $\preccurlyeq$ 在这里只是为了让我们能够定义 f 且不需要直接用到选择公理。

事实上，我们所能遇到的归纳序关系几乎都是包含关系。特别地，以下约束条件要更为常见（特别是在代数中）。

定义 称一个集合 $\mathcal{A}$ 具有**有限特征**（finite character），如果对任意集合 A，A 属于 $\mathcal{A}$ 当且仅当 A 的所有有穷子集都属于 $\mathcal{A}$。

命题（**14.5.3**） 如果 $\mathcal{A}$ 是具有有限特征的非空集，那么它根据包含关系而言是归纳有序的。

证明：令 $\mathcal{B}$ 是 $\mathcal{A}$ 上的链，并令 $B = \bigcup \mathcal{B}$。可以肯定的是 $\varnothing$ 被包含于 $\mathcal{A}$ 的某个元素中，因为 $\mathcal{A}$ 是非空的。考虑 B 的一个非空有穷子集 $\{b_0, \cdots, b_{n-1}\}$。对 $0 \leqslant r \leqslant n-1$，存在 $B_r \in \mathcal{B}$ 满足 $b_r \in B_r$。由此，$\{B_0, B_1, \cdots, B_{n-1}\}$ 为一个有

穷非空链，因而具有最大元素 B_{r_0}【定理 6.4.5】。所以 $\{b_0, b_1, \cdots, b_{n-1}\} \subseteq B_{r_0}$，即 $\{b_0, b_1, \cdots, b_{n-1}\}$ 属于 $\mathcal{A}$。我们现在证明了 B 的所有有穷子集都属于 $\mathcal{A}$。所以 B 自身也属于 $\mathcal{A}$，因此是 $\mathcal{B}$ 在 $\mathcal{A}$ 中的上确界。 □

命题（14.5.4） 所有可数归纳有序集都有极大元素。

证明： 根据命题 14.4.1 和定理 14.5.2 立刻可证。 □

命题（14.5.5） 如果 $\mathcal{B}$ 是具有有限特征且满足 $\bigcup \mathcal{B}$ 是可数的非空集，$A \in \mathcal{B}$，那么 $\mathcal{B}$ 相对于包含 A 的包含关系而言具有极大元素。

证明： 如果 $\bigcup \mathcal{B} = \varnothing$，那么 $\mathcal{B} = \{\varnothing\}$，结论是显然的。而如果不等于空集，那么存在范围为 $\bigcup \mathcal{B}$ 的序列 (b_n)。现令 $A_0 = A$。一旦 A_n 已被确定，令 A_{n+1} 为 $\mathcal{B}$ 中包含了 $A_n \cup \{b_n\}$ 的元素（如果存在这样的元素）的交集；如果不存在这样的元素，令 $A_{n+1} = A_n$。这样我们就通过递归定义得到了 $\mathcal{B}$ 中范围为 $\{A_n : n \in \omega\}$ 的递增序列 (A_n)，而它具有上确界 B，因为 $\mathcal{B}$ 相对包含关系而言是递归有序的【命题 14.5.3】。B 显然就是要求的极大元素。 □

定理（14.5.6） 以下命题等价。

（1）选择公理；

（2）所有递归有序集都有极大元素（Zorn, 1935）；

（3）如果 $\mathcal{B}$ 是具有有限特征的集合，且 $A \in \mathcal{B}$，那么 $\mathcal{B}$ 相对于包含 A 的包含关系而言具有极大元素（Teichmuller, 1939; Tukey, 1940）。

证明：（1）$\Rightarrow$（2）。定理 14.5.2

（2）$\Rightarrow$（3）。假设 $\mathcal{B}$ 是具有有限特征的集合，且 $A \in \mathcal{B}$。那么 $\mathcal{B}$ 相对于包含关系是归纳有序的【命题 14.5.3】，$\mathcal{A} = \{B \in \mathcal{B}: A \subseteq B\}$ 也是如此，所以根据假设它具有极大元素。

（3）$\Rightarrow$（1）。假设 $\mathcal{A}$ 是集合。很容易验证 choice($\mathcal{A}$) 具有有限特征，根据假设，它具有相对于包含关系的极大元素 f，而这就是 $\mathcal{A}$ 的选择函数【引理 14.3.1】。□

该定理中的两项极大性原理为我们提供了一种极为强力的工具，可以在不使用序数的情况下推导出选择公理的数学后承。为了能比较这两种途径，让我们再考虑集合上所有偏序关系都可以扩展成全序关系的说法：在 14.4 节中，我们通过良序原理来为集合中的成员标上序数从而证明了该说法；现在让我们用新方法再次证明它。

命题 假定选择公理成立，那么所有在集合 A 上的偏序 $\leqslant$，都可以被扩充成一个全序。

证明： 令 $\mathcal{B}$ 是由所有满足 r^t 为 A 上严格偏序关系的关系 r 所组成的集合。这是一个有限特征集合【推论 6.2.5】，所以根据定理 14.5.6(3)，它的每一个元素都包含在某个元素中，且该元素相对于包含关系而言是极大的，因此是严格全序。   □

关于这种极大原理，最早对它的陈述来自于豪斯多夫（Hausdorff, 1909：301），其断言如果 A 上所有良序链的并，是 A 的一个元素，那么 A 相对于包含关系具有极大元素。但证明某个结论是一回事情，而领会该结论的效用又是另一回事情。豪斯多夫广为流传的《集合论》（*Mengenlehre*）中甚至没有提到该结论，尽管其中确实包含了一项与之密切相关的结论，即每个偏序集都有极大全序子集（见本节练习 6），该结论通常被称为**豪斯多夫极大原理**（Hausdorff's maximality principle），尽管豪斯多夫还有当时其他人都没有意识到该原理的作用。怀特海和罗素在《数学原理》（*Principia Mathematica*, 1910-13：258）中介绍策梅洛定理时，相当接近地陈述了极大原理，但再一次地，他们也没有意识到它的用途。

另外，当库拉托夫斯基（Kuratowski）在 1922 年重新发现极大原理时，它被相当明确地归为源自策梅洛（Zermelo, 1908b）集合论公理化的还原主义方案的一部分。如我们此前所见，这一公理化形式受到了策梅洛想为他对良序原理的新证明提供基础的这一愿望的强烈影响：简而言之，他选择了能支撑他证明的最弱的公理。结果是该系统不够强大，如果不额外添加一条超越数存在的假设，就无法包含序数算术。而在接下来的数年里，许多重要的结论由选择公理通过超限归纳而得以证明。例如，斯泰尼茨（Steinitz, 1910）借此证明了任意域的代数闭包同构的存在性与唯一性。库拉托夫斯基将策梅洛消除序数的方法加以一般化，得到了极大原理：该结论是一种方法，通过该方法可以将使用到超限归纳的证明转化为不需要使用超限归纳的证明，从而使之可以在策梅洛系统中形式化。

但就在库拉托夫斯基演示如何从证明中消去对序数使用的同时，集合论所采纳的公理强到足以推出冯·诺伊曼序数理论，从而使这一消去失去了形式上的必要性[①]。因此，尽管在库拉托夫斯基之后，人们仍偶尔会继续使用极大原理，但它并没有赢得广泛的声望，因为他所声称的该原理的优点在于它是不言自明且兼具美学典范的，而不是更实用的：数学家们一向不愿意为了保证逻辑纯粹性而放弃一项方便的工具。佐恩（Zorn, 1935）对极大原理的重新发现是确保该原理作为一项数学工具而持久流传的决定性因素，无疑，部分原因是他给出了令人信服的证据从而证明了它的实用性，但同时也有部分原因是他当时刚从汉堡移民到新英格兰：它被当地活跃的研究团体所接纳，并且他们称之为"佐恩引理"（Zorn's lemma），这也是它今天为我们所熟知的名字。

布尔巴基学派迈出了推广这一极大原理的最后一步，他们不仅论述了抽象偏

---

① 其中细节参见附录 A。

序关系形式的该原理【归功于博赫纳（Bochner, 1928）和泰希米勒-图基原理（Te-ichmüller/Tukey principle, 1939）】，而且——更为重要的是——在论文的后续部分继续系统性地运用这些原理。布尔巴基学派的论述，在这方面沿着库拉托夫斯基消除序数的还原主义方案的道路前进：他们甚至不屑于在其著作中定义序数概念，而将之归为一项练习，他们还避免在证明过程中使用序数。不过，布尔巴基学派这样做的动机不可能是因为像库拉托夫斯基那样出于基础层面，因为他们的形式系统足够强大，完全可以在需要时定义出序数；他们的动机可能是出于审美，来自于对纯代数方法的偏爱。

练习：

1. 函数 f 满足 $\mathrm{dom}[f] \subseteq A$ 且 $\mathrm{im}[f] \subseteq B$，证明 $\mathfrak{P}(A,B)$ 相对于包含关系而言是归纳有序的。

2. 如果 $(A, \leqslant)$ 是归纳有序的且 $a \in A$，证明 $\{x \in A : x \leqslant a\}$ 也是归纳有序的。

3. $\mathfrak{F}(\omega)$ 相对于包含关系是归纳有序的吗？

4. 令 $\mathrm{Well}(A)$ 为由 A 上的所有良序关系所组成的集合。如果 $r, r' \in \mathrm{Well}(A)$，定义 $r \leqslant r'$ 当且仅当 $r \subseteq r'$ 且 $\mathrm{dom}[r]$ 是良序集 $(\mathrm{dom}[r'], r')$ 的起始子集。证明 $(\mathrm{Well}(A), \leqslant)$ 是归纳有序集。由此根据佐恩引理直接推出良序性质。

5. 通过举例说明，引理 14.5.1 提到的函数并非必须有**最小**不动点。

6. 证明选择公理等价于断言，所有偏序集都有极大全序子集。【必要性证明可以通过泰希米勒-图基性质。充分性通过证明佐恩引理得来。】

7. 假定选择公理成立，证明所有偏序集 $(A, \leqslant)$ 都有极大完全无序子集。【第一种方法，通过良序原理。第二种方法，证明由 A 的所有完全无序子集所组成的集合是具有有限特征的，然后使用泰希米勒-图基原理。】

8. 假定选择公理成立，证明集合 A 上的一个关系是偏序（偏良序）的，当且仅当它是 A 上全序关系（良序关系）所组成的集合的交集。

9. 假定选择公理成立，证明所有偏序集 $(A, \leqslant)$ 都有一个共尾偏良序子集。【令 $\mathcal{A}$ 为由 A 的偏良序子集所组成的集合。对 $\mathcal{A}$ 及其偏序关系"是 …… 的起始子集"使用佐恩引理】

14.6 逆向论证

我们已经看到了在世纪之交，选择公理作为一种新的数学工具登场，而且它所带来的结论很快就明显地超出了集合论边界并出现在了许多完全不同的纯数学分支学科中。但是，我们还没有讨论该公理是否是真的。当然，许多数学家都曾对此感到怀疑。例如，利特尔伍德（Littlewood, 1926：25）说："反映公理使我们直觉对其真实性感到怀疑，对它在有穷情况下的分析带有固有成见，而缺乏直觉支撑导致没有有利于它的证据存在。" 显而易见的是，我们给予可数依赖选择公理的那种时空性推动力在这里是不存在的。一种准时空性论证在这里或许可以为良序选择公理提供支撑，这是由哈代（Hardy, 1906）首次提出的，它断言所有超限非空集合序列 $(A_\alpha)_{\alpha<\beta}$ 的范围都有一个选择函数，但在这一点上如果 β 是不可数的，那么这种时空性类比就会显得很牵强。在一般情况下，当我们想从任意非空集合族的每一个成员中挑出一个元素后，所留下部分中的时空性概念就会蒸发掉，因为这些集合并不是以任何偏序方式呈现的。

数学家给出的选择公理为真的论证往往非常薄弱。一种常见的论证基础思想是，由有穷情况加以推广，并且没有理由认为在无穷情况下该公理的真会发生变化。这种论证的困境在于除了祈祷它们不会发生变化，我们无法得到任何证据以支持该论证。另一种论证较为谨慎，首先以建构主义者们已经勾勒好了的大纲，将公理从有穷情况推广到可数情况，然后再诉诸一个能实现我们选择需求的他（或祂）的理想性存在，将公理推广到不可数情况。这种论证的主要困境在于其中最具说服力的从有穷推广到可数的子论证部分，依赖于能在有穷时间内执行无穷次选择任务的超级任务，而这不能推广到不可数的情况。另外，如果我们说的选择仅仅是指逻辑上的选择而不需要真的做出选择行为，那么在时间上根本就没有出现选择这个动作，就很难看出 "选择" 的这种隐喻还能起什么作用。简而言之，这种对选择公理的论证似乎是建立在我们在 3.2 节中就对之表示过怀疑的柏拉图主义式观点的极限情况基础之上的。

还有一种经常被采纳的思路是通过展示假设选择公理为真的那些理论所能得出的结论是多么丰富，从而为公理加以辩护。我们已经提过一些选择公理所带来的结论，但这类结论其实还有很多。在数学的许多分支中，一种常见的场景就是如果我们没有选择公理，那么能证明某条公理受限版本；而如果我们假定了选择公理，就能证明该定理的不受限版本。下面是一些例子：

（1）每一个有限维向量空间都有一个基底。

（AC）**每一个**向量空间都有一个基底。

（2）每一个可数域都有一个代数闭包。

（AC）**每一个**域都有一个代数闭包。

（3）每一个可分的希尔伯特空间都包含一个完备标准正交序列。

（AC）每一个希尔伯特空间都包含一个完备标准正交集。

（4）可数一阶语言的每一个一致语句集合都有一个模型。

（AC）具有任意基数的一阶语言的每一个一致语句集合都有一个模型。

如果我们评判数学理论的标准是它们的优雅性，那么选择公理或许可以称得上是成功的。如果我们假定了选择公理，那么纯数学的许多内容都会达到比不假设选择公理时更为优雅的形式。选择公理在结论多寡的评判标准下同样会获得好评。在许多数学分支中，有大量问题都需要借助于该公理才能得以解决；许多学者把这一点视作选择公理为真的论据①。

当然，对真正的形式论者而言，这没什么好说的：就算由此公理而生的更为优雅的理论和丰富成果足以成为我们接纳该公理的理由——对形式论者来说，这意味着"把该公理的后承看成是值得注意的东西"——也不能排除其他与选择公理相矛盾的集合论原理具有与之同样值得注意的研究价值的可能性。然而，评估这些与选择公理相竞争的理论到底具有多大吸引力非常困难，因为很少有工作致力于找寻这类理论的特性：极少数数学家研究了与选择公理相矛盾的决定性公理（axiom of determinacy）的后承（见 15.7 节），但这是一个相当孤立的案例。此外，即使对与选择公理相矛盾的公理的研究变得更为普遍，这也不会导致整个数学简单地被划分成两种互相对抗的阵营，一派选择假定选择公理成立，而另一派选择假定与之对立的公理。更有可能发生的是，不同领域的数学家会根据自己学科的需要而确定各自的集合论原理。

但是我们尚不清楚这种分裂——对数学的不同分支提出不同的附加公理——能否在单个集合理论内得以有效地容纳。只有在将各种理论嵌入进该集合理论后，依靠某些原理，在集合理论内仍能区分来自不同理论中的对象时，这种容纳才是可能的，而目前看来这种区分是完全不可能的。虽然数学界似乎并不曾清楚地以这种形式展开阐述，但这可能是一些数学家放弃设想以某个单独理论作为整个数学学科基础的原因之一。

然而这些考虑都不能说服**实在论者**把选择公理当成真的，除非还有某种更一般性的原因能使我们认为真理总是优美的。可是相反，我们有理由怀疑至少在数学中，真理虽不见得是非常丑陋的，但怎么说也不一定是最优美的。所以，如果想要使用选择公理所能带来的结果来组成一项逆向论证以说服实在论者相信该公理是真的，仅它能使理论形式更为优雅还不够：还需要一些独立于这类事实的理由来说服他们相信该公理是真的。当然在这方面，选择公理和其他所有默认理论的扩展公理，如第 13 章中的高级无穷公理的地位是一样的。

---

① 奇怪的是我们偶尔能看见一些与此完全相反的观点，"一个新公理所能解决的问题越多，我们就越没有理由去相信这个公理是真的"（Shoenfield, 1977：344）。

14.7 可构造性公理

不过选择公理和无穷公理有一个显著区别：不同于无穷公理，选择公理对问题真值的影响永远都不会是数论上的。为了解释这一点，我们要更详细地论述哥德尔证明选择公理与集合论相一致的方法。与我们在前面提到的由幂集组成的极大概念完全相反的概念，是在每一步中只生成由 **ZU** 的公理所强加给我们的集合的**极小概念**。弗伦克尔（Fraenkel, 1922b）建议增加一条限制公理（Axiom der Beschränktheit）来实现这一概念，但他并没有成功地将该概念形式化。第一个令人满意地给出了具有这种意义的形式化公理的人是哥德尔（Gödel, 1938），他在集合论语言中定义了更受限制的层级结构，其（大致上）包含了可以仅根据已有集合所组成的公式而定义得到的集合。

在 3.5 节中，我们简要论述过完全通过谓词所生成的层级结构概念。如果 L_α 是这种层级结构中的一个层次，那么下一级层次 $L_{\alpha+1}$ 就只包含了形如 $\{x \in L_\alpha : \Phi^{L_\alpha}\}$ 的集合，即可以通过其量词只作用于 L_α 范围内的公式而得以被定义的集合。哥德尔证明了这种对可构造性的定义**从表面上**来看是对 Φ 进行了元语言的量化，而事实上可以在集合论内对其进行形式化，因此由可构造层次 L_α 组成的可构造层级结构 L 是集合论域 V 的一个可明确定义子类[①]。那么令人感到有些惊讶的是，断言**每一个**集合都是可构造的，即断言 $V = L$，就可以用集合论语言表述成一个单独的语句。我们称之为**可构造性公理**（axiom of constructibility）。可构造性公理：所有集合都是可构造的。

哥德尔证明了当 **ZF** 中的所有量词都作用于 L 时，不仅可构造性公理成立，而且 **ZF** 中的所有公理都成立。当然还可以直接看出，如果 **ZF** 是一致的，那么 **ZF** 连同可构造性公理也是一致的。这一点非常重要，因为有如下结论。

定理（Gödel, 1938） 可构造性公理蕴含选择公理。

如果我们将其与刚刚提到的相对一致性结论相结合，就可以得出结论说如果 **ZF** 是一致的，那么加入选择公理后它依然是一致的。

现在我们要指出，之前的谓词集合论是相当弱的：如果我们撤下分离公理模式，代之以其谓词弱化版本，那么我们就不能证明任何不可数集合的存在性。所以哥德尔能证明集合论的所有公理，包括非直谓式的分离公理，在可构造层级中都是成立的，乍看之下我们会很吃惊。不过要注意到的重点是，哥德尔的可构造层级强度来源于其先验的序数理论。哥德尔所发现的是谓词在形成一个层次的过

---

① 为了方便起见，我们这里又用到了类。参见附录 C。

程中能产生非直谓式集合，只要该形成过程的迭代次数是由一个非直谓式给定的序数所给出的：可构造层级中的每一个层次 L_α 都只包含可由较低层次中的项直谓指明的集合，而整个该层级结构依赖于它所嵌入的完整、非直谓式的层级，因为它需要后者来提供序数 α。

不过为了使哥德尔的证明起作用，有必要假设一项中等强度的无穷公理。这与我们在第 13 章中讨论的这类公理的技术优势有关。当时我们指出，集合论学者有理由假定序数公理成立，因为它保证了每一个良基的集合论模型都与一个标准模型，即将 "∈" 解释成属于关系的模型（莫斯托夫斯基折叠引理），相互同构。反映公理模式则更有力地支持了对模型的研究，因为它以不动点为其他操作提供了层级空间。一个实例是刚刚提到的哥德尔对选择公理一致性的证明：哥德尔早在 1935 年就发现了该证明，但他迟迟没有将之发表的原因就是他花了很长时间试图令它能适用于如 **Z** 这样不假定任何像反映公理模式这么强的公理模式的理论。

当我们讨论子模型形式的勒文海姆–斯科伦定理时，我们简单提到了与这里相关的一项反映公理结论：如果 **ZF** 是一致的，那么就存在一个可数传递类是它的标准模型；而反映公理则证明了该类是一个**集合**。事实上哥德尔的可构造层级使我们能够更精确地描述一种特殊的可数模型。这是因为一个集合是不是 **ZF** 的内模型，只需要看它是否满足一定的限制条件，所以 **ZF** 的所有传递的标准模型的交也是它的一个模型，称之为**极小模型**（minimal model）。现在可以证明，对于某些可数序数 ξ_0，极小模型等于 $L_{\xi 0}$。这就为我们之前提到的基数相对性提供了一种形象的说明：属于 $L_{\xi 0}$ 的冯·诺伊曼序数恰为那些 $< \xi_0$ 的，而由于 $L_{\xi 0}$ 是 **ZF** 的一个模型，所以许多这类冯·诺伊曼序数相对于 $L_{\xi 0}$ 来说是不可数的。当然，之所以会这样，只是因为在一阶理论 **ZF** 的约束下，可建构层级中的幂集操作得到了尽可能细化的解释。我们可能会认为 $L_{\xi 0}$ 体现了与丰饶原理的某种冲突——如果愿意，可以称之为贫乏原理（principle of paucity）——特别是考虑它的每个层次和整个层级中的层次总数是如此贫乏。

我们把这个预设所有集合都是可构造的假定称为 "公理"，可有什么理由能让我们认为它是真的呢？本体论的简约原则鼓励了一些学者消除个体和非良基类，这让该假定看上去颇具吸引力，因为它断言每一个集合都出现在一个高度受限的层级结构中，并且该层级中只生成对理论必不可少的那些集合。哥德尔本人最初也非正式地考虑过这类想法，认为它给出了 "集合论公理的一项自然实现，只要它能以明确的方式来确定任意无穷集的模糊概念"（Gödel, 1938：557）。然而这种对集合论论域的描绘在许多后来的学者（包括晚年的哥德尔）看来是非常不可信的：很难找到理由相信，以可构造层级为代表的谓词式生成过程和以传统层级为代表的非直谓式生成过程,会像可构造公理所暗示的那样,都生成相同的集合。

所以并没有什么直接论证可以支持可构造性公理。那么存在支持它的逆向论证吗?当然,可构造性公理给出了一套完整的理论,它不仅解决了选择公理和连续统假设(见下文),而且解决了实数集合论中原有的各种问题。不过,多数集合论学者并不认为这能给予该公理以逆向论证,因为人们直觉认为这些问题是以"错误"的方式被解决的。这里不为他们得出该结论所依据的直觉做详细论述。我只想指出,这种直觉不是被普遍认同的。例如,弗里德曼(Friedman, 2000:437)就觉得这种视可构造性公理为假的直觉非常可疑:"我没有这样的直觉,数学界一般也不承认它。"而詹森(Jensen, 1995:398)甚至直接说:"我个人认为(可构造性)公理非常具有吸引力。"

不管怎么说,如果我们不相信纯度公理,那么我们是否相信选择公理与可构造性公理完全无关,因为如果没有个体集合——因此没有可良序的——那么在限制构造层级时再怎么小心都无济于事。但就算可构造性公理不是一项可信的假说,通过组建如 L 这种理论的内部模型来证明相对一致性结论,也能让我们得到其中所含公理强度的有用信息。这方面最引人注目的结论是,在一阶算术的各个领域中,可构造性公理(以及选择公理)是无差别的(Ax and Kochen, 1965)。假定我们有一项对某个一阶算术语句的证明,其中用到了选择公理。如果选择公理是假的,那么这个证明自然不正确。但要注意的关键是,如果把我们定义的自然数集上的所有量词重新作用于 L,那么所挑出的集合保持不变。(用集合论的行话来说,ω 对 L 而言是**绝对的**。)这点非常重要,因为不论选择公理在整个集合论论域 V 中是否为真,它在 L 中都肯定是真的。因此,如果我们把之前那个一阶算术语句证明中的所有量词施用于 L,我们得到的就是一项关于 L 的自然数集合的正确证明。因为 ω 对 L 而言是绝对的,所以该证明的结论和原结论是相同的。因此,任何用选择公理加以证明的一阶数论语句,在没有选择公理的情况下也能得到证明。

对初等几何学,类似的论证同样成立,因为它可以被完全一阶公理化(Tarski, 1959),所以它的**任意**一致性扩展都是保留原有性质的。因此在集合论中加入可构造性公理(或选择公理),初等几何学所能证明的结论仍保持不变。事实上帕特南(Putnam, 1980)还进一步延伸了该思路,他注意到对任何给定的可数实数集 S,都存在一个满足可构造性公理的集合论模型,并且它包含给定的集合 S 和自然数的标准复制。在集合 S 包含所有"操作性约束"——在该物理宇宙中,所有能被具有感知力的对象所测量的大小,都被正确地指派了赋值——的情况下应用该结果,帕特南得出结论,可构造性公理(以及选择公理)的真**不能**由这些操作性约束所决定。

对许多数学家，而不仅仅是数论学者来说，这些事实之所以重要，部分是因为它们表明选择公理是否为真是一项无所谓的问题。而还有部分原因是这些事实意味着唯一可以用来验证选择公理的逆向命题属于数学的一部分，且该部分可以被认为是已经充满了理论。换句话说，我们不应期望能找到一项简单的经验验证结论，如"如果选择公理是真的，那么福斯桥不会倒塌"来验证选择公理。逆向论者们所要研究的选择公理后承，属于那些我们的直觉已经不太灵敏的、相对抽象的数学分支。

14.8　直观论证

所以对选择公理的逆向论证仍很有可能是非决定性的，因此我们必须转回到直接与公理相关的直观上。常见的一种论证是选择公理可以根据我们在 3.5 节中所说的第一丰饶原理而推导得出。其大致思路是，如果层级结构中的某一层次确实包含了之前层次中的**所有**可能子集，那么特别地，它也包含了所有的选择集。"对于丰满的（或'满的'）层级结构，选择公理是很显然的。"（Kreisel, 1980：192）这种论证可以追溯到拉姆齐（Ramsey, 1926）：他提出了一个概念，认为集合是完全外延的实体，其存在性不依赖于任何指定其成员的方法，并声称在这种概念下，选择公理是"显然的重言式"。

该论证可以按如下说明。考虑下面这个二阶逻辑原理：

$$(\forall x)(\exists y)\Phi(x,y) \Rightarrow (\exists F)(\forall x)\Phi(x, F(x)) \tag{1}$$

辛蒂卡（Hintikka, 1998：39-48）等认为，很难认为该原理对所有公式 Φ 而言不是真的，除非以经典方式解读一阶存在量词并以建构主义方式解读二阶量词；而当量词都以经典方式解读时，该原理应该是无异议的。

为了便于讨论，我们先假设（1）是逻辑真理。此时，我们可以根据二阶分离原理推导出选择公理。假定 A 是由不相交非空集所组成的集合。那么

$$(\forall A \in \mathcal{A})(\exists x)(x \in A)$$

然后——根据经典逻辑，而非直觉主义逻辑（Tait, 1994）——可以得出

$$(\forall A)(\exists x)(A \in \mathcal{A} \Rightarrow x \in A)$$

所以根据（1），存在（逻辑的）函数 F，满足

$$(\forall A \in \mathcal{A})(F(A) \in A)$$

根据二阶分离原理，存在集合 $C = \{x \in \bigcup \mathcal{A} : (\exists A \in \mathcal{A})(x = F(A))\}$。因为 $\mathcal{A}$ 的每个成员都是不相交的，所以对每个 $A \in \mathcal{A}$，集合 $C \cap A$ 恰有一个元素 $F(A)$。

此时很重要的一点是，这不能威胁到前面提到的独立性结论，即选择公理在 **ZU** 中不可证。因为一阶逻辑的形式化是完全的，所以无论我们选择采纳哪些二阶逻辑原理，该结论都仍要成立。刚刚给出的论证引起我们注意到这样一个事实，即证明了选择公理的独立性的集合论形式化后，仍完全是一阶的。具体来说，选择公理不能从任何**一阶**分离模式的实例中推导出来：论证选择公理时的符号 "F" 代表逻辑函数，即二阶实体，而非有序对的集合。所以更直白的解释是，用来获得集合 C 的分离实例不能用一阶语言来表述。

这使得任何拒斥选择公理的人所能采纳的操作范围也不得不随之缩小了。除了拒斥二阶原理（1）之外，他们还需要被迫采纳某种不同于我们在 3.5 节中做出的一阶分离论证，在那里我们认为它近似于二阶公理。这对建构主义者来说可能没什么影响，他们一开始就不太可能接纳那些论证，可他们的论证也远不足以支持非直谓式分离模式，所以我估计他们早就停止阅读本书了。这里感兴趣的问题不是建构主义者是否应该相信选择公理，而是是否存在一项温和的柏拉图主义式论证，其基于一阶语言可表述的所有分离实例（甚至是非直谓式的），但并不扩展到包含选择公理的分离实例。如果不存在这样的论证，我们就得出了一项实质结论，因为我们将证明 **ZU** 在概念上是不稳定的：而该论证也将成为对更强的 **ZCU** 系统的论证。

但在我们得出该结论之前，先注意选择公理与 **ZU** 中的公理多少存在显著的逻辑差异。后者可以很容易转换成另一种形式，在该形式中声称存在，就是在声称唯一存在。也就是说，我们可以按如下形式陈述 **ZU** 的公理。

无穷公理：存在唯一的最早极限层次。

生成公理：对每一个层次，都存在唯一的后一级层次。

分离公理模式：对每一个层次 V，都存在唯一的聚 a 满足 $a = \{x \in V : \Phi\}$。由于层级的良基性，这同样适用于 **ZFU**。

反映公理模式：对所有的 $x_1, \cdots, x_n$，存在唯一的最早层次 V 满足 $\Phi \Rightarrow \Phi^{(V)}$。另外，选择公理没有这样的等价命题。

这种差异值得重视的原因之一是，在背景逻辑的轻微扰动下它仍是相当稳定的。无疑正是因为这点，使得许多即使相信选择公理为真的数学家也认为没有用到选择公理的证明要比用到了选择公理的证明能提供更多的信息。但是需要迈出一大步，才能据此说，不完全按照这种指定方式指定的集合所提供的信息较少，甚至根本不提供。为此，我们需要进一步论证，而且也不能简单地把它视作反唯一存在的论证，因为我们已接纳的二阶原理（1）显然主张了唯一存在。相反，该论证似乎必须是一项非常具体的论证，其使用范围仅限于集合，或者说就算它不仅适用于集合，它也至少会适用于数学对象。

也许在这一点上可以转回 3.3 节末尾所采纳的观点。在那里我提出了所谓的内柏拉图主义式论证，以证明集合层级的良基性，它避开了彻底的建构主义，同时也作为前提接受了数学是我们表述世界的尝试的一部分。很难看出这样引入的数学概念如何能够支持选择公理。一种颇为含糊的说法是，论证选择公理的关键在于完全随机子集这一概念的一致性，但就算该概念是一致的，它也无法参与我们对世界的表述，所以不属于能帮助我们来表述该世界的数学部分。

也许这场关于是否应该接纳选择公理的争论所表明的是，规律性与随机性之间的分离，就像离散性与连续性之间的分离一样，是我们理解世界的根基。即使是纯柏拉图主义者也不应否定这种分离，而只能声称为了理解世界，我们**必须**把它看成一个受限的整体——也就是说，把它看成一个更具包容性的整体的一部分，它包含着我们没有，也不能加以直接表述的东西，如我们无法明确定义的集合。另外，内柏拉图主义者则会认为，试图站在这条分界线上是虚妄的。

注释

康托尔在进行基数运算时常常用到选择公理。没有证据表明他曾经怀疑过该公理的有效性：用策梅洛的话来说，他"无意识地、本能地在到处使用该公理，并且从未陈述过它"（Cantor, 1932：451）。我们在 9.4 节中曾指出，在 19 世纪后半叶，暗含地使用可数选择公理的行为变得非常普遍。相比之下，直到康托尔的《超穷数理论基础》（Beitrage, 1895, 1897）问世之前，几乎没有什么人使用不受限的选择公理。费利克斯·伯恩斯坦是在德国工作的康托尔的学生，他在 1901 年关于基数算术的博士论文（Bernstein,1905b）中使用了选择公理的一项结论，并称之为划分原理（partition principle），这立刻引来了列维（Levi, 1902）的批评；在意大利，布拉利–福尔蒂（Burali-Forti, 1896）也使用选择公理，尽管他在其他地方对可数选择公理表示批评。剑桥的数学家怀特海（Whitehead, 1902）和哈代（Hardy, 1904）也隐晦地使用了选择公理。罗素在他为怀特海 1902 年的论文做工作时，明确陈述了相当接近于选择公理的命题，当时他假设所有非有穷集都是可数无穷集的不交并（这相当于选择公理）。但直到后来，罗素才意识到怀特海在他（同一篇论文中）的证明暗含了选择公理，即假定任意基数族都有一个乘积；而正是罗素（Russell, 1906b）尝试证明该假定的意图，使他明确提出了所谓的"乘法公理"（multiplicative axiom）。同时在德国，策梅洛（Zermelo, 1904）也明确陈述了选择公理，他认为如果要证明所有集合都是可良序的，那么就需要该公理。

在纯描述性的层面上，最好参考穆尔（Moore, 1982）来了解选择公理在历史上的更多信息。层级结构的丰饶概念使它变得不足道的设想本质上来源于拉姆齐（Ramsey, 1926），尽管我在这里的设想主要归功于后来的学者。

如今已经很清楚选择公理在数学中所发挥的作用。本书在这方面并没有做更多的工作，只是记述了数学不同分支内与选择公理相等价的语句。这些信息由鲁宾（Rubin, 1985）详细地编目。抽象数学的许多分支因假定选择公理成立而变得非常简洁。一个很好的例子就是一般拓扑学，它在没有选择公理的情况下会变得非常容易令人困惑（Good and Tree, 1995）。

在许多教科书中，如德夫林（Devlin, 1984）和丘嫩（Kunen, 1980），都讨论了包含可构造性公理和内部模型在内的广泛主题，可构造层级只是其中最有名的例子。马迪（Maddy, 1993）讨论了为什么数学家们倾向于拒斥该公理；詹森（Jensen, 1995）对此持反对意见。科恩（Cohen, 1963）用于证明选择公理独立于 **ZF** 的技术性手段后来得到了极大的完善。丘嫩（Kunen, 1980）对此同样有极佳的介绍。

第 15 章 更多基数算术

选择公理大大简化了基数算术，但即使如此，该领域仍有一些问题尚未被解决。本章的重点是关注这些问题。

15.1 阿 列 夫

让我们（略显重复地）称一个基数 $\mathfrak{a} = \mathrm{card}(A)$ 是**可良序的**（well-orderable），如果 A 是可良序的；该定义与所选集合 A 无关，因为一个集合是不是可良序的，只依赖于该集合的势。因此，可良序的基数恰为那些形如 $|\alpha|$ 的基数，其中 α 是序数。

命题（15.1.1） 所有可良序基数的集合都有最小元素。

证明：由 $\alpha \mapsto |\alpha|$ 所给定的函数是递增的，所以该命题可以根据序数中的对应命题得出。　　　　　　　　　　　　　　　　　　　　　　　　　　　　□

特别地，任意两个可良序基数都是可比较的。因此，每个可良序基数要么是有穷的，要么是无穷的（当然，每个有穷基数都是可良序的）。

定义 称一个无穷可良序基数是一个**阿列夫**（aleph）。

命题（15.1.2） 全体阿列夫不能组成一个集合。

证明：根据哈托格斯定理 11.4.2，不存在一个基数是这些阿列夫的上界：因此它们不能构成一个集合【命题 9.2.5】。　　　　　　　　　　　　　　　　　　　□

最小的阿列夫是 $\aleph_0$ 和 $\aleph_1$。我们现在记第 α 个阿列夫为 $\aleph_\alpha$。$\aleph$ 即为希伯来字母"阿列夫"，也就是我们刚刚定义术语的词源。集合 $\{\beta : |\beta| = \aleph_\alpha\}$ 中的最小元素记作 ω_α：这也符合我们刚刚的记法，因为最小无穷序数是 ω_0，最小不可数序数是 ω_1。类比于基数中的术语，人们或许会称形如 ω_α 的序数为**欧米茄**，但实际上没有人这么称呼。

如果我们假定了序数公理，那么可以证明对所有的序数 α，都有 $\aleph_\alpha$ 存在。但是在 **ZU** 中，我们只能确定对所有的 $n \in \omega$，都有 $\aleph_n$ 存在。

定义 如果 $\mathfrak{a}$ 是基数，那么我们用 $\mathfrak{a}^+$ 表示满足 $\mathfrak{b} \not\preccurlyeq \mathfrak{a}$ 的最小可良序基数 $\mathfrak{b}$。

根据哈托格斯定理立刻可得 $\mathfrak{a}^+$ 的存在性。如果 $\mathfrak{a}$ 是有穷的，那么当然 $\mathfrak{a}^+ = \mathfrak{a} + 1$。而如果 $\mathfrak{a}$ 不是有穷的，那么 $\mathfrak{a}^+$ 就是一个阿列夫；特别地，$\aleph_\alpha^+ = \aleph_{\alpha+1}$。

15.2 阿列夫算术

阿列夫的算术比其他无穷基数的算术要简单得多：事实上，其中的加法和乘法坍塌成了不足道的运算，只剩下幂运算可能得到不同的基数。之前我们看到 $2\aleph_0 = \aleph_0$ 和 $\aleph_0^2 = \aleph_0$ 的时候就预料到了这一点。我们现在要说明的是，正是把这两项结论推广到全体阿列夫上，导致了加法和乘法运算的不足道。

命题（15.2.1）   如果 $\mathfrak{a}$ 是一个阿列夫，那么 $2\mathfrak{a} = \mathfrak{a}$。

证明：我们通过超限归纳法证明对所有的无穷序数 α，$2|\alpha| = |\alpha|$。当 $\alpha = \omega$ 时结论显然成立，因为 $2\aleph_0 = \aleph_0$。假设对 α，该结论成立，那么

$$|2(\alpha+1)| = |2\alpha + 2| = 2|\alpha| + 2 = |\alpha| + 2 = |\alpha| + 1 = |\alpha + 1|$$

所以在 $\alpha + 1$ 时结论成立。最后，如果 λ 是极限序数，且归纳假设对所有的 $\omega \leqslant \alpha < \lambda$，该假设都成立，那么有 $\beta < \lambda$ 使得 $\lambda = \omega\beta$ 成立【推论 12.3.6】，所以

$$|2\lambda| = |2\omega\beta| = 2\aleph_0|\beta| = \aleph_0|\beta| = |\omega\beta| = |\lambda|$$

因此在 λ 上结论成立。命题得证。 $\square$

推论（15.2.2）   如果 $\mathfrak{a}, \mathfrak{b}$ 都是阿列夫，那么 $\mathfrak{a} + \mathfrak{b} = \max(\mathfrak{a}, \mathfrak{b})$。

证明：要么 $\mathfrak{a} \leqslant \mathfrak{b}$，要么 $\mathfrak{b} \leqslant \mathfrak{a}$【命题 15.1.1】；不失一般性，假设 $\mathfrak{a} \leqslant \mathfrak{b}$。那么 $\mathfrak{b} \leqslant \mathfrak{a} + \mathfrak{b} \leqslant \mathfrak{b} + \mathfrak{b} = 2\mathfrak{b} = \mathfrak{b}$【命题 15.2.1】，所以 $\mathfrak{a} + \mathfrak{b} = \mathfrak{b} = \max(\mathfrak{a}, \mathfrak{b})$。 $\square$

命题（15.2.3）   如果 $\mathfrak{a}$ 是阿列夫，那么 $\mathfrak{a}^2 = \mathfrak{a}$。

证明：如果能证明对所有无穷序数 α，$\mathrm{card}(\alpha \times \alpha) = |\alpha|$，那么命题得证。反过来假设它不成立，那么存在能使得该等式不成立的最小序数 α。如果 σ 是一个序数，那么

$$\sigma < \alpha \Leftrightarrow |\sigma| < |\alpha| \tag{1}$$

注意 $|\alpha| > \aleph_0$【命题 10.3.2】。

定义 $\alpha \times \alpha$ 上的序关系使得 $(\beta, \gamma) \leqslant (\delta, \varepsilon)$ 当且仅当，**要么** $\beta + \gamma < \delta + \varepsilon$，**要么** $\beta + \gamma = \delta + \varepsilon$ 且 $\beta < \delta$。容易验明这是 $\alpha \times \alpha$ 上的良序关系。

现在，对每一个序数 $\sigma < \alpha$，令 $A(\sigma) = \{(\beta, \gamma) : \beta + \gamma < \sigma\}$。显然 $A(\sigma) \subseteq \sigma \times \sigma$，且 $A(\sigma)$ 是 $\alpha \times \alpha$ 的起始子集。所以

$$\mathrm{card}(A(\sigma)) \leqslant \mathrm{card}(\sigma \times \sigma)$$

$$= |\sigma|$$

$$< |\alpha|，\text{根据 (1)}$$

因此 $\mathrm{ord}(A(\sigma)) < \alpha$。

如果 $(\beta, \gamma) \in \boldsymbol{\alpha} \times \boldsymbol{\alpha}$，那么根据（1），有 $|\beta|, |\gamma| < |\alpha|$，所以

$$|\beta + \gamma| = |\beta| + |\gamma|\text{【命题 12.2.2】}$$

$$< |\alpha|\text{【推论 15.2.2】}$$

因此 $\beta + \gamma < \alpha$，所以对一些 $\sigma < \alpha$，有 $(\beta, \gamma) \in A(\sigma)$ 成立。换句话说，$\boldsymbol{\alpha} \times \boldsymbol{\alpha} = \bigcup_{\sigma < \alpha} A(\sigma)$。所以

$$\mathrm{ord}(\boldsymbol{\alpha} \times \boldsymbol{\alpha}, \leqslant) = \sup_{\sigma < \alpha} \mathrm{ord}(A(\sigma), \leqslant) \quad \text{【命题 11.2.3】}$$

$$= \alpha$$

因此 $\mathrm{card}(\boldsymbol{\alpha} \times \boldsymbol{\alpha}) = |\alpha|$，故命题成立。 $\square$

推论（15.2.4） 如果 $\mathfrak{a}, \mathfrak{b}$ 都是阿列夫，那么 $\mathfrak{a}\mathfrak{b} = \max(\mathfrak{a}, \mathfrak{b})$。

证明： 不失一般性，假设 $\mathfrak{a} \leqslant \mathfrak{b}$。那么

$$\mathfrak{b} \leqslant \mathfrak{a}\mathfrak{b} \leqslant \mathfrak{b}\mathfrak{b} = \mathfrak{b}^2 = \mathfrak{b}\text{【命题 15.2.3】}$$

所以 $\mathfrak{a}\mathfrak{b} = \mathfrak{b} = \max(\mathfrak{a}, \mathfrak{b})$。 $\square$

15.3　计算可良序集合

定理（15.3.1） 如果 A 是无穷可良序集，那么

$$\mathrm{card}(\mathfrak{F}(A)) = \mathrm{card}(A)$$

证明： 假设该等式不成立。所以存在无穷序数 α 使得 $\mathrm{card}(\mathfrak{F}(\alpha)) \neq |\alpha|$；尽可能小地选中这样的 α。注意该 α 是 $\{\beta : |\beta| = |\alpha|\}$ 的最小元素，因此

$$\beta < \alpha \Leftrightarrow |\beta| < |\alpha| \tag{2}$$

现在如果 $X \in \mathfrak{F}(\alpha)$，那么我们可以令 $X = \{\gamma_0, \gamma_1, \cdots, \gamma_{n-1}\}$，其中 $\alpha > \gamma_0 > \gamma_1 > \cdots > \gamma_{n-1}$，并定义

$$f(X) = 2^{(\gamma_0)} + 2^{(\gamma_1)} + \cdots + 2^{(\gamma_{n-1})}$$

（除非 $X = \varnothing$，则令 $f(X) = 0$）。现在，如果 $0 \leqslant r \leqslant n-1$，那么要么 γ_r 是有穷的，此时有

$$\left|2^{(\gamma_r)}\right| < |\omega| \leqslant |\alpha|$$

要么 γ_r 是无穷的，此时有

$$\left|2^{(\gamma_r)}\right| = \mathrm{card}\left(\mathfrak{F}(\gamma_r)\right)$$

$$= |\gamma_r|，根据归纳假设$$

$$< |\alpha|，因为 \gamma_r < \alpha$$

所以

$$|f(X)| = \left|2^{(\gamma_0)}\right| + \left|2^{(\gamma_1)}\right| + \cdots + \left|2^{(\gamma_n)}\right| \quad 【命题 12.2.2】$$

$$< |\alpha| \quad 【推论 15.2.2】$$

因此根据（2），有 $f(X) < \alpha$。换句话说，f 是从 $\mathfrak{F}(\alpha)$ 到 α 的函数。因为该函数是一一对应的【定理 12.5.1】，所以 $\mathrm{card}(\mathfrak{F}(\alpha)) = |\alpha|$。矛盾。 □

命题（15.3.2）　　如果 A 是无穷可良序集，那么

$$\mathrm{card}(\mathrm{String}(A)) = \mathrm{card}(A)$$

证明：$\mathrm{String}(A)$ 中的每个元素都是从 n 到 A 的函数，因此是 $\omega \times A$ 的子集。所以 $\mathrm{String}(A) \subseteq \mathfrak{F}(\omega \times A)$。现在 ω 和 A 都是可良序的，所以 $\omega \times A$ 也是可良序的【引理 12.3.1】。因此

$$\mathrm{card}(\mathrm{String}(A)) \leqslant \mathrm{card}(\mathfrak{F}(\omega \times A))$$

$$= \mathrm{card}(\omega \times A) \quad 【定理 15.3.1】$$

$$= \aleph_0 \, \mathrm{card}(A)$$

$$= \mathrm{card}(A) \quad 【推论 15.2.4】$$

而其反过来的不等式

$$\mathrm{card}(A) \leqslant \mathrm{card}(\mathrm{String}(A))$$

是显然的，所以命题成立。 □

命题（15.3.3）　　如果 $(A, \leqslant)$ 和 $(B, \leqslant)$ 是无穷良序集，那么

$$\mathrm{card}(^{(A)}B) = \max(\mathrm{card}(A), \mathrm{card}(B))^{①}$$

---

① 这是我们在命题 12.4.2 的证明中所欠缺的命题。

证明： 如果 $f \in {}^{(A)}B$，令 $\{x_0, \cdots, x_{n-1}\}$ 依次等于 $\{x \in A : f(x) \neq \perp\}$，并令

$$\mathrm{g}(f) = \left(\{x_0, \cdots, x_{n-1}\}, (f(x_r))_{r \in \boldsymbol{n}}\right)$$

由此定义的从 ${}^{(A)}B$ 到 $\mathfrak{F}(A) \times \mathrm{String}(B)$ 的函数 g 显然是单射的。因此

$$\mathrm{card}\left({}^{(A)}B\right) \leqslant \mathrm{card}(\mathfrak{F}(A) \times \mathrm{String}(B))$$

$$= \mathrm{card}(\mathfrak{F}(A))\,\mathrm{card}(\mathrm{String}(B))$$

$$= \mathrm{card}(A)\,\mathrm{card}(B)【定理\ 15.3.1\ 以及命题\ 15.3.2】$$

$$= \max(\mathrm{card}(A), \mathrm{card}(B))【推论\ 15.2.4】$$

相反的不等式显然也是成立的。由此，命题得证。 □

练习：

1. 如果 $\mathfrak{b}$ 是一个阿列夫，证明 $\mathfrak{a} = 2^{\mathfrak{b}}$ 当且仅当 $\mathfrak{a} \geqslant \mathfrak{b}$ 而且 $\mathfrak{a} + \mathfrak{b} = 2^{\mathfrak{b}}$。

2. 如果 $\mathfrak{a} = \mathrm{card}(A)$ 并且 $\mathfrak{b} = \mathrm{card}(B)$，我们用 $\mathfrak{a} \leqslant {}^* \mathfrak{b}$ 表示要么 $A = \varnothing$，要么存在从 B 到 A 的满射函数。证明如下结论：

（1）$\mathfrak{a} \leqslant \mathfrak{b} \Rightarrow \mathfrak{a} \leqslant^* \mathfrak{b}$。

（2）如果 $\mathfrak{b}$ 是可良序的，那么上述逆命题同样成立。

（3）$\mathfrak{a} \leqslant {}^* \mathfrak{b} \Rightarrow 2^{\mathfrak{a}} \leqslant 2^{\mathfrak{b}}$。

（4）$\aleph_{\alpha+1} \leqslant^* 2^{\aleph_\alpha}$。

（5）$\aleph_{\alpha+1} < 2^{2^{\aleph_\alpha}}$。

3. （1）给定一可良序基数 $\mathfrak{b} \neq 0$，找出一个无穷的 $\mathfrak{a}$ 使得 $\mathfrak{a}^{\mathfrak{b}} = \mathfrak{a}$。

（2）我们能选出 $\mathfrak{a} \leqslant \mathfrak{b}$ 吗？

4. 如果 A 是基数 $\mathfrak{a}$ 的无穷可良序集合，证明下列每个集合都有基数 $2^{\mathfrak{a}}$：

（1）由 A 的所有无穷子集所组成的集合；

（2）由所有与 A 等势的 A 的子集所组成的集合；

（3）由 A 上所有等价关系组成的集合；

（4）由 A 上所有良序关系组成的集合。

15.4　基数算术和选择公理

命题（15.4.1）　以下三项论断等价：

（1）选择公理。

（2）所有非有穷的基数都是阿列夫。

（3）所有无穷基数都是阿列夫。

证明：（1）⇒（2）。假定选择公理成立，令 $\mathfrak{a}$ 为任意非有穷基数。那么 $\mathfrak{a}$ 是无穷的。此外因为选择公理，所以所有集合，以及由此推广可知所有基数，都是可良序的。所以 $\mathfrak{a}$ 是阿列夫。

（2）⇒（3）。不足道的。

（3）⇒（1）。令 $\mathfrak{a}$ 为任意基数。如果它是有穷的，那么易证它是可良序的，所以现假设它不是有穷的。那么 $\mathfrak{a} + \mathfrak{a}^+ \geqslant \mathfrak{a}^+ \geqslant \aleph_0$，所以 $\mathfrak{a} + \mathfrak{a}^+$ 是无穷的，因此根据假设可得它是一个阿列夫。但是 $\mathfrak{a} \leqslant \mathfrak{a} + \mathfrak{a}^+$，所以 $\mathfrak{a}$ 是可良序的。因此所有基数都是可良序的，由此可得选择公理【定理 14.4.3】。□

因此，如果选择公理是真的，那么我们在 15.2 节中所证明的关于阿列夫的算术就适用于所有无穷基数：无穷基数的加法和乘法运算就变得完全不足道，幂运算将是唯一能产生新基数的算术运算，并且基数的偏序会变成全序。事实上我们还可以更进一步：这些简化的基数算术等价于选择公理。

命题（15.4.2）（Hartogs, 1915）　选择公理等价于断言，任意两个基数是互为可比较的。

证明：必要性。假定选择公理成立，那么所有集合都是可良序的，所以所有非有穷的基数都是一个阿列夫，由此根据命题 15.1.1 可得任意两个基数，特别是两个无穷基数，都是互相可比较的。

充分性。如果 $\mathfrak{a}$ 是一个无穷基数，那么 $\mathfrak{a}^+ \nleqslant \mathfrak{a}$，所以根据假设，$\mathfrak{a} < \mathfrak{a}^+$：因为 $\mathfrak{a}^+$ 是一个阿列夫，所以 $\mathfrak{a}$ 也是阿列夫。由此可得选择公理【命题 15.4.1】。□

引理（15.4.3）　如果 $\mathfrak{a} + \mathfrak{a}^+ = \mathfrak{a}\mathfrak{a}^+$，那么 $\mathfrak{a}$ 是一个阿列夫。

证明：令 A 和 B 都是集合且满足 $\operatorname{card}(A) = \mathfrak{a}$，$\operatorname{card}(B) = \mathfrak{a}^+$。通过假设可得，存在不相交集合 A' 和 B' 分别与 A 和 B 等势且满足 $A \times B = A' \cup B'$。首先假设 $(\exists x \in A)(\forall y \in B)((x, y) \in A')$。那么给定从 B 到 A' 的函数 $y \mapsto (a, y)$ 是单射的。所以 $\mathfrak{a}^+ \leqslant \mathfrak{a}$。矛盾。所以 $(\forall x \in A)(\exists y \in B)((x, y) \in B')$。现在选中 B 上的一个良序，并对每个 $x \in A$，令 $f(x)$ 等于满足 $(x, y) \in B'$ 的最小的 y，且 $y \in B$。那么从 A 到 B' 的函数 $x \mapsto (x, f(x))$ 是单射的，因此 $\mathfrak{a} \leqslant \mathfrak{a}^+$。由于 $\mathfrak{a}^+$ 是可良序的，所以 $\mathfrak{a}$ 也是可良序的。□

命题（15.4.4）（Tarski, 1924）　选择公理等价于断言，对任意无穷基数 $\mathfrak{a}$ 和 $\mathfrak{b}$，都有 $\mathfrak{a} + \mathfrak{b} = \mathfrak{a}\mathfrak{b}$。

证明：必要性。如果我们假定选择公理成立，那么任意无穷基数 $\mathfrak{a}$ 和 $\mathfrak{b}$ 都必定是阿列夫，所以

$$\mathfrak{a} + \mathfrak{b} = \max(\mathfrak{a}, \mathfrak{b}) \text{【推论 15.2.2】}$$

$$= \mathfrak{a}\mathfrak{b} \text{【推论 15.2.4】}$$

充分性。如果 $\mathfrak{a}$ 是任意无穷基数，那么由假设可知 $\mathfrak{a} + \mathfrak{a}^+ = \mathfrak{a}\mathfrak{a}^+$，所以 $\mathfrak{a}$ 是阿列夫【引理 15.4.3】。由此可得选择公理【命题 15.4.1】。 □

定理（15.4.5）（König, 1905）　如果 $(A_i)_{i \in I}$ 和 $(B_i)_{i \in I}$ 都是集合族，满足对所有的 $i \in I$, $\mathrm{card}(A_i) < \mathrm{card}(B_i)$，且 $\bigcup_{i \in I} B_i$ 是可良序的，那么 $\mathrm{card}(\bigcup_{i \in I} A_i) \neq \mathrm{card}(\prod_{i \in I} B_i)$。

证明：反过来假设 f 是从 $\bigcup_{i \in I} A_i$ 到 $\prod_{i \in I} B_i$ 的满射函数。首先选中 $\bigcup_{i \in I} B_i$ 上的良序关系。对所有的 $i \in I$，集合 $B_i \backslash \{f(a)_i : a \in A_i\}$ 都是非空的，因为否则 $a \mapsto f(a)_i$ 就是从 A_i 到 B_i 的满射函数，与前提相矛盾；所以我们可以令 b_i 为 $B_i \backslash \{f(a)_i : a \in A_i\}$ 中，相对于已选中的 $\bigcup_{i \in I} B_i$ 上的良序关系的最小成员。通过这种方式我们可以定义一个族 $(b_i)_{i \in I}$，而因为 f 是满射的，所以对一些 $j \in I$，当 $a \in A_j$ 时有 $(b_i)_{i \in I} = f(a)$。但 $b_j = f(a)_j$。矛盾。 □

顺便一提，通过对所有的 $i \in I$，令 $A_i = \{i\}$ 且 $B_i = \{0, 1\}$，我们可以将康托尔定理

$$\mathrm{card}(I) \neq \mathrm{card}(^I\{0, 1\}) = \mathrm{card}(\mathfrak{P}(I))$$

看成是它的一种特殊形式（因为 $1 < 2$）。

推论（15.4.6）　选择公理成立，当且仅当对任意族 $(A_i)_{i \in I}$ 和 $(B_i)_{i \in I}$，只要它们满足对所有的 $i \in I$，都有 $\mathrm{card}(A_i) < \mathrm{card}(B_i)$，我们就有 $\mathrm{card}(\bigcup_{i \in I} A_i) < \mathrm{card}(\prod_{i \in I} B_i)$。

证明：必要性。假设对所有的 $i \in I$，都有 $\mathrm{card}(A_i) < \mathrm{card}(B_i)$。通过使用选择公理，易证 $\mathrm{card}(\bigcup_{i \in I} A_i) \leqslant \mathrm{card}(\prod_{i \in I} B_i)$。选择公理同时意味着 $\bigcup_{i \in I} B_i$ 是可良序的，所以根据柯尼希定理 15.4.5，可得 $\mathrm{card}(\bigcup_{i \in I} A_i) < \mathrm{card}(\prod_{i \in I} B_i)$。

充分性。如果所有的 $i \in I$, $B_i \neq \varnothing$，那么（对所有的 $i \in I$，令 $A_i = \varnothing$）我们可得 $\prod_{i \in I} B_i \neq \varnothing$（因为 $0 < 1$）。这等价于选择公理。 □

15.5　连续统假设

在 11.3 节中，我们简要地提到了由康托尔提出的该假设，即每个不可数实数集都具有连续统的权。

连续统假设（continuum hypothesis）：不存在基数 $\mathfrak{b}$，满足 $\aleph_0 < \mathfrak{b} < 2^{\aleph_0}$。

如果我们假定了选择公理成立，那么 $\aleph_0 < \aleph_1 \leqslant 2^{\aleph_0}$，而连续统假设就等价于等式 $2^{\aleph_0} = \aleph_1$：事实上，它也确实常以该形式出现。不过，如果我们不假定选择公理成立，我们刚刚陈述的那种版本的连续统假设是严格更弱的（Solovay, 1970），而等式 $2^{\aleph_0} = \aleph_1$ 因此也就等价于连续统假设和断言 $2^{\aleph_0}$ 是阿列夫（即实数是可良序的）这两者的结合。

康托尔花了大量时间来验证连续统假设是否为真，并数次短暂地误以为自己已经证明了该假设。事实上他第一次陈述它的时候（Cantor, 1878: 258），并不称它为假设，而是一项他声称已被证明了的命题（"通过一项我们暂且不进一步详述的归纳过程"）。康托尔试图解决该问题时所采纳的一种方法是研究完满集（实数线的没有孤立点的闭子集）的性质。我们在 10.4 节中证明，所有非空完满集都有连续统的权。因此，连续统假设由以下更强的论断所蕴含：

完满集假设（perfect set hypothesis）：实数线上所有的不可数子集都有非空完满子集。

19 世纪 80 年代首次证明的康托尔–伯恩斯坦定理为 **R** 的闭子集构建了该假设，但想要将该结果扩展到其他更为包含的类中却远非易事（尤其是因为该性质无法通过互补来保留）。但最终，新方法使得亚历山德罗夫（Alexandroff, 1916）能对博雷尔集进行证明，苏斯林对解析集进行证明（Lusin, 1917）。但至少对康托尔等接受选择公理的人来说，通过完满集假设构建对连续统假设证明的更具野心的计划，由于伯恩斯坦（Bernstein, 1908）发现完满集假设与选择公理**相矛盾**而受挫。

命题（**15.5.1**）　如果 $2^{\aleph_0}$ 是一个阿列夫，那么存在实数线的一个子集具有连续统的权，既不包含任何非完满集，也不与任何非完满集不相交。

证明：假设 $2^{\aleph_0} = \aleph_\beta$。我们此前注意到完满集的数量为 $2^{\aleph_0}$；所以存在一个超限序列 $(P_\alpha)_{\alpha<\omega_\beta}$ 枚举了所有的非空完满集。我们现在试图通过递归来选中两个超限序列 (a_α) 和 (b_α)，使得

$$a_\alpha \in P_\alpha \setminus (\{a_\gamma : \gamma < \alpha\} \cup \{b_\gamma : \gamma < \alpha\})$$

$$b_\alpha \in P_\alpha \setminus (\{a_\gamma : \gamma < \alpha\} \cup \{b_\gamma : \gamma < \alpha\})$$

在每一步都能选中这样的 a_α，因为

$$\mathrm{card}\,(\{a_\gamma : \gamma < \alpha\} \cup \{b_\gamma : \gamma < \alpha\}) = 2|\alpha| = |\alpha| < |\omega_\beta| = 2^{\aleph_0} = \mathrm{card}\,(P_\alpha)$$

所以 $P_\alpha \setminus (\{a_\gamma : \gamma < \alpha\} \cup \{b_\gamma : \gamma < \alpha\}) \neq \varnothing$；对 b_α 同理。此外，这不要求选择公理，因为我们假定了 $2^{\aleph_0}$ 是一个阿列夫，因此实数线是可良序的。两个超限序列

的范围 $\{a_\alpha : \alpha < \omega_\beta\}$ 和 $\{b_\alpha : \alpha < \omega_\beta\}$ 显然与具有连续统的权的集合不相交，且所有非空完满集都同时与这两个序列相交。 ☐

推论（15.5.2） 选择公理和完满集假设不可能同时为真。

证明： 如果选择公理是真的，那么 $2^{\aleph_0}$ 是阿列夫，因此由命题 15.5.1，存在不可数实数集，其没有非空完满子集，因此与完满集假设相矛盾。 ☐

所以选择公理拒斥完满集假设。更强的可构造性公理甚至拒斥完满集假设在射影集上的特殊情况（Gödel, 1938）。但连续统假设本身足够比完满集假设弱，从而能够摆脱这种束缚：它由可构造性公理蕴含，但如今将它看成独立于集合论序数公理的一项命题实例已是一种惯例；即使我们假设了 **ZFC**，只要 **ZFC** 本身是一致的，我们就不能证明连续统假设（Cohen, 1963），同时也不能证明它的否定（Gödel, 1938）。

那么在不假设更多公理的情况下，我们能证明关于 $2^{\aleph_0}$ 大小的任何相关结论吗？回答是肯定的。

定义 称一个基数 $\mathfrak{a}$ 具有**可数共尾性**（countable cofinality），如果存在集合序列 $(A_n)_{n \in \omega}$ 满足对所有的 $n \in \omega$，$\mathrm{card}(A_n) < \mathfrak{a}$ 但 $\mathrm{card}(\bigcup_{n \in \omega} A_n) = \mathfrak{a}$。

定理（15.5.3） $2^{\aleph_0}$ 不是具有可数共尾性的阿列夫。

证明： 反过来假设存在可良序集 B 满足 $B = \bigcup_{n \in \omega} A_n$ 且 $\mathrm{card}(A_n) < 2^{\aleph_0} = \mathrm{card}(B)$。此时，

$$\mathrm{card}\left({}^{\omega}B\right) = \left(2^{\aleph_0}\right)^{\aleph_0} = 2^{\aleph_0} = \mathrm{card}\left(\bigcup_{n \in \omega} A_n\right)$$

与柯尼希定理 15.4.5 相矛盾。 ☐

推论（15.5.4） $2^{\aleph_0} \neq \aleph_\omega$。

证明： 基数 $\aleph_\omega$ 具有可数共尾性，因为 $\omega_\omega = \bigcup_{n \in \omega} \omega_n$。 ☐

但这是唯一的限制：在阿列夫层级结构中，$2^{\aleph_0}$ 的任何不具有可数共尾性的值都与 **ZFC** 相一致（Solovay, 1964）。因此，如 $2^{\aleph_0} = \aleph_{4049}$，或 $2^{\aleph_0} = \aleph_{\omega^2+61}$ 都是一致的（虽然不知为什么，人们会觉得这很不可能）。

许多数学家基于这些独立性结果得出了新结论：不仅连续统假设是未判定的，甚至还是不可判定的。现在就让我们暂停一下，先考察他们的这项结论是否是真的。

练习：

证明 $2^{\aleph_0} = \aleph_1$ 当且仅当 $\aleph_2^{\aleph_0} > \aleph_1^{\aleph_0}$（Sierpinski, 1924）。

15.6　连续统假设是否可解

首先注意，连续统假设显然等价于以下陈述

$$(\forall A \subseteq \mathfrak{P}(\omega))(A \sim \omega \text{ 或者 } A \sim \mathfrak{P}(\omega))$$

其中 $\sim$ 表示等势，而该陈述，即使在没有简写的情况下完整地写出来，其量化范围也只限于集合层级中的前几个无穷层次。（至于其涉及的确切层次数量则取决于如何定义有序对，而通过仔细编码，我们可以将之减少到前三个无穷层次。）这点很重要，因为它表明连续统假设——与如第 13 章所考虑的高级无穷公理形成鲜明对比——是由二阶集合论 **Z2** 所**决定**的。这种对比本身虽较为不足道，但数学家们不见得能领会。当然，集合论学者们对此早已熟知，这也是斯科特为贝尔（Bell, 1977）所做的序的主题。"所有矛盾的集合论都扩展了策梅洛-弗兰格尔公理"，他观察到（Bell, 1977: xiv），"但模型都只是一阶公理的模型，而一阶逻辑是弱的"。克赖泽尔也多次提到这一点，但通常都是在主流数学家不太可能会去阅读的著作中有此论述（如 Kreisel, 1967a）；面向普通数学读者的著作很少会提到这一点。

　　该二阶可判定性结论有两项后果值得注意。第一项，纯柏拉图主义者如果接纳第 14 章给出的论证，即选择公理是从二阶逻辑原理中产生的，那么就必须相应地接受连续统假设的真可能由二阶逻辑来解决的事实。事实上，很容易指定一个纯二阶逻辑语言表述的语句，且该语句是逻辑真理当且仅当连续统假设是真的，而制定另一个语句（当然，不是前一个语句的否定式），该语句是逻辑真理当且仅当连续统假设是假的（Shapiro, 1985：741）。困难显然在于，这里的情况和选择公理不同，对于这些可以解决连续统假设的二阶原理是对还是错，我们似乎完全没有直观映像。因此似乎不太可能通过这种方式来找到一项论证能解决连续统假设。而即使我们找到了这样的论证（如来自某些新的集合论原理的数学论证），尽管我们可以通过溯源找到其中对应的二阶逻辑真理，这也不能使连续统假设自动变成逻辑的，因为它只是通过二阶集合论公理从相关二阶逻辑真理中得出而已。

　　当然，这些论述只适用于接纳二阶分离原理的柏拉图主义者。但我们还要提及关于连续统假设的二阶可判定性所导致的第二项值得注意的后果，该后果似乎不直接依赖于二阶分离模式。我想提及的一点是，连续统假设与其他那些 **ZFC** 不可判定的语句，如各种大序数公理在特性上存在不同。当然，这项后果不如前一项那么清晰，而且相应地也更不清楚它在何种程度上依赖于柏拉图主义对二阶系统的承诺，但不管怎么说它表明了常见的（如 Errera, 1952; Robinson, 1968）对连续统假设在集合论中的位置，和平行公设*在几何学中的位置进行类比是不妥当的：平行公设的不可判定性与一阶系统的弱点完全无关。

克赖泽尔（Kreisel, 1971）提议更好的类比应该是化圆为方和三等分角问题已被证明在经典几何学中是不可达成的：并不是说角不能被三等分，而是它不能只通过直尺和圆规来完成。不过就算这种类比是合适的，也看不出它能否帮助我们解决连续统问题，因为它并没有给我们提供多少线索，告诉我们应该在哪里寻找新方法。

一项乍看上去颇为诱人的策略是让更高的无穷来帮助我们。我们在第 13 章看到了如何通过在每个阶段调用越来越高的无穷来证明闭集、博雷尔集和射影集上的一项性质（确定性）。通过这种类比，我们可能会像哥德尔（Gödel, 1947）那样猜测，我们既然证明了闭集上的连续统假设，那么或许可以通过类似的方法将它扩展到更广泛的类中去。

尽管在哥德尔提出来的时候，这种思路看上去似乎是很合理的，但后续的集合论研究表明它仍是不可行的。哥德尔可能没有想到的是，科恩（Cohen, 1963）设计的证明连续统假设独立于 **ZF** 的方法，在面对大基数公理时要比哥德尔的内模型构造更为强大（Levy and Solovay, 1967）。总的来说，目前已知的所有大基数公理都不能解决连续统假设。

这也标志着另一种区分独立性论断的方式。我们已经注意到连续统假设的独立性与平行公设在几何学上的独立性完全不同，因为后者明显是一阶结论。我们现在看到的是，它也不同于我们在第 13 章看见的独立性论断，如理论中哥德尔语句的独立性或博雷尔集上博弈的确定性相对于 **ZU** 的独立性，因为这些论断可以上升到层级结构中的更高层次从而可被判定，而连续统假设则不能。

考虑这一区别，让我们称一个语句是**强不可判定的**（strongly undecidable），如果不论伴随的无穷公理有多强，该语句都是独立于集合论的。当然，我们应该意识到，这不是一个可形式化的概念，因为哥德尔定理表明，对应视为无穷公理的事物，不可能有形式化的描述。在这方面我们最好的指望也不过是像哥德尔（Gödel, 1965：85）所建议的那样，"表征如下类型：无穷公理是指具有特定（可判定的）形式结构的命题，并且它还是真的"。在任何这样的表征中，真理性仍以固有的非形式化概念得以引用。然而，必须要说不管是哥德尔，还是任何其他人都没有为我们所需的那种形式化表征提供可信的候选。

在证明了连续统假设的一致性之后不久，哥德尔在 1939 年或 1940 年的一次

---

* 指欧几里得几何学中的第五公设。——译者

演讲中提到，他推测"所有实数是否都是可构造的"，可能是一项强不可判定性问题（Gödel, 1986–2003：175，185）。不过后来他似乎改变了主意，不仅暗示连续统假设可能根据适当强大的无穷公理来看是可判定的，甚至还曾在 1946 年短暂地推测，集合论中可能不存在强不可判定的命题。

> 这并非不可能 …… 某些完全性定理将会成立，而它们表明集合论中所有可以表述的命题都可以由当前公理加上某些对集合论论域广大性的真论断而可判定。（Gödel, 1965：85）

但就算连续统假设在刚刚所说的意义上具有强不可判定性，也不能就此认为它是**绝对**不可判定的——不可判定，这就是说，在集合中任何真原理看来它都是不可判定的，不管该原理是不是无穷公理。在充分理解连续统假设的健壮性之前，我们当然不能提出这么强的论断，而且大基数公理不是扩展 **ZF** 的唯一方向。事实上就在推测可能不存在强不可判定命题的一年之后，哥德尔就提出了另一种判定命题的方式。他说，不仅可能存在基于未知原理的无穷公理，而且

> 除了序数公理（和）无穷公理之外，还可能存在着 …… 集合论其他（迄今未知的）公理，而对逻辑和数学所依赖的概念的更深刻理解，可以使我们能够认识到它们被这些概念所蕴含。（Gödel, 1947：520-521）

根据哥德尔的建议，许多学者都基于或多或少在直观上具备吸引力的原理来提出论证，试图解决连续统假设。希尔伯特在 1900 年把该问题视为数学中最重要的挑战之一，他在 1925 年勾勒了一份连续统假设证明的大纲，其基础是把贝尔空间（Baire space）中的元素分类成递归可定义的阶；但他一直没有补全细节，据说策梅洛曾说："没有人理解他的意思"（Levy, 1964：89）。哥德尔本人在晚年曾认为他根据几条新的集合论公理证明了 $2^{\aleph_0} = \aleph_2$，但他在该论文发表之前将其撤回（Gödel, 1986–2003：405–425）。最近，有一些其他的集合论原理被证明蕴含了 $2^{\aleph_0} = \aleph_2$：例如，被称为"马丁极大"（Martin's maximum）的原理（Foreman et al., 1988）和伍丁提出的一条公理（Woodin, 2001b）。

我们该如何看待这些新公理？当然，形式论者依然会认为新公理成立的那些论域和不成立的那些论域是同等有效的论域（不过它们是否具有同等**意义**要取决于数学的发展方向），并且形式论者们似乎没有理由认为连续统假设在这方面是特殊的。另外，对实在论者而言，直观原理总是有可能通过某种方式解决连续统假设的。其中一种论证基于可以被看成一种极小原理的可构造性公理，其作用近似于在其他公理允许的情况下，让整个层级中的每一个层次变得尽可能薄。正如

我们在第 14 章所见，多数实在论数学家不愿把可构造性公理看成真的，部分原因就在于它的这种影响似乎违背了主导层级形成过程的第一丰饶原理。

重提这一点的原因是，如果它是真的，那么我们自然会想到能否构建它的反论证，其影响是令 $2^{\aleph_0}$ 尽可能地大到足以满足第一丰饶原理的要求。科恩支持这种思路。

> 我认为最终可能会被广泛接纳的观点是，连续统**假设**显然是假的。我们接纳无穷公理的主要原因就是我们觉得，认为每次只添加一个集合的过程最终能穷尽整个集合论论域的观点，是荒谬的。类似于高级无穷公理的情况。现在，$\aleph_1$ 是可数序数集，它仅由一种特殊地、最简单地生成更高基数的方法而得来。而集合 $\mathfrak{P}(\omega)$ 则由一项全新且更强的原理，即幂集公理而得来。没有理由期望任何从置换公理中得出基数的方法能够描述大到 $\mathfrak{P}(\omega)$ 这种程度的大基数。因此 $\mathfrak{P}(\omega)$ 大于 $\aleph_n$，$\aleph_\omega$，$\aleph_{\omega_\omega}$ 等。由新公理，我们可以视 $\mathfrak{P}(\omega)$ 为其给予我们的极为丰富的集合，而任何逐步的构造过程都无法接近该集合。（Cohen, 1966: 151，有修改）

这种激进的观点很难通过传统方式来理解。因为在 **ZFC** 中，肯定能证明存在 α，$2^{\aleph_0} = \aleph_\alpha$。当然，也可以简单地直接否认 $\mathfrak{P}(\omega)$ 是一个集合，但这不是科恩的意图：他的观点并不是说不存在一个能满足 $2^{\aleph_0} = \aleph_\alpha$ 的序数 α，而是说这个序数不能通过我们在一阶理论中其他任何已有的项来表述。后来科恩提出了一个公理（Cohen, 1973），试图以它表达 $\mathfrak{P}(\omega)$ 的庞大。竹内（Takeuti, 1971）也对此提出了其他公理。与此同时，斯科特更进一步（Bell, 1977：xiv），推测"当最终所有基数都被绝对所摧毁时，我们将被迫说所有集合都是**可数的**（而连续统甚至都不是一个集合！）"。

但是，目前还不清楚为什么幂集操作的极大概念能得出这些学者们所期待的结论。如果我们增多每个层次上的幂集，不仅会扩大 $\mathfrak{P}(\omega)$，而且还会扩大 ω 的非同构良序集，并因此（在某种意义上）扩大了 $\aleph_1$ 的大小。

> 虽然决定何物**是序数**的性质是不变的或者说绝对的，但决定序数是否是【不可数】的性质不是。在当前对连续统假设的"辩论"中，这一点经常被忽略，这些辩论中序数（在 V_K 或 L_K 中）的**有序性**与 $\mathfrak{P}(\omega)$（在 V_K 中）的**混乱**形成对比：类似的混乱也出现在了（V_K 中）从 ω 到序数起始片段的满射映射聚中。似乎并不值得奇怪的是，我们还没有判定这两种"混乱"是否有关联。（Kreisel, 1980: 198）

对逆向论证来说，这个问题就更难解决了，因为很难把连续统假设的结论拿来作为论据。而数学家们倾向于把连续统假设看成绝对不可判定的原因之一就是从其结论中所能获得的逆向支持很少。我们在第 13 章看到，可构造性公理在一阶算术中不能帮我们证明出任何新定理。而由于连续统假设由可构造性公理所蕴含，所以该结论同样适用于连续统假设。但对此做详细论述，我们还能得到更多信息：即使在二阶算术中，能用连续统假设证明的命题，也都可以只用选择公理便得以证明（Platek, 1969）。可见，任何人如果想根据连续统假设的后承来逆向论证连续统假设的合理性，就必须宣称至少是三阶真理的独立知识，即通过其他途径获得的知识。但是，正如我们在本节开头所说，连续统假设本身就是三阶的；因此，逆向论证似乎不能达成任何逻辑上的化简。

费弗曼（Feferman, 2000：405）的观点是，连续统假设是"天生含糊的"。类似的观点在数学界中很普遍。但并非所有如此认为的人都清楚这到底意味着什么。因为一个句子是否含糊取决于它的意义。所以我们不可能收集起未判定的句子并能把其他的句子都留在原地：如果我们承认连续统假设是含糊的，我们就很难否认这样的结论，即所有其他量化范围涉及层级中第三层无穷层次的句子多少也都是含糊的。斯蒂尔（Steel）很好地表述了这种担忧。

> 三阶算术语言是含糊的，这种看法可能有一定道理，但认为它的含糊性是其自身固有的，则未免过于悲观。如果三阶算术语言允许有含糊不清的句子，那么就必须对它进行修剪以消除这些模棱两可之处……费弗曼在论证任意实数集这个概念本质上是含糊的时候，他把它比作能行数字的"概念"。这一比喻最多也只能算得上是牵强附会。任意实数集这个概念是大量数学内容的基础，而它从未导致矛盾。在这两件事上，人们天然倾向于说能行数字才会导致相互矛盾。（Steel, 2000：432）

15.7　决定性公理

连续统假设可以被看成对任意实数集提出了一项普遍性要求——它们要么是可数的，要么具有连续统的权。我们之前已经看到康托尔成功地证明了假定选择公理成立，那么所有闭集都具有这种性质，并且他计划将该结论推广到所有集合上。如今我们知道，他的这一计划注定失败。不过，这和康托尔研究实数线时自然推导出的其他几种属性有鲜明的不同。例如，考虑积分理论中核心的可测性质：所有闭集都是可测的，而如果我们假设了可数选择公理，那么可以证明所有博雷尔集都是可测的。但选择公理自身蕴含了不可测集合的存在性。出于非常明显的理由，我们会认为这种集合的存在性是不受欢迎的，而实际情况更糟。

定理（Banach and Tarski, 1924）　选择公理意味着存在一种分解，可以将单位球面的表面分解成有限多块，并可以在三维欧几里得空间内通过刚体运动将它们重组为两个单位球面的表面[①]。

当然，如果我们要求分解后的每一部分都是**可测的**，那么定理中所说的那种分解自然是不可能的，因为刚体运动保持各碎片表面积之和仍是 4π。因此，该分解必须产生不可测的碎片。

这一巴拿赫–塔斯基定理（Banach-Tarski theorem）有时被用来**反驳**选择公理：因为该定理的结论在直观上是错误的，所以选择公理不成立。但在进行这种论证的时候，我们需要一项不依赖于面积概念的直观论证来让我们不相信定理中提到的这种分解是有可能的，但是目前我们还看不出这种论证是否存在。类似的情形我们在第 8 章讨论实分析时已经遇到过。我们在检验选择公理时，所说的几何直观不是**基础**几何学——直尺和圆规的几何学——的直观。这里的几何直观依赖于我们对超越数函数性质的总体把握。而经验已经表明，我们对这类函数的直观要先接受训练，然后才能更多地依靠它们。

这在数学中是一种常见的场景。古希腊人显然认为无理数的发现是亵渎的（不管他们是不是真的像传说中所说的那样，还为此处死了一人）；如果说今天没有哪个训练有素的数学家会对此有类似的反应，那完全是因为通过对该现象的研究，我们已经理解了产生它的原因，因此它正如我们如今直观上所期待的那样远非矛盾的。出于大致相同的原因，那些接受过相应教育的人似乎普遍不愿意把巴拿赫–塔斯基定理的结论看成是谬误。（当然比较难判断的是他们是不是因为受到了这种教育的影响，从而相信选择公理，才不愿意将之视为谬误。）

巴拿赫–塔斯基定理并没有将选择公理显示为假，以下结果可以加强该印象。

定理（Mazurkiewicz and Sierpinski, 1914）　有一个欧几里得平面的非空子集 E，它有两个不相交子集，每个子集都可以被分割成有限多个部分，它们等面积地重新排列之后形成对 E 的分割。

该定理当然令人惊讶，不过这次我们不能再质疑选择公理，因为该定理的证明中不需要选择公理：分解中涉及的集合是可测的[②]。的确，这可能不像上一条定理那么让人吃惊，但无疑仍会削弱人们在直观上认定巴拿赫–塔斯基定理是谬误的信心。

---

① 鲁宾逊（Robinson, 1947）证明了这种分解所产生的碎片数量可以缩小到四片。

② 很容易推出，定理中 E 的面积一定为 0。

尽管如此，巴拿赫–塔斯基定理还是让一些数学家放弃了选择公理，并设想代之以一条新公理，它能保证每个集合都是可测的，从而排除他们认为是矛盾的球面分解。这类公理中最有力的候选由梅切尔斯基和斯坦豪斯（Mycielski and Steinhaus, 1962）最先提出。

决定性公理（axiom of determinacy）：贝尔线的所有子集上的博弈都是确定的。

决定性公理意味着所有实数集是可测的（Mycielski and Swierczkowski, 1964）。对于认为巴拿赫–塔斯基定理是谬误的人来说这是个好消息，因为它表明决定性公理可以排除该定理。当然，这也代表了决定性公理和选择公理是互不相容的，我们可以很容易地证明这一点。

命题（15.7.1）　决定性公理意味着 $2^{\aleph_0}$ 不是阿列夫。

证明： 假设 $2^{\aleph_0} = \aleph_\beta$。由第一名玩家的策略所组成的集合具有基数 $2^{\aleph_0}$，因此可以枚举为一个超限序列 $\{\sigma_\alpha : \alpha < \omega_\beta\}$ 的范围。通过某种方式我们可以令 $\{\tau_\alpha : \alpha < \omega_\beta\}$ 枚举第二名玩家的所有可行策略。假定 $\alpha < \omega_\beta$。函数 $t \mapsto \sigma_\alpha * t$ 是单射的，所以第一名玩家遵循策略 σ_α 的所有可能博弈都具有同样的基数 $^\omega\omega$，即 $2^{\aleph_0}$；类似地，集合 $\{s * \tau_\alpha : s \in {}^\omega\omega\}$ 具有同样的基数。因此，同样可以递归选中 $a_\alpha, b_\alpha \in {}^\omega\omega$ 满足对某些 t，$b_\alpha = \sigma_\alpha * t$ 且 $b_\alpha \notin \{a_\gamma : \gamma < \alpha\}$，并且对某些 s，$a_\alpha = s * \tau_\alpha$ 且 $a_\alpha \notin \{b_\gamma : \gamma < \alpha\}$。容易验证 $A = \{a_\alpha : \alpha < \omega_\beta\}$ 和 $B = \{b_\alpha : \alpha < \omega_\beta\}$ 是不相交的，并且两名玩家在 A 上的博弈中都没有制胜策略。　□

因此决定性公理和选择公理不相容，并蕴含 $2^{\aleph_0} \neq \aleph_1$。可以通过更复杂的方法将命题 15.7.1 加强为如下形式。

定理（Davis, 1964）　决定性公理蕴含了完满集假设。

由此可以直接推论得出，决定性公理蕴含了连续统假设（如我们刚刚所提及的那样，在没有选择公理的情况下，它与 $2^{\aleph_0} \neq \aleph_1$ 并不矛盾。）

集合论学者对决定性公理感兴趣的主要原因在于确定性和大基数公理之间的联系。在第 13 章中，我们看到为了证明所有博雷尔集和射影集上的确定性，必须要在 **ZF** 中加入更强的公理。我们甚至可以想一想能不能模仿哥德尔提出用以解决连续统假设的那套失败了的方案思路，设想由一个更强的无穷公理来证明决定性公理。而事实上，决定性公理在某种意义上已经是一种无穷公理了，而如索洛韦（Solovay）在 1967 年证明的那样，它意味着 $\aleph_1$ 和 $\aleph_2$ 是可测基数；并且对任意一个句法形式足够简单的命题，都可以把它在 **ZfU** 中的证明转化成在 **ZU** 中加上博雷尔确定性的证明。[①]

---

① 但奇怪的是，决定性公理还意味着对任意 $n > 2$，$\aleph_n$ 都是不可测的。

当然，由决定性公理所蕴含的公理必定也与选择公理相矛盾，而且这类公理也较少为人所知。莱因哈特在他的博士论文（Reinhardt, 1974）中提出了一条这样的公理。事实上他的提议是在集合论中加入一个运算符 j，它对层级中的成员进行重新排序并同时保持其一阶属性不变，即

$$(\forall x_1, \cdots, x_n)\Phi(x_1, \cdots, x_n) \Leftrightarrow \Phi(jx_1, \cdots, jx_n)$$

对任意公式 Φ 成立。丘嫩（Kunen, 1971）证明了如果我们假定选择公理，那么唯一能满足上述条件的运算就是恒等，即对所有 x，$jx = x$，莱因哈特公理断言存在并非不足道的此类运算，因此它与 **ZFC** 不一致。从那时起，集合论学者们就将莱因哈特公理视为在选择公理的制约下所能制定的大基数公理的上限。但是我们尚不清楚在没有选择公理的情况下该制约是否仍存在——例如，莱因哈特公理是否与 **ZF** 不一致。

在对莱因哈特公理的后承缺少大量研究的情况下，很难对此做出推测，但这确实带来了一种有趣的可能性，即选择公理可能以某种方式阻碍了对层级的自由构造。换句话说，选择公理被认为是对每个层次上集合数量极大化的柏拉图主义式期望表述，这可能与对层次数量极大化的期望相冲突。一些这类期望满足更强的可构造性公理，而斯科特（Scott, 1961）已经证明了这些公理与可测基数的存在性相矛盾。

当然，虽说极不可能，但万一数学家们因为这种矛盾而放弃了选择公理，也仍不能说这有利于确定性。由于决定性公理蕴含了大基数的存在性，所以不可能证明它相对于 **ZF** 的一致性。因此，我们自然想找一种直观论证以证明决定性公理是真的。但该公理的拥趸通常都没有提供这类论证。例如，梅切尔斯基和斯坦豪斯在首次提出该公理时非常含糊。但他们确实提出了对该公理的所谓"直观辩护"。

> 假设玩家 I 和 II 都无限聪明，并且他们很了解这场【博弈】，那么由于在每次博弈中信息都是完全的，所以博弈的结果不能取决于机会。【决定性公理】恰表明了这一点。（Mycielski and Steinhaus, 1962: 1）

然而，他们继续否认自己希望

> 贬低经典数学对集合论域的基础"绝对"直觉（选择公理就属于这一领域），【而】只是提出另一种看似有趣的理论。

至于决定性公理，他们说

可以被看作是对一个经典集合概念的限制，它导致了较小的论域，称之为决定集（determined set），它反映了一些经典集合无法满足的物理直观（如球面分解悖论被它消除了）。（Mycielski and Steinhaus, 1962: 2）

在那之后，认为应采纳决定性公理而非选择公理的观点在数学界中并没有获得多少青睐。例如，莫斯奇瓦基斯（Moschovakis, 1980: 379）称决定性公理是"完全错误的"。最近的集合论学者们倾向于把较弱的射影决定性作为公理的备选，这个新公理断言所有射影集都是确定的。这一较弱的断言有一项优势，即我们已知它与选择公理是一致的，除非决定性公理自身是不一致的。此外，正如我们此前在 13.7 节中所见，它可以根据断言存在无穷多伍丁基数的大基数公理来得以证明。另外，射影决定性并没有消解巴拿赫–塔斯基定理，也没有解决连续统假设（Levy and Solovay, 1967）。

然而，实数射影集的一般性概念与几何直观相去甚远，以至于很难看出如何给出有关它们的命题，如射影决定性的直观论证。因此，很可能所有把它接纳为公理而进行辩护的论证都是逆向的（与接纳某个大基数公理为集合论中的定理时所遭遇的情况相反）。马丁（Martin, 1977: 814）称它"与物理学理论中假设的遭遇相类似"。他建议，由于其"令人愉快的结论"，"没有理由怀疑它的真实性"（Martin, 1976: 90）。这一观点得到了伍丁的回应（Woodin, 1994: 34）。

几乎没有先验证据可以表明【射影决定性】是合理的，甚至是一致的。但是，由于假定【射影决定性】成立，而能得出的理论是如此丰富，以至于公理通过后验可以被看作是一致且是真的。这里学到的教训很重要。公理不必是先验为真的。

后来他又重申了自己的观点，"有证据表明，【射影决定性】对射影集来说是'正确的公理'。"（Woodin, 2001a: 571）。或许对这种立场，最好的总结来自于莫斯奇瓦基斯（Moschovakis, 1980: 610-611）。

在目前的已知条件下，只有少数集合论学者认为【射影决定性】是非常可信的，而且没有哪个人完全相信它是毋庸置疑的；当然可能，而且也有人在 ZFC 内反驳【射影决定性】。当然，牵连起决定性假设和大基数的联系网可能会稳定增强，直到呈现出自然且引人注意的情景，从而迫使我们屈从于这一美景。

15.8　广义连续统假设

当数学家们对连续统假设感兴趣之后，很自然地，他们也会研究其如下的广义假设。

定义　广义连续统假设（generalized continuum hypothesis）是指，不存在这样的无穷基数 $\mathfrak{a}$，$\mathfrak{a}$ 满足存在基数 $\mathfrak{b}$ 使得 $\mathfrak{a} < \mathfrak{b} < 2^{\mathfrak{a}}$。

引理（15.8.1）　$2^{\mathfrak{a}^+} \leqslant 2^{2^{\mathfrak{a}^2}}$。

证明： 令 A 为满足 $\mathrm{card}(A) = \mathfrak{a}$ 的集合，并令 β 为满足 $|\beta| = \mathfrak{a}^+$ 的最小序数。容易验明由 $f(X) = \{r \subseteq A \times A : \mathrm{ord}(\mathrm{dom}[r], r) \in X\}$ 定义的从 $\mathfrak{P}(\beta)$ 到 $\mathfrak{P}(\mathfrak{P}(A \times A))$ 的函数是单射的。所以

$$2^{\mathfrak{a}^+} = \mathrm{card}(\mathfrak{P}(\beta)) \leqslant \mathrm{card}(\mathfrak{P}(\mathfrak{P}(A \times A))) = 2^{2^{\mathfrak{a}^2}} \qquad \square$$

定理（15.8.2）（Sierpinski, 1924）　广义连续统假设蕴含了选择公理。

证明： 反过来假设它不蕴含选择公理。所以广义连续统假设成立，但存在一个非有穷基数 $\mathfrak{a}$，且 $\mathfrak{a}$ 不是阿列夫。令 $\mathfrak{b} = 2^{\mathfrak{a}+\aleph_0}$。首先，我们想要证明 $\mathfrak{b}^+ = (2^{\mathfrak{b}})^+$。假设等式不成立。那么 $\mathfrak{b}^+ < (2^{\mathfrak{b}})^+$，所以 $\mathfrak{b}^+ \leqslant 2^{\mathfrak{b}}$。所以 $\mathfrak{b} \leqslant \mathfrak{b}+\mathfrak{b}^+ \leqslant \mathfrak{b}\mathfrak{b}^+ + \mathfrak{b}^+ = (\mathfrak{b}+1)\mathfrak{b}^+ = \mathfrak{b}\mathfrak{b}^+ \leqslant (2^{\mathfrak{b}})^2 = 2^{2\mathfrak{b}} = 2^{\mathfrak{b}}$。但如果 $\mathfrak{b}+\mathfrak{b}^+ = \mathfrak{b}$，那么 $\mathfrak{b}^+ \leqslant \mathfrak{b}$，显然是荒谬的。因此通过广义连续统假设，$\mathfrak{b}+\mathfrak{b}^+ = 2^{\mathfrak{b}}$，因此 $\mathfrak{b}+\mathfrak{b}^+ = \mathfrak{b}\mathfrak{b}^+$。由此可得 $\mathfrak{b}$ 是阿列夫【引理 15.4.3】。但 $\mathfrak{a} < \mathfrak{b}$，所以 $\mathfrak{a}$ 也是阿列夫。矛盾。所以 $\mathfrak{b}^+ = (2^{\mathfrak{b}})^+$，且 $(2^{2^{\mathfrak{b}}})^+ = (2^{2^{2^{\mathfrak{b}}}})^+$。因此 $\mathfrak{b}^+ = (2^{2^{2^{\mathfrak{b}}}})^+ \nleqslant 2^{2^{\mathfrak{b}}}$。

但是 $2\mathfrak{b} = 2^{\mathfrak{a}+\aleph_0+1} = 2^{\mathfrak{a}+\aleph_0} = \mathfrak{b}$，所以 $\mathfrak{b}^2 \leqslant (2^{\mathfrak{b}})^2 = 2^{2\mathfrak{b}} = 2^{\mathfrak{b}}$，且因此

$$\mathfrak{b}^+ < 2^{\mathfrak{b}^+} \text{【康托尔定理】}$$

$$\leqslant 2^{2^{\mathfrak{b}^2}} \text{【引理 15.8.1】}$$

$$\leqslant 2^{2^{2^{\mathfrak{b}}}}$$

矛盾。 $\qquad \square$

推论（15.8.3）　如下四项推论等价：

（1）广义连续统假设；

（2）对所有的无穷基数 $\mathfrak{a}$，$\mathfrak{a}^+ = 2^{\mathfrak{a}}$；

（3）选择公理成立且对所有阿列夫 $\mathfrak{a}$，$\mathfrak{a}^+ = 2^{\mathfrak{a}}$；

（4）对所有的阿列夫 $\mathfrak{a}$，V_0 是可良序的且 $\mathfrak{a}^+ = 2^{\mathfrak{a}}$。

证明：（2）⇒（1）。那么不存在 a 和 a^+ 之间的基数。所以如果 $a^+ = 2^a$，那么不存在 a 和 2^a 之间的基数。

（1）⇒（4）。假定广义连续统假设成立。我们之前已经证明了它蕴含选择公理【定理 15.8.2】。所以如果 a 是一个阿列夫，那么 $a < a^+ \leqslant 2^a$，所以根据广义连续统假设有 $a^+ = 2^a$。

（4）⇒（3）。方法是通过超穷归纳来证明所有层次 V 上都有一个良序。为了证明这一点，我们令 σ 为满足 $|\sigma| \not\leqslant \mathrm{card}(V)$ 的最小序数【哈托格斯定理 11.4.2】，所以

$$\gamma < \sigma \Leftrightarrow |\gamma| \leqslant \mathrm{card}(V)$$

根据假设，存在 $\mathfrak{P}(\sigma)$ 上的良序 $\prec$。我们现在通过如下递归定义得到 V 上的良序 $<$。首先定义只要 $\rho(a) < \rho(b)$，那么 $a < b$。现在假定秩 $< \beta$ 的 V 的所有成员上的良序都已被定义。令 $\gamma = \mathrm{ord}(V_\beta, <)$ 并令 g_β 为从 $(V_\beta, <)$ 到 γ 的唯一的满射函数。现在，$V_\beta \subset V$，所以 $|\gamma| \leqslant \mathrm{card}(V)$，因此 $\gamma < \sigma$。所以对秩为 β 的任意 a 和 b，我们都能定义 $a < b$ 当且仅当 $g_\beta[a] \prec g_\beta[b]$。

（3）⇒（2）。根据选择公理，所有无穷基数都是阿列夫。　　　　□

因此，如果 V_0 是可良序的，那么广义连续统假设就等价于断言对所有的阿列夫 a，$2^a = a^+$。这种等价性特别在 **Z** 中是有效的，因为在该理论中个体集是空的，所以自然是可良序的。在 **Zf** 中，对所有的 α，阿列夫 $\aleph_\alpha$ 都存在，因此广义连续统假设的形式为

$$对所有的序数 \ \alpha, \ \aleph_{\alpha+1} = 2^{\aleph_\alpha}$$

这是豪斯多夫（Hausdorff, 1908：494）首次提出该假设时所采用的形式，也是日后这方面文献中最常见的表述形式。按照 11.5 节中引入的皮尔斯记法，我们可以将其更紧凑地记为 $\beth_\alpha = \aleph_\alpha$。

广义连续统假设与 **ZF** 一致（Gödel, 1938），并且在添加了许多大基数公理之后该结论仍保持稳定。在数学的基础部分（特别是算术部分）中，广义连续统假设是多余的，而且我们还知道就算假定了连续统假设，广义连续统假设依旧独立于 **ZFC**。

但从逻辑的角度来看，广义连续统假设与连续统假设最大的不同在于前者显然不是二阶集合论 **Z2**、**ZF2** 等所决定的。这是因为我们不能排除在层级的不同层次上的相应操作有差别的可能性。

对广义连续统假设和大基数公理之间的关系，我们所知甚少。这方面一项引人注意的例外是索洛韦（Solovay, 1974）的一条定理：强紧基数的存在性意味着

对于满足 $2^a = a^+$ 的基数 a，其上界不存在。

正如人们可能预料到的那样，广义连续统假设在普通数学上留下的痕迹比连续统假设稍微多一些，而且一般落在更为抽象的数学内容上。其主要特征是对假设进行化简：这方面它与选择公理的道路相同，但要比选择公理更彻底地化简了基数运算。因此，数学家们在证明时采纳广义连续统假设作为前提的情形并非罕见，尽管严格说来广义连续统假设是多余的（有时，任何有能力的集合论学者都能看出该如何消去它）。

显然，这不会导致我们在 13.8 节中见到的那种加速现象：避开广义连续统假设的证明通常也不会比用到了这种假设的证明长很多。似乎在这方面，它起到的更多是**心智方面**的作用：用到了广义连续统假设的证明更容易被我们构想出来，尤其是对精通基数运算的专家之外的人群来说确实如此。而不论任何，拥有了假定广义连续统假设为前提的证明，总比完全没有证明要好：其蕴含相对一致性，所以试图在 **ZFC** 内寻找反例是徒劳的；而且，由于广义连续统假设在可构造层级中成立，所以只要量化范围被限制为可构造集合，其结论也成立，由此它可以看作是证明了一般性结论的某种特殊情况。这与在普通数学中试图证明一条一般性定理时，先证明该定理的特殊情况并无不同。

练习：

证明广义连续统假设成立，当且仅当对任意非有穷基数 a 和 b，要么 $a \leqslant b$，要么 $2^b \leqslant a$。

注释

选择公理和广义连续统假设都已简化了基数算术，但它仍是一个内容相当丰富的领域，巴赫曼（Bachmann, 1955）对此做了很好的阐述。

穆尔叙述了连续统假设的早期历史（G. H. Moore, 1989）。马丁从技术角度进行了总结（Martin, 1976）。谢尔平斯基列举了大量等价公式（Sierpinski, 1934）。连续统假设的地位已经被广泛讨论过了。（Gödel, 1947）是一份很好的导论。伍丁给出了反对相信它的论证（Woodin, 2001a），而费弗曼认为该问题没有确定的答案（Feferman, 2000）。

关于将射影决定性列为公理所能带来的好处，参见詹森（Jensen, 1995）和马迪（Maddy, 1988）。

第四部分总结

在本书的第一部分中，我们介绍了集合理论 **ZU**；在第二部分中，我们展示了如何将数学嵌入该理论；在第三部分中，我们发展了基数和序数理论。这些工作无疑充分证明了 **ZU** 的实用价值：它优雅且简单；它的公理表征了原始的依赖关系，并可以根据集合概念的基础，通过其内在本质而加以辩护。

但在本书的最后这一部分，原先整齐的图景开始变得破碎。我们的叙述分裂成好几个互相矛盾的分支，因为我们有了不同的系统扩展方法，其中有一些是互相不一致的。当然，最有名的分歧点在于是否将连续统假设看成真的，这也是本部分重点讨论的案例。我们已经告诫过，不要把科恩（Cohen, 1963）关于连续统假设独立于 **ZFC** 的证明，过分地类比于一个世纪之前发现的几何学中平行公设的独立性证明。即使对此有争议，我们也有两项理由对该类比的纯形式结论保持谨慎态度：平行公设的独立性本身并不意味着非欧几何所描述了一种**空间**应存在的形式；科恩的结论也不能表明存在两种互相竞争的**集合**理论。

但是，这种谨慎本身对我们如何确定连续体假说是否为真，完全没有任何帮助。很自然地，试图在该问题上取得进展的努力，一般都集中在我们在第一部分所提及的两项丰饶原理上。思路大致上是这样的。我们知道，一阶分离模式相对于第一丰饶原理的全部原意来说，只是一种苍白的模拟；而无穷公理和生成公理不足以表达第二丰饶原理。因此，完全可以提出更进一步的公理，这些公理只是在某种意义上，更多地表达这两项原理中的一个或另一个的原意。

正如我们所论述的那样，这两项原理是截然不同的，有时人们会认为它们是互相独立的。然而，许多在这方面的记述似乎都默认第一丰饶原理具有某种优先性。例如，建构主义式的记述就认为，层级中的每一步建构都建立在前一步建构之后，所以每一个层次的丰饶度要（甚至在时间意义上）优先于整个层级有多少层次的问题。而最流行的那些柏拉图主义式记述则是作为建构主义说明的一种受限情况，似乎默认了第一丰饶原理的优先度在这种限制过程中得到了保留。

一方面，就我们这里采用的依赖关系而言，第一丰饶原理是否（甚至在概念上）先于第二丰饶原理肯定是值得怀疑的。唯一的正面理由是我们在这两项原理中所引用的可能性有所不同。第一丰饶原理可以表示为，对任意层次 V，任意属

性 X，集合 $\{x \in V : Xx\}$ 都存在，我们可以把它转述成 V 的所有逻辑上可能的子集都存在。另一方面，当我们转向第二丰饶原理时，我们说的是所有可能的层次都存在，这种可能性涉及的范围可能更窄（如形而上学或概念上的可能性）。

当然这里有一项困境，也是我们在首次提及丰饶原理时所说过的。说存在尽可能多的层次，这似乎是矛盾的，因为无论存在多少层次，总可能存在更多层次：只要把已有的层次取并即可。如果我们要否认**存在**这种并，需要努力对此做出解释。

无疑这对柏拉图主义者来说是一项难题。不同于建构主义者，柏拉图主义者眼中的集合论域是静态的。集合存在于那里，它不依赖于任何人的构造，因此不受逻辑可能性或任何可想象的普通模态的束缚。第二丰饶原理似乎由于其概念中的**本质**，要求我们不断破坏这种静态性。

这一标准柏拉图主义的观点使我们注意到一种不对称性，因为在第一丰饶原理那里没有类似的不稳定性。这种不对称性在二阶公式中才非常清楚地得到体现，通过策梅洛范畴定理可以作为技术结论而得到。它告诉我们，一旦确定了个体，二阶集合论模型之间唯一的差别就是它们的秩，即它们有多少层次。每个层次的构成都不可能发生变化，因为二阶量词迫使我们对于**所有属性** X，它都必须包含 $\{x \in V : Xx\}$，量词范围是逻辑学要解决的问题，而非集合论内的问题。

但就算这点是对的，并且第二丰饶原理在某种程度上确实是第一丰饶原理的结果，也并不意味着它的含义受第一丰饶原理的影响。不管怎么说，至少柏拉图主义者的标准观点是，这两项原理是互相独立的。也就是说，层级中靠前的层次内部丰饶程度不会影响层级结构中到底存在多少层次。

但是注意这里的一阶集合论技术结果是如何导向完全相反的方向的。连续统假设是三阶的，即它调用了层级中的前三级无穷层次。因此，乍一看它的真实性只受第一丰饶原理的影响（该原理控制每一层次相对于前一层次的丰饶程度），而不受第二丰饶原理的影响（它绝对层次的总数）。哥德尔发现有些与连续统假设具有相同逻辑形状的语句，可以通过求助于第二丰饶原理所蕴含的新公理来解决。但这还没有建立起两项原理之间的相互作用：可以用我们已接纳的一项系统特征来解释，即分离公理模式的非直谓性使得任何新的无穷公理都加强了该模式的强度。

就算说强无穷公理对低层次的影响不足以完全证明第二丰饶原理会影响第一丰饶原理，它也仍是颇具暗示性的。纯柏拉图主义者当然可以坚持认定二阶量词的约束范围是确定的：如果这样，我们大概也没有办法可以劝阻他。但是很少有人想到如何更全面地确定这种量词范围。我们之前提到，有一个纯二阶逻辑句子，它为真当且仅当连续统假设为真。但没有人试图仅在纯逻辑领域内找出这句话是否为真。这说明（至少对我来说），我们应该考虑是否所有二阶概念都能像概念集一样进行不确定扩展。建构主义者已经很熟悉这种思路了：例如，达米特（Dummett, 1978）提出过这种想法。但我不认为这需要我们完全站到建构主义的立场上去。一个具有适度内柏拉图主义倾向的人很可能会对逻辑能够理解完全随机属性的概念感到怀疑。通常来说，逻辑学家倾向于在数学函数的模型上讨论这点，其中属性 F 是一个以对象为自变元的函数。但它返回什么作为自身的值呢？拉姆齐（Ramsey, 1926）提出，二阶变量的范围是他所谓的命题函数——即从对象到**命题**的函数的扩展。而沙利文（Sullivan, 1995）指出我们想要的不是这些，因为如果 F 是这种命题函数，a 是一个对象，那么 "Fa" 将指代一个命题，而我们在逻辑中使用的是**句子**。

沙利文拒斥了对超出拉姆齐的建议和对维特根斯坦框架作为适用范围的推广。但这似乎是错的。沙利文对维特根斯坦论证的阐释并不会对任何理解二阶量词外延的尝试造成反驳。不过，只需要一点适度的内柏拉图主义，就可以让我们不能仅通过二阶逻辑解决连续统假设，这表明我们不能把二阶量词的范围外延地理解为外部限定的。由此可见，我们对该范围的理解只能来自内部，而它正被越来越多的一般性断言所耗尽。

如果这是正确的，那么由外柏拉图主义所见的两项丰饶原理之间的不对称性就消除了。从这个角度来看，两项原理都是有问题的，因为它们表现出了同样的无限可扩展性。此外，我们之前提出的认为第一丰饶原理在概念上先于第二丰饶原理的（相当薄弱的）理由也消除了。

我们现在考虑的可能性是，按内柏拉图主义的观点，我们一再遇到的非直谓性，说明较高的无穷公理可能迫使层级中较低的无穷层次丰饶，这可能不是一阶表述的范围特征，而是事物的真实状态确实如此。

参 考 文 献

Abian, A. (1974), 'Nonstandard models for arithmetic and analysis', *Studia Logica*, 33: 11-22

Aczel, P. (1988), *Non-well-founded Sets*, CSLI Lecture Notes, 14, CSLI, Stanford

Aken, J. V. (1986), 'Axioms for the set-theoretic hierarchy', *J. Symb. Logic*, 51: 992-1004

Alexandroff, P. S. (1916), 'Sur la puissance des ensembles mesurables B', *C. R. Acad. Sci. Paris*, 162: 323-5

Aristotle (1971), *Metaphysics: Books* Γ, Δ *and* E, Oxford: Clarendon Press

Artin, E. and Schreier, O. (1927), 'Algebraische Konstruktion reeller Körper', *Abh. math. Sem. Univ. Hamburg*, 5: 83-115

Ax, J. and Kochen, S. (1965), 'Diophantine problems on local fields', *Amer. J. Math.*, 87: 605-30

Bachmann, H. (1955), *Transfinite Zahlen*, Berlin: Springer

Baire, R. (1898), 'Sur les fonctions discontinues qui se rattachent avec fonctions continues', *C. R. Acad. Sci. Paris*, 126: 1621-3

——(1909), 'Sur la représentation des fonctions discontinues II', *Acta Math.*, 32: 97-176

Balaguer, M. (1998), *Platonism and Anti-platonism in Mathematics*, Oxford University Press

Banach, S. and Tarski, A. (1924), 'Sur la décomposition des ensembles de points en parties respectivement congruentes', *Fund. Math.*, 6: 244-77

Barwise, J., ed. (1977), *Handbook of Mathematical Logic*, Amsterdam: North-Holland

Barwise, J. and Etchemendy, J. (1987), *The Liar*, Oxford University Press

Bell, J. L. (1977), *Boolean-valued Models and Independence Proofs in Set Theory*, Oxford University Press

——(1994), 'Fregean extensions of first-order theories', *Math. Logic Quart.*, 40: 27-30

Benacerraf, P. (1965), 'What numbers could not be', *Phil. Rev.*, 74: 47-73

Benacerraf, P. and Putnam, H., eds (1964), *Philosophy of Mathematics: Selected Readings*, Oxford: Blackwell

Bendixson, I. (1883), 'Quelques théorèmes de la théorie des ensembles de points', *Acta Math.*, 2: 415-29

Berkeley, G. (1734), *The Analyst, or, A Discourse addressed to an Infidel Mathematician*, London: Tonson (repr. in Ewald 1996, pp. 60-92)

Bernays, P. (1935), 'Sur le platonisme en mathématiques', *Enseignement Math.*, 34: 52-69 (trans. in Benacerraf and Putnam 1964, pp. 258-71)

——(1937), 'A system of set theory I', *J. Symb. Logic*, 2: 65-77

——(1942), 'A system of set theory III', *J. Symb. Logic*, 7: 65-89

Bernstein, F. (1905*a*), 'Über die Reihe der transfiniten Ordnungszahlen', *Math. Ann.*, 60: 187-93

——(1905*b*), 'Untersuchungen aus der Mengenlehre', *Math. Ann.*, 61: 117-55

——(1908), 'Zur Theorie der trigonimetrischen Reihen', *Berichte Verhandl. Königl. Sächs. Gesell. Wiss. Leipzig, Math.-phys. Kl.*, 60: 325-38

Bettazzi, R. (1896), 'Gruppi finiti ed infiniti di enti', *Atti Accad. Sci. Torino, Cl. Sci. Fis. Mat. Nat.*, 31: 506-12

Birkhoff, G. (1975), 'Introduction', *Hist. Math.*, 2: 535

Blair, C. E. (1977), 'The Baire category theorem implies the principle of dependent choices', *Bull. Acad. Polon. Sci., Sér. Sci. Math., Astron. Phys.*, 25: 933-4

Bochner, S. (1928), 'Fortsetzung Riemannscher Flaschen', *Math. Ann.*, 98: 406-21

Boffa, M. (1969), 'Axiome et schéma de fondement dans le système de Zermelo', *Bull. Acad. Polon. Sci., Sér. Sci. Math.*, 17: 113-15

Bolzano, B. (1851), *Paradoxien des Unendlichen*, Leipzig: Reclam

Boolos, G. (1971), 'The iterative conception of set', *J. Phil.*, 68: 215-31

——(1975), 'On second-order logic', *J. Phil.*, 72: 509-27

——(1987), 'A curious inference', *J. Phil. Logic*, 16: 1-12

——(1989), 'Iteration again', *Phil. Topics*, 17: 5-21

——(1993), 'Whence the contradiction?', *Proc. Arist. Soc., Supp. Vol.*, 67: 213-33

——(1994), 'The advantages of honest toil over theft', in George 1994, pp. 2744

——(2000), 'Must we believe in set theory?', in Sher and Tieszen 2000, pp. 257-68

Borceux, F. (1994), *Handbook of Categorical Algebra I: Basic Category Theory*, Cambridge University Press

Borel, E. (1898), *Leçons sur la théorie des fonctions*, Paris: Gauthiers-Villars

——(1905), 'Quelques remarques sur les principes de la théorie des ensembles', *Math. Ann.*, 60: 194-5

Borel, E., Baire, R., Hadamard, J. and Lebesgue, H. (1905), 'Cinq lettres sur la théorie des ensembles', *Bull. Soc. Math. France*, 33: 261-73

Bourbaki, N. (1939), *Théorie des ensembles (Fascicule de résultats)*, Actualités scientifiques et industrielles, 858, Paris: Hermann

——(1949*a*), 'Foundations of mathematics for the working mathematician', *J. Symb. Logic*, 14: 1-8

——(1949*b*), 'Sur le théorème de Zorn', *Arch. Math.*, 2: 434-7

——(1954), *Théorie des ensembles, chs I et II*, Actualités scientifiques et industrielles, 1212, Paris: Hermann

——(1956), *Théorie des ensembles, ch. III*, Actualités scientifiques et industrielles, 1243, Paris: Hermann

Brandl, J. L. and Sullivan, P., eds (1998), *New Essays on the Philosophy of Michael Dummett*, Amsterdam: Rodopi

Burali-Forti, C. (1896), 'Sopra un teorema del sig. G. Cantor', *Atti Accad. Sci. Torino, Cl. Sci. Fis. Mat. Nat.*, 32: 229-37

——(1897*a*), 'Sulle classi ben ordinate', *Rend. Circ. Mat. Palermo*, 11: 260

——(1897*b*), 'Una questione sui numeri transfiniti', *Rend. Circ. Mat. Palermo*, 11: 154-64

Buss, S. R. (1994), 'On Gödel's theorems on lengths of proofs I: Number of lines and speedup for arithmetics', *J. Symb. Logic*, 59: 737-56

Butts, R. E. and Hintikka, J., eds (1977), *Logic, Foundations of Mathematics, and Computability Theory*, University of Western Ontario Series in Philosophy of Science, 9, Dordrecht: Reidel

Campbell, P. J. (1978), 'The origins of Zorn's lemma', *Hist. Math.*, 5: 77-89

Cantor, G. (1872), 'Über die Ausdehnung eines Satzes aus der Theorie der trigonimetrischen Reihen', *Math. Ann.*, 5: 123-32

——(1874), 'Über eine Eigenschaft des Inbegriffes aller reellen algebraischen Zahlen', *J. reine angew. Math.*, 77: 258-62

——(1878), 'Ein Beitrag zur Mannigfaltigkeitslehre', *J. reine angew. Math.*, 84: 242-58

——(1883), *Grundlagen einer allgemeinen Mannigfaltigkeitslehre. Ein mathematischphilosophischer Versuch in der Lehre des Unendlichen*, Leipzig: Teubner

——(1886), 'Über die verschiedenen Standpunkte in bezug auf das aktuelle Unendliche', *Zeitschr. Phil. phil. Krit.*, 88: 224-33

——(1887), 'Mitteilungen zur Lehre vom Transfiniten I', *Zeitschr. Phil. phil. Krit.*, 91: 81-125

——(1892), 'Über eine elementare Frage der Mannigfaltigkeitslehre', *Fahresber. Deutsch. Math.-Ver.*, 1: 75-8

——(1895), 'Beiträge zur Begründung der transfiniten Mengenlehre I', *Math. Ann.*, 47: 481-512

——(1897), 'Beiträge zur Begründung der transfiniten Mengenlehre II', *Math. Ann.*, 49: 207-46

——(1932), *Gesammelte Abhandlungen*, Berlin: Springer

——(1991), *Briefe*, Berlin: Springer

Carnap, R. (1931), 'Die logizistische Grundlegung der Mathematik', *Erkenntnis*, 2: 91−105

Cartan, H. (1943), 'Sur le fondement logique des mathématiques', *Rev. Sci. (Rev. Rose)*, 81:3-11

Cauchy, A. L. (1821), *Cours d'analyse*, Paris: de Bure

——(1844), *Exercise d'Analyse et de Physique Mathématique*, Vol. 3, Paris: Bachelier

Cegielski, P. (1981), 'La théorie élémentaire de la multiplication est conséquence d'un nombre fini d'axiomes', *C. R. Acad. Sci. Paris*, 290: 351-2

Clark, P. (1993*a*), 'Dummett on indefinite extensibility', *Proc. Arist. Soc., Supp. Vol.*, 67: 235-49

——(1993*b*), 'Logicism, the continuum and anti-realism', *Analysis*, 53: 129-41

——(1998), 'Dummett's argument for the indefinite extensibility of set and real number', in Brandl and Sullivan 1998, pp. 51-63

Cohen, P.J. (1963), 'The independence of the continuum hypothesis', *Proc. Natl. Acad. Sci. USA*, 50: 1143-8

——(1966), *Set Theory and the Continuum Hypothesis*, Reading, MA: Benjamin

——(1973), 'A large power set axiom', *J. Symb. Logic*, 40: 48-54

Corry, L. (1996), *Modern Algebra and the Rise of Mathematical Structures*, Basel: Birkhäuser

Craig, W. and Vaught, R. (1958), 'Finite axiomatizability using additional predicates', *J. Symb. Logic*, 23: 289-308

Dales, H. G. and Oliveri, G., eds (1998), *Truth in Mathematics*, Oxford University Press

Dauben, J. W. (1990), *Georg Cantor: His Mathematics and Philosophy of the Infinite*, repr. edn, Princeton University Press

Davenport, J. H., Siret, Y. and Tournier, E. (1993), *Computer Algebra: Systems and Algorithms for Algebraic Computation*, 2nd edn, London: Academic Press

Davis, M. (1964), 'Infinite games of perfect information', in M. Dresher, L. S. Shapley and A. W. Tucker, eds, *Advances in Game Theory*, Princeton University Press, pp. 85-101

Dedekind, R. (1872), *Stetigkeit und irrationale Zahlen*, Braunschweig: Vieweg

——(1888), *Was sind und was sollen die Zahlen?*, Braunschweig: Vieweg (trans. in Ewald 1996, pp. 787-832)

——(1932), *Gesammelte mathematische Werke*, Braunschweig: Vieweg

Devlin, K. (1984), *Constructibility*, Berlin: Springer

Dieudonné, J. A. (1970), 'The work of Nicholas Bourbaki', *Amer. Math. Monthly*, 77: 134-45

Dirichlet, G. P. L. (1837), 'Beweis des Satzes, dass jede unbegrenzte arithmetische Progression, deren erstes Glied und Differenz ganze Zahlen ohne gemeinschaftlichen Factor sind, unendlich viele Primzahlen enthält', *Abh. Königl. Preuss. Akad. Wiss.*, 34: 45-81

Dixon, A. C. (1905), 'On "well-ordered" aggregates', *Proc. London Math. Soc.*, 4: 18-20

Doets, K. (1999), 'Relatives of the Russell paradox', *Math. Logic Quart.*, 45: 73-83

Drabbe, J. (1969), 'Les axiomes de l'infini dans la théorie des ensembles sans axiome de substitution', *C. R. Acad. Sci. Paris*, 268: 137-8

Drake, F. R. (1974), *Set theory: An Introduction to Large Cardinals*, Amsterdam: North-Holland

——(1989), 'On the foundations of mathematics in 1987', in H.-D. Ebbinghaus, J. Fernandez-Prian, M. Garrido, D. Lascar and M. R. Artadejo, eds, *Logic Colloquium '87*, Amsterdam: North-Holland, pp. 11-25

Dugac, P. (1976), *Richard Dedekind et les fondements des mathématiques*, Paris: Vrin

Dummett, M. (1973), *Frege: Philosophy of Language*, London: Duckworth

——(1978), 'The philosophical significance of Gödel's theorem', in *Truth and other enigmas*, London: Duckworth, pp. 186-201

——(1991), *Frege: Philosophy of Mathematics*, London: Duckworth

——(1993), 'What is mathematics about?', in *The seas of language*, Oxford: Clarendon Press, pp. 429-45

——(1994a), 'Chairman's address: Basic Law V', *Proc. Arist. Soc.*, 94: 243-51

——(1994b), 'Reply to Wright', in B. McGuinness and G. Oliveri, eds, *The Philosophy of Michael Dummett*, Dordrecht: Kluwer, pp. 329-38

Errera, A. (1952), 'Le problème du continu', *Atti Accad. Ligure Sci. Lett. (Roma)*, 9: 176-83

Ewald, W. B., ed. (1996), *From Kant to Hilbert: A Source Book in the Foundations of Mathematics*, Oxford: Clarendon Press

Feferman, S. (1965), 'Some applications of the notions of forcing and generic sets', *Fund. Math.*, 56: 325-45

——(1977), 'Categorical foundations and foundations of category theory', in Butts and Hintikka 1977, pp. 149-69

——(2000), 'Why the programs for new axioms need to be questioned', *Bull. Symb. Logic*, 6: 401-13

Feferman, S. and Levy, A. (1963), 'Independence results in set theory by Cohen's method', *Not. Amer. Math. Soc.*, 10: 593

Field, H. (1998), 'Which undecidable mathematical sentences have determinate truth values', in Dales and Oliveri 1998, pp. 291-310

Fine, K. (1995), 'Ontological dependence', *Proc. Arist. Soc.*, 95: 267-90

Foreman, M., Magidor, M. and Shelah, S. (1988), 'Martin's maximum, saturated ideals and non-regular ultrafilters I', *Ann. Math.*, 127: 1-47

Forster, T. E. (1995), *Set Theory with a Universal Set: Exploring an Untyped Universe*, Oxford logic guides, 31, 2nd edn, Oxford: Clarendon Press

Fraenkel, A. A. (1922a), 'Über den Begriff "definit" und die Unabhängigkeit des Auswahlaxioms', *Sitzungsber. Preuss. Akad. Wiss., Phys.-math. Kl.*, pp. 253-7

——(1922b), 'Zu den Grundlagen der Cantor-Zermeloschen Mengenlehre', *Math. Ann.*, 86: 230-7

——(1967), *Lebenskreise: Aus den Erinnerung eines jüdischen Mathematikers*, Stuttgart: Deutsche Verlags-Anstalt

Fraenkel, A. A., Bar-Hillel, Y. and Levy, A. (1958), *Foundations of Set Theory*, Amsterdam: North-Holland

Frege, G. (1879), *Begriffsschrift, eine der arithmetischen nachgebildete Formelsprache des reinen Denkens*, Halle: Nebert

——(1884), *Die Grundlagen der Arithmetik*, Breslau: Koebner (trans. as Frege 1953)

——(1893-1903), *Grundgesetze der Arithmetik*, Jena: Pohle (partially trans. in Frege 1980, pp. 117-224)

——(1895), 'Kritische Beleuchtung einiger Punkte in E. Schröders *Vorlesungen über die Algebra der Logik*', *Archiv für systematische Philosophie*, 1: 433-56 (trans. in Frege 1980, pp. 86-106)

——(1906), 'Über die Grundlagen der Geometrie II', *Fahresber. Deutsch. Math. Ver.*, 15: 293-309, 377-403, 423-30

——(1953), *The Foundations of Arithmetic*, 2nd edn, Oxford: Blackwell

——(1980), *Translations from the Philosophical Writings of Gottlob Frege*, 3rd edn, Oxford: Blackwell

Friedman, H. (1971), 'Higher set theory and mathematical practice', *Ann. Math. Logic*, 2: 326-57

——(1986), 'Necessary uses of abstract set theory in finite mathematics', *Advances in Mathematics*, 60: 92-122

——(1998), 'Finite functions and the necessary use of large cardinals', *Ann. Math.*, 148: 803-93

——(2000), 'Normal mathematics will need new axioms', *Bull. Symb. Logic*, 6: 434-46

Gale, D. and Stewart, F. M. (1953), 'Infinite games with perfect information', in *Contributions to the Theory of Games*, Annals of Mathematics Studies, 28, Princeton University Press, pp. 245-66

Gauss, C. F. (1860-65), *Briefwechsel zwerschen C. F. Gauss und H. C. Schumacher*, Altona: Esch

Gentzen, G. (1936), 'Die Widerspruchsfreiheit der reinen Zahlentheorie', *Math. Ann.*, 112: 493-565

George, A., ed. (1994), *Mathematics and Mind*, Oxford University Press

Gödel, K. (1931), 'Über formal unentscheidbare Sätze der *Principia Mathematica* und verwandter Systeme I', *Monatsh. Math. Physik*, 38: 173-98

——(1933), 'Zur intuitionistischen Arithmetik und Zahlentheorie', *Ergebnisse eines mathematischen Kolloquiums*, 4: 34-8

——(1938), 'The consistency of the axiom of choice and the generalized continuum hypothesis', *Proc. Natl. Acad. Sci. USA*, 24: 556-7

——(1944), 'Russell's mathematical logic', in Schilpp 1944, pp. 123-53

——(1947), 'What is Cantor's continuum problem?', *Amer. Math. Monthly*, 54: 515 − 25

——(1965), 'Remarks before the Princeton bicentennial conference, 1946', in M. Davis, ed., *The Undecidable*, Hewlett, NY: Raven Press, pp. 71-3

——(1986-2003), *Collected Works*, Oxford University Press

Goldfarb, W. (1979), 'Logic in the twenties: the nature of the quantifier', *J. Symb. Logic*, 44: 351-68

Good, C. and Tree, I. (1995), 'Continuing horrors of topology without choice', *Topology Appl.*, 63: 79-90

Goodstein, R. L. (1944), 'On the restricted ordinal theorem', *J. Symb. Logic*, 9: 33-41

Grassmann, H. (1861), *Lehrbuch der Arithmetik für höhere Lehranstalten*, Berlin: Enslin

Gray, R. (1994), 'Georg Cantor and transcendental numbers', *Amer. Math. Monthly*, 101: 819-32

Hale, B. and Wright, C. (2001), *The Reason's Proper Study*, Oxford: Clarendon Press

Hallett, M. (1984), *Cantorian Set Theory and Limitation of Size*, Oxford Logic Guides, 10, Oxford: Clarendon Press

Hardy, G. H. (1904), 'A theorem concerning the infinite cardinal numbers', *Quart. J. Math.*, 35: 87-94

——(1906), 'The continuum and the second number class', *Proc. London Math. Soc.*, 4: 10-17

——(1910), *Pure Mathematics*, Cambridge University Press

Hardy, G. H. and Wright, E. M. (1938), *An Introduction to the Theory of Numbers*, Oxford: Clarendon Press

Hartogs, F. (1915), 'Über das Problem der Wohlordnung', *Math. Ann.*, 76: 438-43

Hausdorff, F. (1908), 'Grundzüge einer Theorie der geordneten Mengen', *Math. Ann.*, 65: 435-505

——(1909), 'Die Graduierung nach dem Endverlauf', *Abh. math.-phys. Kl. Königl. Sächs. Gesell. Wiss.*, 31: 295-334

——(1914), *Grundzüge der Mengenlehre*, Leipzig: Veit

Heck, R. (1993), 'Critical notice of Michael Dummett, *Frege: Philosophy of Mathematics*', *Phil. Quart.*, 43: 223-33

Heine, E. (1872), 'Die Elemente der Functionlehre', *J. reine angew. Math.*, 74: 172 88

Henkin, L., Smith, W. N., Varineau, V. J. and Walsh, M. J. (1962), *Retracing Elementary Mathematics*, New York: Macmillan

Henle, J. M. and Kleinberg, E. M. (1980), *Infinitesimal Calculus*, Cambridge, MA: MIT Press

Henry, D. P. (1991), *Medieval Mereology*, Amsterdam: Grüner

Henson, C. W. and Keisler, H. J. (1986), 'On the strength of nonstandard analysis', *J. Symb. Logic*, 51: 377-86

Hermite, C. (1873), 'Sur la fonction exponentielle', *C. R. Acad. Sci. Paris*, 77: 18-24

Hilbert, D. (1900), 'Mathematische Probleme', *Nachr. Königl. Gesell. Wiss. Göttingen*, pp. 253-97

——(1925), 'Über das Unendliche', *Math. Ann.*, 95: 161-90

Hilbert, D. and Ackermann, W. (1928), *Grundzüge der theoretischen Logik*, Die Grundlehren der mathematischen Wissenschaften, 27, Berlin: Springer

Hintikka, J. (1998), *Language, Truth and Logic in Mathematics*, Dordrecht: Kluwer

Hobson, E. W. (1905), 'On the general theory of transfinite numbers and order types', *Proc. London Math. Soc.*, 3: 170-88

——(1921), *The Theory of Functions of a Real Variable, and the Theory of Fourier's Series*, 2nd edn, Cambridge University Press

Hodges, W. (1983), 'Elementary predicate logic', in D. Gabbay and F. Guenthner, eds, *Handbook of Philosophical Logic*, Vol. I, Dordrecht: Kluwer, pp. 1-131

——(1993), *Model Theory*, Cambridge University Press

——(1998), 'An editor recalls some hopeless papers', *Bull. Symb. Logic*, 4: 1-16

Hurd, A. E. and Loeb, P. A. (1985), *An Introduction to Nonstandard Real Analysis*, Orlando, FL: Academic Press

Isaacson, D. (1987), 'Arithmetical truth and hidden higher order concepts', in P. L. Group, ed., *Logic Colloquium '85*, Amsterdam: North-Holland, pp. 147-69

——(1992), 'Some considerations on arithmetical truth and the ω-rule', in M. Detlefsen, ed., *Proof, Logic and Formalization*, London: Routledge, pp. 94-138

Jech, T. J. (1967), 'Non-provability of Souslin's hypothesis', *Comment. Math. Univ. Carolinae*, 8: 291-305

Jech, T. J., ed. (1974), *Axiomatic Set Theory II*, Proceedings of Symposia in Pure Mathematics, 13, Providence, RI: American Mathematical Society

Jensen, R. B. (1966), 'Independence of the axiom of countable dependent choices from the countable axiom of choice', *J. Symb. Logic*, 31: 294

——(1995), 'Inner models and large cardinals', *Bull. Symb. Logic*, 1: 393-407

Jensen, R. B. and Schröder, M. (1969), 'Mengeninduktion und Fundierungsaxiom', *Archiv Math. Logik Grundlagenforschung*, 12: 119-33

Jourdain, P. E. B. (1905), 'On a proof that every aggregate can be well-ordered', *Math. Ann.*, 60: 465-70

——(1906), 'On the question of the existence of transfinite numbers', *Proc. London Math. Soc.*, 4: 266-83

Kac, M. and Ullam, S. M. (1968), *Mathematics and Logic*, New York: Praeger

Kanamori, A. (1997), *The Higher Infinite: Large Cardinals in Set Theory from their Beginnings*, Berlin: Springer

Kaufmann, F. (1930), *Das Unendliche in der Mathematik und seine Ausschaltung*, Leipzig: Deuticke (trans. as Kaufmann 1978)

——(1978), *The Infinite in Mathematics*, Vienna Circle Collection, 9, Dordrecht: Reidel

Kaye, R. (1991), *Models of Peano Arithmetic*, Oxford Logic Guides, 15, Oxford: Clarendon Press

Keisler, H. J. (1976), *Elementary Calculus*, Boston, MA: Prindle, Weber & Schmidt

Kelley,J. L. (1955), *General Topology*, Princeton, NJ: Van Nostrand

Ketland,J. (2002), 'Hume = Small Hume', *Analysis*, 62: 92-3

Kirby, L. and Paris, J. (1982), 'Accessible independence results for Peano arithmetic', *Bull. London Math. Soc.*, 14: 285-93

König, J. (1905), 'Über die Grundlagen der Mengenlehre und das Kontinuumproblem', *Math. Ann.*, 61: 15-160

Korselt, A. (1911), 'Über einen Beweis des Äquivalenzsatzes', *Math. Ann.*, 70: 294-6

Kreisel, G. (1967a), 'Informal rigour and completeness proofs', in I. Lakatos, ed., *Problems in the Philosophy of Mathematics*, Amsterdam: North-Holland, pp. 138-86

——(1967*b*), 'Mathematical logic: What has it done for the philosophy of mathematics?', in R. Schoenman, ed., *Bertrand Russell*, London: Allen & Unwin, pp. 201-72

——(1971), 'Observations on popular discussions of foundations', in Scott 1971, pp. 189-98

——(1980), 'Kurt Gödel', *Biog. Mem. Fellows Roy. Soc.*, 26: 149-224

Kunen, K. (1971), 'Elementary embeddings and infinitary combinatorics', |. *Symb. Logic*, 36: 407-13

——(1980), *Set Theory: An Introduction to Independence Proofs*, Amsterdam: NorthHolland

Kuratowski, K. (1921), 'Sur la notion d'ordre dans la théorie des ensembles', *Fund. Math.*, 2: 161-71

——(1922), 'Une méthode d'élimination des nombres transfinis des raisonnements mathématiques', *Fund. Math.*, 5: 76-108

Kuratowski, K. and Tarski, A. (1931), 'Les opérations logiques et les ensembles projectifs', *Fund. Math.*, 17: 240-8

Lakatos, I. (1976), *Proofs and Refutations: The Logic of Mathematical Discovery*, Cambridge University Press

——(1978), 'Cauchy and the continuum: The significance of non-standard analysis for the history and philosophy of mathematics', *Math. Intelligencer*, 1: 151-61

Landau, E. (1930), *Grundlagen der Analysis (das Rechnen mit ganzen, rationalen, irrationalen, komplexen Zahlen): Ergänzung zu den Lehrbüchern der Differential——und Integralrechnung*, Leipzig: Akademische Verlagsgesellschaft (trans. as Landau 1960)

——(1960), *Foundations of Analysis*, 2nd edn, New York: Chelsea

Lear, J. (1977), 'Sets and semantics', |. *Phil.*, 74: 86-102

Lebesgue, H. (1905), 'Sur les fonctions représentables analytiquement', *J. Math. Pures Appl.*, (6)1: 139-216

Leibniz, G. W. (1996), *Schriften zur Logik und zur philosophischen Grundlegung von Mathematik und Naturwissenschaft*, Philosophische Schriften, 4, Frankfurt am Main: Suhrkamp

Lejewski, C. (1964), 'A note on a problem concerning the axiomatic foundations of mereology', *Notre Dame F. Formal Logic*, 4: 135-9

Lennes, N. J. (1922), 'On the foundations of the theory of sets', *Bull. Amer. Math. Soc.*, 28: 300

Leonard, H. S. and Goodman, N. (1940), 'The calculus of individuals and its uses', *J. Symb. Logic*, 5: 45-55

Levi, B. (1902), 'Intorno alla teoria degli aggregati', *Reale Istituto Lombardo Sci. Lett. Rend.* (2), 35: 863-8

Levy, A. (1969), 'The definability of cardinal numbers', in J. J. Bulloff, T. C. Holyoke and S. W. Hahn, eds, *Foundations of mathematics: Symposium papers commemorating the sixtieth birthday of Kurt Gödel*, Berlin: Springer, pp. 15-38

Levy, A. and Solovay, R. M. (1967), 'Measurable cardinals and the continuum hypothesis', *Israel J. Math.*, 5: 234-48

Levy, P. (1964), 'Remarques sur un théorème de Paul Cohen', *Rev. Métaphys. Morale*, 69: 88-94

Lewis, D. (1991), *Parts of Classes*, Oxford: Blackwell

Lindelöf, E. (1905), 'Remarques sur un théorème fondamental de la théorie des ensembles', *Acta Math.*, 29: 183-90

Lindemann, F. (1882), 'Über die Zahl π ', *Math. Ann.*, 20: 213-25

Lindenbaum, A. and Mostowski, A. (1938), 'Über die Unabhändigkeit des Auswahlsaxiom und einiger seiner Folgerungen', *C. R. Varsovie*, 31: 27-32

Lindström, P. (1969), 'On extensions of elementary logic', *Theoria*, 35: 1-11

Liouville, J. (1844), 'Des remarques relative à des classes très-étendues de quantités dont la valeur n'est ni rationelle ni même réductible à des irrationelles algébriques', *C. R. Acad. Sci. Paris*, 18: 883-5

Littlewood, J. E. (1926), *The Elements of the Theory of Real Functions*, 2nd edn, Cambridge: Heffer

Lusin, N. N. (1917), 'Sur la classification de M. Baire', *C. R. Acad. Sci. Paris*, 164: 91-4

——(1927), 'Sur les ensembles analytiques', *Fund. Math.*, 10: 1-95

——(1930), *Leçons sur les ensembles analytiques et leurs applications*, Paris: GauthierVillars

Mac Lane, S. (1969), 'One universe as a foundation for category theory', in *Reports of the Midwest Category Seminar III*, Lecture Notes in Mathematics, 106, Berlin: Springer, pp. 192-200

——(1986), *Mathematics: Form and Function*, New York: Springer

Maddy, P. (1983), 'Proper classes', *J. Symb. Logic*, 48: 113-39

——(1988), 'Believing the axioms', *J. Symb. Logic*, 53: 481-511, 736-64

——(1990), *Realism in Mathematics*, Oxford: Clarendon Press

——(1993), 'Does $V = L$?', *J. Symb. Logic*, 58: 15-41

Martin, D. A. (1975), 'Borel determinacy', *Ann. Math.*, 102: 363-71

——(1976), 'Hilbert's first problem', in F. E. Browder, ed., *Mathematical developments arising from Hilbert's problems*, Proc. Symp. Pure Mathematics, 28, Providence, RI: American Mathematical Society, pp. 81-92

——(1977), 'Descriptive set theory', in Barwise 1977, pp. 783-815

Martin, D. A. and Steel, J. R. (1988), 'Projective determinacy', *Proc. Natl. Acad. Sci. USA*, 85: 6582-6

Mathias, A. (2001), 'Slim models of Zermelo set theory', *J. Symb. Logic*, 66: 487-96

——(2002), 'A term of length 4,523,659,424,929', *Synthese*, 133: 75-86

Mayberry, J. P. (1977), 'On the consistency problem for set theory', *British J. Phil. Sci.*, 28: 1-34, 137-70

——(1994), 'What is required of a foundation for mathematics?', *Phil. Math. (III)*, 2: 16-35

——(2000), *The Foundations of Mathematics in the Theory of Sets*, Encyclopaedia of Mathematics and its Applications, 82, Cambridge University Press

Mazurkiewicz, S. and Sierpinski, W. (1914), 'Sur un ensemble superposables avec chacune de ses deux parties', *C. R. Acad. Sci. Paris*, 158: 618-19

McIntosh, C. (1979), 'Skolem's criticisms of set theory', *Nous*, 13: 313-34

McLarty, C. (1992), *Elementary Categories, Elementary Toposes*, Oxford: Clarendon Press

Mendelson, E. (1956), 'Some proofs of independence in axiomatic set theory', *J. Symb. Logic*, 21: 291-303

Méray, C. (1872), *Nouveau Précis d'Analyse infinitésimale*, Paris: Savy

Mirimanoff, D. (1917), 'Les antinomies de Russell et de Burali-Forti et le problème fondamental de la théorie des ensembles', *Enseignement Math.*, 19: 37-52

Montague, R. (1961), 'Semantic closure and non-finite axiomatizability I', in *Infinitistic Methods: Proceedings of the Symposium on Foundations of Mathematics (Warsaw, 1959)*, New York: Pergamon, pp. 45-69

Moore, A. W. (1990), *The Infinite*, London: Routledge

Moore, G. H. (1980), 'Beyond first order logic: the historical interplay between mathematical logic and axiomatic set theory', *Hist. Phil. Logic*, 1: 95-137

——(1982), *Zermelo's Axiom of Choice: Its Origins, Development and Influence*, New York: Springer

(1989), 'Towards a history of Cantor's continuum problem', in D. E. Rowe and J. McCleary, eds, *The History of Modern Mathematics: Ideas and their Reception*, San Diego, CA: Academic Press, pp. 79-121

Morse, A. P. (1965), *A Theory of Sets*, New York: Academic Press

Moschovakis, Y. N. (1980), *Descriptive Set Theory*, Amsterdam: North-Holland

Mostowski, A. (1945), 'Axiom of choice for finite sets', *Fund. Math.*, 33: 137-68

——(1948), 'On the principle of dependent choices', *Fund. Math.*, 35: 127-30

——(1952), *Sentences Undecidable in Formalized Arithmetic: An Exposition of the Theory of Kurt Gödel*, Amsterdam: North-Holland

Muller, F. A. (2001), 'Sets, classes, and categories', *British J. Phil. Sci.*, 52: 539-73

Mycielski, J. and Steinhaus, H. (1962), 'A mathematical axiom contradicting the axiom of choice', *Bull. Acad. Polon. Sci.*, 10: 1-3

Mycielski, J. and Swierczkowski, S. (1964), 'On the Lebesgue measurability and the axiom of determinateness', *Fund. Math.*, 54: 67-71

Nathanson, M. (2000), *Elementary Methods in Number Theory*, Berlin: Springer

Newman, M. (1928), 'Mr Russell's "causal theory of perception" ', *Mind*, 37: 13748

Oliver, A. (1994), 'Are subclasses parts of classes?', *Analysis*, 54: 215-23

——(1998), 'Hazy totalities and indefinitely extensible concepts: an exercise in the interpretation of Dummett's philosophy of mathematics', in Brandl and Sullivan 1998, pp. 25-50

Parsons, C. (1974), 'Sets and classes', *Noûs*, 8: 1-12

——(1977), 'What is the iterative concept of set?', in Butts and Hintikka 1977, pp. 335-67

——(1983), *Mathematics in Philosophy: Selected Essays*, Ithaca, NY: Cornell University Press

——(1996), 'Hao Wang as philosopher', in P. Hájek, ed., *Gödel '96*, Lecture Notes in Logic, 6, Berlin: Springer, pp. 64-80

Pascal, B. (1665), Traité du triangle arithmétique, Paris

Paseau, A. (2003), 'The open-endedness of the set concept and the semantics of set theory', *Synthese*, 135: 381-401

Peano, G. (1889), *Arithmetices principia, nova methodo exposita*, Torino: Bocca

——(1890), 'Démonstration de l'intégrabilité des équations différentielles ordinaires', *Math. Ann.*, 37: 182-228 (repr. in Peano 1957-9, pp. 119-70)

——(1906), 'Super theorema de Cantor-Bernstein', *Rend. Circ. Mat. Palermo*, 21: 360-6

——(1921), 'Le definizione in matematica', *Periodico di matematiche (4)*, 1: 17589

——(1957-9), *Opera scelte*, Rome: Cremonese

Platek, R. A. (1969), 'Eliminating the continuum hypothesis', *J. Symb. Logic*, 34: 219-25

Poincaré, H. (1906), 'Les mathématiques et la logique', *Rev. Métaphys. Morale*, 14: 17-34, 294-317, 866-8

——(1913), *Dernières Pensées*, Paris: Flammarion (trans. as Poincaré 1963)

——(1963), *Mathematics and Science: Last Essays*, New York: Dover

Potter, M. (1990), *Sets: An Introduction*, Oxford: Clarendon Press

——(1993), 'Critical notice of *Parts of Classes* by David Lewis', *Phil. Quart.*, 43: 362 − 6

——(1998), 'Classical arithmetic is part of intuitionistic arithmetic', *Grazer phil. Stud.*, 55: 127-41

——(2000), *Reason's Nearest Kin: Philosophies of Arithmetic from Kant to Carnap*, Oxford University Press

Presburger, M. (1930), 'Über die Vollständigkeit eines gewissen Systems der Arithmetik ganzer Zahlen', in *Sprawozdanie z I Kongresu Mat. Krajów Slowiańskich*, Warsaw, pp. 92-101

Priest, G. (1995), *Beyond the Limits of Thought*, Cambridge University Press

Pudlak, P. (1998), 'The lengths of proofs', in S. Buss, ed., *Handbook of Proof Theory*, Amsterdam: North-Holland, pp. 547-637

Putnam, H. (1980), 'Models and reality', *F. Symb. Logic*, 45: 464-82

——(1981), *Reason, Truth and History*, Cambridge University Press

——(2000), 'Paradox revisited II: Sets', in Sher and Tieszen 2000, pp. 16-26

Quine, W. V. (1937), 'New foundations for mathematical logic', *Amer. Math. Monthly*, 44: 70-80

——(1940), *Mathematical Logic*, New York: Norton

——(1948), 'On what there is', *Rev. Metaphys.*, 2: 21-8

——(1951), *Mathematical Logic*, rev. edn, Cambridge, MA: Harvard University Press

——(1969), *Set Theory and its Logic*, rev. edn, Cambridge, MA: Harvard University Press

Ramsey, F. P. (1926), 'The foundations of mathematics', *Proc. London Math. Soc.*, 25: 338-84

——(1931), *The Foundations of Mathematics and Other Logical Essays*, London: Kegan Paul, Trench & Trubner

Rang, B. and Thomas, W. (1981), 'Zermelo's discovery of the "Russell paradox"', *Hist. Math.*, 8: 15-22

Reinhardt, W. (1974), 'Remarks on reflection principles, large cardinals, and elementary embeddings', in Jech 1974, pp. 189-206

Restall, G. (1992), 'A note on naive set theory in LP', *Notre Dame f. Formal Logic*, 33: 422-32

Rieger, A. (2000), 'An argument for Finsler-Aczel set theory', *Mind*, 109: 241-53

Robinson, A. (1961), 'Non-standard analysis', *Nederl. Akad. Wetensch. Proc., Ser. A*, 64: 432-40

——(1968), 'Some thoughts on the history of mathematics', *Comp. Math.*, 20: 188-93

——(1974), *Non-Standard Analysis*, rev. edn, Princeton University Press

Robinson, R. M. (1947), 'On the decomposition of spheres', *Fund. Math.*, 34: 24660

Rosser, B. (1942), 'The Burali-Forti paradox', *J. Symb. Logic*, 7: 1-17

Rubin, H. and Rubin, J. (1985), *Equivalents of the Axiom of Choice II*, Studies in Logic and the Foundations of Mathematics, 116, Amsterdam: North-Holland

Russell, B. (1903), *The Principles of Mathematics*, London: Allen & Unwin

——(1906*a*), 'Les paradoxes de la logique', *Rev. Métaphys. Morale*, 14: 627-50

——(1906*b*), 'On some difficulties in the theory of transfinite numbers and order types', *Proc. London Math. Soc.*, 4: 29-53 (repr. in Russell 1973*a*, pp. 13564)

——(1908), 'Mathematical logic as based on the theory of types', *Amer. J. Math.*, 30: 222-62

——(1919), *Introduction to Mathematical Philosophy*, London: Allen & Unwin

——(1927), *The Analysis of Matter*, London: Kegan Paul, Trench & Trubner

——(1936), 'The limits of empiricism', *Proc. Arist. Soc.*, 36: 131-50

——(1973*a*), *Essays in Analysis*, London: Allen & Unwin

——(1973*b*), 'The regressive method of discovering the premises of mathematics', in *Essays in Analysis* (Russell 1973*a*), pp. 272-83 (written in 1907)

Schilpp, P. A., ed. (1944), *The Philosophy of Bertrand Russell*, Library of Living Philosophers, New York: Tudor Publishing Co.

Schönflies, A. (1905), 'Über wohlgeordnete Mengen', *Math. Ann.*, 60: 181-6

——(1913), *Entwickelung der Mengenlehre und ihre Anwendungen*, Leipzig: Teubner

Schröder, E. (1890-5), *Vorlesungen über die Algebra der Logik*, Leipzig: Teubner

——(1898), 'Über zwei Definitionen der Endlichkeit und G. Cantor'sche Sätze', *Abh. Kaiserl. Leopoldin.-Carolin. Deutsch. Akad. Naturfor.*, 71:303-62

Scott, D. S. (1955), 'Definitions by abstraction in axiomatic set theory', *Bull. Amer. Math. Soc.*, 61: 442

——(1961), 'Measurable cardinals and constructible sets', *Bull. Acad. Pol. Sci*, 9: 521-4

——(1974), 'Axiomatizing set theory', in Jech 1974, pp. 207-14

Scott, D. S., ed. (1971), *Axiomatic Set Theory I*, Proceedings of Symposia in Pure Mathematics, 13, Providence, RI: American Mathematical Society

Selberg, A. (1949), 'An elementary proof of Dirichlet's theorem about primes in an arithmetical progression', *Ann. Math.*, 50: 297-304

Serre, J. (1973), *A Course of Arithmetic*, Berlin: Springer

Shapiro, S. (1985), 'Second-order languages and mathematical practice', *J. Symb. Logic*, 50: 714-42

——(1991), *Foundations without Foundationalism: A Case for Second-Order Logic*, Oxford University Press

Shapiro, S. and Weir, A. (1999), 'New V, ZF and abstraction', *Phil. Math. (III)*, 7: 293-321

Sher, G. and Tieszen, R., eds (2000), *Between Logic and Intuition: Essays in Honor of Charles Parsons*, Cambridge University Press

Shoenfield, J. R. (1977), 'Axioms of set theory', in Barwise 1977, pp. 321-44

Sierpinski, W. (1924), 'Sur l'hypothèse du continu $(2^{\aleph_0} = \aleph_1)$ ', *Fund. Math.*, 5: 177-87

——(1934), *L'hypothèse du continu*, Monografie Matematyczne, 4, Warsaw

——(1965), *Cardinal and Ordinal Numbers*, 2nd edn, Warsaw: Polish Scientific Publishers

Simmons, K. (2000), 'Sets, classes and extensions: a singularity approach to Russell's paradox', *Phil. Studies*, 100: 109-49

Sinaceur, M. A. (1973), 'Appartenance et inclusion: un inédit de Richard Dedekind', *Rev. Hist. Sci.*, 24: 247-54

Skolem, T. (1922), 'Einige Bemerkungen zur axiomatischen Begründung der Mengenlehre', in *Wiss. Vorträge gehalten auf dem 5. Kongress der Skandinav. Mathematiken in Helsingfors* (repr. in Skolem 1970, pp. 137-52)

——(1931), 'Über einige Satzfunktionen in der Arithmetik', *Skrifter utgitt av Det Norske Videnskaps-Akademi i Oslo, I. Mathematisk-naturvidenskapelig klasse*, 7: 1-28 (repr. in Skolem 1970, pp. 287-306)

——(1970), *Selected Works in Logic*, Oslo: Skandinavian University Books

Smoryński, C. (1991), *Logical Number Theory*, Berlin: Springer

Solovay, R. M. (1964), '$2^{\aleph_0}$ can be anything it ought to be', in J. W. Addison, L. Henkin and A. Tarski, eds, *The Theory of Models*, Amsterdam: NorthHolland, p. 435

——(1970), 'A model of set theory in which every set of reals is Lebesgue measurable', *Ann. Math.*, 92: 1-56

——(1974), 'Strongly compact cardinals and the generalized continuum hypothesis', in L. Henkin, ed., *Tarski Symposium*, Proceedings of Symposia in Pure Mathematics, 25, Providence, RI: American Mathematical Society, pp. 36572

Solovay, R. M. and Tennenbaum, S. (1971), 'Iterated Cohen extensions and Souslin's problem', *Ann. Math.*, 94: 201-45

Souslin, M. Y. (1917), 'Sur une définition des ensembles mesurables B sans nombres transfinis', *C. R. Acad. Sci. Paris*, 164: 88-91

——(1920), 'Problème 3', *Fund. Math.*, 1: 223

Steel, J. R. (2000), 'Mathematics needs new axioms', *Bull. Symb. Logic*, 6: 422-33

Steinitz, E. (1910), 'Algebraische Theorie der Körpern', *J. reine angew. Math.*, 137: 163-309

Stromberg, K. R. (1981), *An Introduction to Classical Real Analysis*, Belmont, CA: Wadsworth

Sullivan, P. M. (1995), 'Wittgenstein on *The Foundations of Mathematics*, June 1927', *Theoria*, 61: 105-42

Suppes, P. (1960), *Axiomatic Set Theory*, Princeton, NJ: Van Nostrand

Tait, W. W. (1994), 'The law of excluded middle and the axiom of choice', in George 1994, pp. 45-70

——(1998), 'Foundations of set theory', in Dales and Oliveri 1998, pp. 273-90

——(2000), 'Cantor's *Grundlagen* and the paradoxes of set theory', in Sher and Tieszen 2000, pp. 269-90

Takeuti, G. (1971), 'Hypotheses on power sets', in Scott 1971, pp. 439-46

Tall, D. (1982), 'Elementary axioms and pictures for infinitesimal calculus', *Bull. IMA*, 18: 43-8

Tarski, A. (1924), 'Sur quelques théorèmes qui équivalent à l'axiome du choix', *Fund. Math.*, 5: 147-54

——(1948), *A Decision Method for Elementary Algebra and Geometry*, Santa Monica, CA: RAND Corporation

——(1955), 'The notion of rank in axiomatic set theory and some of its applications', *Bull. Amer. Math. Soc.*, 61: 443

——(1959), 'What is elementary geometry?', in L. Henkin, P. Suppes and A. Tarski, eds, *The Axiomatic Method*, Amsterdam: North-Holland, pp. 16-29

Teichmüller, O. (1939), 'Braucht der Algebraiker das Auswahlaxiom?', *Deutsche Math.*, 4: 567-77

Tharp, L. (1975), 'Which logic is the right logic?', *Synthese*, 31: 1-21

Tourlakis, G. (2003), *Lectures in Logic and Set Theory*, Cambridge University Press

Truss, J. K. (1997), *Foundations of Mathematical Analysis*, Oxford University Press

Tukey, J. W. (1940), *Convergence and Uniformity in Topology*, Annals of Mathematics Studies, 2, Princeton University Press

Uzquiano, G. (1999), 'Models of second-order Zermelo set theory', *Bull. Symb. Logic*, 5: 289-302

van den Dries, L. (1988), 'Alfred Tarski's elimination theory for real closed fields', *J. Symb. Logic*, 53: 7-19

van der Waerden, B. (1949), *Modern Algebra*, New York: Ungar

van Heijenoort, J. (1977), 'Set-theoretic semantics', in R. O. Gandy and J. M. E. Hyland, eds, *Logic Colloquium '76*, Amsterdam: North-Holland, pp. 183-90

van Heijenoort, J., ed. (1967), *From Frege to Gödel: A Source Book in Mathematical Logic, 1879-1931*, Cambridge, MA: Harvard University Press

Vaught, R. (1967), 'Axiomatizability by schemas', *J. Symb. Logic*, 32: 473-9

von Neumann, J. (1925), 'Eine Axiomatisierung der Mengenlehre', *J. reine angew. Math.*, 154: 219-40

Wang, H. (1963), *A Survey of Mathematical Logic*, Studies in Logic and the Foundations of Mathematics, Amsterdam: North-Holland

——(1974), *From Mathematics to Philosophy*, London: Routledge & Kegan Paul

——(1977), 'Large sets', in Butts and Hintikka 1977, pp. 309-33

Warner, S. (1968), *Algebra*, Englewood Cliffs, NJ: Prentice-Hall

Waterhouse, W. C. (1979), 'Gauss on infinity', *Hist. Math.*, 6: 430-6

Weir, A. (1998*a*), 'Naive set theory is innocent', *Mind*, 107: 763-98

——(1998*b*), 'Naive set theory, paraconsistency and indeterminacy, I', *Logique et Analyse*, 41: 219-66

——(1999), 'Naive set theory, paraconsistency and indeterminacy, II', *Logique et Analyse*, 42: 283-340

Weyl, H. (1949), *Philosophy of Mathematics and Natural Science*, Princeton University Press

Whitehead, A. N. (1902), 'On cardinal numbers', *Amer. J. Math.*, 24: 367-94

Whitehead, A. N. and Russell, B. (1910-13), *Principia Mathematica*, Cambridge University Press

——(1927), *Principia Mathematica*, 2nd edn, Cambridge University Press

Wiener, N. (1914), 'A simplification of the logic of relations', *Proc. Camb. Phil. Soc.*, 17: 387-90 (repr. in van Heijenoort 1967, pp. 224-7)

——(1953), *Ex-prodigy: My Childhood and Youth*, New York: Simon & Schuster

Wilkinson, J. H. (1959), 'The evaluation of the zeros of ill-conditioned polynomials', *Num. Math.*, 1: 150-80

Wittgenstein, L. (1922), *Tractatus Logico-Philosophicus*, London: Kegan Paul & Trubner

——(1976), *Lectures on the Foundations of Mathematics, Cambridge*, 1939, Ithaca, NY: Cornell University Press

Woodin, W. H. (1994), 'Large cardinal axioms and independence: The continuum problem revisited', *Math. Intelligencer*, 16: 31-5

——(2001*a*), 'The continuum hypothesis, I', *Not. Amer. Math. Soc.*, 48: 567-76

——(2001*b*), 'The continuum hypothesis, II', *Not. Amer. Math. Soc.*, 48: 681-90

Wright, C. (1983), *Frege's Conception of Numbers as Objects*, Scots Philosophical Monographs, 2, Aberdeen University Press

——(1985), 'Skolem and the skeptic', *Proc. Arist. Soc., Supp. Vol.*, 59: 117-37

——(1999), 'Is Hume's principle analytic?', *Notre Dame J. Formal Logic*, 40: 6-30

Zermelo, E. (1904), 'Beweis daß jede Menge wohlgeordnet werden kann', *Math. Ann.*, 59: 514-16

——(1908*a*), 'Neuer Beweis für die Möglichkeit einer Wohlordnung', *Math. Ann.*, 65: 107-28

——(1908*b*), 'Untersuchungen über die Grundlagen der Mengenlehre I', *Math. Ann.*, 65: 261-81

——(1930), 'Über Grenzzahlen und Mengenbereiche', *Fund. Math.*, 16: 29-47

Zorn, M. (1935), 'A remark on method in transfinite algebra', *Bull. Amer. Math. Soc.*, 41: 667-70

附录 A　传统公理化

在第 13 章中，我曾说过通过添加反映和置换公理模式来逆向加强 **ZU** 是相当无力的行为，因为目前几乎所有的数学内容（甚至包括那些不太需要编码的内容）都可以在 **ZU** 中被表述出来。而在 20 世纪 20 年代，当人们首次提出某套与 **ZFU** 等价的理论时，它的强度明显弱于 **ZU**，因此在那里的逆向支持力度要更大一些。为了说明这点，我们必须要回溯公理化的发展过程。

A1　策梅洛公理

策梅洛最早公理化的核心是选择公理，我们在第 14 章已经讨论过它。除此之外，它的其余公理大致如下。

外延公理（axiom of extensionality）：如果 a, b 是集合，那么 $(\forall x)(x \in a \Leftrightarrow x \in b) \Rightarrow a = b$。

个体公理（axiom of individuals）：存在由所有个体组成的集合。

分离公理（axiom of separation）：对任意给定属性 X 和任意集合 a，$\{x \in a: Xx\}$ 也是个集合。

幂集公理（axiom of power sets）：如果 a 是一个集合，那么 $\mathfrak{B}(a)$ 也是一个集合。

并集公理（axiom of union）：如果 a 是一个集合，那么 $\cup a$ 也是一个集合。

对公理（axiom of pairs）：如果 a, b 是集合，那么 $\{a, b\}$ 也是集合。

无穷公理（axiom of infinity）：存在集合 U，使得 $\varnothing \in U$ 且 $(\forall a \in U)(\{a\} \in U)$。

后来的诸教科书中能找到的绝大多数公理化都可以看作该公理化的变形或扩展。

对该公理化的批评最初主要集中在分离上：他们反对策梅洛以含糊性为由把"给定的"（definite）属性当作初始概念。第一个可行的消除该概念的改动由外尔（Weyl）提出。直到一段时间之后，人们才意识到他的改动实质上相当于把分离限制在一阶语言的公式所能表述的那些性质上。因此，分离公理被以下公理模式所取代。

分离公理模式：如果 $\Phi(x)$ 是公式，那么有如下公理：

如果 a 是集合，那么 $\{x \in a: \Phi(x)\}$ 也是集合

我将冒某种历史不准确的风险，把这种调整过的系统称为"策梅洛理论"：它是形式化的（或者说是可直接形式化的）。此外，它还弱于 ZU，因为策梅洛理论中的所有公理都可以被看作 ZU 的一条定理。

A2　基数和序数

该结论反过来则不成立：一些 ZU 中的证明不能在策梅洛理论内表述。有一个这样的实例在历史上具有非常重要的意义，因为策梅洛理论，用本书中一直在使用的术语来说，是一种**聚**理论而不是集合理论：它没有公理可以排除非有根聚。所以在该理论内，我们不能使用斯科特-塔斯基的方法来定义基数和序数。事实上也没有其他方式可以替代：为了得到基数理论，我们得添加休谟原理作为公理，那么得到的（让我们能在分离公理实例中添加新运算符 "card"）是策梅洛理论的非保守扩展（Levy, 1969）。事实上策梅洛理论当初的优势只是暂时的。很快，集合论学者们的兴趣就集中在**有根**聚上，于是他们添加了如下限定性假设。

基础公理：$a \neq \varnothing \Rightarrow (\exists x \in a)(x$ 是个体或者 $x \cap a = \varnothing)$。

然而即使有了该公理，我们的理论依旧不够强大，不足以有效利用其层级结构。集合基数的定义适用于所有与给定集合等势的**类**，而上述一阶形式的基础公理并不能使这类运用可行（Jensen and Schroder, 1969; Boffa, 1969）。

那么我们该怎么做？对于当年的策梅洛本人来说，不需要进一步的公理：他的目的是要得到一个公理系统，能作为他根据选择公理中推导出良序原理的新证明（Zermelo, 1908a）的基础。该证明的一项关键特征是，不同于他早先对同一结论的证明 (Zermelo, 1904)，新证明没有使用到序数。因此，至少策梅洛证明了在这类证明中，序数可以被看作理想元素，在证明中用到的序数是可消除的。事实上有一段时间，人们对从证明中消除序数使用的通用手段相当感兴趣。林德勒夫（Lindelöf）在 1905 年表明，康托尔在证明康托尔-本迪克森定理时所用的序数是可以消除的，库拉托夫斯基（Kuratowski）在 1922 年给出了从一大类数学中消除序数的一般性方法。

数学家们从来都不愿意仅仅为了基础稳健性而放弃富有效率的技术工具。序数理论对纯数学家来说是一项方便的工具，所以他们愿意保留它。那么，怎样才能做出逆向论证以支持他们的选择呢？一种可能的途径是添加一个公理，使斯科特-塔斯基对于基数和序数的定义在理论内能够得以执行。

传递包含公理（axiom of transitive containment）：对任意集合，都存在一个包含它的传递集合。

称添加该公理后的理论为 $\mathbf{ZU}_0''$。显然，它可以解释成 $\mathbf{ZU}$ 的子理论，因为它的所有公理都可以表述成在 $\mathbf{ZU}$ 中可证的命题。但是，它比 $\mathbf{ZU}$ 弱得多，我们可以更仔细地研究策梅洛的无穷公理来发现其原因。策梅洛之所以选择这种形式的公理，因为它等价于断言集合

$$\omega'' = \{\varnothing, \{\varnothing\}, \{\{\varnothing\}\}, \{\{\{\varnothing\}\}\}, \cdots \}$$

存在，而这就是他打算拿来充当自然数的集合。如果我们在第 3 章阐述的层次理论的背景下继续研究，那么这种差异是不重要的：策梅洛无穷公理还蕴含第 4 章给出无穷公理。而这是因为我们以层次概念为基础（尽管通过斯科特的技术手段，我们能够避免将其视为初始概念），而在策梅洛理论中，基础概念是**集合**概念。结果是在第 3 章所建立的那种理论中断言集合的存在确保了整个层次的存在，因此策梅洛无穷公理在此时就相当于我们在那里陈述的无穷公理，即保证了**整个层次** V_ω 的存在性。但在策梅洛系统中，该公理只保证了秩为 ω 的某些集合的存在性，如策梅洛的自然数集 ω''，但不保证如

$$\omega' = \{\varnothing, \{\varnothing\}, \{\varnothing, \{\varnothing\}\}, \{\varnothing, \{\varnothing\}, \{\varnothing, \{\varnothing\}\}\}\}, \cdots \}$$

的存在性，而这是冯·诺伊曼用来表述他的自然数概念的集合（Mathias, 2001; Drabbe, 1969）。这意味着如果我们想要一个稍有不同的自然数理论，都不得不更换另一个无穷公理。例如，当我们想要使用冯·诺伊曼式定义时，需要改用能确保 ω' 存在的无穷公理，比如，下面这个。

无穷公理 $'$：存在集合 U 使得 $\varnothing \in U$ 且 $(\forall a \in U)(a \cup \{a\} \in U)$。

称这样替换后得到的理论为 $\mathbf{ZU}_0'$。它不等价于刚刚提到的 $\mathbf{ZU}_0''$，但该事实在某种程度上取决于个人观点。一个对集合论抱有直观理解的人会从中推出，任何表示只相信其中一种理论的人，显然只是在表示他的个人信念的一部分，因为几乎没有理由告诉我们更应该相信 ω' 或 ω''。所以从直观角度来看，认为 $\mathbf{ZU}_0'$ 或 $\mathbf{ZU}_0''$ 代表了全部集合论公理化是很奇怪的。

现在假设某人相信公理的理由是逆向的。而逆向论证所基于的知识主体大概是数学知识（数学实践的某些片段），而非集合论式知识。因此只有在我们展示了如何将数学（或至少是相关数学片段）嵌入集合论中之后，逆向论证才能获得其生命力。$\mathbf{ZU}_0'$ 和 $\mathbf{ZU}_0''$ 的不等价提醒了我们，逆向论证是相对于嵌入而言的：如

果我们选择了不同的嵌入，就要相信不同的集合论。事实上逆向论者甚至可能会赞扬这种不等价性，因为它暗示了选择公理所带来的化简的益处。

但这种影响是双向的：由于其过度简化，理论变得非常不方便。虽然大多数数学推理可以嵌入 $\mathbf{ZU}_0'$，但要看出如何实现这种嵌入，需要具备一定集合论知识才行。$\mathbf{ZU}_0'$ 对推理的限制在大多数数学家看来（他们毕竟不是，也不想成为专门的集合论研究者）非常武断且没有目的性。如果我们想要实现斯科特–塔斯基的基数和序数定义，那么没有理由认为我们更想要的是 ω' 而不是 ω''，我们还不如直接断言某个无穷集存在。由此产生的理论足以嵌入所有在 $\mathbf{ZU}$ 中可表述的数学内容，所以不会存在哪项逆向论证在支持 $\mathbf{ZU}$ 的同时还反对该理论。

然而历史没有遵循这条路线。我们在第一部分已经说过，集合的迭代概念是后来才出现的，因此基础公理最早被看成元数学推理时的一项工具，而不是明显的真理。但即使从这种元数学角度来看，迭代层级也没有被多数集合论学者很好地理解。特别是我们在本书中采用的基数和序数定义直到 20 世纪 50 年代才被人们所熟知。所以，人们并没有认识到加入传递包含公理并以此来执行定义的可能性。

相反，人们的注意力集中在添加允许冯·诺伊曼序数的新公理上。在这个方向上，我们必须添加如下的一些公理。

序数公理 $'$：所有良序集都同构于一个冯·诺伊曼序数。

添加该公理将使得我们能够发展出令人满意的序数理论。但基数理论呢？如果我们还假设了选择公理，我们就可以用与它等势的最小冯·诺伊曼序数集的基数作为其代称（见第 14 章），但在 20 世纪 20~30 年代，人们感兴趣的是在没有选择公理的情况下研究基数算术，而我们仍未完成这些目标。除了增加新的初始运算符 "card" 和其他公理之外，似乎没有别的方法。

基数公理：对所有集合，$\mathrm{card}(A) = \mathrm{card}(B)$ 当且仅当 A 和 B 是等势的。

A3 置　　换

在这一点上我们可以承认事态似乎有些失控：如果有这一大堆公理都是可接纳的，那么我们对逆向论证方法的承诺就必须相当坚定。所以如果能把一批额外的公理统一成一个公理模式，那么哪怕仅出于简洁性的考虑，这种统一对我们而言也是具有相当吸引力的。所以现在考虑如果我们不采纳传递包含和序数公理，而是采用如下公理，那么会发生什么。

置换公理模式：如果 $\tau(x)$ 是任意项，那么有如下公理：

$$(\forall x \in a)(\tau(x) \text{ 是集合}) \Rightarrow \{\tau(x): x \in a\} \text{ 是集合}$$

我们将用 **ZFU'** 表示在 **ZU₀'** 中删掉传递包含公理并添加置换公理模式之后得到的理论；并用 **ZF'** 表示相应的纯理论。（"F" 表示弗伦克尔，他在 20 世纪 20 年代早期提出了置换。）这种记号暗示了 **ZFU'** 和 **ZFU** 之间有联系：作为集合理论，**ZFU'** 等价于 **ZFU**。我们已经在一个方向上证明了这种等价关系：所有 **ZFU'** 中的公理都是 **ZFU** 的定理。为了证明反方向也成立，我们要在 **ZFU'** 中证明 **ZFU** 的公理。为此我们还要再开发技术手段，模仿 **ZFU** 中的证明。完成这些之后，我们就可以在 **ZFU'** 中归纳地证明 V_α 都是层次，并且生成公理和无穷公理都由此得出。

我们这里所说的冯·诺伊曼序数，其定义早在策梅洛 1915 年的某些未公开工作中就能找到（Hallett, 1984：270–280），并且米里曼诺夫（Mirimanoff, 1917）也对它有所定义，但冯·诺伊曼是第一个用置换公理模式对该定义合理性加以辩护的人。弗伦克尔先于冯·诺伊曼，在 1922 年提出了置换公理模式，他后来表示自己很惊讶于该模式与序数理论之间存在这样的联系（Fraenkel, 1967：169）。

这些数学家所发现的，也正是使置换公理模式如此吸引人的原因，因为本质上它包含了我们一直在考虑的所有其他对策梅洛基础理论进行补充的公理，特别是传递包含公理和序数公理。至少从迭代层级的角度来看，置换充当了一项混合角色：它断言具有很高秩的集合——如冯·诺伊曼序数——的存在性，因此兼具有更高无穷公理的效果；但每当一个集合存在时，也就意味着它的出生的存在。因此，**ZFU'** 是我们在本附录中所描述的传统理论中，第一个足够强大到包含了我们在第一部分所发展出的整个层次理论的理论。

置换的这种混合本质可能可以部分地解释对它的逆向支持和直观怀疑的混合。一旦我们掌握了利用斯科特–塔尔基方法来定义基数和序数，绝大多数支持置换的逆向论证都集中于它产生层次层级的能力，而不是支持它成为无穷公理。布洛斯 (Boolos, 1971：229) 观察到，置换的有利结论 "包括一个令人满意的······无穷数理论，以及一个非常理想的结果，它能证明对良基关系的归纳定义是合理的"；但是，正如我们在本书中所表明的那样，这两点在 **ZU** 中都是可得的，因此，当把置换看成是一个更高的无穷公理时，这些结论并没有给置换以任何逆向的支持。

事实上，由于置换所代表的理论的扩展是如此强大，显然为它辩护的论证竟如此单薄就很值得注意了。斯科伦 (Skolem, 1922) 给出的理由是，"策梅洛公理系统不足以为常用集合理论提供一套完整的基础"，因为在该系统中不能证明集合

$\{\omega, \mathfrak{B}(\omega), \mathfrak{B}((\omega)), \cdots\}$ 存在；然而只有当我们有独立的理由认为这个集合根据"常用集合理论"来看确实存在时，斯科伦的论证才是具有充分的合理性，而他没有给出这样的论证。冯·诺伊曼（von Neumann, 1925）谈到他接纳置换的理由时，只是说：

> 一方面是鉴于常见的"不太大"这个概念充满了争议，而另一方面，这个公理本身又具有非凡的力量，所以我相信我在引入这个公理时并没有过于武断，尤其是它应该扩大，而不是限制了集合论的论域，并且尽管如此，它也很难引发矛盾。（van Heijenoort, 1967: 402）。

但是，即便对该公理的逆向论证并不像某些人所设想的那样有力，它在这里也比在证明其他公理时得到了更多重视，即使是那些本来更倾向于直观论证的学者也接纳了它。例如，布洛斯（Boolos, 1971: 229）明确说，"采用置换公理的理由很简单：它们有许多可取的后果，并且（显然）没有不可取的后果"。

强调逆向论证的正当性并牺牲直观论证，往往是逻辑紧张的标志。罗素之所以采用逆向论证（Russell, 1973b），只是因为他被迫在他的系统中加入一条公理（还原公理），而他认为没有直观理由相信这个公理是真的。而当弗雷格（Frege, 1893–1903, vol. II: 253）被告知他的基本法则五（basic law V）是矛盾的时候，他实际上承认，他之前假设它成立的理由主要是逆向的。

确实很少有人担心置换可能和基本法则五一样，也是矛盾的，但是就算不是数学家，而是受过一定训练的哲学家，也常常能够发现如果将置换视为无穷公理，那么确实像冯·诺伊曼所说的那样（von Neumann, 1925: 227）"有点过头了"。例如，帕特南认为（Putnam, 2000: 24），"坦率地说，我根本看不到 …… 替换公理的直观基础。或者说，我看不出哪种在这个公理上显然是真的集合概念，曾经被解释过"。而布洛斯（Boolos, 2000）表达了他对假设该公理成立所意味的本体论承诺的不适。

注释

马赛厄斯（Mathias 2001）很好地说明了像 $\mathbf{ZU}_0'$ 或 $\mathbf{ZU}_0''$ 这样的理论不能提供令人满意的超限递归理论。乌斯基亚诺（Uzquiano, 1999）则证明了这并非完全应归咎于一阶分离的缺陷：因为这些理论的二阶版本同样没能提供层级结构。

康托尔发表过一些只有在论域相当大的情况下才为真的断言：例如，他声称（Cantor, 1883）每个序数都有阿列夫，结果他明确写下的前提并不能保证这一点。只是在一些未公开的工作中，他（非正式地）陈述了一条近似于置换原理的性质。后来的米里曼诺夫（Mirimanoff, 1917）、莱纳（Lennes, 1922）和弗伦克尔（Fraenkel, 1922b）都（非正式地）陈述了该原理，最终由斯科伦给出了精准的一阶公式（Skolem, 1922）；今天"置换公理"这项称呼来源于弗伦克尔。

附录 B　类

聚集体是一种本质上由其他事物组成的东西。在 2.1 节中，我们区分了两种完全不同的形成聚集体的方式，我们称之为融和聚。但是，似乎没什么理由来把融或聚看作逻辑的概念。这并不是因为我们把它们设想为对象且逻辑无关乎于本体论承诺，而是因为形成这些概念本质的构成关系似乎是形而上学的，而不是逻辑的。但是，这两个概念——融和聚——都被关联到（有时也被混淆到）其他的概念上，而在这些概念中，可能有被视为逻辑的概念。

首先来看融。它们常常被认为是本体论上纯净的，因而名义上是可接受的，原因之一就是对整体融的提及就相对于对它所有组成部分的提及。说我的全部书是重的，就相当于说它们的融是重的。所以融概念与复数量化的逻辑观点是相通的。

以类似的方式可以把聚概念和**外延**的逻辑观点相通。这里有一些老生常谈的例子，如对 "有心脏" 和 "有肾脏" 这些属性。我不是生理学家，但是我相信那些逻辑教科书，它们向我保证，虽然这两个属性完全不同，但它们只适用于相同的外延对象：除了某些特殊的病理情况，如正在进行移植手术的人，此外任何有心脏的生物同时也有肾脏，反之亦然。逻辑学家们对此的表述是：这两个谓词的**内涵**不同，但**外延**相同。

然而，整体融的单数提和对其全体部分的复数提及之间的对应关系并不精确。因此，我们应该谨慎地对待，不要过于迅速地将两者看成完全等同的。此外，我们已经知道，属性的外延和聚之间不可能有通常意义上的一一对应关系，因为所有的属性都有外延，但正如我们在第 2 章所看到的，并不是所有的属性都是可聚的。

外延的基本属性在于，两个属性只有在它们具有相同实例时才具有相同外延。如果我们用 $[x: Xx]$ 作为项来表示属性 X 的外延，我们就可以用如下二阶原理表示外延性：

$$(\forall x)(Xx \Leftrightarrow Yx) \Leftrightarrow [x: Xx] = [x: Yx]$$

我们遵照弗雷格的称呼，称该原理为基本法则五，他在著名的《算术基本规律》的形式系统中纳入了该原理[①]。这是引入项的一般性方法，即所谓的**抽象**方法，所以

---

① 严格来说，弗雷格的基本法则五是一项较笼统的原则。不过这与我们当前的关注无关。

该原理有时也被称为**抽象原理**（abstraction principle）。

这一点上我们必须十分小心。因为我们要铭记弗雷格的原理一直有着坏的名声。如果我们定义

$$x\varepsilon y \Leftrightarrow (\exists X)(Xx \text{ 并且 } y = [z : Xz])$$

那么

$$x\varepsilon[z : Fz] \Leftrightarrow (\exists X)(Xx \text{并且}[z : Fz] = [z : Xz])$$

$$\Leftrightarrow (\exists X)(Xx \text{并且}(\forall z)(Fz \Leftrightarrow Xz))$$

$$\Leftrightarrow Fx$$

所以如果我们令 $a = [x: \text{并非 } x\varepsilon x]$，那么

$$(\forall x)(x\varepsilon a \Leftrightarrow \text{并非} x\varepsilon x)$$

因此 $a\varepsilon a \Leftrightarrow$ 并非 $a\varepsilon a$，这显然是矛盾的。

因此我们证明了如下三项假设的结合是矛盾的：

（1）二阶逻辑；

（2）基本法则五；

（3）假设存在单个对象论域，并且所有量词范围都在该论域内。

但我们不应草率地下结论说其中哪一项有问题。本附录的目的是探求我们能保留下多少这一矛盾结合中的内容。

B1 虚 拟 类

所以让我们重新开始。为了明确起见，我们先从一先验理论 U 开场：我们最感兴趣的是集合理论，比如，**ZU** 中的情形，但我们先暂时只假设一个可数语言中的传统形式化一阶系统中的情形。为 U 语言中的每个谓词 Φ 引入一个新的项 $[x: \Phi(x)]$，我们称之为一个**类**。我们希望类是通过抽象的逻辑过程而得到的外延实体，就像外延一样，所以为了表达这个想法，我们给 U 附加了以下模式。

抽象模式：如果 Φ 和 Ψ 都是公式，那么

$$(\forall x)(\Phi(x) \Leftrightarrow \Psi(x)) \Leftrightarrow [x : \Phi(x)] = [x : \Psi(x)]$$

但考虑基本法则五带来的糟糕经验，我们不应像对待外延那样直接假定类是在 U 中已经提及过的对象。然而，为了使这个符号可用，我们需要一种方法来表

达作为对象和外延之间关系的谓词"是"。这里我们调用一直以来用以表达成员资格的符号"∈"，但为了把这两个概念区分开，我们用"ε"来表达谓词式的成员关系。这在二阶系统中是可定义的，但在一阶中不可能做到这一点。所以我们暂且将"$y\varepsilon[x:\Phi(x)]$"表示成 $\Phi(y)$。因此，关于类的一般性陈述充其量只能通过这种模式化来表述。如果我们愿意，在这里可以用一个字母来代表类项 $[x:\Phi(x)]$，但如果我们这样做了，就必须要记住，这样一个字母所代表的——类项——是一个不完整的符号，而不是一个名称。

以这种方式调用类项其实只是为了方便记事。一个很好的例子是，我们可能会调整记号，以使得一个句子能对应于一个集合或一个类。因此如果 A 是一个类项，我们可以用 $(\forall x\ \varepsilon\ A)\Phi(x)$ 表示 $(\forall x)(x\ \varepsilon\ A \Rightarrow \Phi(x))$，用 $(\exists x\ \varepsilon\ A)\Phi(x)$ 表示 $(\exists x)(x\ \varepsilon\ A$ 而且 $\Phi(x))$；然后我们可以用 $\Phi^{(A)}$ 表示，将 Φ 中的所有量词以这种方式相对于 A 后得到的结果。因此，类项的引入允许我们模仿 2.6 节中，在 a 是聚的前提下引入记号 $\Phi^{(a)}$。

显然，引入类项后我们的理论 U 的扩展是**保守的**：也就是说，任何未涉及类的句子如果在扩展理论中可证，那么在 U 中也可证。这是因为类项的所有出现都是可以被机械性消除的 (Quine, 1969)。

这一点完全不值得惊讶。对任何熟悉我们在前面表明了的基本法则五的不一致性的人来说，以下几点才稍微有些出乎意料。我说过，我们并不**要求**类是先验理论（prior theory）的对象。事实上，如果我们所关心的是逻辑上的一致性，我们没有必要允许这样的操作。即使我们要求所引入的类项在先验理论 U 的论域中取值，扩展 U 也不会导致不一致。事实上，这种扩展甚至是保守的，即使 U 已经蕴涵无限多对象的存在（Bell, 1994）。

我们在第三部分发展出来的基数理论可以直接解释这点。如果对象的数量是 a，那么外延意义上的不同属性的数量是 2^a。由于 $a < 2^a$，所以显然对象的数量不够多，因此我们就得到了熟悉的不一致性。但如我们这里所假设的那样，U 是一个保守的一阶理论，只存在可数多个公式。因此，只要我们的模型是无穷的，那么就可以将论域中的对象与语言中的每个公式关联起来，以使模式的所有实例都是真的。换句话说，如果弗雷格当初把自己限制在一阶语言内，那么他把概念的外延处理为量词范围内的对象，就不会导致矛盾。

B2 作为新实体的类

由于只说类**好像**存在是无害的，所以我们开始直接像提及一个名称那样提及一个类。这样我们就不能把它当作是根据上下文来定义的。因此，我们必须添加 "ε" 为逻辑初始概念，并添加如下公理模式。

埃普西隆模式（epsilon scheme）：如果 Φ 是任意公式，

$$x \, \varepsilon \, [y: \Phi(y)] \Leftrightarrow \Phi(x)$$

用来替代类项的字母不再像之前那样是元语言的，而是对对象语言的补充。在本附录的剩余部分，我们将用大写加粗字母如 $\boldsymbol{A}, \boldsymbol{B}, \boldsymbol{C}$ 等表示类名，以与先验理论 U 中的实体名称相区分。这种区分是必要的：如果我们不做出这种区分，而使得类落入先验理论 U 的量词作用范围内，那么因为 ε 不再是由上下文定义的，理论就极有可能变得不再是保守的——而具有了不一致性。原因自然是因为罗素悖论不仅适用于聚，而且还适用于类。如果 $\boldsymbol{A} = [x:$ 并非 $x \, \varepsilon \, x]$，那么根据埃普西隆模式，

$$x \, \varepsilon \, \boldsymbol{A} \Leftrightarrow \text{并非 } x \, \varepsilon \, x$$

如果我们不对代入做任何限制，那么由此可得

$$\boldsymbol{A} \, \varepsilon \, \boldsymbol{A} \Leftrightarrow \text{并非 } \boldsymbol{A} \, \varepsilon \, \boldsymbol{A}$$

我们不应对该结论感到惊讶，不过原因和此前有所不同。罗素悖论能作用于聚不值得奇怪，因为它实质上是给了我们一个明确的不可聚的属性例子，而我们在那之前并没有理由预期所有属性都应当是可聚的。另外，在这里我们确实预期所有属性都是类形成的，因为类都是通过抽象逻辑方法从属性中得来的；但正因为它们是由此得来的，所以它们应被设想成不在先验理论 U 中量词范围内的新实体，而罗素悖论只是点明了这一点。

因此，对类的罗素悖论，我们应该把它理解成要求作为对象的类不能总是落在先验理论的量词范围内。只要我们遵守这一规则，那么引入了类的理论相对于先验理论 U 来说就仍是保守的，正如我们在附录 B1 中讨论的虚拟理论：如果我们有一个 U 语言的命题，它的证明过程中用到了作为名称的类，那么消除这种类的出现是一件机械性的工作。通过这种机械操作之后得到的证明不会比原证明长很多。因此，人们可能会期望在外延理论中完全无争议地使用这些类。然而事实

并非如此。原因在于它对我们原先理论中的量词施加了约束，现在这些量词不再能无约束地作用于所有存在的对象上，而只能无约束地作用于非类对象。不过在形式论者看来，这种对每个东西进行无约束量化是不可能的，因为我们总是可以像刚刚那样扩展我们的语言，再由悖论意识到之前理论中的量词作用范围的边界。因此我们要考察这是否会给我们带来麻烦。

B3 类和量化

我们正在讨论的观点——量词并非真正地不受约束，事实上它们的范围属于某些类 V——似乎起源自罗素，他不断地明确将属于类的对象的范围等同于能进行有意义量化的范围。"当我说一个聚没有总体的时候，我的意思是关于其**所有**成员的陈述都是胡说八道。"（Russell, 1908：225 n.）这种观点后来得到了广泛支持。按达米特的说法，"我们可以自信地说，没有哪个现代逻辑学家相信存在'不受限制的量化'"。

> 由集合论悖论带来的一项似乎可以确定的教训是，我们不能以弗雷格的方法解释个体变元，因为它们的取值范围覆盖了所有可以被有意义地提及或量化的对象。这就是为什么一阶谓词演算的语义在现代解释中，总是要求为各个变元指定范围：我们不能像弗雷格那样，一劳永逸地认为变元的范围是全体对象。（Dummett, 1973：567）

事实不像达米特所说的那样，曾有过所有逻辑学家**都不**相信存在完全不受限量化的时候。正如我们在后面讨论他的观点时会注意到的那样，上述引文也没有完全体现出达米特本人对不受限量化的理解。不管达米特是怎么想的，还有一个问题就是对某些对象进行量化的合法性，以及量化对象所属于的类与这些对象之间是否应当维持紧密联系。

在一个方向上，这两点间的互需似乎是明确的：很难反对对某个类中的所有成员进行量化，更难发现有哪个逻辑学家真的这么反对过。因为正如我们所说，类是通过抽象得来的逻辑实体，那么如果这种实体的成员不可能进行量化也还能得到这个实体，就必然会导致不连贯。

但反方向的论证则问题较多。现代文献中有一种反复出现的观点，它基于这样的观察：一阶逻辑的标准语义可以由类理论语言来表述。如果一个量化语句在语言的每一个解释中都是真的，那么该语句就是有效的；而所谓的一个解释，是指由类 D（称之为解释域），语言中每个常元对应论域中的一个成员，每一个一元谓词符号对应一个 D 的子类，以及每一个二元关系符号对应一个 D 上的关系，等等，所组成的结构（参见 4.10 节）。所以，如果我们能有意义地解释一个量化语句，就一定能把其中的量化符号的范围理解成覆盖了解释中的某些论域 D 的成员，即某些类。

我希望读者能看出它是多么地缺乏说服力。该论证引用的标准语义只有从元语言角度才能得到，而我们站在元语言角度上时，我们在元语言意义上使用如"类"这样的词。而后来在讨论类时，又是对象语言的角度，但在对象语言中同样有一个"类"，并且这两个词是完全不同的（因为处在不同的语言中）。当我们在说对象语言时，不会调用元语言来解释我们的意思：我们只是在说对象语言。

或者换一种说法，如果认为我们的变元能合理地覆盖所有事物，那么它并不是一个同时适用于元语言的概念。从对象语言转向元语言涉及世界作为一个受限总体——或者直接说，作为一个类——概念，但这不是说，如果我们继续说对象语言而不转向元语言，那么否认这种受限会导致不一致性。

不过这种对模型论语义问题的解决，马上又引来了第二种相当微妙的论述，它认为我们不能对一切进行量化，因为"一切"包括了什么是相当不确定的。当然，重要的是这里的不确定性到底是哪一种。无疑根据我对世界的表征，我对于什么存在并没有精确的概念；而这是因为我的表征不够精确，无法确定它。但不能立刻看出来这类不确定性和集合论悖论有什么关系，因为看起来这种不确定性是表征的，而集合论悖论毕竟证明了一种不确定性，那么（至少对柏拉图主义者而言）这种不确定性是对于何物存在而言的，而不仅仅针对何物被我们表征为存在的。但如果问题在于后一种不确定性，那么我们就要解释为什么柏拉图主义者把它看成是对不受限量化的一致性的威胁。毕竟，罗素悖论并没有暗示，在哪些对象是类这一问题上有任何的内在模糊性。

但也许在这些反对不受限量化的论证中，最令人信服的是将全称量化类比于合取，存在量化类比于析取。因此，如果量化域中只存在有穷个对象 $a_1, \cdots, a_n$，那么

$$(\forall x)(\Phi(x)) \Leftrightarrow \Phi(a_1) \text{ 而且 } \Phi(a_2) \text{ 而且 } \cdots\cdots \text{ 而且 } \Phi(a_n)$$

$$(\exists x)(\Phi(x)) \Leftrightarrow \Phi(a_1) \text{ 或者 } \Phi(a_2) \text{ 或者 } \cdots\cdots \text{ 或者 } \Phi(a_n)$$

在量化域无穷的情况下，也许我们确实可以想象存在相应的等式，只是我们受有限语言的约束无法表达出来。但是事实上，就算在有穷情况下也不能认为这些等式完整表达了量词的意义，因为它遗漏了重要信息，那就是 $a_1, \cdots, a_n$ 确实是域

中的所有对象。但如果认为它们穷尽了论域，那么也就是说把论域看成受限的，是更大范围的有穷部分。这就是要求存在一个类，其成员恰是 $a_1, \cdots, a_n$。

第三种论证来自于对维特根斯坦《逻辑哲学论》的考量，它与上述第二种论证密切相关。因为如果 $a_1, \cdots, a_n$ 是所有存在的对象，那么根据《逻辑哲学论》，只有当我采用本质上完全不同的（先验）视角，把（以前视角中的）世界看成是受限的整体时，才能表述出这一状况（即使这样的表述也是不完美的）；但如果我保留在原先的视角内，我就不能表述（也就不能完全理解）这些限制。

B4 量 化 类

如果我们把类看成是真正的对象，那么随之而来的就是认识到我们之前的量词并没有真正覆盖到所有事物上，这并不妨碍我们引入一种新的量词来覆盖新对象。但是让我们先保持谨慎，首先研究限制的情形，其中我们禁止这些新变元出现在决定类的表现的两种模式的实例中（我们稍后再讨论这种限制的动机是否充分）。

这种扩展带来了一个有趣的特点，即由于我们现在可以对类变量进行量化，所以 U 中任何公理模式都可以被新理论 $\overline{U}$ 中的一条公理所取代。这意义重大，因为如果原始语言只有有穷多非逻辑初始概念，那么该扩展是有穷可公理化的。（这一点并不显然。）所以，这种类理论为我们提供了一种由一阶理论 U 转换成有穷可公理化的保守扩展 $\overline{U}$ 的一般方法。

这种扩展无疑是很重要的，因为尽管新理论 $\overline{U}$ 相对于 U 来说是保守的，但对该保守性的证明不再像 B2 中的那样简单。该证明现在涉及一个明确的（有穷的）转换，将在不出现类的语言中的句子在 $\overline{U}$ 中的证明，转换到相同句子在 U 中的证明。但这需要完成一些工作：首先我们要重写证明使其具有简单结构，便于证明论式的分析。但证明论中的一项结论是这种重写虽然是机械性的，但可能会使长度增长（可能是指数级的增长），所以这项工作不像之前那样是不足道的。因此对类的量化虽然是保守的，但却非常重要，因为它可能大大缩短了原有证明的长度。

该步骤的重要性，本身也可以作为执行这种步骤的原因。正如我们所指出的，新证明和旧证明可能有显著的不同：特别是它要短得多。这样我们就有了把对类的量化作为一种工具而引入的理由：事实上这里有一个应用于希尔伯特纲领的成功实例。它也正是由希尔伯特所提出的，通过有限证明一个已被接纳了的理论 U 的扩展是保守的，从而证明我们作为工具利用该扩展是合理的（Hilbert, 1925）。

希尔伯特最希望的是接纳 U 的理由本身也是有限的，当然我们可以设想这里的 U 有可能是一个集合理论，如 **Z** 或 **ZU**，它当然远远超出有穷的范围，但对外延的证明是类似的。

根据奎因的声明（Quine, 1948），存在就是作为变元的值，那么通过采纳类的量化理论，我们就已经表达了对类的本体论承诺。但希尔伯特提出了另一种观点，根据这种观点，新理论的对象可以是出于方便而假定的虚拟，使用这些虚拟的合理性由保守性证明加以辩护：这些实体如果存在会对我们有帮助，因为可以缩短证明，而且我们知道原则上可以消除它们在证明中的每一处出现，只留下先验理论对其存在性已做出承诺的无异议实体。

B5　非直谓类

截至目前，我们一直禁止在两个类模式（抽象模式和埃普西隆模式）的公式中出现类量词。假设我们解除了该限制。我们称由这一解放而诞生的类是弱非直谓式的。新理论 U_1 相对于 U 仍然是保守的。为了说明这一点，假设 Φ 是 U 语言中的一个句子，它在 U 中不可证。那么根据一阶逻辑的完全性，可知 U 有一个集合论模型，其中 Φ 是假的。现在将类变元解释为范围是该模型论域 D 的子集的变元，并把类项 $[x: \Psi(x)]$ 解释为指称了在该模型中属于对 Ψ 解释的 D 的成员的集合。通过这些定义，该结构就变成了 U_1 的一个模型，在该模型中 Φ 是假的，所以 Φ 在 U_1 中也是不可证的。

注意该论证不同于 B4 中对谓词扩展的保守性证明，之前那个证明是有穷的——它将扩展系统中的证明转换为 U 中的无类证明——而我们现在的证明是模型论的。这会导致重要后果。

首先，证明利用了元理论中的非直谓式集合论方法。因此它不是希尔伯特设想的那类方案的实例，因为我们不能用它来说服一个不可知论者相信这种方法的可靠性。

其次，给定 U_1 中 Φ 的证明，我们确定在 U 中存在证明 Φ 的方式完全是非构造的，它并没有告诉我们如何在 U 中找到该证明或（甚至大致地）告诉我们它有多长。它只告诉我们：如果在 U_1 中有它的证明，那么在 U 中也有对它的证明。而这两种证明间的关系，它则完全没有提到：除了长度有明显不同之外，它们的证明思路也可能完全不同。

B6 非直谓性

如果我们拒斥柏拉图主义思路，即把量化的合理性与作为量化域的聚的存在性联系起来，那也并没有驳斥建构主义更为温和的此类主张。因为建构主义可能像达米特那样，声称需要一个论域，不是为了使论域上的量化变得可以理解，而只是为了使它保证为每一个这样的句子提供确定的真值。那么只要我们愿意放弃对它使用排中律，那么就有可能提供量化一切的语句。

我们在 2.5 节中看到达米特把他的这一结论建立在非确定可扩展概念基础上。当时我说在那种环境下很难看出该论断到底是什么。但现在我们有了更多资源，使我们足以把握这个概念。达米特的评论包含了关键一点：

> 用来断定所有对象中有某物属于一个概念的那种标准，是该概念的本质特征，但这并不能自动由断定给定对象属于它的那种标准得到。（Dummett, 1994b: 338）

也就是说，在对它的所有实例的理解之外，我们对全称概括的理解还有远远没有把握住的地方。

我认为，理解这句话的方法在于，我们要先找到一个柏拉图主义式的论证，将量化与聚化联系起来。建构主义者会说，这些尝试总体上而言是不成功的，因为它们依赖于何物存在和我表征何物存在之间的区别（柏拉图主义者当然接受这种区别）。现在我们看看如果取消这种区别并将这两者看成是一样时，会发生什么。

让我们回顾一下，之前我们观察到，如果把一个全称量化的命题当作一个（可能是有限的）合取，我们就会漏掉这样的信息：我们在合取中所指的对象的确是所有存在的对象。但是，现在假设何物存在本身就是一个无限可扩展的概念。那么根据假设，有一个过程，当它应用于所有存在的对象时，就会产生另一个不在所有存在对象之中的对象。矛盾。因此，唯一的解决方法就是否认我们能够独立于任何特定表象而对何物存在有一个确定的概念。换句话说，否定这一点，就会看到每当我们使用经典量化时，我们只是在一些有限的总体上进行量化，而这个总体不可能穷尽一切存在的东西（或者实际上是属于任何无限可扩展概念的一切东西）。

正如我们所看到的那样，对柏拉图主义者来说，该结论中似乎不能容忍的是，我们似乎非常确定地能够在一个比任何特定受限论域的子论域更为广泛的范围内进行量化。事实上，似乎只有诉诸这样的量化才能解释论域是受限的。然而，达米特式的建构主义者有一种解决这种紧张的方法，即模式化地解释不受限制的量化。我们可以用不受限的概括 $(\forall x)\Phi(x)$ 表示我们愿意断言，通过用项 σ 代入变量 x 而得到的实例 $\Phi(\sigma)$。

注意这不仅仅是为了表达一种形式规则。因为如果我们把它理解成由固定形式语言表示的实例，那么我们就不能把握住概念的开放性，而无限可扩展性概念本应把我们引向这种开放性。对全称概括的承诺使得我们对将来遇到的任何项 σ 都承诺了 $\Phi(\sigma)$，哪怕我们的形式规则还没有定义它。

重要的是建构主义者坚持认为以这种方式理解的量化语句和经典解释下语句所表达的东西有很大的不同，因为它们现在"只能被解释成描述了断言，而并非做出陈述"（Dummett, 1994a：249）。根据达米特的看法，这两种解释断定的方式根本不同。"与陈述相关的是其真值条件：如果条件被满足了，那么陈述正确；如果不满足，那么陈述为假，它的断定不正确。"另外，断言"意味着执行某种智力或言语上的行为"。

> 这两者间的差别在于，陈述的真实性独立于说话者或其他任何人的能力或认知条件，当然要除去陈述是关于他本身的情形，而使断言成为正当的条件则总是在于，说话人能做什么。（Dummett, 1994a：246-247）

达米特之后是拉姆齐，他把表达真正不受限量化的断言称为"变元假设"。

> 它们和合取有什么异同呢？大致上说，以主观来看，它们完全不同，但以客观，即真值条件来看，它们又是相同的。$(x).\Phi x$ 不同于合取，因为
>
> （1）它们不能写成一个。
>
> （2）从未用它做合取的用途；除了有穷类，我们永远不会在思考类的时候用到它，即我们只使用可适用规则。
>
> （3）（这与上一条在另一种意义上相同）它总是超出我们所知或想要的范围 …… 它表达的是一个我们什么时候都能做出的推论，而不是某种初始信念。
>
> 初始信念相当于地图。无论我们怎么填充或精细化地图，它本身不会变成别的东西。但如果我们把它扩展成无穷大，它就不再是一张地图；我们不能再以它为向导。旅程在我们不能用到这张地图的时候就结束了。（Ramsey, 1931：237-238）

达米特声称，尽管区分陈述和断言能使我们解决不受限量化的问题，但这有一定的代价：我们必须放弃经典逻辑中的适用于断言的概念。而像拉姆齐意识到的那样，我们现在面临的困难是，解释变元假设如果不被认为是命题，那么它会是什么。

> 当我们被问到它何时成立时，我们会回答说它为真当且仅当所有 x 都有 Φ；即当我们把它看作能取真或假的命题时，我们被迫把它当作合取并接受一个合取理论，而因为符号自身力量不足，我们不能表述该合取理论。
>
> （但我们不能说我们不能说，也不能把这事糊弄过去。）
>
> 那么既然不是合取，它自然也不是命题；那么它是对或错的问题就出现了。（Ramsey, 1931：238）

这就是问题症结所在。达米特将放弃排中律，看成是采用建构主义立场的后果，并解决了它所导致的问题。但我们很难看出后者的正确性。达米特保证（Dummett, 1994a：246）"评价一个断言是否合理和评价一个陈述是否为真同样客观"，但是这是为什么？

B7 利用类扩充原理论

以理论 U 为出发点，我们讨论了一系列扩展，这些扩展更重视对 U 语言中可表达的属性进行抽象而得来的类的存在。但我们还没有让由此得来的类概念影响原理论。

现在考虑 U 通过模式进行公理化时的情形。换句话说，U 的公理都是形如 $\cdots\Phi\cdots$ 的语句，其中 Φ 是 U 语言中的公式。如我们此前所提，建立这种形式理论的推动力来自于我们相信如下二阶语句

$$(\forall X)\cdots X\cdots \tag{1}$$

并采纳我们的一阶语言中可表达的与此最近似的一阶模式。但如果这就是我们的推动力，那么当我们扩展语言时，我们应该自动扩展这种认识并涵盖语言中的所有实例。

在这种情况下这相当于说，我们应该允许第二种非直谓性加入我们的理论。我们不仅允许构成类项 $[x: \Phi(x)]$，其中公式 Φ 可以对类进行量化，而且我们还允许模式 $\cdots\Phi\cdots$ 的所有实例，其中 Φ 是扩展语言的公式，因此可能涉及对类的量

化。我们称这样得到的系统是**强非直谓理论** $\widetilde{U}$。在某种意义上来说，这一步很自然。我们之前采纳弱非直谓理论时，已经承认了对所有类量化的一致性。所以若 Φ 是扩展语言的任一公式，大概我们就必须接受满足 $\Phi(x)$ 的所有对象 x 所持有的性质是存在的。因此，如果我们基于接纳二阶原理（1）而接纳了 U 中的模式，就可以得出结论说不会对 $\widetilde{U}$ 中的公理产生异议。

但是要注意我们所处的位置。刚才的考量使我们从接受 U 走向了接受 $\widetilde{U}$。但是——这是关键点——$\widetilde{U}$ 相对于 U 而言不是保守的。（更确切地说，除非 U 不能对其语义进行算术化，否则 $\widetilde{U}$ 就不是保守的。）在从 U 推进到 $\widetilde{U}$ 的过程中，我们涉及的不只是采取更多本体论承诺以接纳类——即由属性抽象得来的外延实体的存在。

附录 C　集 合 和 类

各文献中能找到的集合论，尽管有一些相似之处，但也千差万别。不过，其中多数可以很简单地加以分类。我们遇到过的第一个分歧点是是否允许个体存在；第二个分歧点是层级中有多少个层次；第三个分歧点是给定层次之后，它的下一个层次有多丰饶。而在本附录中，我们将讨论第四个分歧点。

我们知道，根据罗素悖论可知不存在由所有集合构成的集合（只要我们假定了分离）。但该悖论不妨碍另一种东西——所有集合构成的类——该外延性实体某些时候表现得像集合。所以集合论也可以根据能否把它们看成是实体来进行分类。

C1　为集合论添加类

在附录 B 中，我们孤立地讨论了类概念：因此我们说的其实不多，而且对于讨论类所基于的先验理论 U 的性质只做了很少的假设。现在我们放弃那种中立性并把注意力限制在本书所感兴趣的情形上，其中 U 是一个如 ZU 这样的集合论或它的一种扩展。如果我们再用附录 B 中的过程来处理这种理论，我们就得到一个扩展，在其中我们能讨论集合和类。许多学者（最著名的是哥德尔、伯奈斯和冯·诺伊曼）选择了附录 B4 的提议，对 ZF 有穷保守公理化扩展为 $\overline{\text{ZF}}$；也有书将它记作 VB 或 NBG。

我们也可以考虑附录 B7 的非直谓扩展。类理论所基于的原始集合论公理，包括一个模式，即分离公理模式（对 ZF，还包括置换公理模式）。我们可以考虑将通过替换扩展语言中的公式 $\varPhi$ 而得到的模式实例添加为公理，以便进一步扩展我们的理论。除了少数人（Morse, 1965; Kelley, 1955）之外，很少有数学家倾向采用这类步骤。我们对 ZF 进行这种扩展之后的理论常称为 MK。在 MK 中，我们不仅在 $\varPhi$ 是集合论语言的句子的时候，而且还在它包含类变元的时候，断言 ZF 的公理模式。

这样做的意义在于，正如我们在附录 B7 中所见，现在该扩展不是保守的：在集合语言中，有一些语句 MK 可证而 ZF 不可证。（这倒不足为奇，因为我们添加了新集合的存在性公理。）如果我们接纳分离为公理的动机来源如 3.5 节所言——是因为它在我们的有限语言中最近似于二阶分离原理——那么很难看出我们为什么要拒斥这种扩展，因为扩展后的分离更接近于二阶分离。

因此我们展示了任何扩展集合论以获得适当的类，扩展无论是保守的（von Neumann /Bernays /Gödel）还是非保守（Morse /Kelley）都是可能的。但我们要在这上面费心吗？对多数数学分支来说，我们有没有用类语语言——无论是不是虚拟的——来强化集合论，是根本无关紧要的。一个明显的例外是范畴论。原则上来说关于范畴的最简单事实都能被没有类的集合论所表达，但那样就会变得语义上很复杂而且不直观。我们不必深入讨论就能发现这种因翻译而变得冗长的语句。

布尔巴基学派犹豫了一段时间，最终放弃了在他们的教科书中加入一章范畴论。但仅添加类并不能回答全部问题。即使在 **MK** 中，我们也需要编码才能标识不同范畴之间的函子。因此在集合论中表示范畴最简单的方法是借助于能够属于层级中更高的集合的中间集合域（intermediate universe of sets）。我在 1990 年形式化集合论的原因之一就是为了方便这种表征。这表明集合论表征的问题，与我们这里关注的聚集的逻辑与数学概念之间的区别处于不同层面上。

C2 集合与类的差异

显然有一种自然的方式将所有集合 a 与类 $\bar{a} = [x : x \, \varepsilon \, a]$ 相对应，然后我们就有了

$$x \in a \Leftrightarrow x \varepsilon \bar{a}$$

我们知道我们不能总是可以一眼识别出集合和类：例如，类 $\boldsymbol{V} = [x: x = x]$ 不对应于任何集合。但许多数学家倾向于用集合来鉴别其对应的类，而将没有对应的类看作一个特殊情形，并称这些类是**真类**。

如果这样做了，就可以使理论得到明显简化。而如果我们一开始就如此打算，那就没有必要引入只作用于集合的变元：我们可以直接使用覆盖了类的变元，而且也不需要区分 $\in$ 和 ε。集合就是属于 $\boldsymbol{V}$ 的类，集合的量化由那些范围只涵盖这种类的受限量词 "$\forall x \in \boldsymbol{V}$" 和 "$\exists x \in \boldsymbol{V}$" 来表示。

仍待解决的问题是，如果非保守扩展（Morse/Kelley）是可能的，那么它所要求的集合与类的等同是否是正确的。区分集合和类的想法可以追溯到康托尔，他在 19 世纪 90 年代末写信给戴德金和希尔伯特，提到了区分他所谓 "一致" 和 "不一致" 的类。第一个这类区分系统把集合看成是一种特殊的类（von Neumann, 1925）。但无论是康托尔还是冯·诺伊曼，都没有将这种区别看成是形而上学对象

和逻辑对象之间的范畴区别。没有这种区别，我们接下来要解决的问题—— 能否用类来鉴别对应的集合——甚至都不会出现。

顺便一提，后来有一些学者对"逻辑的"和"组合的"聚集概念进行了区分，但他们这样做一般只是为了说明他们的讨论只针对其中一种概念。此外他们的区别和我们这里想要的区别也并非完全相同。做这种区分的学者常常是对任意性感兴趣：逻辑概念上一个类由一个属性所派生，因此所有元素都共享该属性，而在组合概念上，不管有没有这样的属性，元素们都可以组成一个类。这种区别如果脱离表征背景单独来看，就没有什么意义，因为如果一组对象在组合意义上组成了一个聚集，那么就恰有了一个属性正好表征这些对象，即"属于该聚集"这个属性。

对此，有一种很显然的反驳是属性应当是**可以用语言表达**的属性。但困难在于这里的语言指哪种语言。对任何一种形式语言，我们都可以通过对角线方法得到一种原语言不能表达的属性，而一旦这种属性被承认，我们就不得不把它当作合理的。或者，用达米特的话来说，我们在这里所诉求的属性概念是可以无限扩展的（Dummett, 1978）。出于这个原因，把集合和类之间的区别简单地看成是任意性的区别似乎不对，但这仍然没有回答我们的问题，即能否用类来鉴别对应的集合。

一个简短的回答是，如果我们不能用集合来标识**每一个**类，我们就不应该标识**任何**类。稍微复杂的回答是，如果我们把集合当作一种类，我们就不得不放弃基于依赖概念的对集合层级结构的解释，因为那是从对集合的形而上学性质的概念中派生出来的，而类作为逻辑的，并不——我们可以假定——具有实质的形而上学性质，而从中抽象出这些性质的那些实体的属性又与它们相独立。因此，如果我们把类 $\bar{a}$ 和 $\bar{b}$ 看作由集合 a 和 b 派生出来的，那么，如果我们愿意，我们可以认为 $\bar{a}$ 和 $\bar{b}$ 从 a 和 b 那里继承了它们之间的任何原有依赖关系。但是，如果我们简单地把 a 与 $\bar{a}$，把 b 与 $\bar{b}$ 等同起来，则它就会崩溃，我们就失去了一条通往在第 3 章中用来解释悖论的依赖关系的途径。

如果我们考虑从一开始就把集合归为类的理论，我们就可以看到这种崩溃的早期症状。在这样的理论中，我们被告知，在类中，有一些（集合）属于其他类，有一些（真类）不属于其他类。但为什么会有这样的区别呢？比如，为什么在这样的理论中没有如 $\{V\}$ 这样的类呢？把集合确定为一种类，使我们失去了应对的能力。

C3 元语言观点

我们在 4.10 节提到了模型论的中心思想，即（广义）结构可以被看成对形式语言的解释：语言的量词被解释成覆盖了论域成员的范围，一元谓词解释成论域的子集，二元谓词解释成关系，等等。

作为数学的一支，模型论在集合论中也是可以形式化的，它的各项论断可以转化成集合论陈述。逻辑的句法和语义之间的区别已经广为我们所熟知。如果我们局限于纯粹的模型理论中（仅与语义相关），那么形式化不会有任何问题。当我们对句法也进行形式化的时候就必须小心，因为在那时形式语言本身也成为了被研究的对象。危险的原因在于，集合论是我们的研究框架，但它本身也是一个形式语言，所以逻辑定理也（显然）适用于它。危险在于，为了学习该语言，我们会对它进行向下解释——将其视为由无意义字符串组成，而我们一定不能混淆这些字符串，以及当把它们读作我们自己语言的一部分时，它们所成为的符号。

所有集合构成的集合，这个悖论为这一危险提供了现成的实例。集合论语义学提供了一种解释形式理论语句的方法，使其中的所有量词都相对于某个**集合**，即解释域。在想要的对集合论自身的解释中，量词的范围是所有集合，所以集合论语义学想要的解释域就是所有集合的集合，而不存在这样的集合。矛盾。

但这单纯是我们在 B3 为类考虑的论证的集合论版本，并且它的基础是同样糟糕的。当我们以集合论语义来讨论我们的语言时，将不可避免地导致一个视角的转换和词义的改变。我们的集合论语言变成对象语言，而语义学现在是在元语言中。在元语言中，我们确实把对象语言中的所有量词解释为作用于所有集合（在对象语言意义上），但是应该有一个集合（在元语言意义上），它把前者都作为成员，这一点并不矛盾。

所以，理解类的一种方式是理解元语言的"集合"。按这种方式，对象语言集合论的模型在元语言角度来看是集合，而在对象语言看来是类。

只要我们愿意，我们也可以在对象语言中谈论"集合论"的集合论模型。但是，我们必须记住，它们作为其模型的"集合论"与我们的谈话时所提到的理论并不一样，只是我们生成的对后者的形式模拟。

注释

本附录中关于集合和类的区别在很大程度上归功于帕森斯（Parsons, 1974），其他学者也曾尝试对集合和类划出一个显著差别，包括梅伯里（Mayberry, 2000, §3.5）、马迪（Maddy, 1983）和西蒙斯（Simmons, 2000）。

我们在 C1 中提到的在集合论内表述范畴论的问题已被大量讨论，参见费弗曼（Feferman, 1977），麦克拉蒂（McLarty, 1992）和博尔瑟（Borceux, 1994）。麦克莱恩（Mac Lane, 1969）讨论过我在较早的一本书（1990）中提到的解决方案，即假设存在一个中间域。至于另一种解决方法，请参阅马勒（Muller, 2001）。

普德拉克（Pudlak, 1998）总结了 **ZF** 和 **VB** 相对证明长度的已知信息。

索　引

其　他